# Learn Sun Power: The Illustrated guide to setting up Batteries, Inverter, Charge Controller, and Panels for a Complete Off-grid Solar Energy System with over 190 illustrations/graphics

By DAVID CURRAN

The system I am installing here is an off-grid system. There isn't a power line within 17 miles. So utilities are not a problem. But there may be regulations in your area for installing solar just because electrical utilities are available. You should be able to find out these regulations at your local solar supply store.

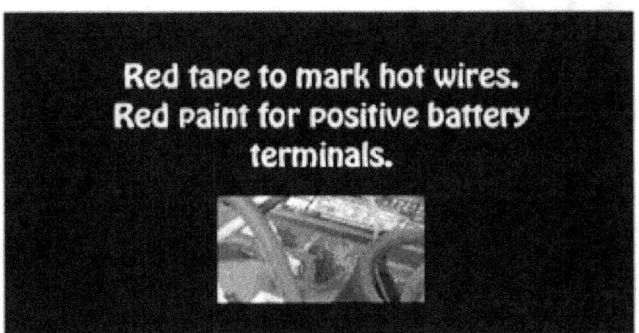

You should keep in mind that electricity can kill you, and there is a risk involved in installing a system yourself and that you follow my instructions at your own risk. You can minimize that risk by hiring a licensed electrician.

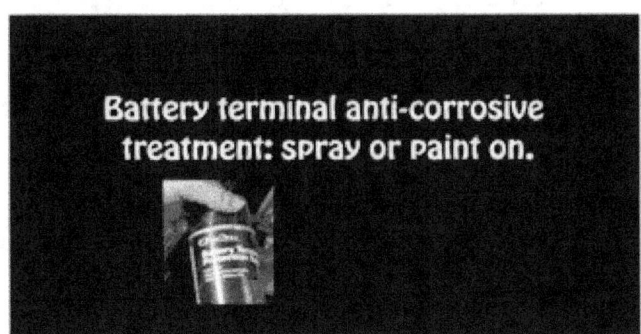

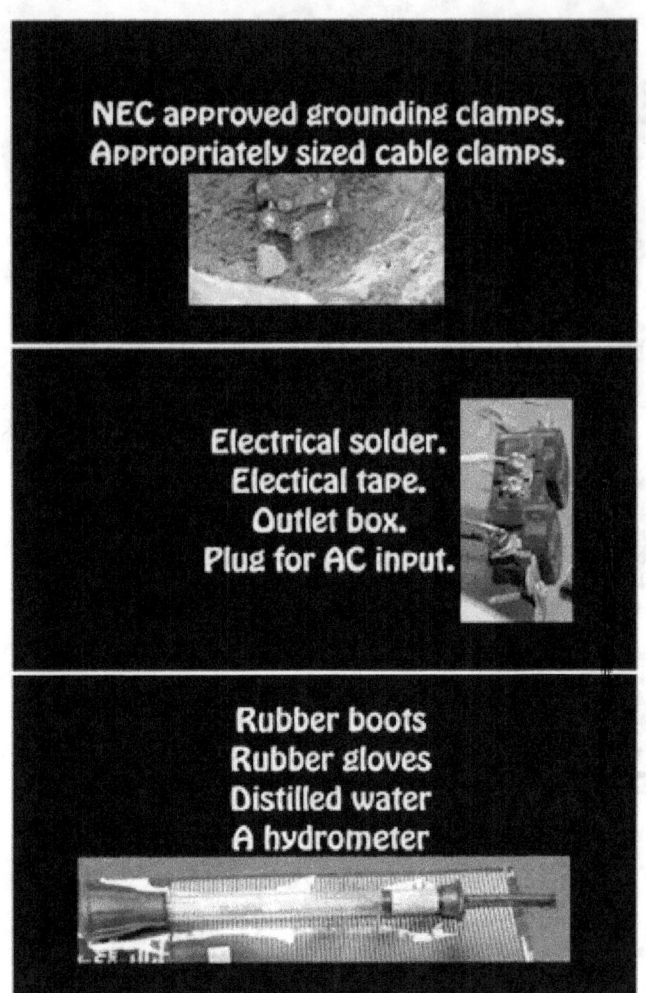

Now we will be going over everything you need as we go on, but first we need to start from the ground up.

GROUNDING YOUR SYSTEM

**1 Dig a one foot hole 2 feet from your building.**

The first thing you should do is buy at least one copper coated grounding rod. I purchased two eight foot ones, because I was informed by the man at my local hardware store that local regulations required two. You can also buy ten foot rods.

**2 Use a sledge to hammer the rod in.**

Then hammer your rod into the ground. I do hope yours goes into the ground as easily as mind did. If you can't hammer it into the ground you can dig an eight foot (or ten foot if you use a ten foot rod) trench one foot deep and lay your rod down in it.

**3 The rod hammered in.**

I hammered my rods in and then used clamps to ground my wires. As you assemble your system you'll have quite a few things you'll need to ground. One way to ground them is to use a grounding combiner box. (Not to be confused with the power combing box we'll be discussing near the end of this book.)
You connect the ground wire from each device such as your inverter to the combing box and then run a wire from the combining box to the ground bar.

**4 You can attach many clamps to a grounding rod.**

The commercial combing box I found had quite a few slots/connections for different sized wires, but not enough for the size wire I was using. Since the combining box was more expensive then wire I'd need I chose to ground each item to the grounding bar.

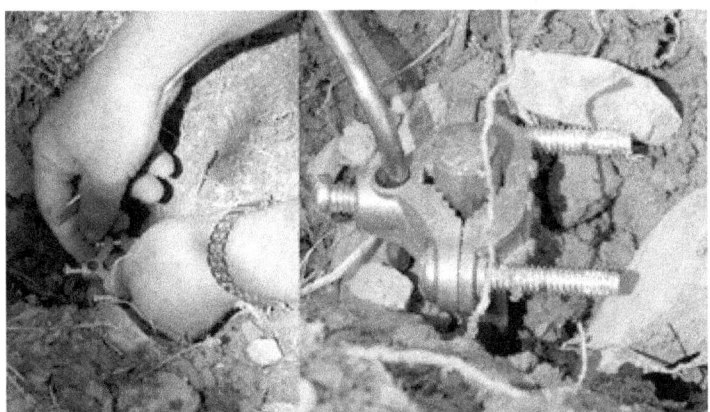

**5 Clamps that can be taken apart can be attached anywhere.**

I chose the type of clamp that can be opened up and attached on the bar anywhere (i.e. even if there is a clamp already on the top of the bar.)

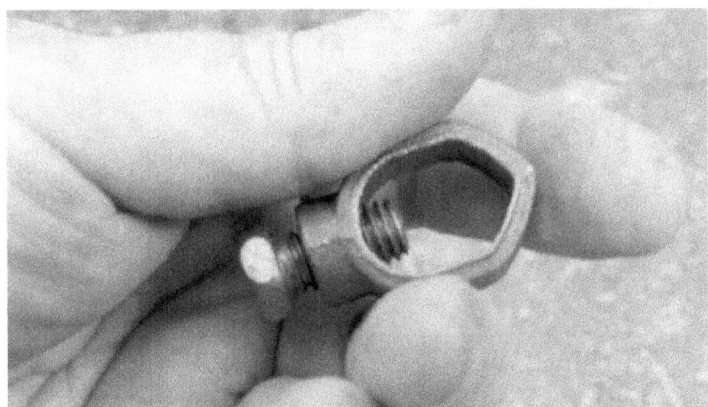

**6 An acorn clamp can only be added to the top of the rod.**

As opposed to a acorn clamp which can only be added (slid on) at the top of the bar.

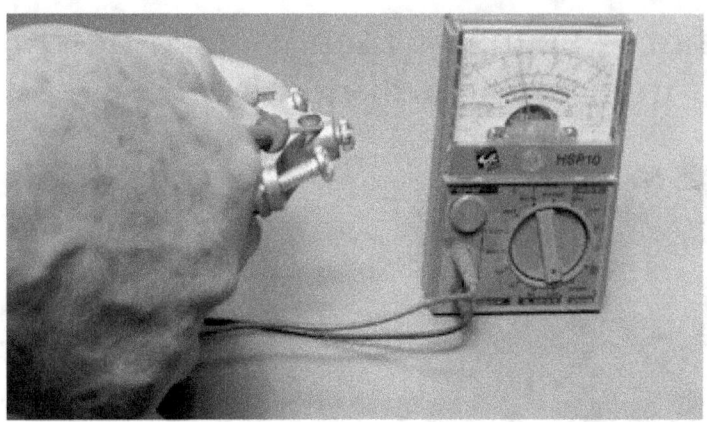

**7 You can test a clamp's conductivity with a battery and tester.**

I chose the cheapest clamps I could find for my ground clamps. There were clamps that were a few dollars more each, but when I tested the conductivity of the cheaper clamp I found no problems at all.

**8 I used #4 bare copper grounding wire to run to my second grounding rod.**

Since I was told I needed two ground bars to be in compliance with local regulations (Two give you better protection from lightning strikes.)

**9 Bare copper wire (#4) in shallow ditch.**

I used bare #4 copper grounding wire to run the eight feet from my first ground rod to the second one. I dug a trench just deep enough to cover the wire (so no one would trip on the wire), connected the two rods, and then covered the rods and clamps with dirt.

Why do I suggest starting from the ground up? Because I find that many people who live off-grid don't always bother with grounding and that simply isn't safe. (Note that my gas generator used as backup, which we'll talk about later, is also grounded by the system when plugged into the inverter.)

**10 My ground wires go right to the grounding rod.**

Again, as you can see with all the wires in the photo above, rather than use a combining box I used individual wires connected to my ground bar. It was convenient for me. What you do will depend on how you design your system.

**11 Set up your inverter and batteries first to see how the system works before adding solar.**

Now I am going to suggest that you set up your system the same way I did. That is I set up my battery bank and inverter system first. In that way you can test the battery bank—inverter setup and if any problems arise you'll know that the problem is with the batteries or inverter.

In fact, as I will mention later, I had problems when I started out and it would have been a lot harder to identify the problem if the solar panels could have also been at fault.

Since you don't have solar panels yet, you can use a generator to charge your batteries. I recommend having a generator as backup for any off-grid solar power system. In fact, I would be lost without my generator.

**12 My six battery, battery bank.**

HOW MANY BATTERIES DO WE NEED AND HOW BIG AN INVERTER?

Actually the answer to this question is quite complex so we need to take advantage of anything we can to simplify our task.

**13 Our Honda EU2000i generator.**

In our case we had been using this Honda EU2000i generator for all of our energy needs. (With the exception of our refrigerator and stove which run on propane.) We ran our computers, internet, lights, even a thousand watt microwave on this generator.

**14 A Prosine 2.0 in the box. Make sure the unit you buy has a warrantee.**

So we were sure we could get by with a 2000 watt converter. Online I found and bought a Xantrex Prosine 2.0 Two thousand watt inverter.

WARNING: If you buy any of your solar equipment online make sure that the seller is a qualified seller, that is, someone who the manufacturer has approved to sell their merchandise. This is important if you ever need to get a warrantee repair from the manufacturer. Ask every online seller if the products they are selling are warranted by the manufacturer when sold through the seller.

Since we had been running our equipment for years with our 2000 watt generator we knew that the 2000 watt sine wave inverter would work for us.

NOTE: Less expensive inverters may not produce sine wave current. Whether your current is in sine wave form has to do with how the current flows. It is not necessary to understand any more than that the current can be sign wave or square wave (think of square wave as a cheap sign wave imitation) to install a solar power system. Not having sine wave current may or may not be a problem. Some computers and other appliances will only work with sine wave current. We even have one fluorescent light that will only work on sine wave current. However, it is not impossible to get by with a cheaper square wave inverter if everything you want to run will work on it. Sign wave, by the way, is the same type of power delivered by the utilities.

## A FIRST LOOK AT ELECTRICAL MATH

**15 The watts this bulb uses = volts x amps.**

Before we can figure out our electrical needs we need to learn a little electrical math. If we have a 15 Watt light bulb and turn the light on we will use 15 Watts in one hour.

**16 The wattages given for an appliance or a light bulb is now much wattage it uses in one hour.**

**17 Imagine our water pump pipe or hose as always full.**

But what is a watt? For an example I am going to use a water pump with a pipe or hose.

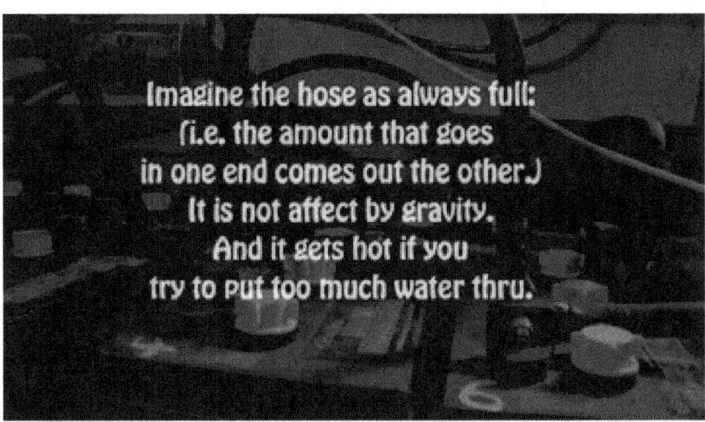

**18 Always full, not affected by gravity, gets hot is overloaded.**

For our example to be accurate we need to imagine the pipe or hose as always full, not affected by gravity, and that it will get hot if we run too much water through it.

**19 The width of the pipe is in our example equivalent to potential amps.**

**20 Low voltage is like a slow flow of water.**

**21 High voltage is like a strong flow of water. Note that amperage (pipe with) is the same for high and low voltage in this example.**

Watts are Amps x Volts. But what are amps and what are volts. Using our hose or pipe example; amps would be how wide our hose or pipe is, and volts would be how fast the water is moving through the pipe or hose. Amps x volts gives us watts which would be our output in gallons per hour. Another way to look at it would be to imagine we are using the water or power in our house to wash a ping pong ball down a road. The more watts we have the faster the ball will move. Thus we can relate watts to the work (moving the ball) the watts can do.

**22 Light bulbs usually list an accurate wattage use. They are one of the few items that do. 120 volts x .125 amps = 15 watts.**

Some items like light bulbs list very accurately how many watts they use. **NOTE: a wattage listing on an electrical appliance not only tells us how many watts the machine will use in an hour but how many watts the machine needs to run. 7 watts would not be enough power to power this 15 watt bulb.**

Some appliances don't list watt use at all  But if an appliance lists the number of amps it needs you can usually calculate the wattage needed.

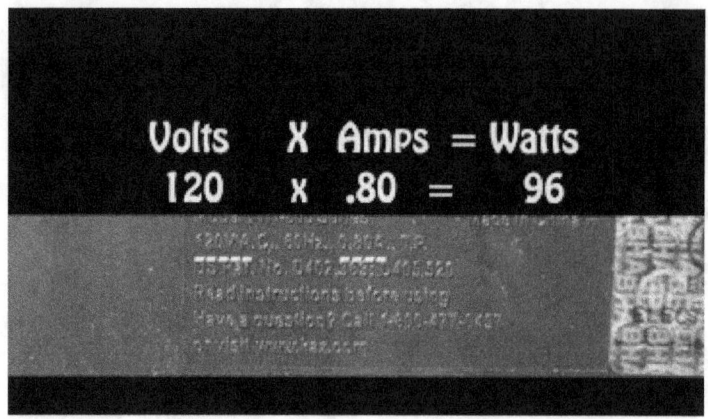

**23 This plate on the back of an appliance gives voltage and amps used.**

In the USA you can use 120 volts for almost everything except clothes dryers. Simply multiply the number of amps by 120 and it should give you the manufacturer's estimate of watt use.

**24 In the USA use 120 volts if voltage is not given for wattage calculations.**

To calculate how much power your solar energy system must provide you need to make a list of the wattage needed for all the appliances you will be using along with the number of hours you will be using each appliance.

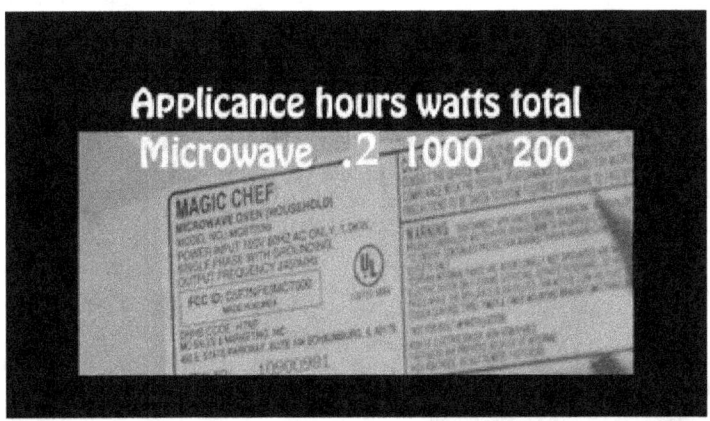

**25 This microwave is used .2 hours per day, and needs 1000 watts to operate so it will use 200 watts total per day.**

Appliance / hours / watts needed / total watts used
Microwave / .2 / 1000 / 200
Blender / .2 / 120 /24
Lamp 1 / 13.0 /26 / 338
Lamp 2 / 13.0 / 26 /338
T.V. / 6.0 / 75 / 300
Mac 1 / 8 / 220 / 1760
Mac 2 / 3 / 120 / 360
PC / 2 / 120 / 240
Printer / 1 / 75 / 75
VCR 1 / 6 / 19 / 114
VCR 2 / 6 / 17 / 102
Freezer 1 / 3 / 180 / 540
Freezer 2 / 3 / 180 /540

Total                              5381 watts

You can use a list to like this to figure out what you need. A lot of people come out with a high figure. In fact, when I first did the calculations for this I came out with a figure so high I assumed I'd never be able to afford solar power.

As you can see above my first calculations came out to 5,381 watts per day. It is best to plan on having 3 times your daily usage on hand at all time in case of a rainy day. We then need to double that figure because our deep cycle batteries will last a lot longer if we avoid depleting them past 50%.

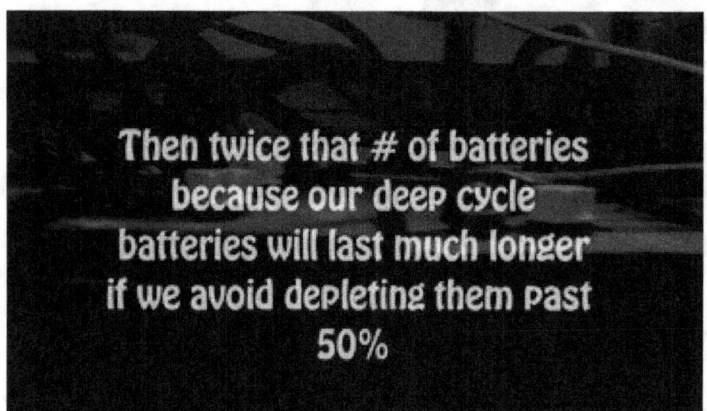

**26 Avoid taking a battery lower than 50% charge. They will last longer.**

So we multiply 5,381 x 3 x 2 = 32286 watts which is what I would want to have on hand for three days.

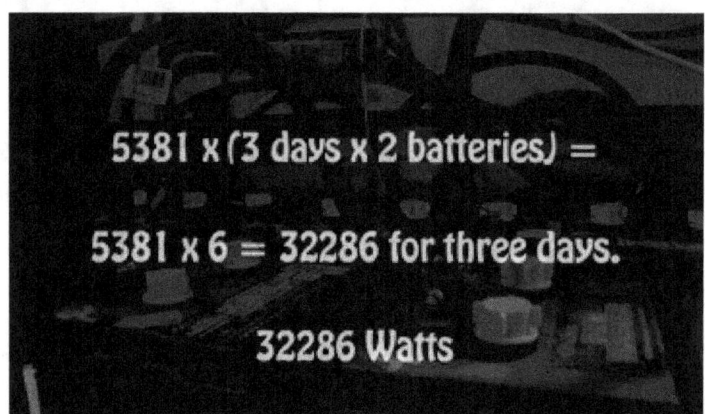

**27 Calculating total wattage.**

Now the batteries I bought are Deka L-16 6 volt deep cycle batteries. You can consider other brands but you should only consider **deep cycle** batteries for solar power systems as they are the only batteries made to be constantly charged and discharged. Other batteries, like car batteries, will wear out too soon.

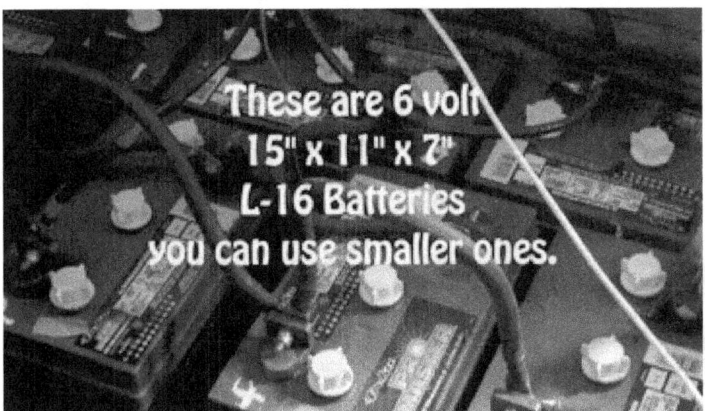

**28 I use Deka L-16 6 volt Deep Cycle batteries.**

You can use different sized batteries than the ones I am using. The ones I am using are 15" x 11" x 7" and are quite heavy. You would just need more batteries if you use the smaller sizes of **deep cycle** batteries. Smaller sizes will weigh less and be easier to move around, they may cost more overall for the same Amp Hours (which we'll discuss next) and cost more in cables, etc. That is you'll need more connections.

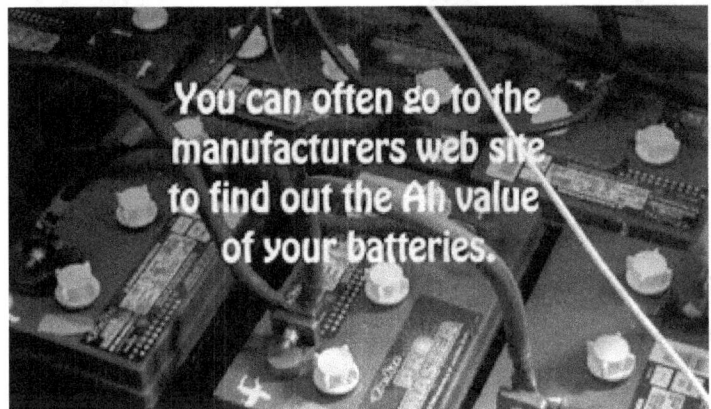

**29 You can usually get the 20 hour AH rating at a manufacturer's website. AH stands for amp hours. And what a 20 hour AH rating means is now many**

**a amps this battery will give per hour over 20 hours.**

My batteries are 370 AH. You can go to the manufacturers web page to find out the AH of any battery or ask your battery supplier. When you look for an AH rating you want to know the AH for 20 hours.

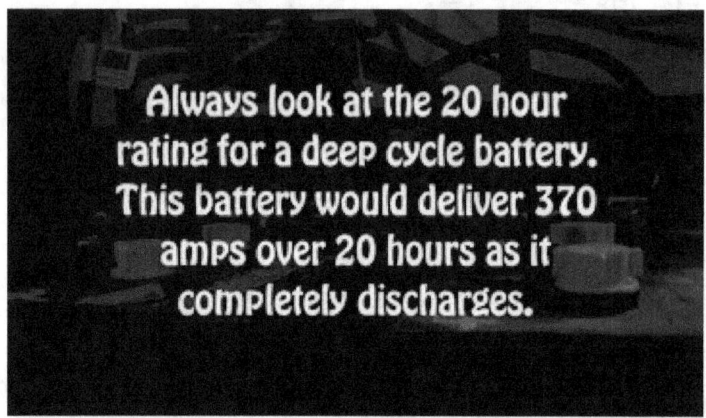

**30 Always ask for the 20 hour rating.**

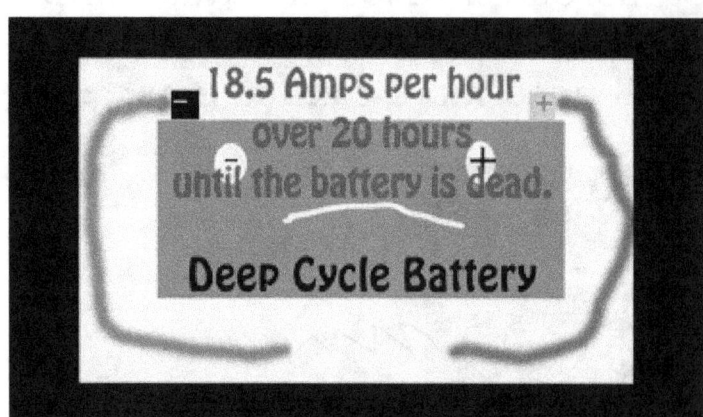

**31 370 AH would give your 18.5 amps per hour for 20 hours and then the battery would be completely depleted.**

And what this means is that for my batteries over 20 hours each battery will dispense 370 amps until fully depleted, or roughly 18.5 amps per hour over 20 hours.

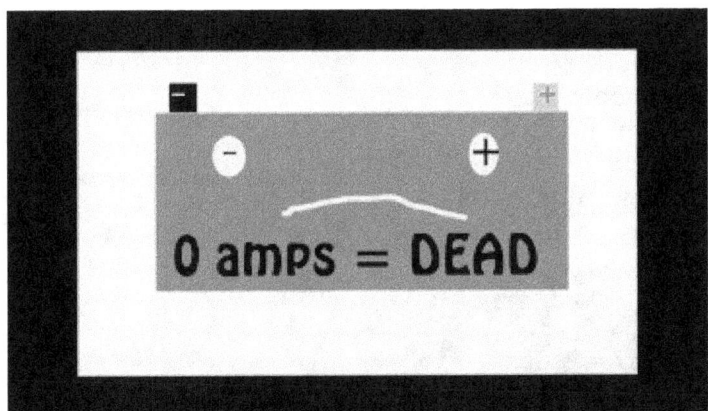

**32 We NEVER want to completely deplete a battery.**

Now we NEVER want to fully deplete any of our batteries. And a funny thing about batteries is that if we tried to get all 370 amps out in one hour we wouldn't get 370.

**33 If we tried to get 370 amps from our battery in one hour we would not be able to do it. How fast we drain the battery affects how much power the battery can give us.**

We might get 233 or something like that; but definitely a lower figure. The faster a battery is used up the less power it has. But for our calculations we can PRETEND that our battery will give us 370 amps in one hour.

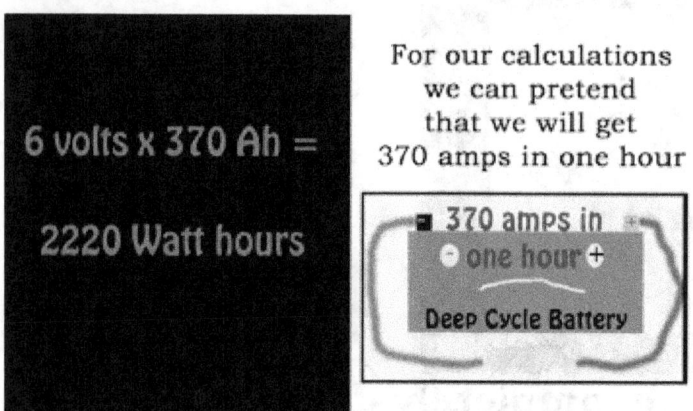

**34 When we calculate watt hours we can pretend that we would get 370 amps over one hour from a 370 AH battery.**

Now what we are interested in is how many watts the battery will give us. And to find this out we multiply the number of volts our battery is rated for, in this case 6 volts, by the AH rating.

6 volts x 370 AH = 2200 Watt Hours.

This means that each battery would provide 2200 watts. To find out how many batteries we would need to provide the 32286 watts we arrived at earlier we divide the 32286 by 2200.

> 32286 watts/2220 watt hours
> = 14.54
> which rounds off to 15.
> I would actually need 16
> because I have a 12 volt
> not a 6 volt system.

**35 Calculate batteries needed by dividing your previous wattage calculation by the watt hours of your battery.**

This come to 14.54 batteries. Although it would be nice to round off to 15 I would actually need to round off to 16 batteries for reasons I will get to shortly.

**36 Prices at the time I put my system together.**

With L-16 batteries running at the time of this writing at $225 to $500 a battery, 16 batteries was well out of my price range.

**37 I discovered many appliances like my television and computer used less power than they were rated for.**

So what I needed to do was take another look at my energy needs.  Although I found when I went over my needs again that I under estimated some of my needs, for example, I watch more television than I should.  However, more often I over estimated my power needs as many of my appliances, such as my computer used half as much power as they were rated for.  In fact, the only ones that seem to be right on the money were light bulbs and microwaves.  In fact the best way to find out the exact wattage an appliance uses is with a wattage meter. These can be pricey but if an exact calculation is necessary these can be invaluable.  I never did get one, and actually use my the display on my inverter which tells me exactly how much I'm using at any time and I now use to calculate more exact usage of individual appliances (running only one at a time).

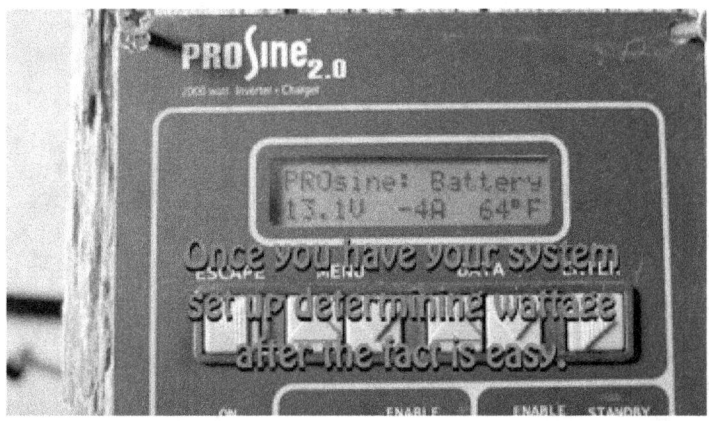

**38 Calculating wattage use after your system is set up is easy. To do it ahead of time you'll need a wattage meter.**

If you know someone who has a solar power system installed, you might ask to test your appliances with their system. Whether you do or not it gives me a opportunity here to point out an import aspect of inverter systems. Be aware that the inverter itself uses some power. For instance:

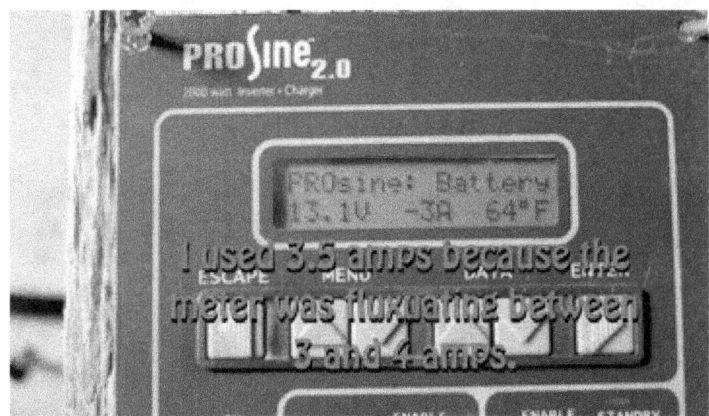

**39 My meter was fluctuating between 3 and 4 amps so I will use 3.5 amps in my calculations.**

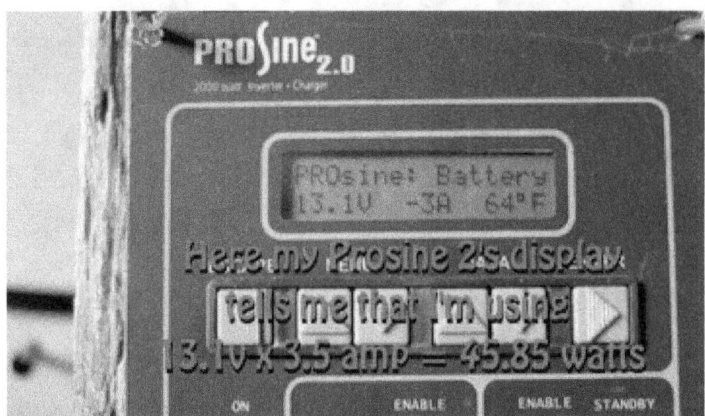

**40 Multiplying 13.1 volts by 3.5 amps I get 45.85 watts.**

In the above meter readings I am getting 13.1 volts and my amperage is fluctuating between 3 and 4 amps so I used 3.5 for my calculations.

3.5 amps x 13.1 volts = 45.85 watts

But the system itself uses some power and the wattage the system uses must be subtracted if you want the wattage of your appliance only.

> But the inverter has a base of
> one amp so we need to subtract
> 13.1 x 1 amp = 13.1 watts
> from
> 45.85 rounded to 48.9
> So my 3 lights a 9, a 14, & a 13
> use 48.9 - 13.1 = 35.9 watts

**41 Subtract base use to figure out actual wattage of an appilance.**

So I tested with three light bulbs, a 9 watt, a 14 watt and a 13 watt all on at the same time. When nothing was on the inverter showed 1 amp being used. I multiplied 13.1 volts x 1 amps and got 13.1 watts. When I subtracted this from my 48.9 (rounded off) watts I got 35.9 Watts for the three bulbs running at the same time. Almost exactly the sum of their rated power use:  9 + 14 + 13 = 36 watts.

**42 Keep in mind that some appliances such as televisions with a remote are always on. A power strip that can be switched off can make sure the television isn't using power when it is not being watched.**

While we are discussing base power it is well to keep in mind that some appliances, such as televisions, VCRs, Blu-Ray players, etc. have remotes. For these remotes to work some power has to be going into the appliance. This "remote control ready" power can be an unnecessary drain on your batteries when you don't need to have them on.  A surge protector strip can be used as a way to power off any device like a television that keeps itself on so a remote control can work.  I find I like the strips with the led lights.  True they use a tiny bit of power but the convenience of knowing at a glance what is actually switched on is, I think, worth it.

If you do arrange a way to cut power to "remote control ready" devices, only the power you use when these devices are actually on, need figure in your calculations. If you leave them on all the time, the slow drain the "remote ready" uses needs to also be figured in.

Lets get back to recalculating our power needs.

**43 Incandescent bulbs use the same power in watts as the light they give off. Fluorescents can save power.**

I had NOT been using standard incandescent light bulbs. A standard 100 watt bulb used exactly 100 watts per hour. By switching to florescent bulbs which gave off 100 watts of light but only used 26 watts off power I had already been saving 74 watts per light. But I discovered that by switching to 40 watt florescent bulbs I could easily read by I was able to reduced my power usage per bulb to 9 watts.  This was a 17 watt per bulb per hour savings for two lights over 10 hours. This added up to a 340 watt per day savings.

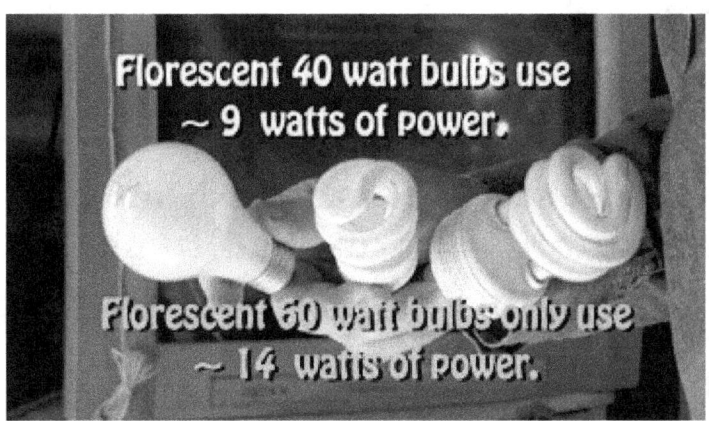

**44 By changing to florescent bulbs AND using the smallest wattage you can read by you can save power.**

Now if you were paying close attention you might ask; Didn't he say earlier that he was using his lights for 13 hours per day?  And you'd be right.  After careful calculations we realized that would not be able to afford a solar system unless we supplemented our solar energy by using our generator for 3 hours per day.

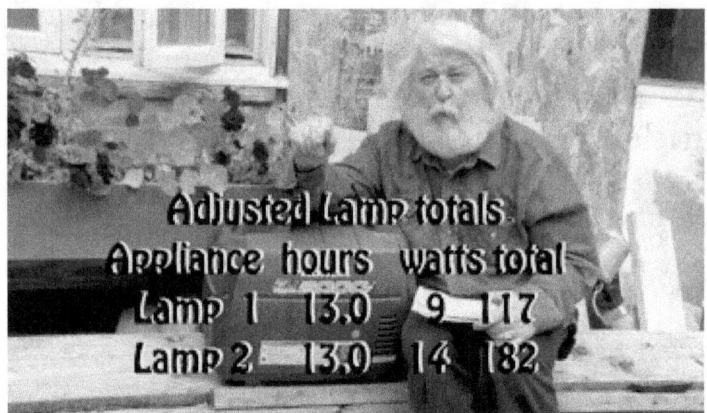

**45 But I originally said I used the lights 13 hours per day. To be able to afford solar we had to use our generator at least 3 hours per day.**

By reducing our power usage wherever possible, for example by using lower power light bulbs,

**46 Reducing power use with energy saving florescent bulbs.**

and only using our high wattage appliances only when the generator was running (such as the freezers), we were able to get our energy usage down to something we could manage with a solar power system we could afford.

**47 Freezers are big energy users. Buy only running our freezers during our generator using hours we reduced the size and therefore the cost of the solar system we needed.**

By reducing our generator usage down from 16 hours to 3 we also reduced our fuel consumption down to something we could manage. [NOTE: a lesser generator than the Honda EU2000i might not be a viable substitute. There will be times within your "generator hours" where you'll need to charge your battery system with the generator. You may also need a powerful enough generator to "equalize" your batteries—an overcharging done for you by your inverter to bring all your batteries up to a similar power level. In other words don't skimp on your generator.]

**48** Don't forget to turn the appliances you use during any generator using time off when you turn the generator off.

| Appliance | Hours | Watts | Total |
|---|---|---|---|
| Microwave | 0.1 | 1000 | 100 |
| Blender | 0.2 | 120 | 24 |
| Lamp 1 | 10 | 14 | 90 |
| Lamp 2 | 10 | 9 | 90 |
| T.V. | 6 | 75 | 450 |
| Mac 1 | 5 | 220 | 1100 |
| Mac 2 | 1 | 120 | 120 |
| PC | 0 | 120 | 0 |
| Printer | 0 | 75 | 0 |
| VCR 1 | 3 | 19 | 57 |
| VCR 2 | 3 | 17 | 51 |
| Freezer 1 | 0 | 180 | 0 |
| Freezer 2 | 0 | 180 | 0 |
| total | | | 2082 |

**49** Our revised energy use list. Appliances only used during hours the generator is on are set to 0.

By incorporating generator use during the day we were able to get our overall power requirement from solar to less than half the original figure. With adjustments the figure came out to 2082 watts per day. Following our formula 2082 X 3 days X 2 Batteries( no more than 50% each) = 12,492 Watts. And if we divide this by 2220 watts per battery we get 5.6 which rounds out to 6 of our L-16 batteries. And 6 batteries was a number we could afford.

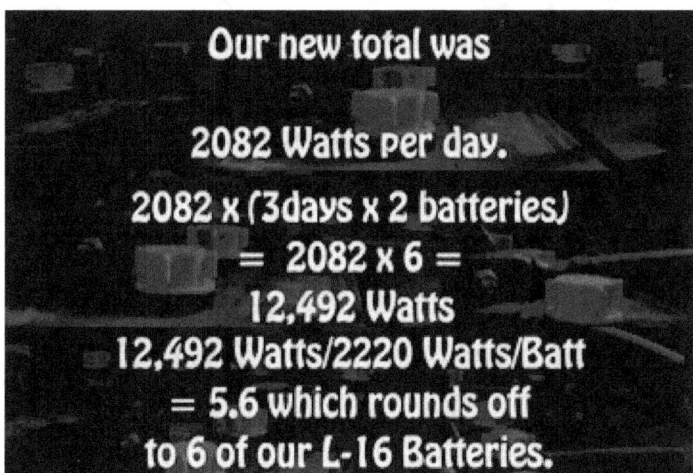

**50 With our new figure we realized we could get by with six L-16 batteries and that was a number we could afford.**

MORE BATTERY MATH

**51 Our six L-16 batteries set up.**

Before we set up our battery system we need to talk a little bit more about battery math. As I said I am using six, 6 volt, 370 AH batteries. There are some things we need to understand before we can work with these. Let's go back to our hose example.

Let's pretend we want to pump exactly 60 gallons of water in one hour, no more and no less. This means, since there are 60 minutes in an hour, we have to pump one gallon of water per minute. Let's say hose A can pump that amount. This 60 gallons per hour or one gallon per minute is the equivalent to our wattage. But if 60 gallons per minute is our wattage what are our volts and amps?

**52 Hose diameter is our water pumps equivalent to amps, the speed the water travels is the water pump equivalent to volts.**

What happens if we get a second hose, hose B, which is narrower; half the diameter of the first hose? Since less water can flow through this narrower hose the water would have to be going twice as fast to provide a gallon a minute.

The speed of the water is the equivalent of our voltage; i.e. how fast our electricity is moving. The width of our hose is the equivalent of amperage; or how much water is being pushed at a moment in time.

We can use this example to get an important idea across about our solar energy system. We can pump the same amount of water through a narrower hose if the water goes faster. With electricity the higher the voltage or the speed with which our electricity travels the narrower the wire that conducts that electricity need be.

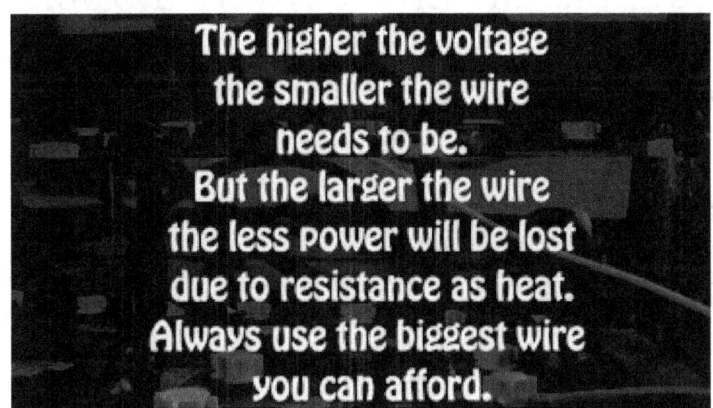

**53 The bigger the wire less resistance.**

The reason you need to understand that the higher the voltage you use the narrower the wire can be is because copper is expensive. When you pick a solar power system you have to decide on the voltage your system runs at. If you are going to need a lot of wire running from your panels to your charge controller you are going to have to use a higher voltage system.

**54 Copper is expensive so the voltage of your system is something to consider when choosing a system.**

Now the inverter that I purchased is a 12 volt inverter. And the fact that it is made for a 12 volt system has an effect on the size wire I could use. I would need larger diameter wire if, for example, my inverter were a 6 volt inverter. As we progress I will be mentioning the advantages of having a 24 volt or even 60 volt system. But I bought a 12 volt inverter which from that point limited me to a 12 volt system.

**HOW DO YOU CONVERT 6 VOLT BATTERIES TO A 12 VOLT SYSTEM?**

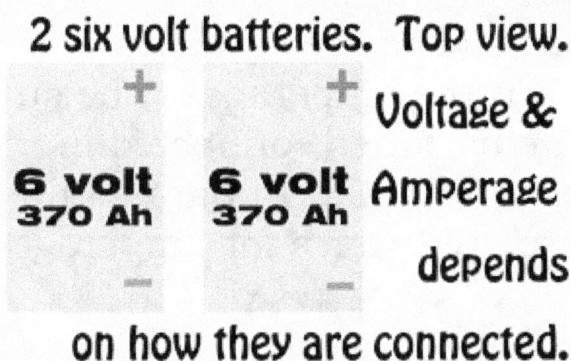

2 six volt batteries. Top view. Voltage & Amperage depends on how they are connected.

**55 How we connect batteries will determine what voltage and amperage they deliver.**

The first question you might ask is how, if I purchased 6-volt L-16 batteries, was I going to use these in a 12 volt system? The answer is easy. What voltage or amperage our batteries supply will simply depend on how they are connected.

CONNECTING BATTERIES IN PARALLEL

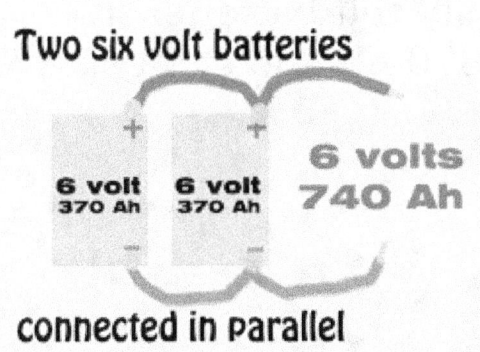

Two six volt batteries connected in parallel — 6 volts 740 Ah

**56 Parallel connects positive to positive and negative to negative.**

For example when we connect positive terminal to positive terminal and negative terminal to negative terminal this is called a parallel connection. The important thing to remember about parallel connections is that with parallel connections the voltage remains the same but the amperage is the sum of the amperage from all the batteries connected in parallel. To help remember this think; In parallel the amperage swells. And there are two a's for amperage in the word "parallel."

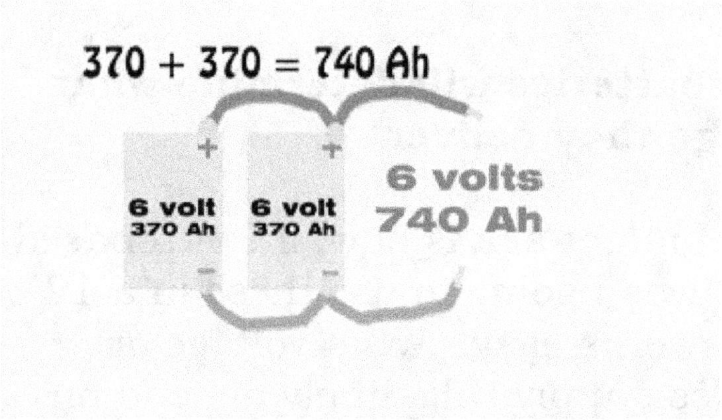

370 + 370 = 740 Ah

6 volt 370 Ah | 6 volt 370 Ah | 6 volts 740 Ah

**57 When we connect batteries in parallel the voltage remains the same and the amperage is the sum of the amperage of each battery.**

When we connect two of my six volt batteries in parallel we add 370 Ah and 370 Ah and get a six volt system with 740 Ah.

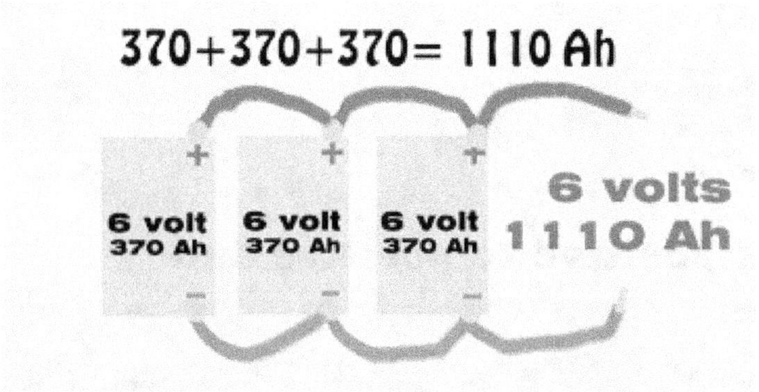

370+370+370= 1110 Ah

6 volt 370 Ah | 6 volt 370 Ah | 6 volt 370 Ah | 6 volts 1110 Ah

**58 With 3 batteries in parallel we still have 6 volts but 1110 Ah.**

If we had three six-volt batteries connected in parallel we would still have 6 volts but we would have 1110 Ah, or 370 + 370 + 370.

**CONNECTING IN SERIES**

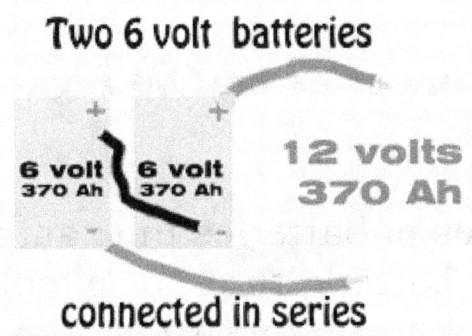

**59 When we connect batteries in series the amperage stays the same and the voltage is the sum of the voltage of all the batteries in the series.**

The other way to connect batteries is in "series." I like to think of it as "Electricity sizzles in series." And there are no 'A's in the word series so "Amperage" never changes. When we connect our batteries in series the positive terminal of one battery is connect to the negative terminal in the next. It does not matter which negative goes to which positive. If the wires in our example 59 were reversed the result would be the same. When batteries are connected in series the amperage remains the same and the voltage is the combined voltage of all the batteries in the series.

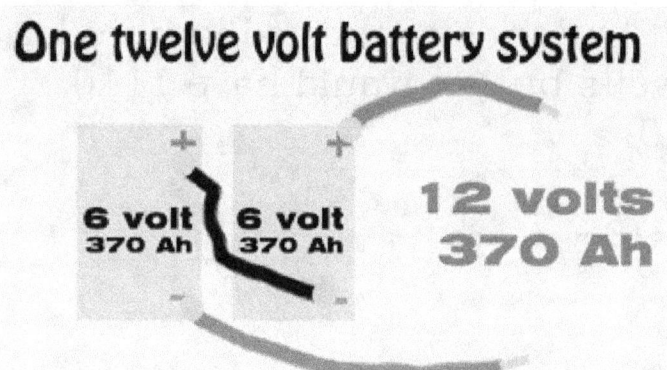

**60 Two six volt batteries in series can be regarded as one 12 volt battery.**

One way to look at the series of batteries in example 59 and 60 is as one 12 volt battery; that is we took two six volt batteries and turned it into one 12 volt battery system.

> Lets revisit our battery math.
> We said that to get watt hours for out 6 volt batteries
> 6 volts x 370 AH = 2220 Wh.

**61 One six volt battery gives us 2220 Wh (watt hours)**

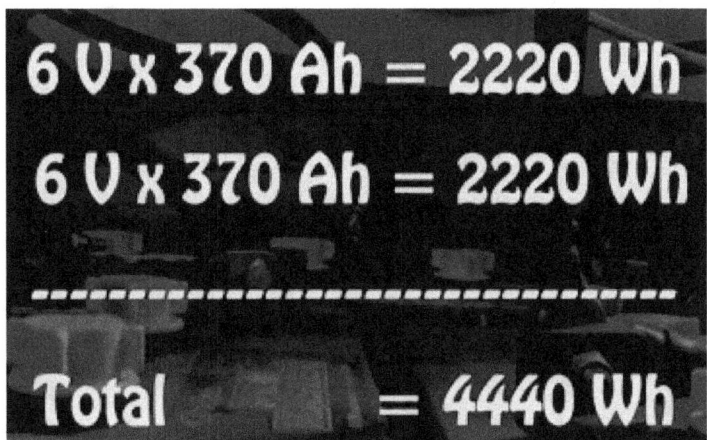

**62 Two six volt batteries give us 4440 Wh.**

That said, let's revisit our battery math. Before we said that if we multiply 6 volts by 370 Ah we got 2220 Watt hours for each battery. If we have two 6 volt batterie with 2220 Watt hours each we have a total of 2220 + 2220 = 4440 Watt hours.

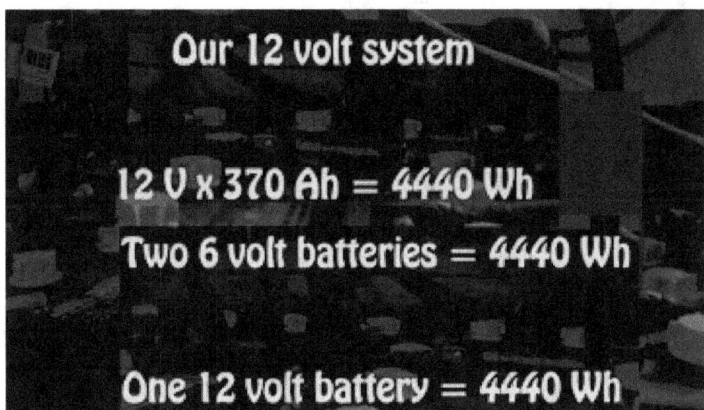

**63 Our 12 volt is the equivalent of two six volt batteries.**

Now here is why we can consider the two six volt batteries as one 12 volt battery. If we multiply 12 volts by 370 Ah we get 4440 Watt hours. So two six volt batteries in series is the same as one 12 volt battery.

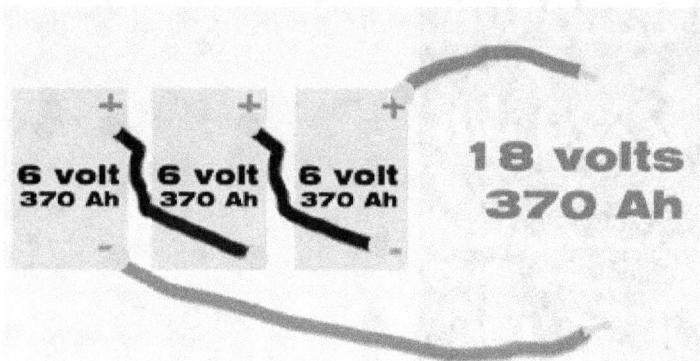

**64 An 18-volt system--three six volts batteries in series.**

Now let's go back and look a little more at batteries connected in series. If we connect three six volt, 370 Ah batteries in series we would have an 18 volt 370 Ah system. I have not personally seen any 18 volt systems.

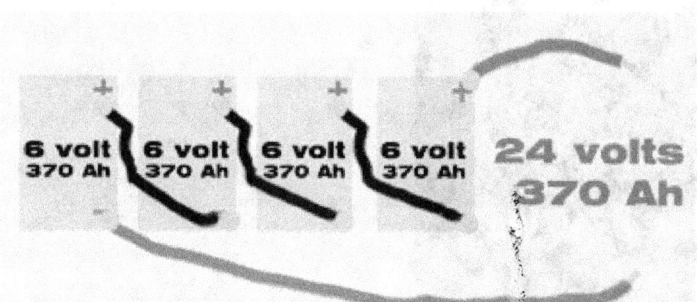

**65 24 volts would use four six volt L-16s in series.**

Far more common is a 24 volt system. This is a system that many inverters use. The advantage is that you can use smaller wire with a 24 volt system than you can with a 12 volt system. The disadvantage is that you will always have to replace or add (if you are using 6 volt l-16s) four batteries at a time.

6 + 6 + 6 + 6 + 6 + 6 + 6 + 6 + 6 + 6 = 60 volts

Now if you use a 60 volt system and there are 60 volt inverters, you would have to replace or add ten 6 volt l-16 batteries at a time.

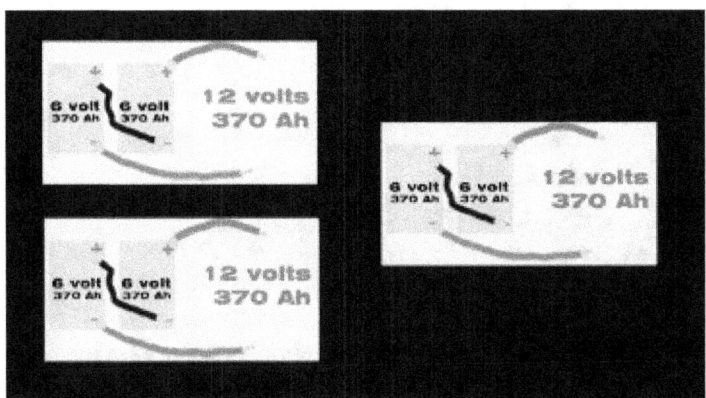

**66 Our three twelve volt systems here were created by connecting 6 volt batteries in series. If we connect these twelve volt battery systems in parallel we can build our power and keep our 12 volts.**

Now I need a 12 volt system but two 6 volt L-16s will not provide enough power or storage for my needs. So how do we connect more batteries and keep our 12 volt system? The answer is to connect using both parallel and series connections.

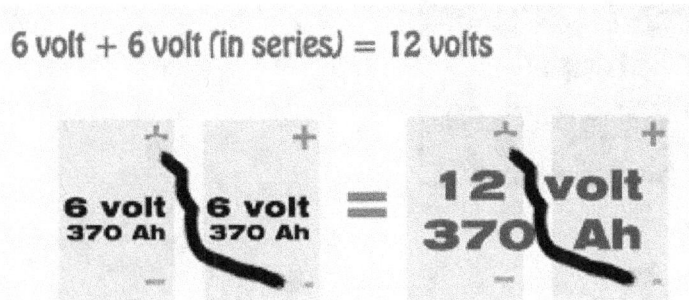

**67 From now on I'll label our two combined six volt batteries as one 12 volt.**

Because our two six volt batteries connected in series are the same as one 12 volt battery I will from now on re-label them as a 12 volt as in the illustration above.

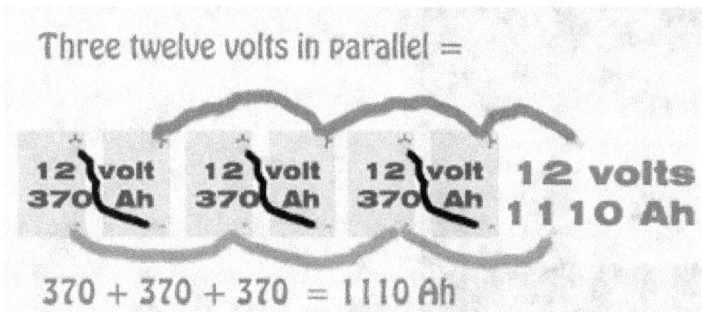

**68 Three 12 volt batteries connected in parallel create a 12 volt 1110 Ah system.**

So you'll see that I am connecting three 12 volt batteries in parallel (using wire colored red on the negative side and gray on the positive side) to create a 12 volt 1110 Ah battery bank.

**69 My battery bank.**

And this is exactly how I set up my battery bank. And shortly I'll go over exactly how set up my batteries and solar power system. But first lets go over briefly just how all the ingredients to your system have to mesh for your solar power system to work.

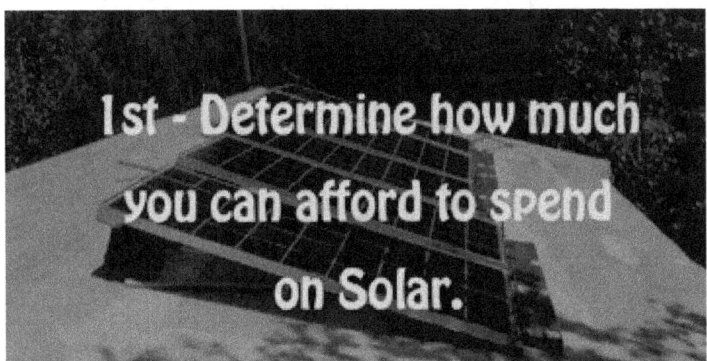

**70 Go over you needs and resources ahead of time.**

1.) First determine just how much you can afford to spend on solar.
2.) Determine just how much energy you'll need. (With adjustments for cost, etc.)
3.) Determine how much charging power the solar panels you can afford will provide—including how many panels you'll have, what size, etc.
4.) Determine how much room you'll have for you battery array and other solar accessories.
5.) Determine how far your batteries will be from you solar panels, which will affect...
6.) Determine the size wire you'll need to use which will partly depend on...
7.) The voltage requirements of your inverter.

Now that is already quite a few things that have to mesh together and it is not even an exhaustive list. Note that you won't even be able to finalize anything unless you make some of your choices which is one of the reasons that people find putting in solar panels so intimidating.

Since, in order to actually do the calculations you have to make specific choices, I will from here on, make choices and proceed from them.

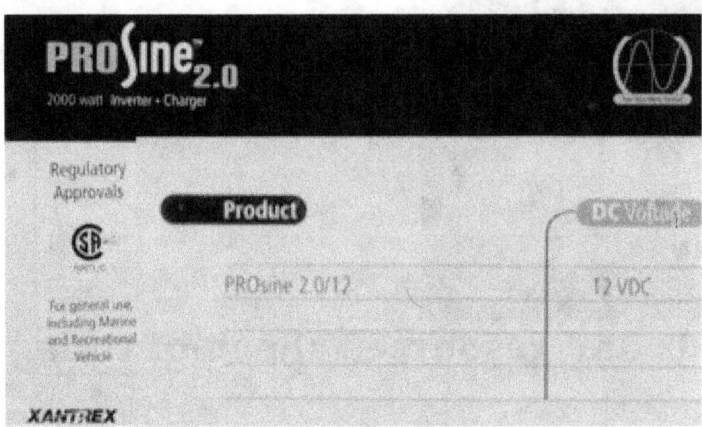

**71 My Prosine 2.0 is a 12 volt.**

Now I made a specific choice when I picked out my Xantrex Prosine 2.0 12 volt inverter, because it was a 12 volt inverter. This choice limited how far my battery bank could be from the inverter and limited my wire choices among other things.

> Needed wire size INCREASES as Distance to Battery Increases.
> Needed wire size DECREASES as Voltage Increases.

**72 Distances determine wire size needed in solar power systems.**

For an example of one of the other things a 12 volts system is not ideal if you want to back up your solar power system with a self-regulating wind power system. Such a system would do better with a much higher voltage inverter—battery bank arrangement.

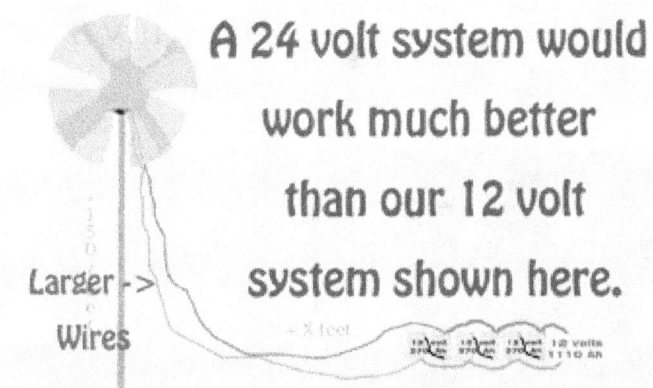

73 **A wind tower may need to be 150 feet tall. This makes for a long distance to the battery bank. The needed wire for a 12 volt system (3 twelve volts connected in parallel) could cost a pretty penny.**

This is because (due to the needed tower height) a wind generator will tend to be much further away. Thus the size wire I would need to connect a wind generator to my 12 volt system makes that an impossibility cost wise.

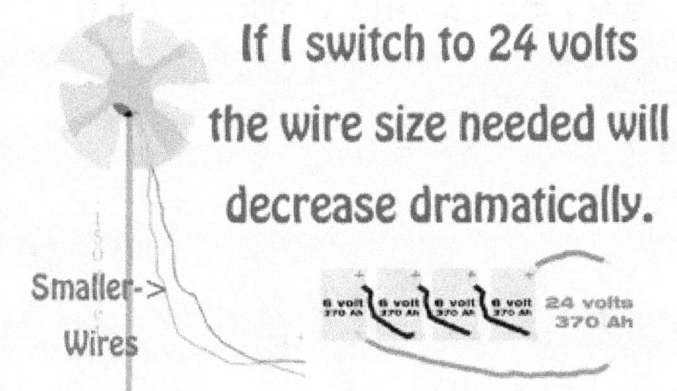

74 **A twenty-four volt system would decrease wire size needed dramatically. (You would probably need more than just the single 24 volt battery seen here.[i.e. 4 six volts in series])**

We won't be talking more about wind power here, but we will be talking about wire size in detail later on. For now, let's look at how I set up my battery inverter system.

**75 Thick wires connect batteries to the inverter with fuses for safety.**

## SAFETY

When I'm working with my solar power system I always were rubber boots.  You should wear rubber boots or stand on a rubber pad while working with your system.

**76 Always wear rubber boots or stand on a rubber pad while working with power.**

Also remove all metal jewelry from your person. Although you are less likely to be electrocuted while working with DC ( that is direct current) than alternating current (from a on-grid outlet, your generator, or inverter) your batteries pack enough power to weld any metal you are wearing to any other metal. Wearing metal that is being welded is not something you want to do.

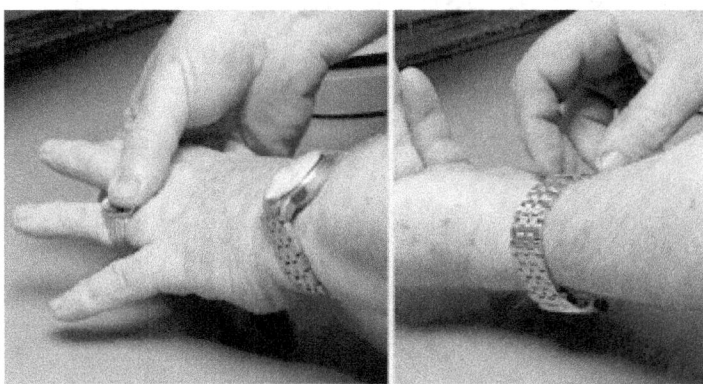

**77 Remove all metal jewelry. Your battery bank has the power to weld metal objects together.**

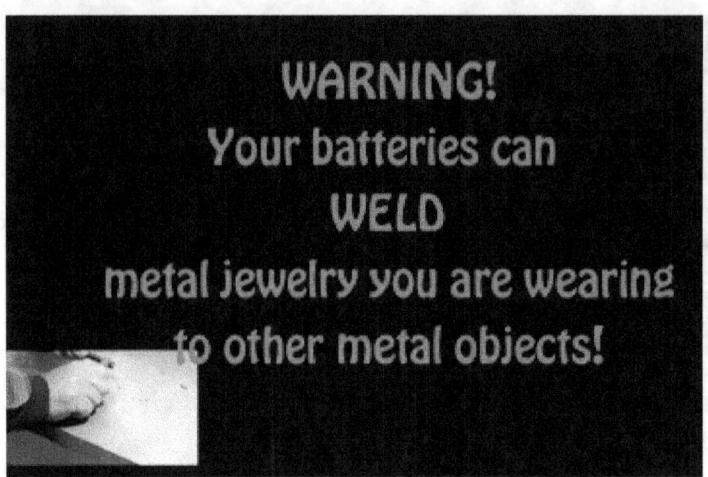
**78  Be safe rather than sorry.**

And since I've mentioned direct current and alternating current, let me say that with DC, the kind of current we get from batteries, the flow of electrons, that is electricity always remains the same.  That is one wire is positive and the other negative and the flow runs from positive to negative.  With alternating energy the direction reverses itself in an endless cycle.

For our purposes the only things we need to remember are:  With alternating current we deal with higher voltages and lower amperages, use smaller wire and have a much greater danger of electrocution.

> With DC the flow of electrons
> goes in one direction.
> This requires BIGGER WIRE.
>
> With AC the flow of electrons cycles.
> This allows much SMALLER WIRE.
>
> With AC we have higher
> voltage and often lower amperage.
> With a much greater danger of
> ELECTROCUTION!
>
> **We need DC to store our energy in batteries.**

**79 Most important things to know about Direct Current vs Alternating Current.**

But we need DC to be able to store our energy in batteries.

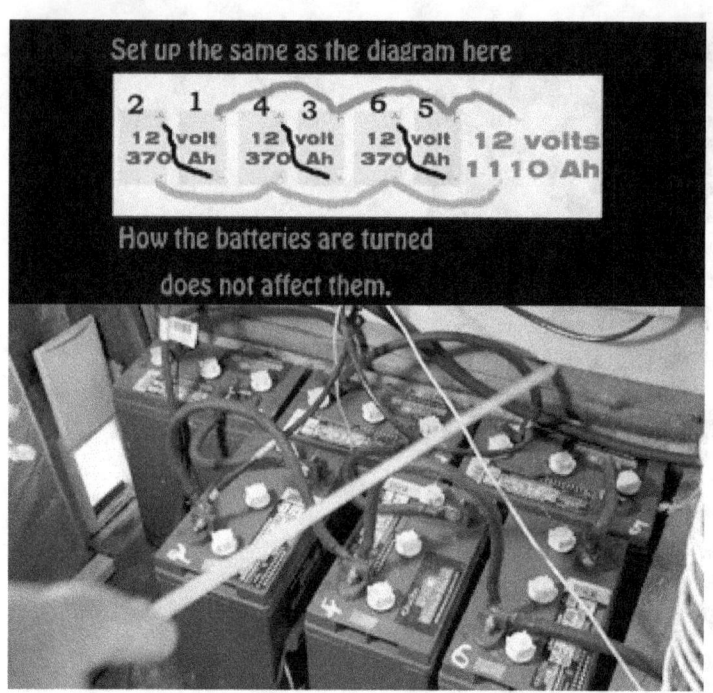

**80 Wiring schematic and actual battery bank. In the schematic batteries are numbered and the connections match the numbers on the actual batteries.**

Diagram 80 shows how I set up my batteries. The even numbered ones in front set perpendicular to the odd numbered ones in back. These were positioned this way simply for space considerations.

**81 Red paint by your positive terminals will help avoid mistakes. Put the paint around the terminal not on it.**

Before I connected my batteries I painted each positive terminal red. It can eliminate mistakes and make things a lot easier.

As far as room goes, if I had added two more batteries and that would have been the limit as far as the room I had goes, I would have had to of blocked the cat door visible in illustration 80.

Now on the batteries themselves I have shorter 2/0 (two ought) wire connecting the positive and negative terminals on each of my sets of two 6 volt batteries making them 12 volt batteries.

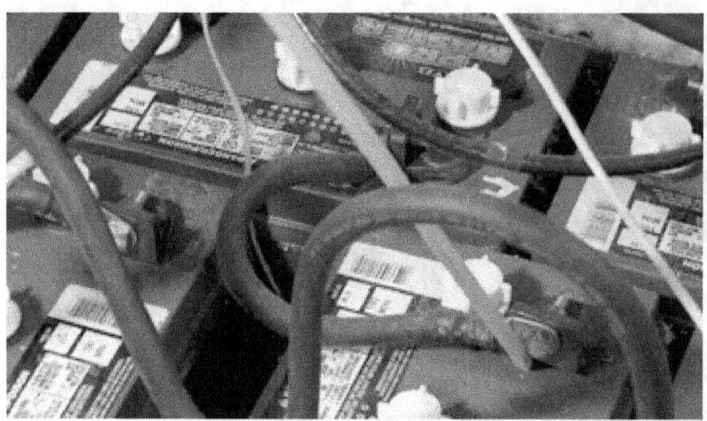

**82  A 2/0 wire connects the negative terminal of Battery #3 to the positive terminal on #4.  Note the red paint around the positive terminal on battery #4.**

When I connected my batteries I connected the odd numbered battery to the next highest even number and you can see in photo #82 that my 2/0 connects the negative terminal of battery #3 with the positive terminal of #4.  This is the same as in the diagram in illustration #80 and #83 below.

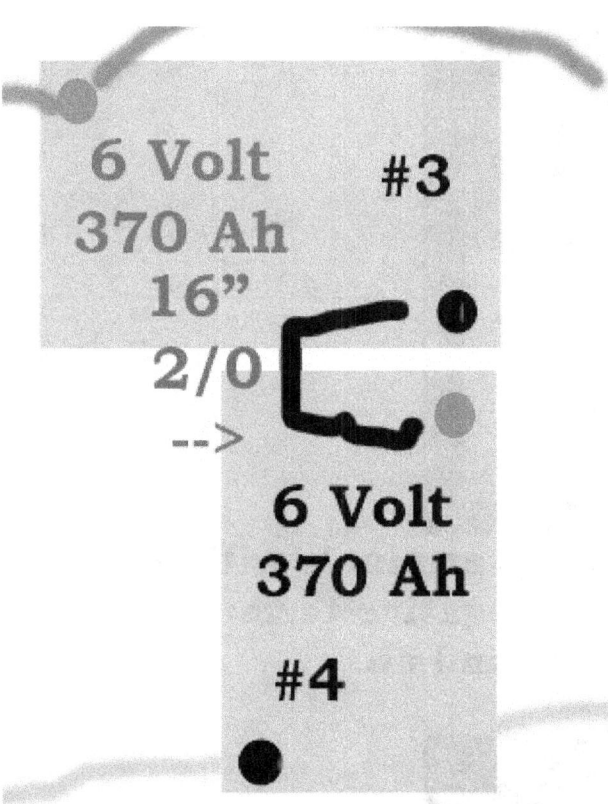

**83 Close up of the connection on batteries #3 and #4 making one 12 volt battery. Batteries #1 and #2 form another 12 volt and batteries #5 and #6 form the third.**

Once I have my three sets of six volt batteries connected using 16-inch-long 2/0 wire I then connected the three resulting 12 volt systems together using 20 inch 2/0 wire.

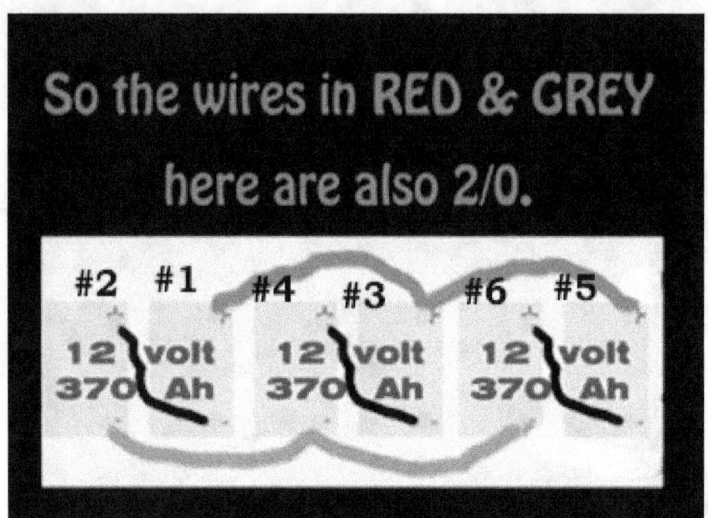

**84** I connected my positive terminals with 20" 2/0 wires at #1, #3, #5 and my negative terminals also with 20" 2/0 wire at #2, #4, and #6.

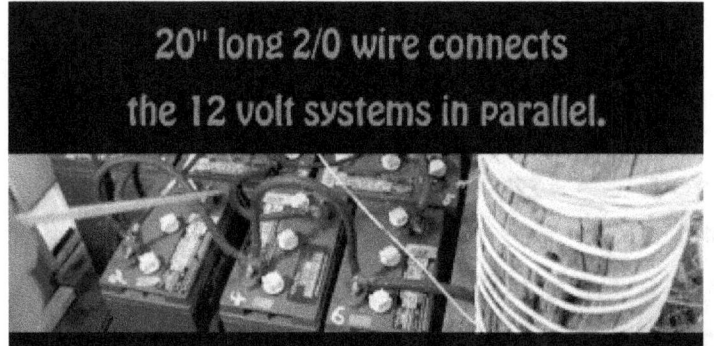

**85** Here is a photo of the 20" wire on the negative connections.

**86** Here you can see the 20" 2/0 cable connecting the positive terminals on #1, #3, and #5.

**NOTE: I purchased my 2/0 wire cut to the proper size 16 inch, 20 inch, etc. with the copper fitting attached so all I had to do was bolt them to the batteries. I recommend you do the same. Attaching any kind of fitting to very thick wire is not easy.**

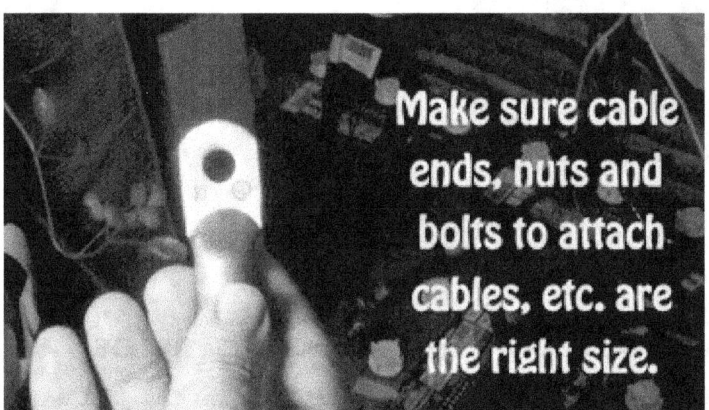

**87 It may cost a little more but have your wires prepared for you rather than doing it yourself. Putting copper ferrules, etc. on thick wire is harder than you'd imagine.**

I cannot emphasize enough how important it is to have your connections as tight as possible.

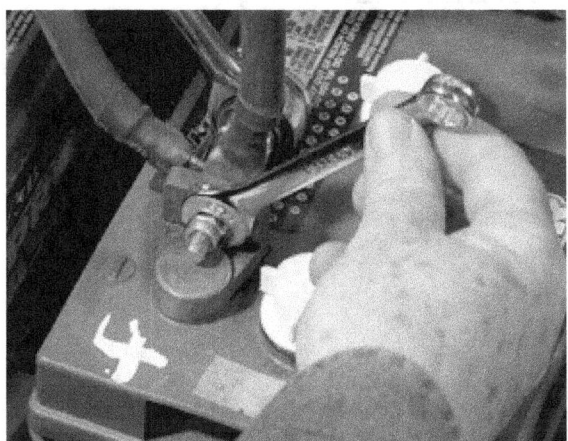

**88 It is essential you have your connections as tight as possible.**

Tighten you connections as tight as you can and check them every once in a while and if necessary tighten them again.

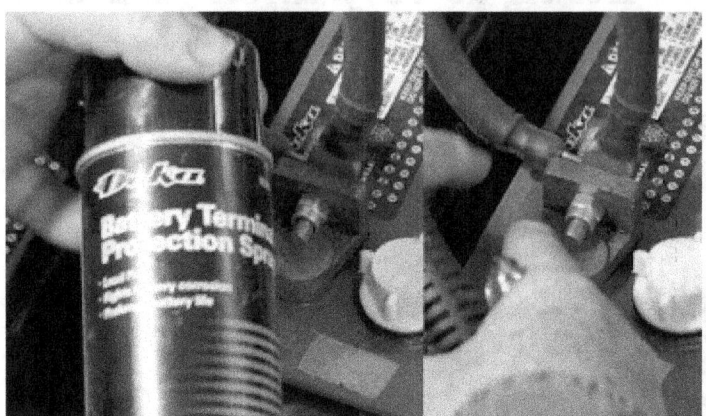

**89 Although spray on corrosion protection is easy to apply, I prefer to spray the compound into a cup and paint the material on.**

After you've tightened your connections you can then use a spray-battery terminal spray. This will help prevent corrosion. The fumes are not something you'd want to inhale and what I ended up doing was spraying some into a small cup and painting the protective compound on the terminals.

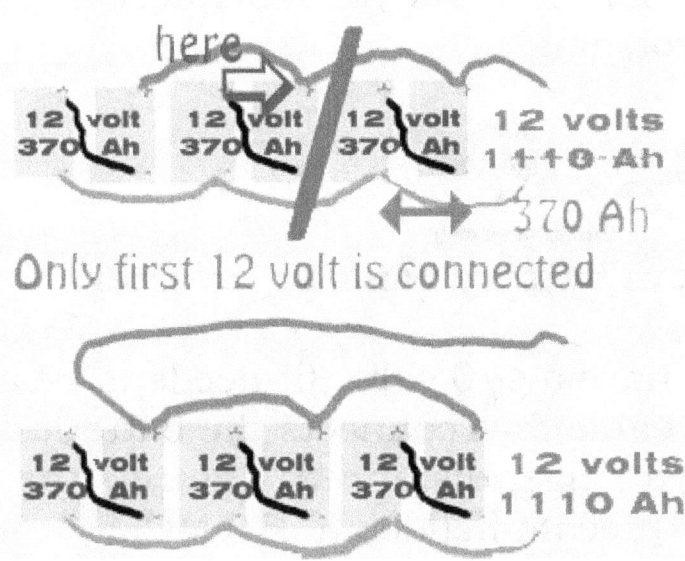

**90 With terminal wires coming off the same end, above, a loose connection could result in only one battery being used. At opposite ends you'll have a better chance of spotting problems as a disconnected positive and negative wire can give no power at all.**

You may have noticed in our original graphics the positive and negative terminal connections came off our battery bank on the same side. Now that is perfectly acceptable. But what I ended up doing was having my positive and negative wires come off opposite ends of the battery bank.

What can happen if your positive and negative wires come off the same end of your battery bank if a connection is broken somewhere you may have power but not the power of all of your batteries.

By connecting the wires going to your inverter at opposite ends of your battery bank you'll be more likely to notice any problems.

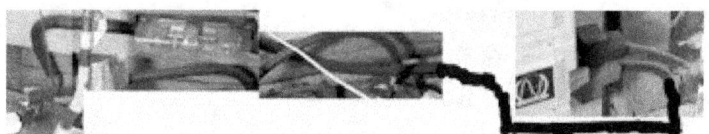

**91 Positive Cable from battery bank to Inverter.**

On the positive side I have a 4/0 cable (it needs to be a bigger cable than the cable that connects the batteries together as it is going a longer distance.) Xantrex (the inverter manufacturer) recommended a 250 MCM cable for connections of less than 6 feet with 4/0 as an alternative if MCM sizes were not available. You need to use the cable size your inverter manufacturer recommends bases on the distance from the batteries to the inverter.

**92 250 Amp Class T Fuse. A fuse in the positive line is a must! Go with the size fuse the inverter**

**manufacturer recommends. A breaker is an alternative and it does give you the option to turn power off, but they usually are more costly.**

In my positive line I have a 250 Amp Class T fuse. I connected the fuse to the cable myself.

**93 I prefer a bolt cutter for cutting thick cables but a hacksaw will work as well.**

If I am cutting a 2/0 or 4/0 cable I prefer a bolt cutter. A hacksaw will work just as well if you don't have a bolt cutter. When you are doing your AC wiring (because the wire will be much-much smaller) a simple pair of strippers (with a cutter included) will suffice. And for our outdoor DC wiring often wire-cutter—needle-nose pliers will be all we need.

**94 Wire strippers and needle-nose cutters will do most of your wire work for you.**

After cutting your cable and stripping it (box cutters work well on thick cable) you still may find it hard to get the wire into your fuse. I had to trim the wires back so they fit with scissors. Then twist the wire into a point so it fit.

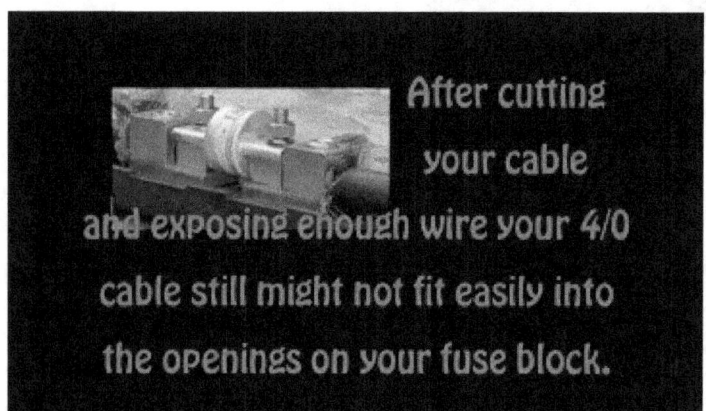

**95 Fitting wires into a fuse is not easy.**

WARNING: I use heavy-duty welding gloves when trimming wire.

**96 I wear welding gloves when working with a cable filled with fine wires.**

I even added a little solder on the outside after I was done.

**97 I solder the ends of the wire.**

Most people I know use T fuses for their positive line. You should also consider using a breaker. They do give you the option of turning off the power with a flick of a switch.

**98 Negative Cable connects directly to the inverter (i.e. without a fuse).**

The negative cable connects directly to the inverter without fuses or breakers in the line.

Always connect the negative cable to the inverter **LAST** after all other battery connections are made. And expect a spark when you connect it.

**99 Connect the negative cable last and expect a spark.**

Now I mentioned that I was glad I set up my batteries and inverter first, before setting up my solar panels. The reason was I made a major mistake when I set up my fuse in my positive cable. Because I only had the battery system to deal with it made finding the problem easier.

**100 I set up my inverter and batteries first without solar and was glad I did.**

Do you remember when I said you have to make sure your connections are **tight**. Well, that doesn't only refer to the ones you tighten personally. The problem was that the manufacturer hadn't tightened the nuts in the fuse properly; not the nuts that held the wire in place but the nuts that held the fuse to the wire posts. I assumed that they would have been tightened at the factory. This proved to be a incorrect assumption.

**101 The most likely source of error is that factor that is assumed to be correct. The T fuse was the source of my first problem. Because I assume the fuse was correctly connected to the posts at the factory.**

I set up my batteries and inverter (without solar) and was surprised to see my batteries draining like crazy. I thought there was something wrong with my batteries or my inverter. Then finally I noticed that the once clear cover that covered my T fuse was cloudy. And then it dawned on me what the smell I had kept smelling but hadn't identified was. It was burning plastic—heat damage.

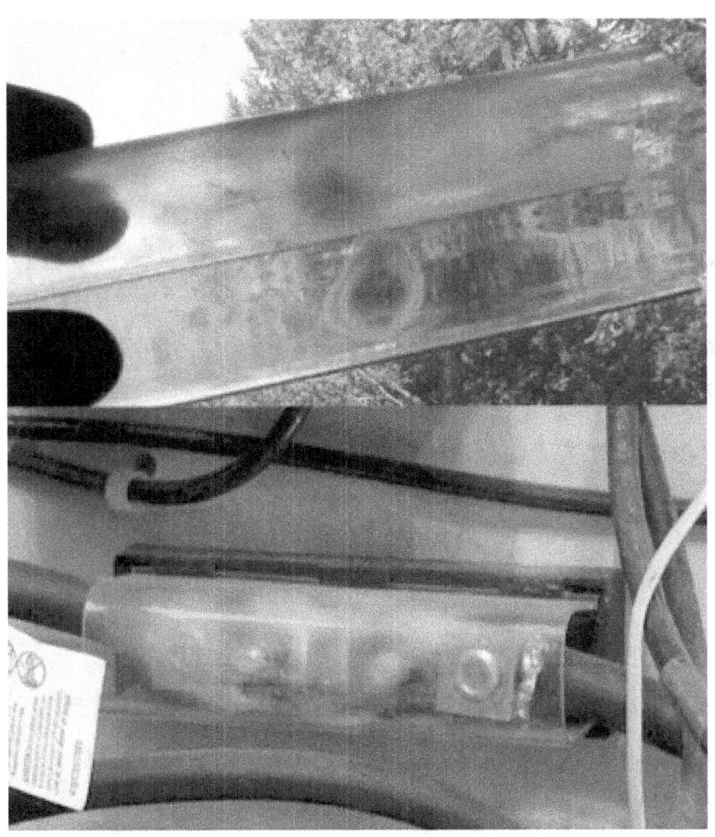

**102 Loose bolts in the fuse caused arching that burned the plastic case. Be aware of smells that don't make sense when working on your system.**

There were to nuts that held the fuse in place and they were both loose. The power was arching over the gaps and putting out tremendous amount of heat. Enough to melt the plastic cover. Though I had tightened the nuts holding onto the cable I had never checked the nuts on the fuse itself.

**103 The two bolts holding the fuse in place were loose. Never assume the factory tightened them.**

In order to set up only the batteries and inverter all I had to set up in addition to the batteries and inverter was a breaker box and a two prong plug in. I set up my equipment on two thick plywood boards nailed to my log cabin walls.

**104 (1) outlet, (2) breaker box, (3) inverter**

I attached the inverter, breaker box and outlet while the board was on the floor then hung the board to save space. I drilled holes in the board and use nails to hang it.

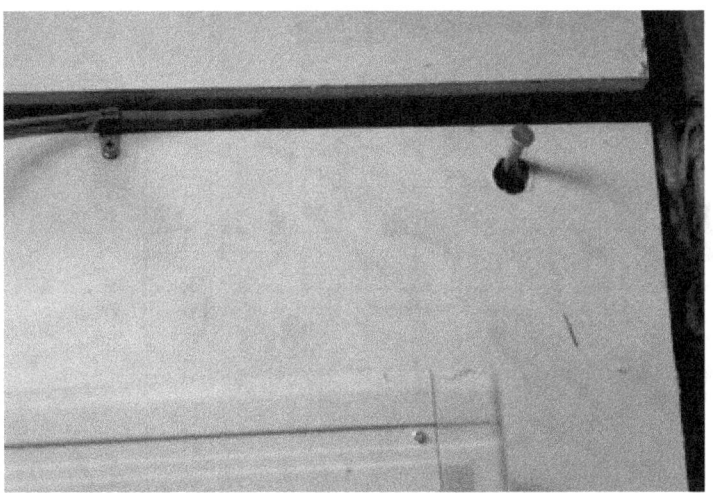

**105 Plywood with inverter, etc, attached was then nailed to my log walls. Make sure nails are strong enough and that there are enough of them.**

Make sure you use big enough nails and enough of them. As you can see in figure 104 I placed my breaker box next to the inverter and the outlet next to that. I did not have the wire (the heaviest duty AC wire I could find) on hand to place them further apart. Although it would have been nice to have a little more wire the placement of these components has not been a problem.

**106 Heavy Duty AC wire for my connections to the beaker box and the inverter's plug (for charging via generator and for the generator's ground.)**

Note that my inverter has it's own case ground that runs out of the bottom of the inverter and goes directly into the ground.

**107 Case Ground comes out of the bottom of the case and goes directly into the ground.**

There is another ground coming out of the bottom of my breaker box which also goes to the ground. This ground wire is the main ground for my entire electrical system including the generator which does not have its own ground.

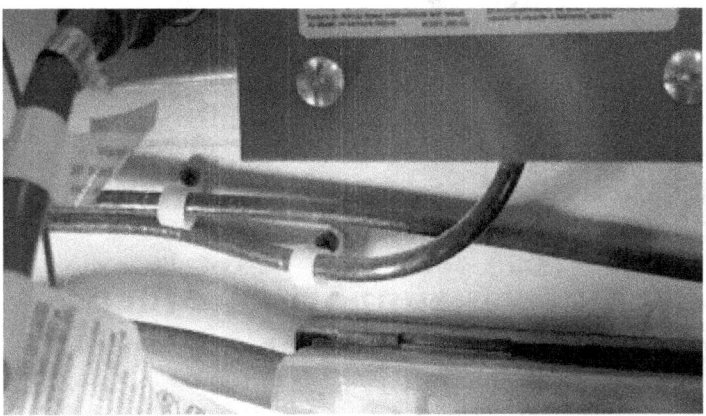

**108 Ground wire from breaker which grounds AC system.**

With Xantrex Inverters whether the outside source of electricity (grid, generator, etc.) is grounded makes a difference in how the inverter should be set up internally. This is so important that you should call your inverter's manufacturer's support department and ask them how you should set up your generator. Xantrex's support department told me over the phone how to set up my system.

**109 Don't hesitate to call tech support. I called to ask about settings to ground my inverter, you should too.**

## WORKING WITH WIRES

Now, before I go on I want to go over working with wire so you'll know what to do when you install your inverter system.

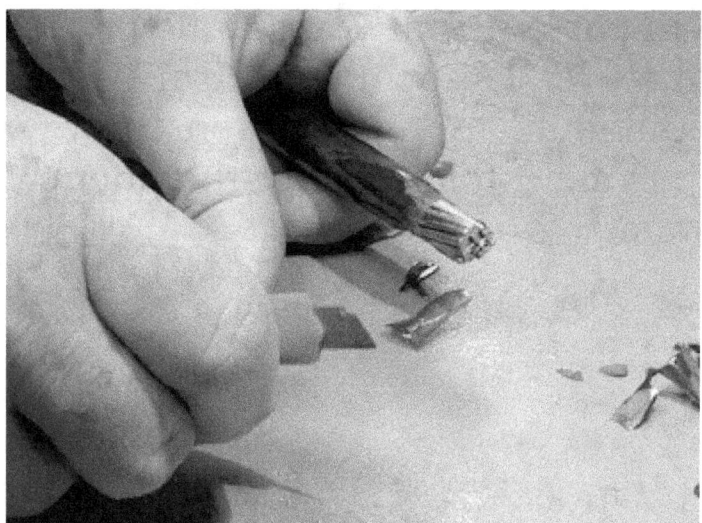

**110 You can trim thick wire with a utility knife.**

First, with the larger size wires you'll be using to ground your system, etc, there are tools you can buy to trim the insulation from the ends of the wire. However, unless you are planning on doing more work with heavy wire you probably won't need to have such tools on hand. A simple utility knife can be used to strip the insulation.

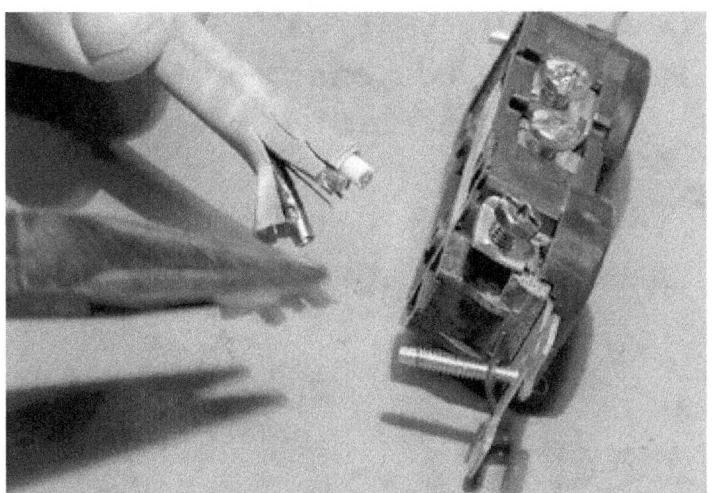

**111 AC wire is smaller. You'll need to strip off the outer layer of insulation to reveal the coated wires inside.**

When working with alternating current the wires are smaller. And they can be either solid or stranded (Stranded being many super-thin solid wires bunched together). With AC wire you need to strip off the outer casing if there is one and separate the inner wires. Mine were uncoated (copper), white, and black. Note that in different parts of the world wire colors may vary.

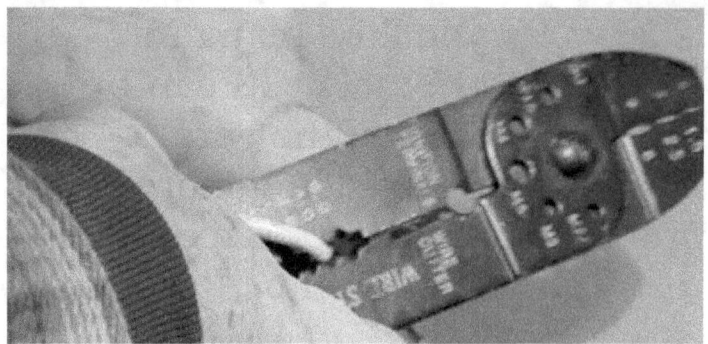

**112 Wire Strippers for AC wire are inexpensive and very helpful. This is especially true with stranded wire where a utility knife may too easily cut through the wire as you try to strip it.**

Very often the ground wire will be bare of coating, that is bare copper. If the ground has a coating it will likely be green.

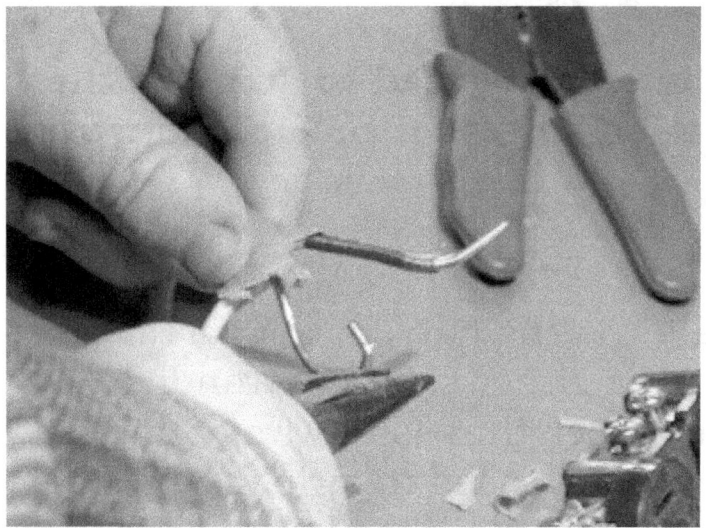

**113 Solid AC wire has to be bent to fit connections. Here I am making a loop to go around the screw on the outlet. The loop should go on clockwise two thirds of the way around the screw. (I.E. the end of the wire will point in the direction the screw is tightening. This is very important with stranded**

wire. **If you put them on the wrong way the strands of stranded wire will fan out as the screw tightens.)**

Strip enough insulation that you can make the connection you need to make but no so much that bare wire could come in contact with something it is not supposed to.

**114 Screw down wire. Note the black wire here is being screwed down with a brass colored screw.**

You will probably find that solid wire is a little harder to work with than stranded wire but it is harder to accidentally pull loose.

**115 There are two brass screws on this side and either would work. On the other side of the outlet is a silver screw which the white wire will attach to.**

To combine two wires, whether it be two solid wires, a solid and a stranded or two stranded wires, twist the wires together in a clockwise direction. If you have a stranded wire and a solid wire like I have in the illustration below, twist the stranded around the solid.

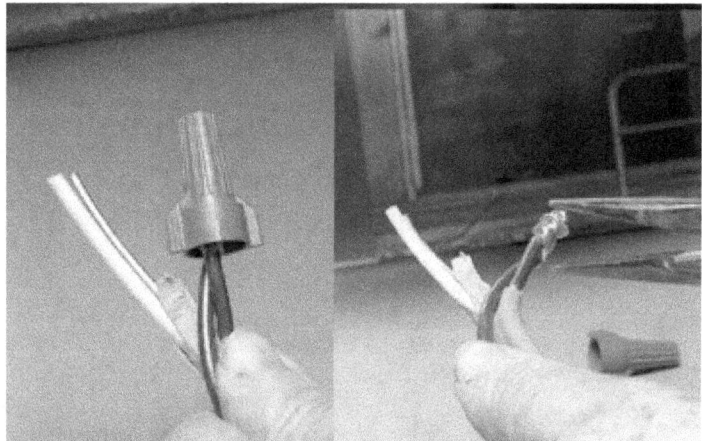

**116 Twist wires together clockwise and put a cap on. Ground wires should always have a green cap so buy a few.**

Then use a cap, you can find out what size to use for the wire size you are using at your local hardware supply. The caps are used to connect and protect the connected wires.

**REMEMBER**

**ONLY CONNECT WIRES OF THE SAME COLOR**

and

**WHEN CONNECTING GROUND WIRES (BARE OR GREEN) ONLY USE GREEN CAPS.**

My Xantrex inverter required four caps that connected stranded to stranded connections.

**HOW THE INVERTER IS SET UP.**

Now inside my inverter I set up two sets of wires. One set of which was from stranded wires in the inverter to the solid wires I connected to my plug. The stranded wire to solid wire connections inside the inverter I did using a cap as demonstrated above. The plug is used to connect the inverter to a generator or other power source to charge the battery bank during low sunlight situations. The screws in the plug were brass for the black wire and white for the silver, and green for the ground.

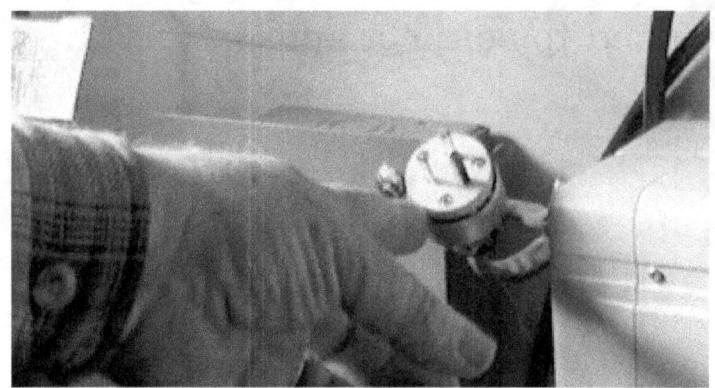

**117 This plug is attached to the inverter with a solid wire which connects to stranded wires inside the inverter. The stranded/solid connections are done with twists and caps.**

Next I am going to open the breaker box and show you what I did there.

**118 My breaker box.**

Now my breaker box is already set up and it is not a bad idea to be in the habit of obeying safety rules even before your system is entirely set up.

That is why before opening my breaker box and working on my "live" electrical system I am going to put on rubber boots.

**119 When working wear rubber boots for safety.**

Once my boots are on the first thing I am going to do is disconnect the negative cable from my inverter. Remember that this will cause sparks. If you have any reason to suspect that your batteries are giving off oxygen and hydrogen (normal for them when they are charging) and you have a build up of those two gasses in the room, air the room (or cabinet) out before removing the negative cable. Any spark could cause an explosion if there is build up of hydrogen in the room.

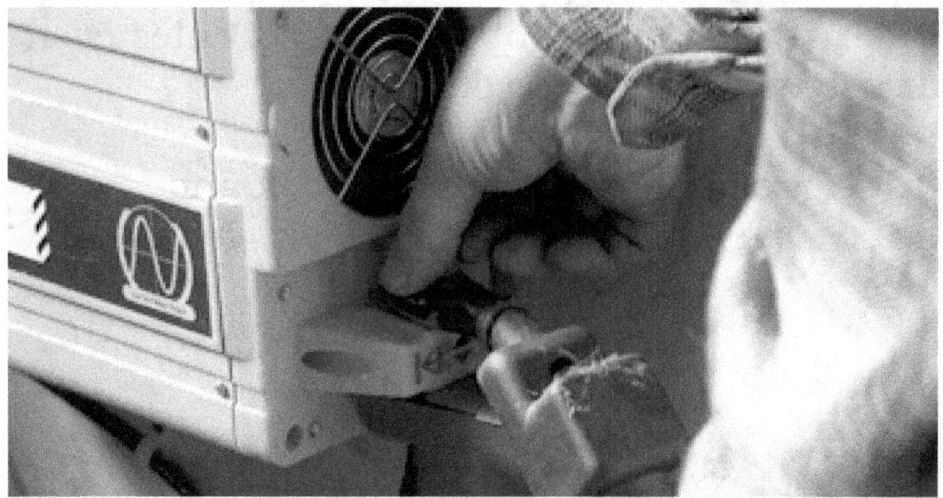

**120 The negative cable will spark as you remove it. Make sure there are no explosive gasses built up on the room.**

A retrieving rod with a magnetic end can be very helpful if you drop parts like washers in hard to retrieve places.

**121 A magnetic grabber is great for retrieving dropped washers etc. It will keep your from leaning over hot wires.**

## INSIDE THE AC FUSE BOX.

You can see below in figure 122 the hot wire, the black wire comes in through the top and goes into the lock for the fuse.

Our neutral ground wire comes in from the inverter and is attached to the top slot of the neutral ground bar and goes to the outlet at the bottom.

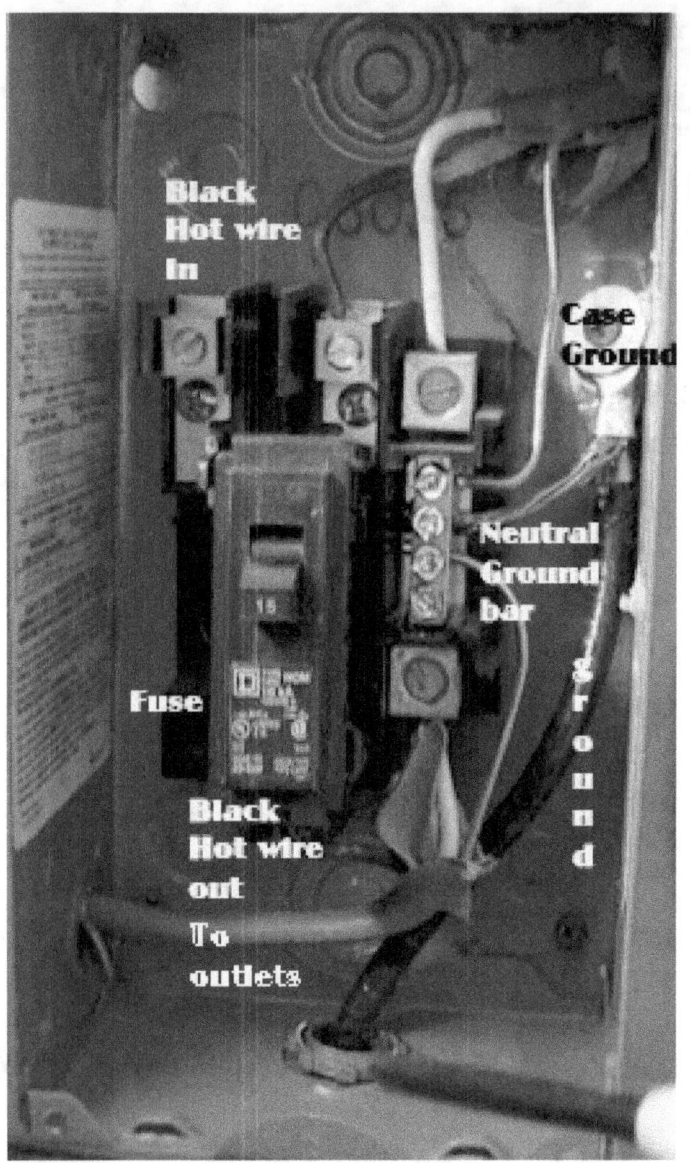

**122 with wires labeled.**

The bare neutral wire goes into the top slot in the ground bar. The second slot in the neutral ground bar attaches to the side of the fuse box so it too is grounded. And the third slot goes to the outlet.

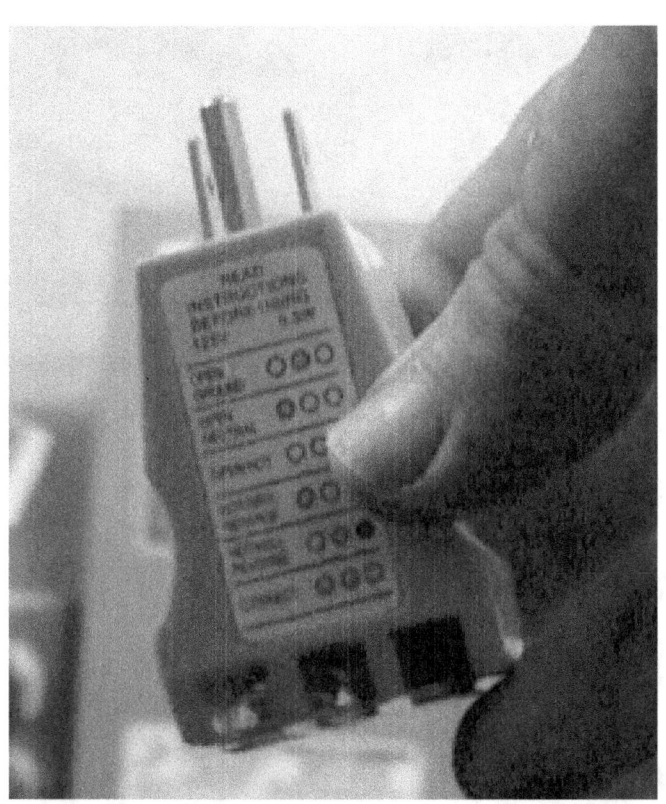

**123 a receptacle tester will help you determine if you have you outlets wired correctly.**

This simple device called a receptacle tester or receptacle analyzer can tell you whether you have your outlets set up correctly. That is grounded properly, with the right wires connected to the right posts, etc. If your outlet is not set up properly it will indicate what the problem is. For example, if your wires reversed this tool will let you know that. Although you may not use it often they are well worth having to help you get your system set up properly.

**SET UP FOR CHARGE CONTROLLER.**

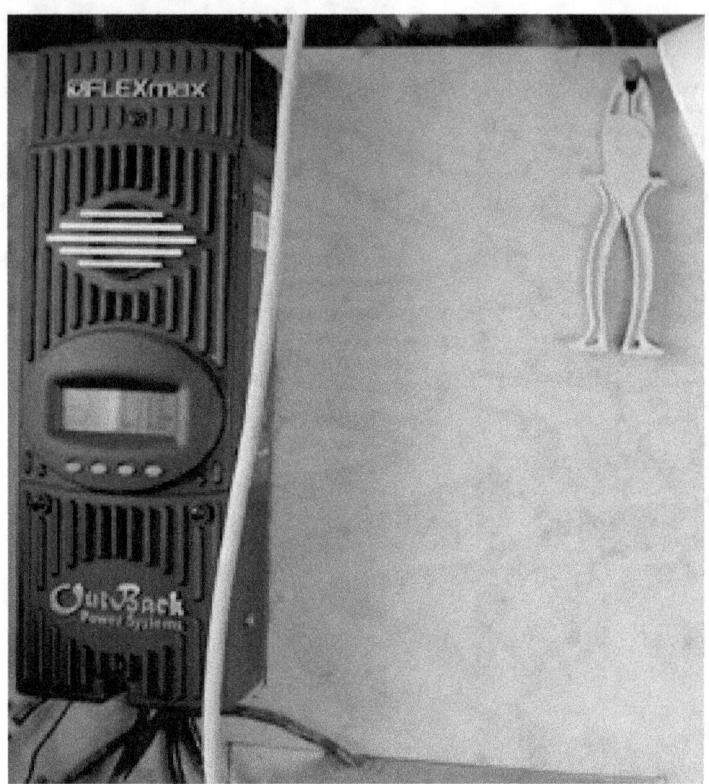

**124 My flexmax charge controller show with fuse puller hanging nearby. If you use fuses keep a fuse puller within reach.**

The set up for the charge controller is very simple.

The set consists of the charge controller, a fuse going into the charge controller which, as I will explain shortly, may or may not be necessary. And a fuse box which can turn off the power from the panels going to the batteries.

**125 Set up for DC fuse box is pretty much the same as the AC fuse box.**

The setup inside the fuse box going to the batteries is exactly the same as the setup going to the outlet. The only difference is this is DC only and has much bigger (thicker) wires.

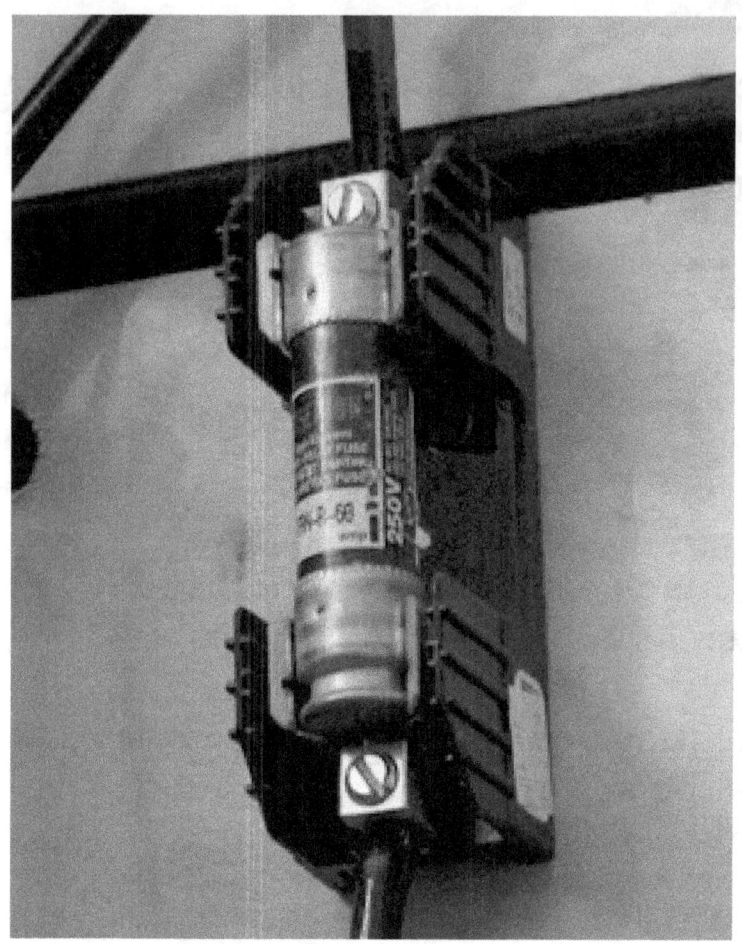

**125 Pulling this fuse cuts the power coming from the solar panels to the charge controller.**

I have a fuse installed here just before the charge controller which enables me to turn off the power going to the charge controller simply by pulling the fuse.

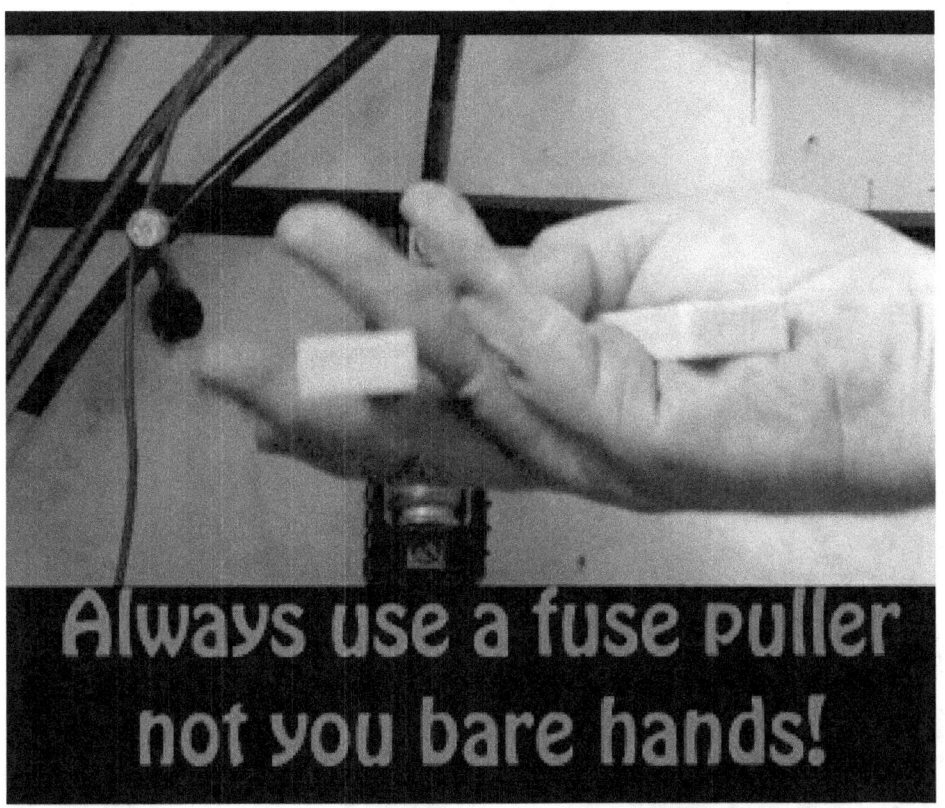

**126 Use a fuse puller not your fingers**

Alternatively you could put a breaker here, and in fact this fuse is a little redundant as there is a breaker outside in the combiner box (to be covered soon). Breakers and fuses are used to prevent damage to your system if you should have an overload. With charge controllers running from hundreds of dollars to thousands a little protection is well worth the cost.

I actually really like my Flexmax charge controller. When looking for any equipment such as charge controllers or inverters see if you can find the manual for the unit you are thinking of buying online. Read the manual and see if the unit is easy enough for you to understand and use.

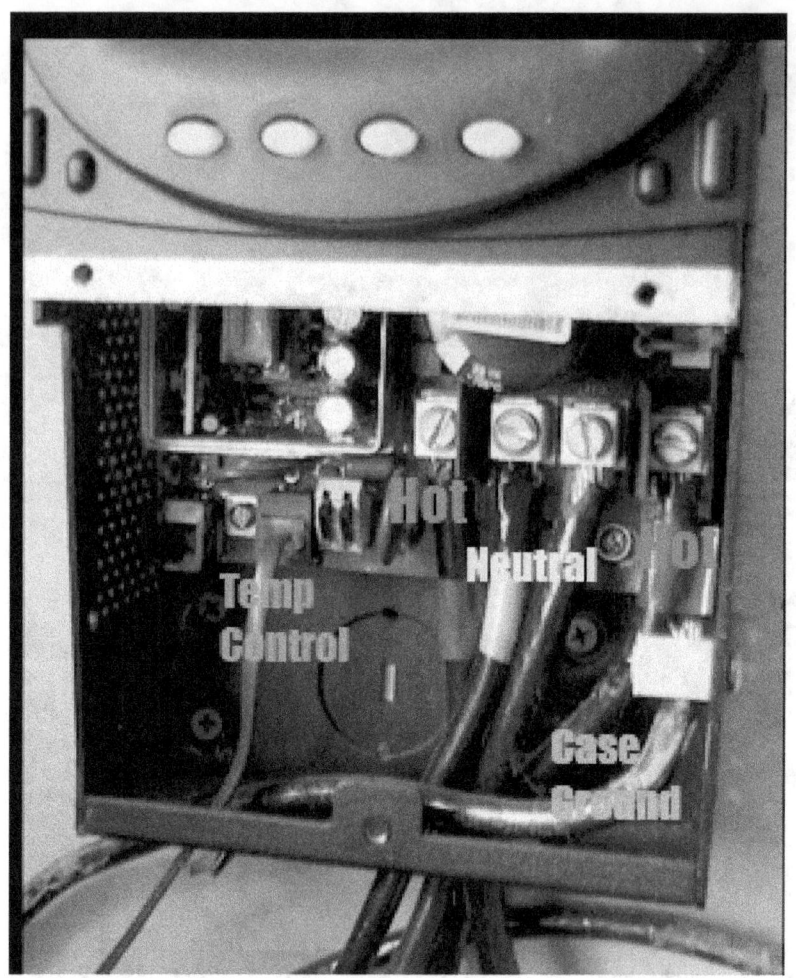

**127 Inside the charge controller.**

This Flexmax is so easy to use all you basically need to do to install it is set it up on your board, get the wires right and when you turn it on it basically installs itself.

For my system I chose to use the largest wire I could afford. My incoming wire is #4. And since my solar panel unit usually generates at least about 60 volts this is a bit of overkill. However the thicker the copper wire you use the less resistance and the less loss of power due to resistance (power lost as heat generated).

**128 Incoming wires are size 4. Outgoing are a large size 2.**

My outgoing wire to the batteries is #2; a thicker wire as the charge controller converts the incoming voltage to approximately 12 volts with the corresponding higher amperage. 12 volts do a lot better with thicker wire.

My incoming power ranges from 60 volts on up to over a 100 with usually less than 10 amps—the charge controller converts the power to approximately 12 volts and the corresponding amps.

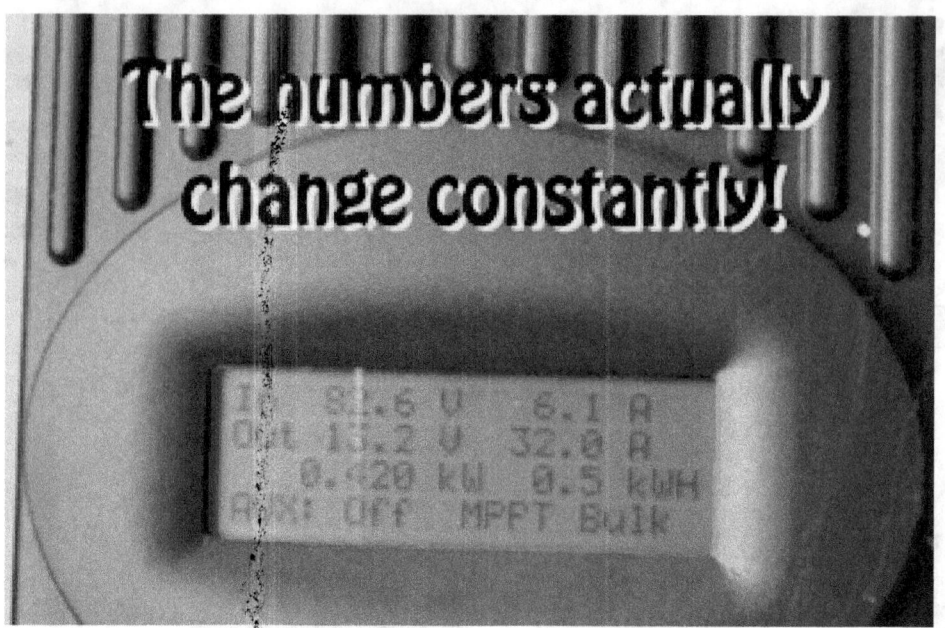

**129 The numbers here change constantly. We see incoming volts and amps and outgoing volts and amps as the charge controller converts incoming power to 12 volt power the inverter can use.**

82.6 volts x 6.1 amps == 503.86 watts
13.2 volts x 32.0 amps == 422.4 watts
The loss is due to heat loss during the conversion. It is a bit of a loss so you can see why I use thicker wire to cut down on any more loss.

What is nice about a quality controller like the Flexmax is that it takes care the conversion for you and you do not need to worry about it.

Coming out of the charge controller my big #2 wires go to the breaker box. The breaker box is sideways because the #2 wire is very hard to bend. There are in fact rules about bending which basically say you want to keep bending to a minimum. (Figure 125 a few pages back shows the inside of this breaker box.)

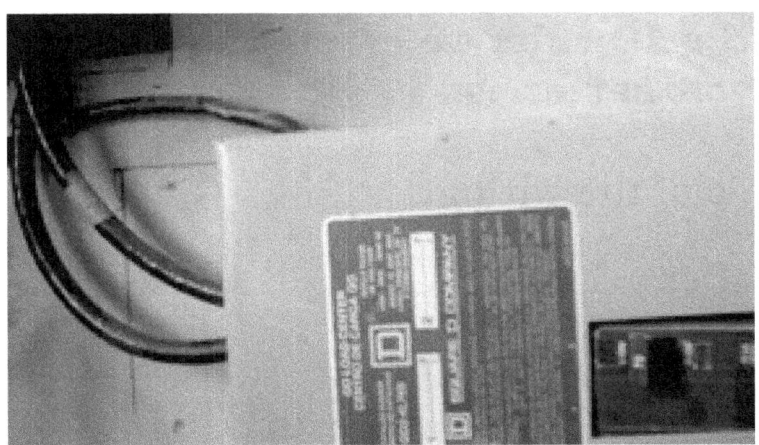

130 Thick #2 wires go directly into breaker box. Box is sideways because the wires are so thick.

The wires then go from the breaker box directly to my battery bank.

131 Hot goes to a positive terminal and neutral to negative. Note that the positive and negative

**terminals are for the 12 volts we created by combining two 6 volt batteries.**

Below is a schematic of the wiring.

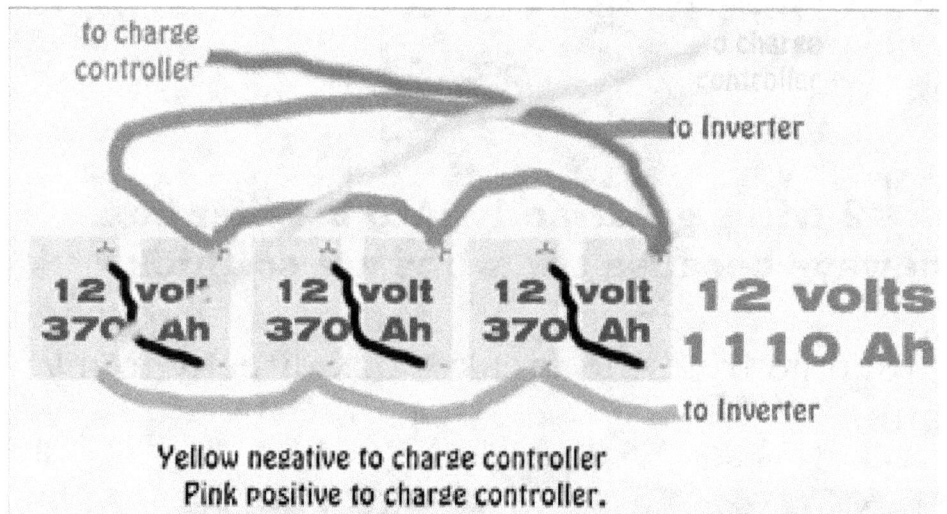

**132 As you can see the purplish pink "HOT" wire goes to the positive terminal and the yellow neutral to the negative terminal.**

**BATTERY MAINTENANCE**

Before we look at my solar panels and combiner box lets look at battery maintenance.

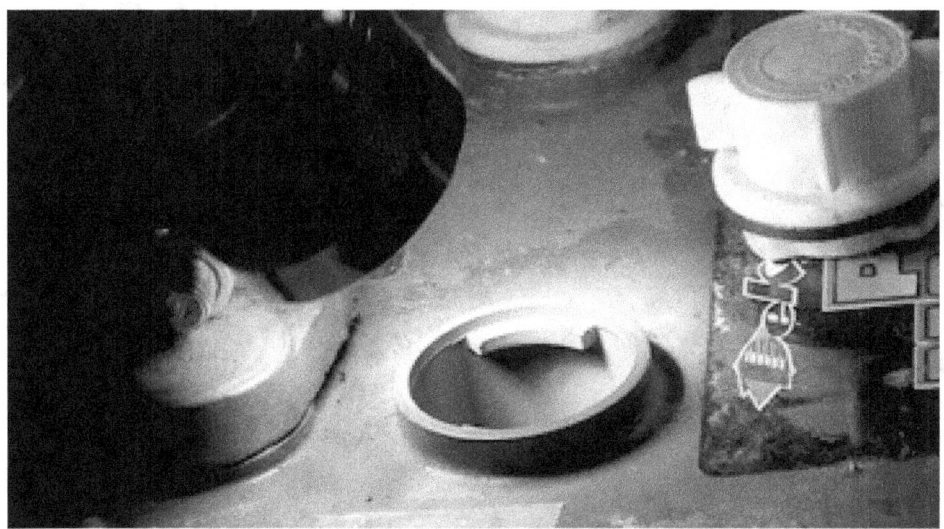

**133 Check the liquid levels in your new battery with a flashlight.**

The first thing you should do when you buy new batteries is with a flashlight look inside and note the liquid level.

**134 ONLY ONLY ONLY add DISTILLED water.**

This is the level you will want to keep your batteries at by adding DISTILLED water from time to time, and especially after you equalize you batteries (equalizing is overcharging which evens out charges in cells.)

**135 I used a graduated cylinder to add distilled water to my batteries. This lets me keep track of how much I add. On these 6 volt batteries there are 3 chambers in each battery which have to be brought up to level.**

Note that you should never add anything to your battery but distilled water. Any other water will have minerals in it which will hurt your battery.

You should never have to add sulfuric acid to your battery unless one was to tip over and spill its acid.

You will need to test of the specific gravity of your battery acid from time to time. The easiest way to do this is with a hydrometer.

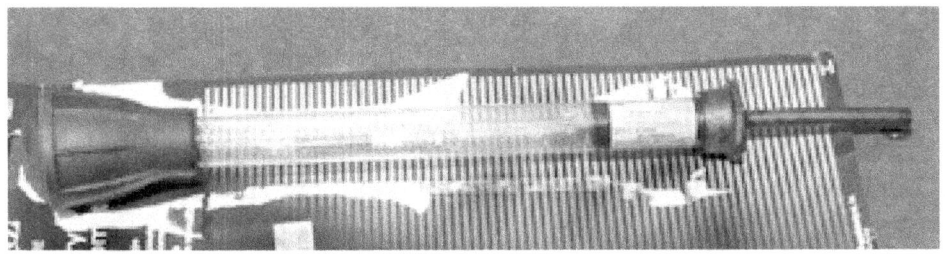

**136 The bulb in a hydrometer is weighted and graduated. How deeply in sinks indicates specific gravity..**

Because specific gravity directly affects the buoyancy of a weighted object a graduated floating bulb can tell us our specific gravity.

Because specific gravity is affected by temperature this model includes a thermometer and a thermometer correction. You will only need the temperature correction if you are trying to figure out how charged your batteries are via specific gravity.

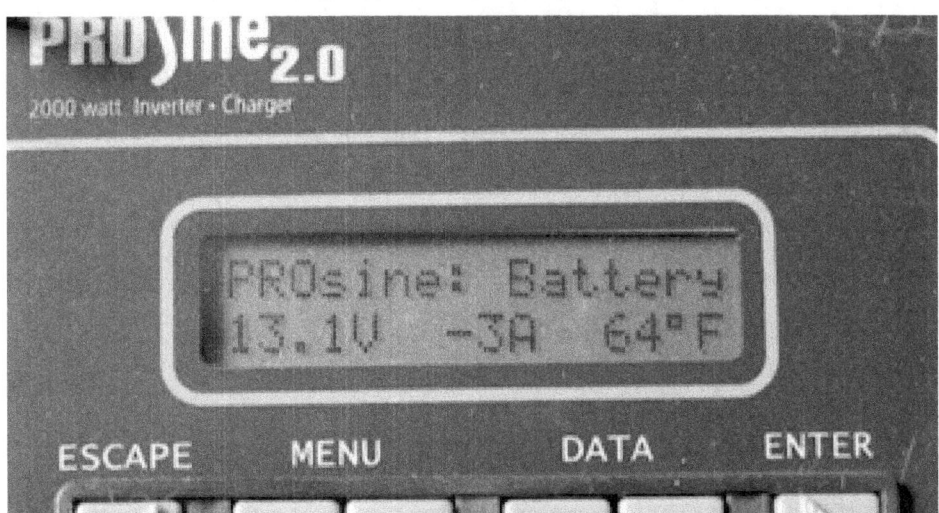

**137 Your inverter's display can give you an overall value for your batteries' charge. But this is an average. We need to measure specific gravity in each cell to see if our individual cells are equally charged.**

Since my inverter's display tell me how well the batteries are charged I only need to know the specific gravity to tell whether or not my batteries need to be EQUALIZED.

> **What is equalization? Over time cells in one battery or different batteries may discharge unevenly.**

**138 You have to check each and every cell there are usually 3 in each six volt battery.**

Equalization, or equalizing our batteries is something we do because over time individual cells in one battery or different batteries my discharge unequally.

If the cells in a battery have a

**$2/100^{th}$**

**or $20/1000^{th}$**

**a**

# .02 difference (2%)

(I'll show how to test this below) then you will need to equalize.

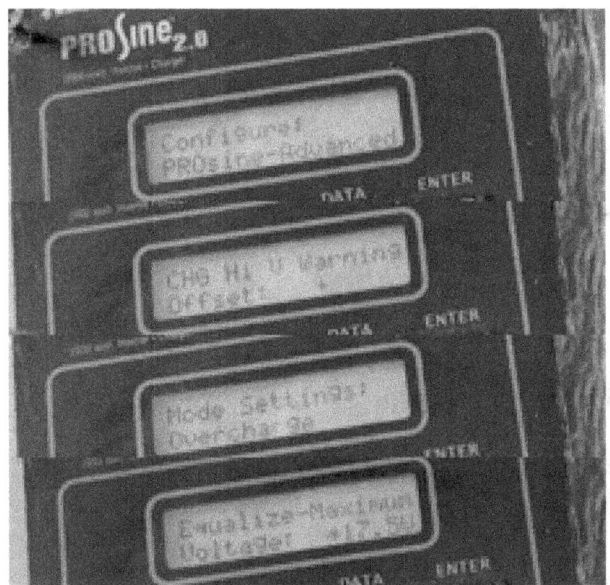

**139 Equalization will require a few steps with inverter or charge controller. Here I'm setting up for equalization with my Prosine 2.0. Equalization is essentially an overcharge.**

Equalization will require quite a few adjustments and settings. Higher quality inverters and charge controllers will have instructions on how to equalize your batteries. You might be able to get by with only a charge controller that equalizes or only an inverter that equalizes but both are better. Both my Flexmax 80 charge controller and Prosine 2.0 inverter can equalize my battery bank. The Prosine does require a generator powerful enough to do the job.

The instructions will take you through the steps such as letting your inverter know the size of your battery bank. I've equalized my batteries using the inverter and my generator, and via my the charge controller. Since the generator has to run for many hours to do the job I now prefer the charge controller for the job. But whatever you use

**140 Insert the hose of the hydrometer into the cell to extract acid. Have you wet and dry paper towels handy.**

ALWAYS KEEP CHECKING THE LIQUID LEVELS IN YOUR BATTERY CELLS AND ADD DISTILLED WATER IF NEEDED.

You need to add water because any charging process, but especially the equalization process (which is basically overcharging) drives off water in the form of Oxygen and Hydrogen gas.

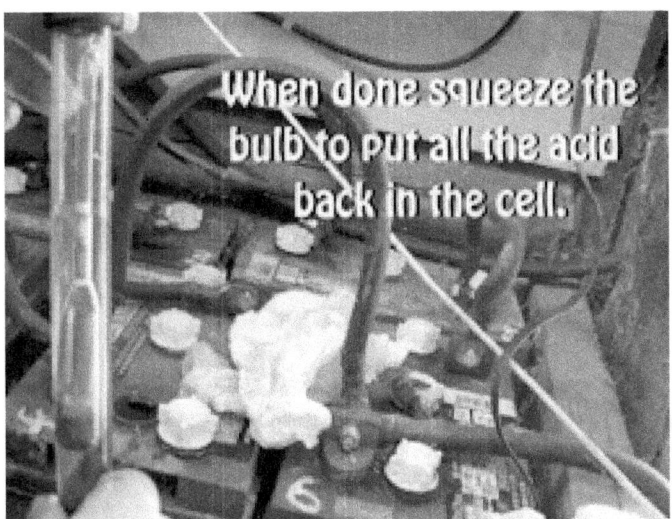

**141 Check the level on the hydrometer and then put the acid back into the cell. DO NOT GET YOUR CELLS MIXED UP. Best to open up just one at a time.**

Finding out whether your batteries need equalization if a simple process with a hydrometer. You simply take out a sample and check the level.

WHENEVER YOU WORK WITH BATTERY ACID WEAR EYE PROTECTION.

WEAR RUBBER GLOVES

HAVE BOTH A WET AND DRY PAPER TOWEL WITH YOU.

If you get acid on you wipe most of the acid off with the dry towel before washing off the remainder with the wet towel. This is because concentrated acid heats on solution. If you pour water onto concentrated acid on your skin the boiling water/acid can do more damage than if you wiped the acid off.

To use the hydrometer insert the hose into the cell you want to test. Depress the bulb so that enough acid comes into the cylinder to float the bulb. Lift the bulb out being very careful about dripping acid and read the specific gravity on the bulb.

The reading I am getting here is about

# Specific Gravity = 1.225.

> Don't have a hydrometer
> get some distilled water
> a plastic turkey baster
> a 100ml graduated cylinder
> and a postal scale to 1/10th oz.

**142 You can get by with a turkey baster, a graduated cylinder and a postal scale.**

To measure specific gravity without a hydrometer you will need distilled water, a plastic turkey baster, a clean 100 ml graduated cylinder, and a postal scale that can weigh 1/10$^{th}$ of an ounce.

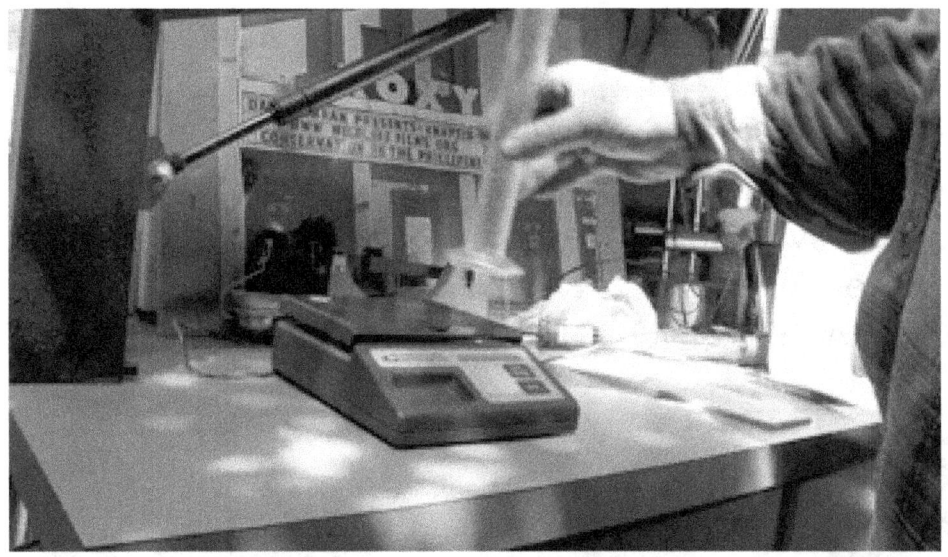
**143 Weigh the empty graduated cylinder.**

Put the empty graduated cylinder on the postal scale and tare it. Then fill the graduated cylinder with distilled water almost to the 100 ml mark.

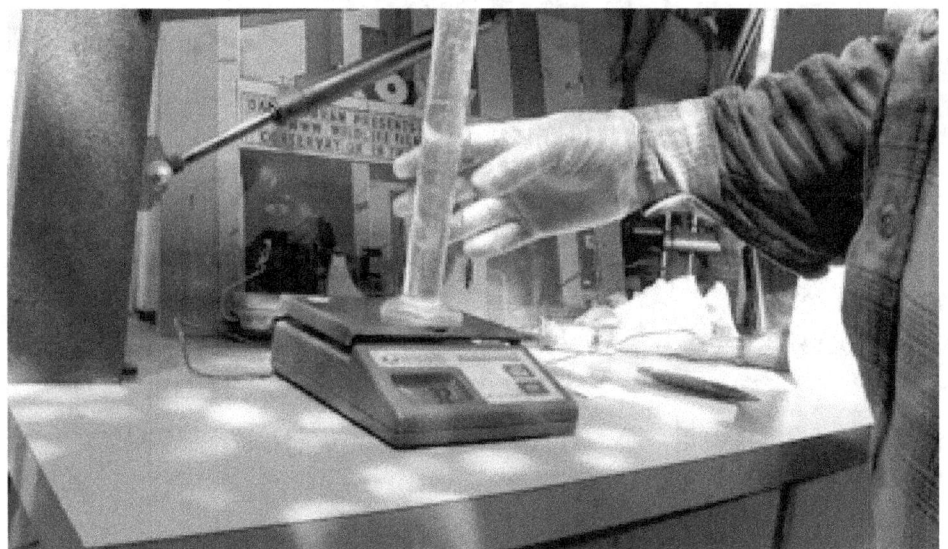
**144 Weight the distilled water.**

Weigh the filled graduated cylinder and write the weight down. In my test I had 89 milliliters of distilled water and my scale says they weight 3.1 ounces.

Empty the graduated cylinder completely of water, drying it out and tare again if necessary. Then using the turkey baster suck just under 100 milliliters of acid from the battery cell you wish to test and put it in the graduated cylinder. It does not have to be exactly the same amount as the distilled water. BE CAREFUL NOT TO GET ACID INTO THE BULB OF THE BASTER.

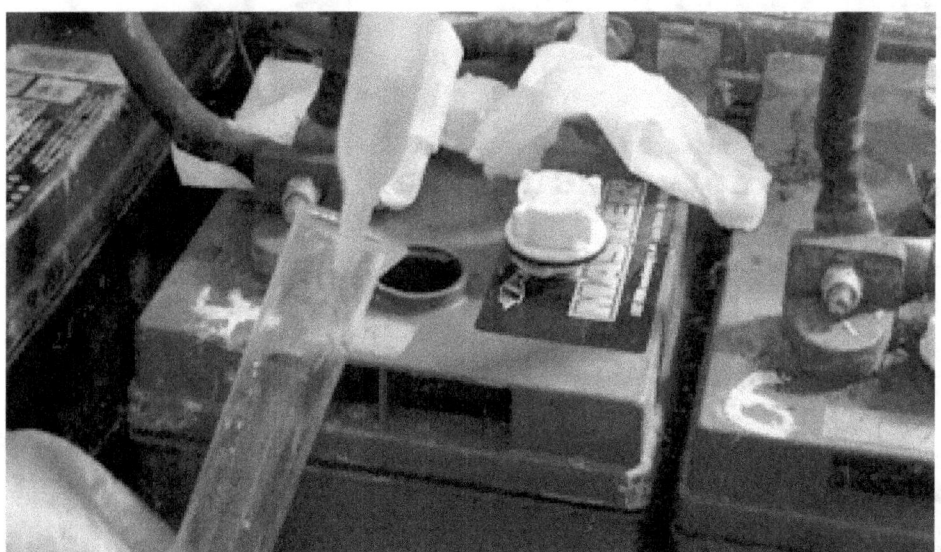

**145 Use the baster to put acid into the graduated cylinder.**

If you spill any acid on the top of the battery clean it off. Note the weight of the acid and the number of milliliters of acid in your cylinder. Carefully pour the acid back into the battery and put the cap back on.

**146 Carefully wipe up any spilled acid from battery. Note the gloves I'm wearing.**

I had 75 milliliters of acid and they weighed 3.2 ounces. Specific gravity is weight per milliliter. Distilled water has a specific gravity of 1 grams/milliliter. We don't have to work with grams though. We can stick with the ounces our postage scale can give us.

# 3.1 oz/89 milliliter = .03483 oz/ml

if we do the same for the acid we get

# 3.2 oz/75 ml = .04266 oz/ml

Keep in mind that the specific gravity of our distilled water is one. To find the specific gravity of our acid we divide our acid's density (weight/volume) by our water's density (1) and we get

## .04266 oz/ml/03483 oz/ml = 1.2248

Which is pretty much what I read off my hydrometer.

## Hydrometer = 1.225

## Scale/cylinder = 1.2248

**147 A battery box.**

## ENCLOSURES FOR BATTERIES

It can be a lot safer to have a vented battery box for your battery bank. With a vented system any hydrogen and oxygen (always in **explosive** proportions when generated by electricity) is vented safely to the outside.

**148 Inside the battery box.**

Secondly, the deconstruction of sulfuric acid gives off fumes which can damage almost anything in a normal room.

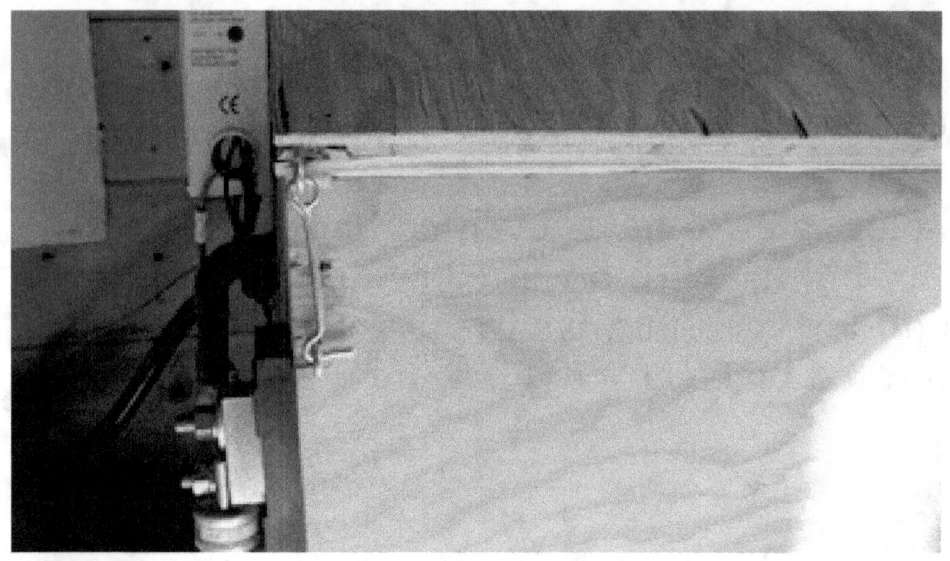
**149 Simple eye-hooks seal the battery box.**

Personally I use a fan in the large room my batteries are in and thus explosive proportions of hydrogen and oxygen are disbursed.

**150 A pvc pipe vent.**

Also I do not have anything near the batteries that I am worried about sulfuric acid fumes harming. Fume damage and explosive concentrations are much more of an issue in enclosed areas such as boat cabin and trailers.

**152 The whole thing is safe enough for the cat to sleep by.**

But battery boxes themselves can be dangerous if not properly vented. The rules here are:

Keep $H_2$ and $O_2$ away from sparks or open flame.

Vent $H_2$ and $O_2$ adequately.

And be aware that sulfuric acid fumes are corrosive.

I have mixed feelings about battery boxes. I'm a former chemist and I've seen explosions in my day. Some people recommend a fan to vent battery boxes. But I prefer a fan across the room not close enough to provide a spark.

I should mention here that my cabin is very well ventilated. If you are in a place that is very tightly insulated you might want to have battery box with a vent going outside.

## WIRE

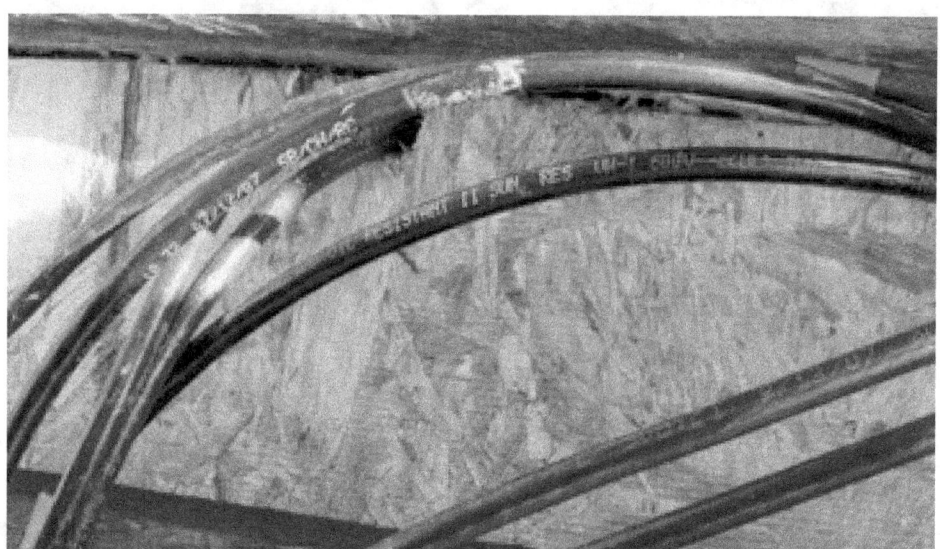

**152 Wires often have data you need printed right on them.**

As we move outside to our solar panels I want to talk about the wire I purchased. As I said I wanted the biggest wire I could afford. Much of the information about the wire you'll buy will be printed right on the wire itself. I lucked out in that the wire I purchased was coated to make it resistant to many things.

Do talk to your solar power supplies provider and/or your local hardware store about the wire you'll purchase. You do want coatings that are resistant to sun damage and the kind of weather you'll have in your area.

I wanted to be able to purchase additional wire as I needed it so I bought the wire that was available at local "Big Box" hardware stores. I even saved money by playing them against each other as each had "matching low price" guarantees.

**153 A split garden hose cover can protect wire from sun and weather.**

Although you may be able to order wire online from solar power sources that will last longer (i.e. the protective coating will last longer in the sun and weather) you could protect a cheaper wire with an old garden hose. Split the old hose to cover wire already in place or simply thread your wire though an old hose. Your purchase should be based on what you can afford, convenience and preference.

We will be covering what size wire you'll need shortly.

## SOLAR PANELS

**154 Clean panels will bring in more power than dirty ones.**

I'll mention cleaning solar panels before we even get to the panels here because some of you may be purchasing used panels. I simply use window cleaner in water and a brush to wash down my panels. And often use a hose to rinse them off. Clean panels will work better than dirty or dusty ones.

The panels you see here are Kyocera panels which are rated around 12 volts. http://www.kyocerasolar.com/

**155 Much of the time a wide broom will clean snow off panels easily. If snow freezes onto the panel DO NOT USE HOT WATER. Keep two gallons of water at room temperature (65 to 70 degrees F) and use that to loosen ice.**

I did not buy these Kyocera panels because I preferred them over other brands but rather because the dealer who best answered all my questions about installing solar carried these and recommended them. Having someone who can and will answer all your questions about you solar installation is invaluable. So I recommend you buy from the most helpful dealer you can find. (Most brands, by the way, that have been around for awhile are equally good and usually very similar in price. In fact, the only real savings you'll find are if you can find someone who bought panels, never installed them, and is willing to sell at a loss. Panels may be cheaper online but newer rules by FEDEX and UPS require pallets for shipments and the weight increases cost significantly. You probably can find cheaper panels at a dealership who orders panels in bulk.)

## 156 The higher the voltage of your panels the smaller the wire size you'll need.

The most important question about panels is how big are they (size will be directly related to wattage output) and how many volts do they provide. Most established brands will be fairly equal in **price per watt** and that is how you should compare brand prices.

A 210 watt panel will be bigger and cost more than 130 watt panel. The five panels I bought and show here are 130 watt panels. Remember that if you want to add panels to your system or if you need to replace a panel ( I remember cringing when my supplier said, "Well you know sometimes they get hit with a hunter's stray bullet.") you'll want one the same size. I paid over $600 a panel for these 130 watt panels. So you do need to consider how affordable a replacement will be. The fact that a 210 watt panels would have cost close to $1,000 at the time to replace kept me from choosing those. I have never had any bullets come close but there have been some severe winds storms and I was lucky none of my panels blew away.

## SOLAR MATH

(If you find yourself getting lost here just bear with me I'll be giving simpler examples as we go along.)

**157 Panels can be arranged in series just like batteries.**

My 5 panels here are connected in series.

REMEMBER that in series the voltage adds up. And the amperage stays the same.

12 + 12 + 12 + 12 + 12 == 60 volts

Thus my five panels put out around 60 volts( and sometimes a lot more but for our planning we'll say 60 volts ) and each puts out just under 10 amps. Since they are in series the amperage will stay at 10 amps.

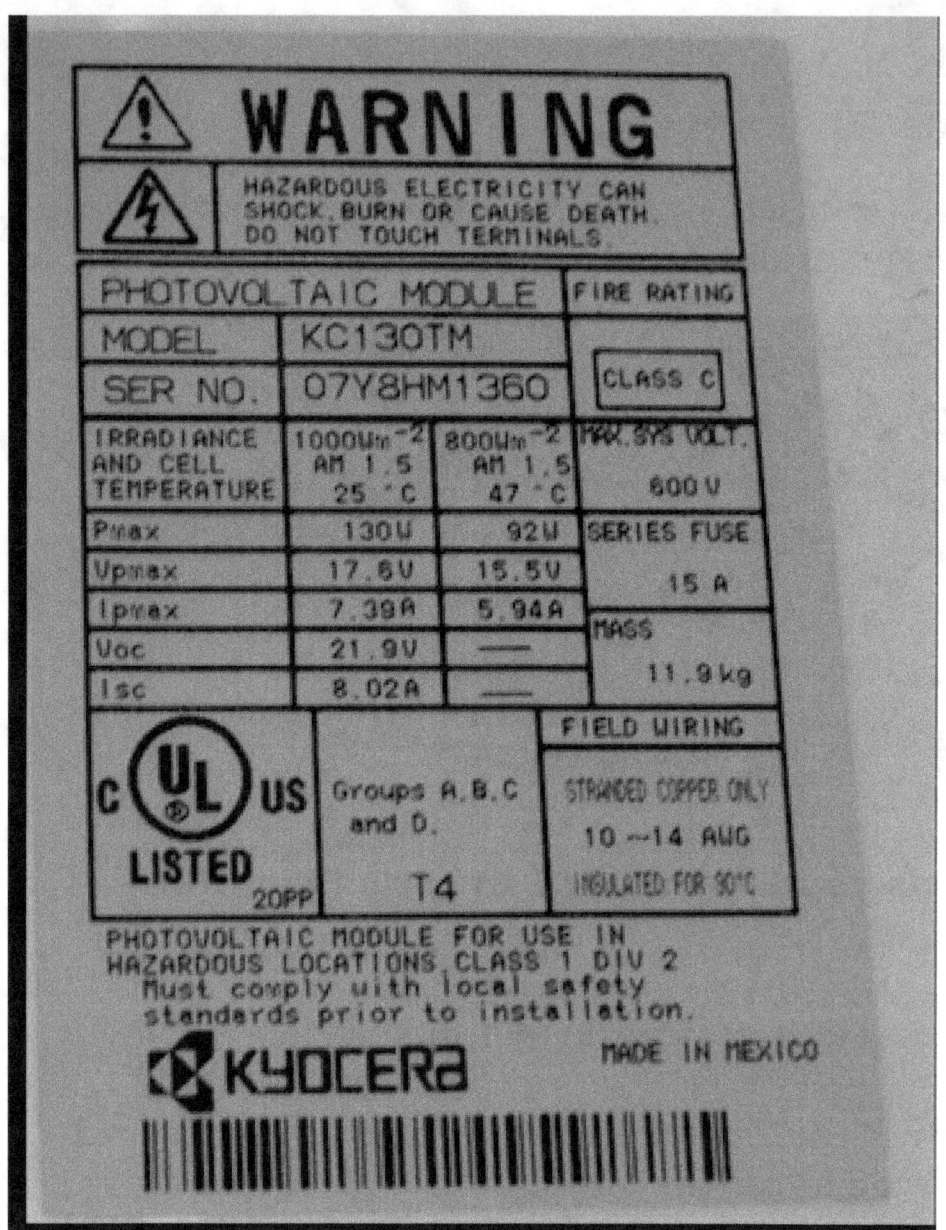

**158 Data about your panel, max amps, max volts etc. will usually be found on the back of the panel. Note that temperature affects power. The reason I can only have 5 of these in series is that in low temperatures the voltage can go too high for my Flexmax. I found this out by calling Felxmax.**

The number of panels you can have in series depends on your charge controller. According to Flexmax tech support (do plan on calling tech support for advice) five is the maximum number of panels I could have in a series with my charge controller. This is because on very sunny day in winter more than five panels could produce too much power for the unit. So, **"How many panels can I have in series with this charge controller?" is something you need to ask your dealer or tech support.**

Why is this important? Well, if I never wanted to add additional panels (to increase my solar power overall) I could just pick a wire rated for 60 volts and never worry about it again. But if I were to buy one more 130 watt solar panel I'd have a problem. Since Flexmax says that five is the maximum safe number for a series, to add a panel I would have to split my panels into two separate series of three each.

**12 + 12 + 12 == 36**
**12 + 12 + 12 == 36**

**159 To three panel arrays in parallel would be 36 volts and if each panel gave 10 amps, the two together would give 20 amps.**

Each would provide 36 volts instead of 60 and the wire that would be required would have to be thick enough to be able to work with 36 volts without loss.

**160 Five panels connected in series for 60 volts.**

Note that changing to two arrays of 36 volts also changes the max amperage of my panel system. Each array will have an under 10 amp output. So the total for the arrays in parallel will be under 20 amps.

In addition to the tables in appendix A and B, at http://learnsunpower.com you will find links to charts and calculators for taking: 1) the one way distance from your panels to your charge controller and 2) the voltage of your panels in series or the voltage of your single panel if you only have one, and combing that information to determine the size wire you will need.

**161 Use the smallest array you'll ever use (i.e. it's voltage and amperage) in the biggest number of arrays you'll ever have to calculate wire size. The Solar Living source book is a great source of product info. And also contains a chart and a formula for calculating any solar wire needed.**

I've included the link above because sometime calculators will be easier than charts. And your arrangements may be outside the range of the tables I've included below.

Okay lets take this step by step. Let's says you have one 12 volt panel that puts out 10 amps. (or anything less than 10) What size wire will you need? Well that depends on the one-way distance from your charge controller to your panel. And the % loss of power you are willing to put up with. Acceptable lose of power is usually considered to be between 2% and 5%. Below is a table made up of sections from APPENDIX A.

20ft, amps = 10, volts = 12, % loss = 2, gauge = 8
20ft, amps = 10, volts = 12, % loss = 3, gauge = 10
20ft, amps = 10, volts = 12, % loss = 4, gauge = 12
20ft, amps = 10, volts = 12, % loss = 5, gauge = 12

25ft, amps = 10, volts = 12, % loss = 2, gauge = 8
25ft, amps = 10, volts = 12, % loss = 3, gauge = 10
25ft, amps = 10, volts = 12, % loss = 4, gauge = 10
25ft, amps = 10, volts = 12, % loss = 5, gauge = 12

30ft, amps = 10, volts = 12, % loss = 2, gauge = 6
30ft, amps = 10, volts = 12, % loss = 3, gauge = 8
30ft, amps = 10, volts = 12, % loss = 4, gauge = 10
30ft, amps = 10, volts = 12, % loss = 5, gauge = 10

35ft, amps = 10, volts = 12, % loss = 2, gauge = 6
35ft, amps = 10, volts = 12, % loss = 3, gauge = 8
35ft, amps = 10, volts = 12, % loss = 4, gauge = 10
35ft, amps = 10, volts = 12, % loss = 5, gauge = 10

**162 FROM APPENDIX A. For a 12 volt panel depending on % acceptable loss (2% to 5%) and distance one way from panels to charge controller, determine the wire gauge needed. Gauge # increases as wire gets smaller. Note at 25 feet for a %2 loss the wire gauge suggested is 8. But five feet further at 30 feet the size suggested is 6. If a five foot distance changes a wire gauge suggestion to a bigger gauge wire consider using the bigger gauge.**

I usually opt for the lowest loss I can get. So if I had one 12 volt panel giving out 10 amps (or less). And my panel was 22 feet from my charge controller I would choose the wire that has a 2% loss at 25 feet and therefore could use a 8 Gauge wire. Note however, that at 30 feet the suggested wire gauge drops to a 6-gauge wire. Always check the gauge suggested for a five foot increase in distance and if the gauge drops down a size consider using that bigger gauge. Since my distance is actually 22 feet and not 25 feet, the 8-gauge wire would probably be fine. But if the distance were 24 feet or 25 feet exactly I'd use the 6-gauge wire.

Note that as gauge number increases in size of the gauge # diminishes. So the #6-gauge wire used to keep the loss to 2% at 30 feet is the thickest wire on the portion of the chart above and the #12-gauge wire used to keep the loss to 4% at 20 feet is the thinnest.

If the amperage of our system were to increase and the distance one way was to stay at 20 feet and the voltage was to stay at 12 volts. The wire size would also need to increase

25ft, amps = 10, volts = 12, % loss = 2, gauge = 8
25ft, amps = 20, volts = 12, % loss = 2, gauge = 4
25ft, amps = 40, volts = 12, % loss = 2, gauge = 2
25ft, amps = 50, volts = 12, % loss = 2, gauge = 0
25ft, amps = 60, volts = 12, % loss = 2, gauge = 00

**164 If voltage and distance were to remain the same. To maintain no more than a 2% loss wire size would have to increase as amperage increases. Note that all but the top value has a wire gauge increase of one wire size. (They usually skip down by 2s: 10, 8, 6, 4, 2, 0, 00) The next size smaller than 8 is 6. Another indication that perhaps #6-**

**guage wire should be used for a 12 volt, 10 amp system at 25 feet rather than a #8-guage wire.**

My actual system as it is set up in these photos uses the five panels seen which are 22 feet from the charge controller. In my calculations I actually used the highest amperage listed on the back of my panel 8.02 amps. Because increasing voltage reduces wire size I used the standard 12 volts for my panels (although they almost always put out more volts). Doing this I calculated the wire gauges I'd need for various changes in my total number of panel. Since I have 5 panels the minimum number of panels I can add is 1 for at total of 6. But since Flexmax support told me that the maximum number of panels I can put together in series is 5 (this will be explained later on) for my Flexmax 80, I will have to split my single array into two or three arrays.

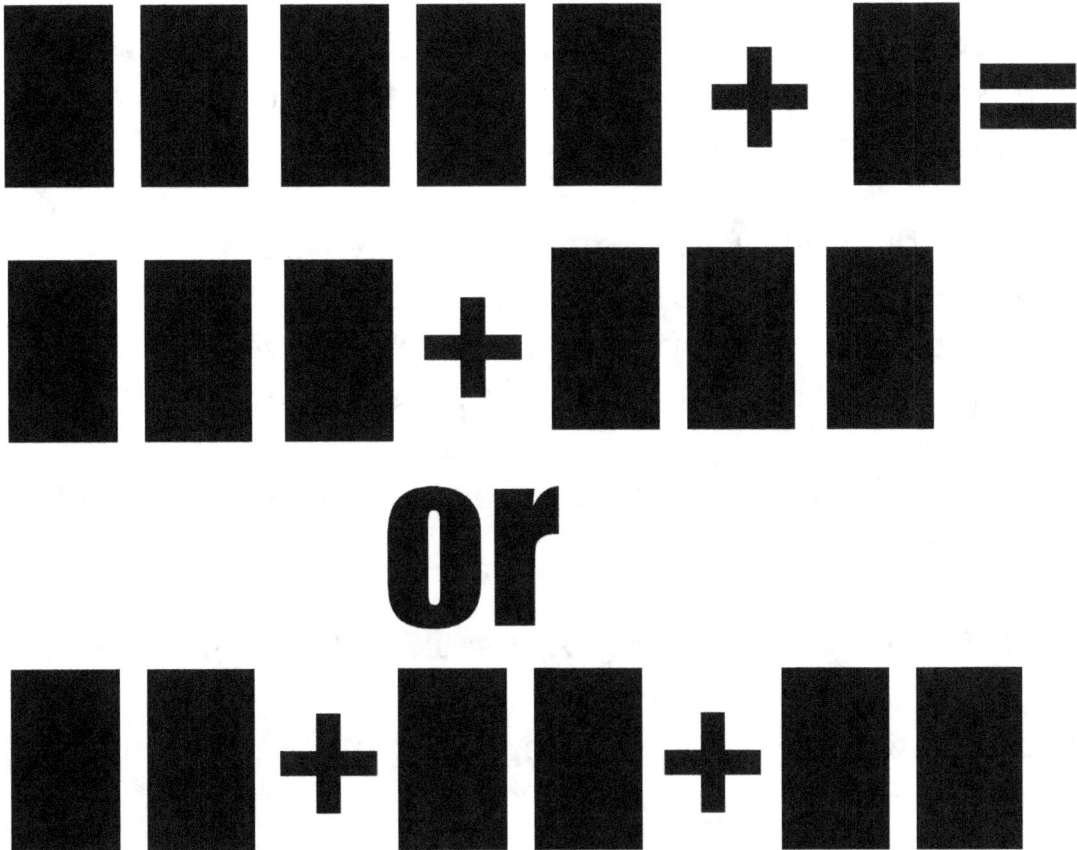

**164 If I add one panel to my five panel, 60 volt, 8.02 amp array I'll have to divide them into two arrays of 3 or three arrays of 2. The two three panel arrays will be 36 volts each and the amps will add up for 16.04 amps. With the three two panel arrays the voltage will be 25 volts and the amperage will add up to 24.06 amps.**

That **could** give me two 36 volt arrays in series which would require at least #10-gauge (see below) wire for the 22 feet (at 2% loss). Or with 6 panels I could have opted for three 2 panel arrays which would be 24 volts each and require #6-gauge wire (at 2% loss). (Something I would do if I knew my next purchase was going to be 3 more panels which would be set up as three, three panel arrays.)

If I were to purchase three more panels today I would have 8 panels total. And would set them up in two sets of 4 panels in a 48 volt system.

But note that when we combine arrays we are combining them in parallel. This means voltage stays the same and the amperage ads up. So we have to look up the correct number of amps for our distance.

For a 48 volt system, or a 36 volts system with TWO arrays we have

**8.02 amps per array x 2 = 16.04 amps**

which we would round out to 20 for our search in Appendix A.

For a 24 volt system with THREE arrays we have

**8.02 amps per array x 3 = 24.06 amps**

which we can round up to 25 amps in our search.

25ft, amps = 10, volts = 60, % loss = 2, gauge = 14
25ft, amps = 20, volts = 48, % loss = 2, gauge = 10
25ft, amps = 20, volts = 36, % loss = 2, gauge = 10
25ft, amps = 25, volts = 24, % loss = 2, gauge = 6
25ft, amps = 10, volts = 12, % loss = 2, gauge = 8

| Feet 1 way | Volts | Amps | Wire Gauge | #panels/ array (#s) |
|---|---|---|---|---|
| 22 | 60 | 8.02 | #14 | 5(1) |
| 22 | 48 | 16.04 | #10 | 8 (4+4) |
| 22 | 36 | 16.04 | #10 | 6 (3+3) |
| 22 | 24 | 24.06 | #6 | 6 (2+2+2) |
| 22 | 12 | 8.02 | #8 | 1 (1) |

**166 My possible arrays. What I have now is 5 panels I one array (1). If I bought one more panel I might arrange them in two arrays of 3 (3+3) at 36 volts and 16.4 amps, or three arrays of 2 (2+2+2) at 24 volts and 24.06 amps. Note that if I have three arrays of 2 panels each I will need #6-gauge wire.**

I might, in fact, set up 3 two panel arrays so the largest wire my calculations foresee me needing in my future is 6 gauge—especially if I was planning on buying 3 panels at a time in the future after this purchase. Nine panels would have to be in 3 arrays of 3 (3+3+3).

Note that arrays should be equal in panels. You don't want the differences in incoming voltages that would result in unevenly balanced arrays.

So 6 gauge would be my wire of choice. If I were never to plan on increasing the number of panels I have, or if

I were only going to increase my panels 5 panels at a time, I could use #14 wire. If I foresaw only 1 more panel in my future I could get by with #10 wire for my 36 volt (3+3), >20 amp, array.

Although as you see here I could have used 6 gauge and saved myself money I actually used 4 gauge. 4-gauge copper wire can handle 95 amps. I figured with a 95 amp capacity I would not have to worry about wire for some time. And If for any reason all of my panels but one died, I'd still have far less than a 2% loss for my one 12 volt panel.

To determine the wire size you'll need.
1) Determine the one way distance from panels to charge controller.
2) Determine the number of amps your system will be using (also considering future expansion i.e. combining arrays).
3) Determine the number of volts your system will be operating at.
4) Then go to Appendix A for copper wire or B for aluminum, find the distance to your panels, the amperage, the voltage and the % loss you are will to tolerate and you'll have your wire size.
5) If wire gauge is larger than 4 you should seriously consider shortening the distance to your panels. I worked with size 4 and that was somewhat difficult as it was difficult to attach such large wire to the panels. 00 and 000 wire will be extremely difficult to work with.

If the specs for your system are outside the values in Appendix A or B, then go to http://learnsunpower.com for links to other charts, calculators and/or formulas.

**READ THE MANUALS**

Do read the manual for any panel, inverter or charge controller you intend to buy.

| IRRADIANCE AND CELL TEMPERATURE | 1000Wm$^{-2}$ AM 1.5 25 °C | 800Wm$^{-2}$ AM 1.5 47 °C |
|---|---|---|
| Pmax | 130W | 92W |
| Vpmax | 17.6V | 15.5V |
| Ipmax | 7.39A | 5.94A |
| Voc | 21.9V | — |
| Isc | 8.02A | — |

**166 Important info will be on the back of your solar panel including temperature variations.**

The information will help you determine how many panels you can have in an array and how you should go about combining them. I.e. how many arrays you can combine in a combiner box (which we will get to shortly.)

Also on the panels themselves there is very important information about the panels. One is the overload amount which on this panel is 8.02 the maximum amps the panel will put out. I used max amps in some of my calculations above. Another is the maximum volts (and this is temperature dependent). You will need this information to determine how many panels you can put in an array. Your charge controller will have a maximum number of amps and volts that it can handle safely.

**167 My Flexmax suspends operation at 145 VDC.**

My Flexmax 80 charge controller's manual explains that if more than 145 volts if more than 145 direct current volts (145 VDC) come in from a panel it will suspend operations. So knowing the maximum voltage is important.

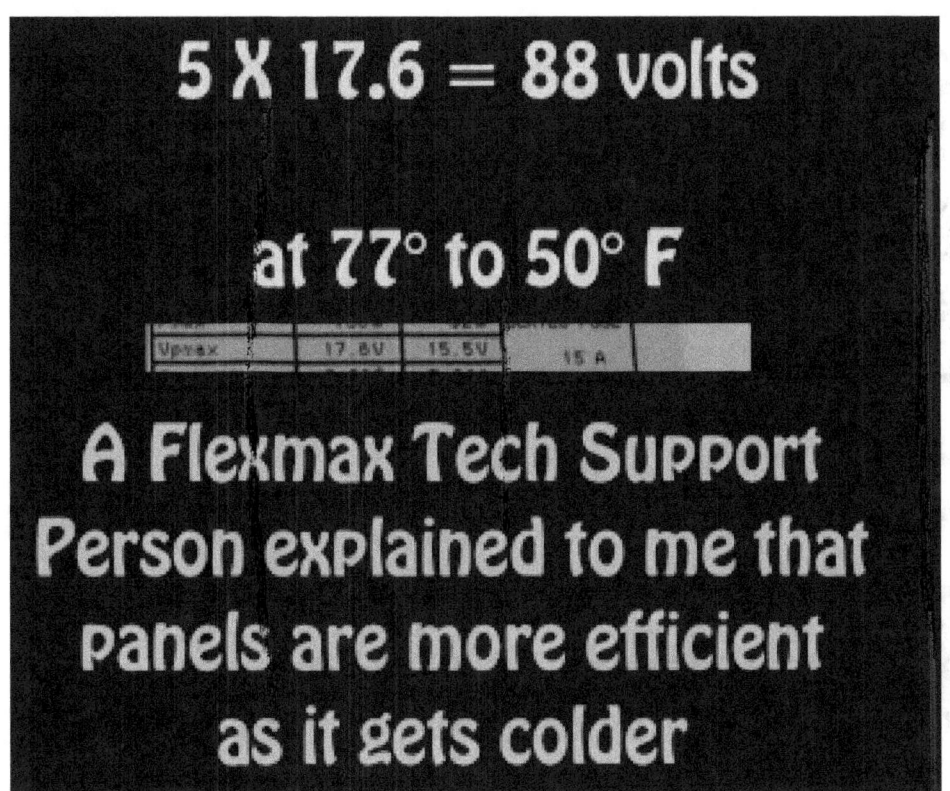

**168 Panels are more efficient as it gets colder.**

Though I could use overcharge voltage here, I'll just use max voltage and do a calculation with overcharge (OC) voltage later. Just in case one of these values is not available to you.

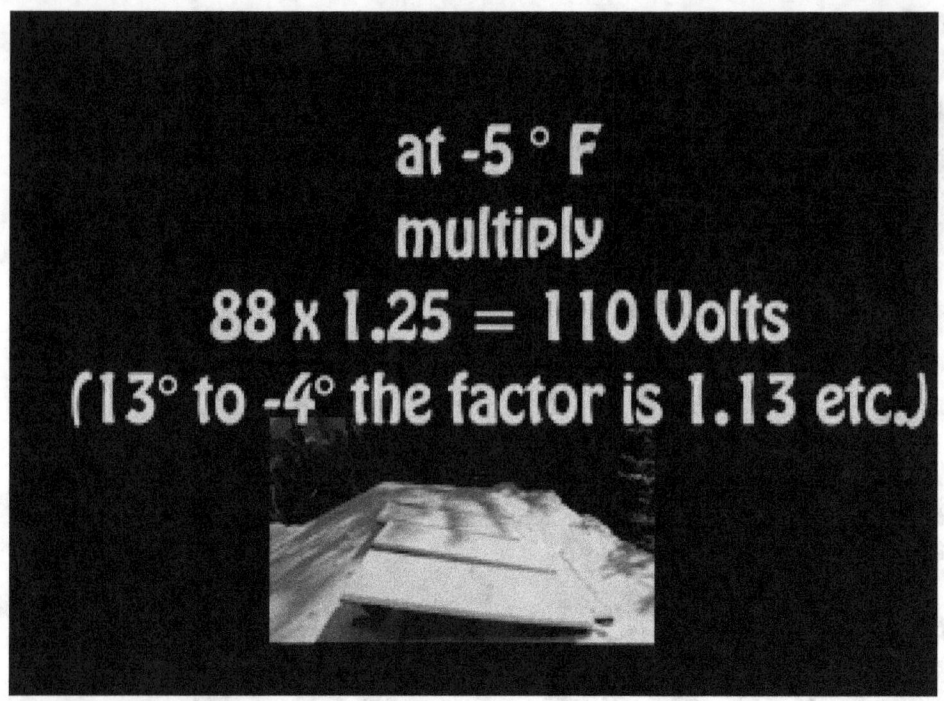

**169 At -5 degrees F the efficiency is 1.25 times normal.**

Now 5 panels at 17.6 max volts is 88 volts. If the temperature drops below -5 degrees F, the efficiency of my panels increases by a factor of 1.25.

**88 x 1.25 = 110 volts.**

(At 13 degrees F to -4 degrees F the efficiency is 1.13) If I were to have 6 panels in the array

**6 x 17.6 = 105.6**

**105.6 x 1.25 = 132 volts**

It might seem that 6 panels could be in the array if the shut down voltage is 145, but for reasons you'll see soon this is not true. If we try 7 panels.

**7 x 17.6 = 123.2**

123.2 x 1.25 = 154 volts OVER THE LIMIT

However you use max voltage you should calculate the maximum number of panels you could have given max voltage—in my case 6 panels, and then subtract one to determine your maximum SAFE number of panels.

**6 – 1 = 5**

So five panels is the most I would want to have in an array without getting uncomfortably close to the max for my charge controller.

If we do the same calculation with overcharge voltage we see immediately why we reduce the number of panels calculated using max voltage by one.

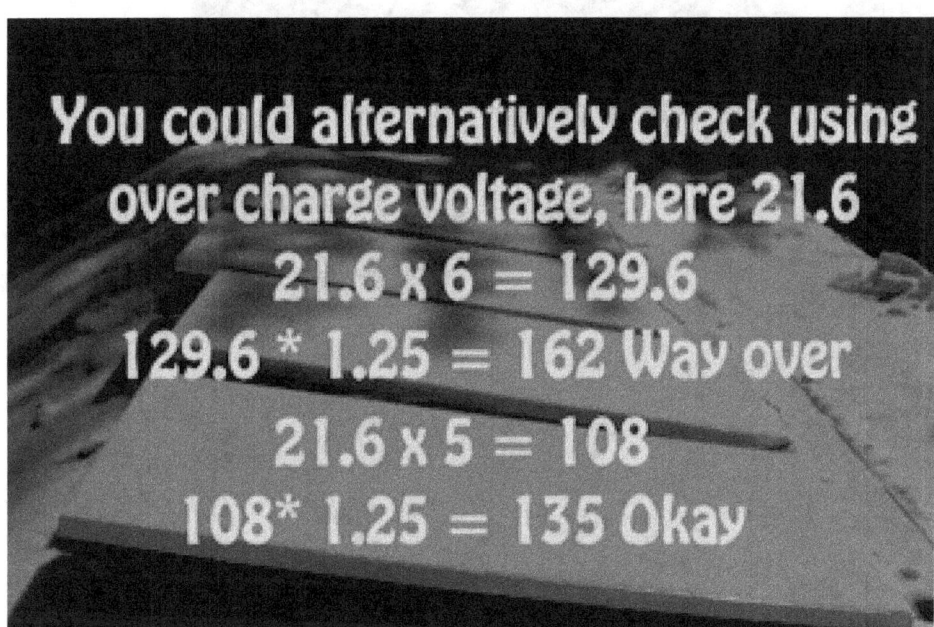

**170 Using overcharge to calculate max panels.**

Overcharge voltage from my panel is 21.6 volts.

**6 x 21.6 = 129.6 volts**

at -5 degrees F:

129.6 x 1.25 = 162 WAY OVER (for a 145 limit)

**5 x 21.6 = 108**

108 x 1.25 = 135 SAFE (for a 145 limit)

So 5 panels is it either way you calculate it. If you have the overcharge voltage use it to calculate the maximum number of panels you can have in your array. If you do not but have the overcharge voltage data use max voltage and then reduce the number of panels by one.

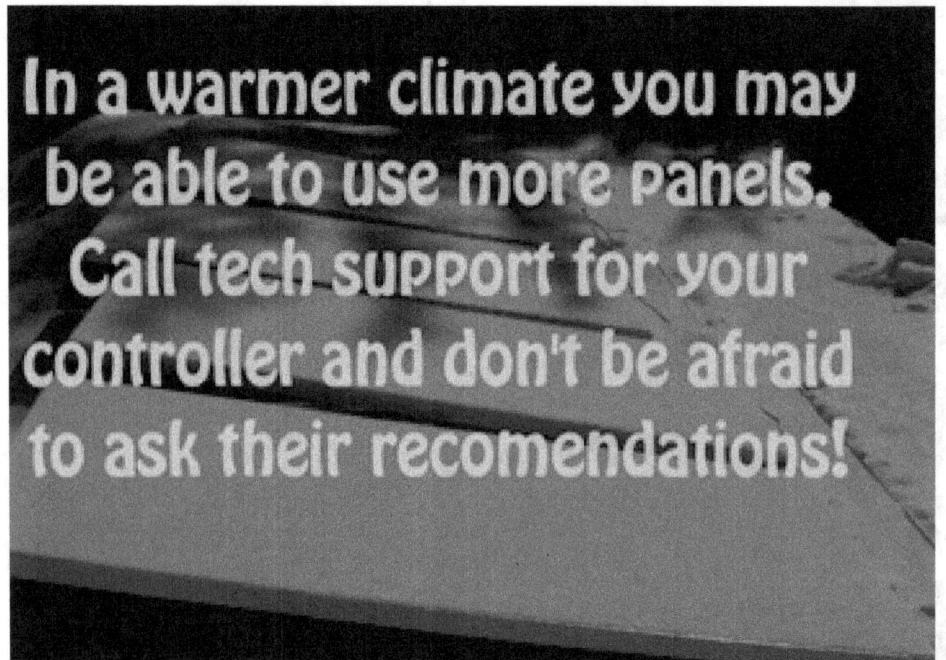

**171 If you live in a mild climate check with tech support to see if you can include an extra panel. That way you won't void any warrantee.**

## WHAT IF IT NEVER GETS COLD HERE?

If you live in a climate than never gets very cold consult your charge controller manufacturer to see if they'd recommend adding an extra panel. If they tell you it is okay then you probably don't have to worry about voiding a warrantee.

## GROUND FAULT PROTECTION

Ground fault protection is required for solar arrays mounted on a residence. Basically ground fault protection shuts down your system if there are fluctuations that indicate someone might be being electrocuted. According to one supplier I asked about it, it is a pain in the... There is no reason to go to this added expense. Simply mount your panels on an outbuilding or on a separate stand.

It is not clear whether ground fault protection is really needed if you do not have indoor plumbing.

## LIGHTNING PROTECTION

You will need lightning protection. But since we've already put in a very good grounding system we are halfway there.

My lightning protection consists of:

1) I have a bare #4 wire as a lightning ground. The wire is attached to each panel with a piece of roofing steel that I folded and wrapped around the

ground wire and attached to the panels with nuts and bolts. To attach it to the panel I drilled holes through the panel sidewall in a spot that would not cause damage or affect the panel in any way. In figure 174 you can see the inside of the bolt I've used to attach the ground wire to the panel.

2) The #4 bare copper wire goes directly from my panels to my grounding bars which you saw me drive into the ground. As you will see shortly, my combiner box contains a lightning arrester to protect my charge controller, batteries and inverter from damage lighting might cause.

**172** #4 wire is used as my lightning ground wire. Attached with roofing steel folded over and bolted to the panels. I tested the steel with a voltmeter and it was a very good conductor.

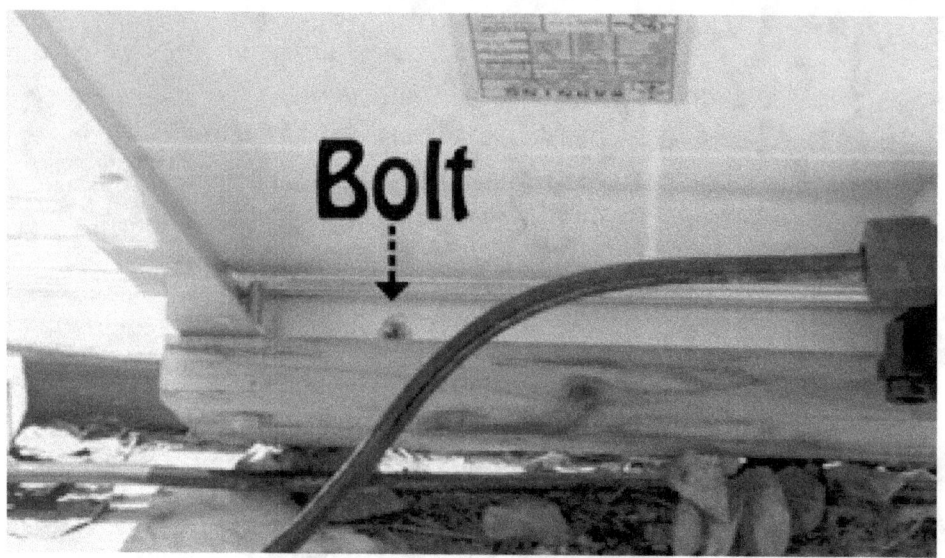

**174** I drilled a hole in a safe spot on the panel and used a bolt and nut to attach the ground wire to the outside. Note that I bolted wooden handles to my panels at either end to make handling them easier and to allow me to use hinges to attach them to the roof.

**174** The bare #4 ground wire comes right down the side of the building and goes directly to the grounding bars I hammered into the ground earlier. Lightning is the reason I had to put two bars in.

**175** The lightning ground does not attach to the combiner box thought it passes it. As you will soon see the combiner box has a lightning arrester in it.

## ASSEMBLING PANELS

**176** I keep the top of the box taped to a panel until I am done wiring all of them. Here all the panels have been wired and the last box top is waiting to be taken off.

To keep panels from being charged (and being the source of a potential shock) while you work with them I simply cut the boxes my new panels came in and taped one side to the front of the panels. I did this indoors at night. Once you have the connections set up, then and only then, remove the cardboard from the panels.

You could also work by lantern light or other light at night as an alternative.

Remember that the panels are connected in series. Which for panels resembles one big loop with the negative end going into the panels at one end and the positive coming out at the other side.

**177 panels connected in series. Yellow here is negative and red positive.**

The connections inside the panels are fairly simple. The negative wire comes in at the negative end and the positive wire goes out on the opposite side. In figure XXX I've marked the negative end with a grey weather protector (waterproof) and the positive end with a red painted one.

**178 Red here on the left is positive and gray negative. I used #2 wire and it would barely fit through the weather protectors.**

To make the connections I had to add my own hardware to the ends of the wire. After I bared the end of my long wire with a box cutter or other tool (you only need enough to attach the ferrule) I put it through the weather/waterproof lock made to go right into the panel box. This is something you would do at the panel itself after all of the panels are already in place. (My #4 wire was so thick it just made it through the waterproof lock. Do check the wire you intend to use against the waterproof lock to be sure it will fit in the opening.)

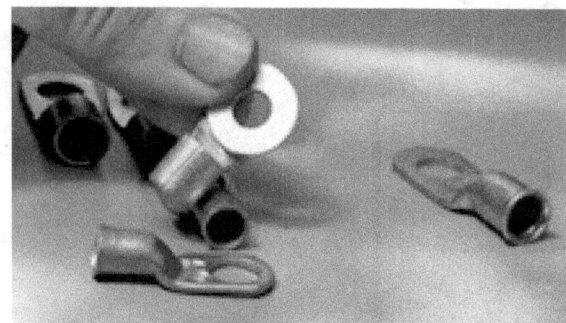

**180 You will probably need to fit your own ferrules to the wire. Here I have an assortment. Pick the ones that will fit. I had to use steel.**

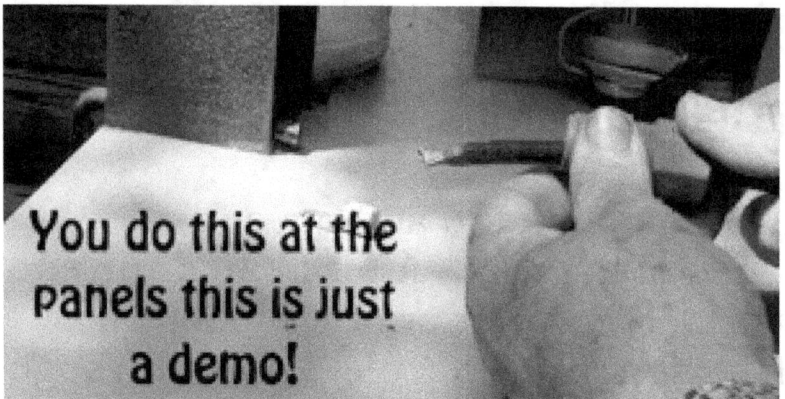

**180 After trimming a bit of coating off the end of the wire (enough to slip the ferrule on) slip it through the waterproof lock.**

You will have a locking bolt for the weather proof lock. The locking bolt goes on inside the panel box and holds the waterproof lock in place.

**181 The locking bolt goes on the waterproof lock INSIDE THE PANEL. I am showing it outside here just so you can see how it screws on.**

I had to pick between copper and steel ferrules to find one that would fit inside the box. I had to use steel because it was the only ferrule that would fit inside the box. You will need to crimp the ferrule onto the wire. DO THIS INSIDE THE PANEL BOX with the wire already through the waterproof lock.

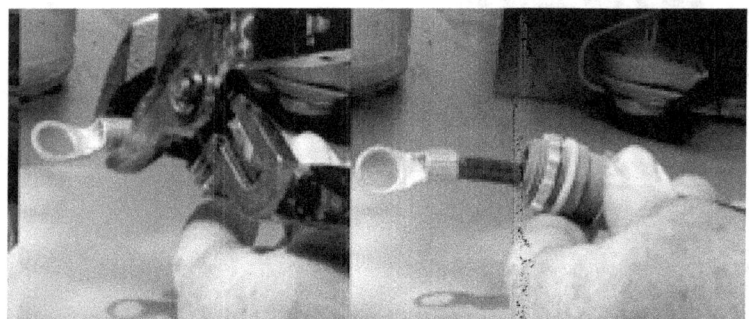

**182 DO THIS INSIDE THE PANEL BOX WITH THE WIRE ALREADY THOUGH THE WATER PROOF LOCK AND THE BOX ITSELF: Crimp the ferrule.**

The hole in the ferrule was too big for the small screw in the panel box so I needed to use a washer to screw my ferrule to the panel.

**183 The hole in my ferrule was too large for the screws that came with the solar panel so I had to add a washer to make the connection**

Once you have your screw in place you can tighten the locking bolt on the waterproof lock.

**184 Once you have everything in place you can tighten the locking bolt to the waterproof lock and the connection is done.**

You only need two connections to each panel (pos and neg) and your panels are connected. Make sure you measure out enough wire to reach the ends of your panel array (In my case the positive wire coming into my combining box is shorter than the negative wire by the length of my array. I used the one way distance to the farthest point, i.e. the negative end of the array, as my distance in calculations.

## ATTACHING PANELS TO THE ROOF

I have my panels on hinges (attached to boards screwed into the roof) so their angle can be adjusted to the best position for my latitude. Actually the angle varies through the year. In summer I can do better with the panels almost flat on the slanted roof an in winter pointed at the sun at 37 degrees plus 15 for a total of 52 degrees.

**185 I have boards screwed to the back of my panels at either end. These are attached to hinges which are attached to a board screwed into the roof.**

The information you will need to get your panels to the right angle is provided by the manufacturer of the panels. You will usually find it on an information sheet in the box, at least I did with these panels. Due to sometimes high winds I don't always keep my panels at the optimum angle. I see pretty good outputs of power anyway.

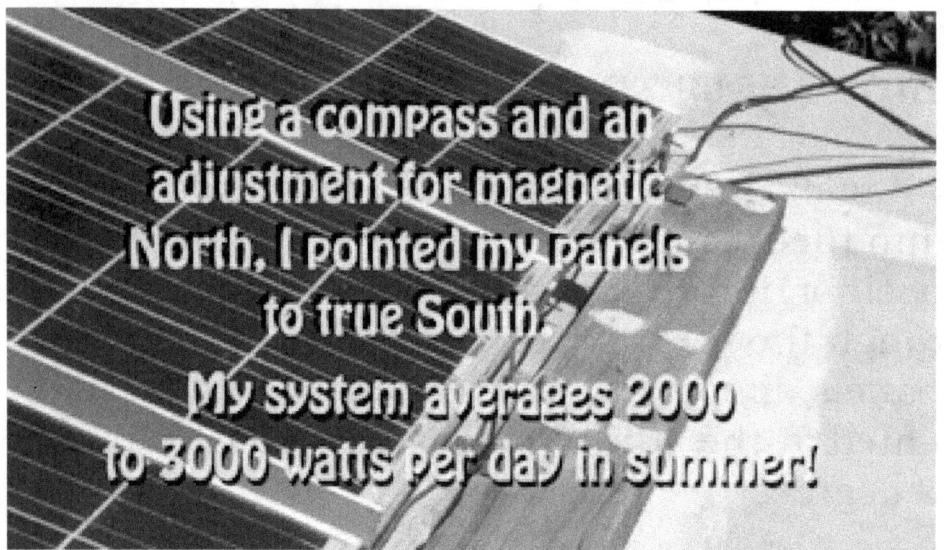

**186 I have my panels pointed to true south.**


**THE COMBINER BOX**

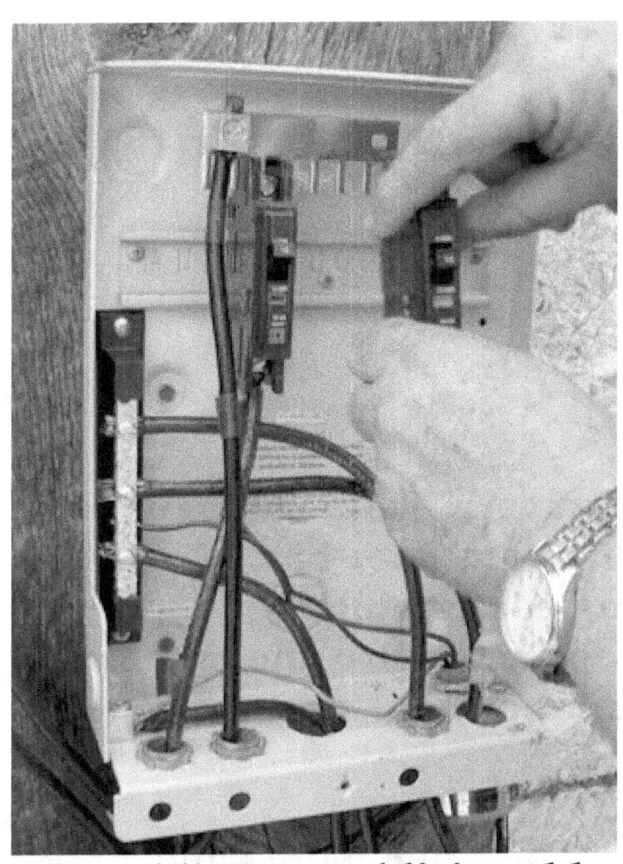

**187 Adding an additional breaker to the combiner box for a second array.**

As I have my panels set up now, I do not need a combiner box. However, since I intend to add panels and I am using one.

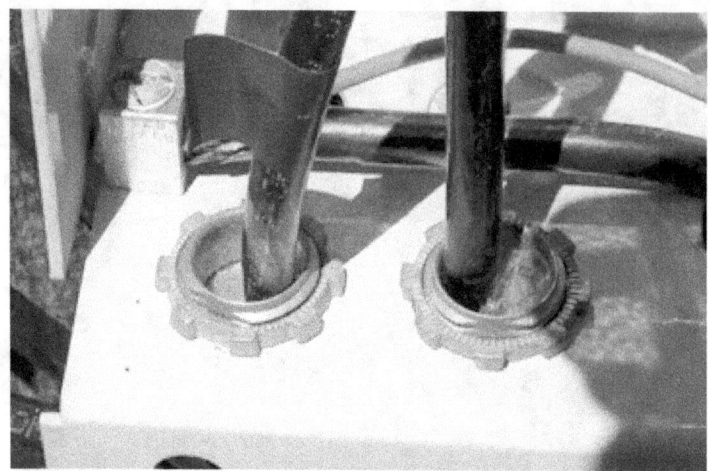

**188 The hot wire, left. comes in from the panels through the bottom of the combiner box. A lock keeps the wire from being easily pulled out. The hot wire on the right is connected to the combing bar at the top of the combiner box—and this goes out to the charge controller.**

As I mentioned I might purchase one more panel and change my single array into two **BALANCED** arrays of 3 panels each. And when I do that I will need the combiner box. So it is nice to already have my combiner box set up. All I'll have to do is bring the wires in from my two, equal-in-power arrays, connect them and I am all set.

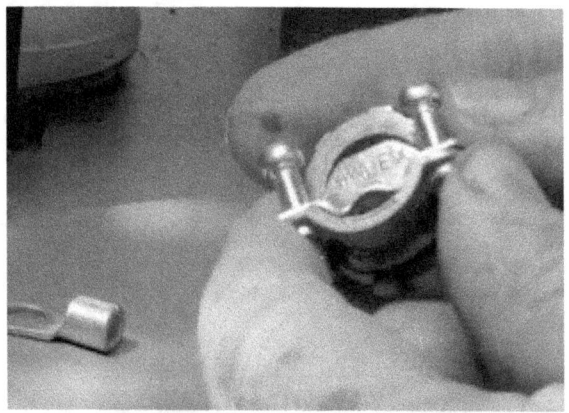

**189 A close up of the lock.**

The combiner box is a pretty simple affair. This is a commercial one with all the holes needed already provided. The hot wire from the panels come in through the bottom.

We use locks on to keep the wires from easily being pulled loose.

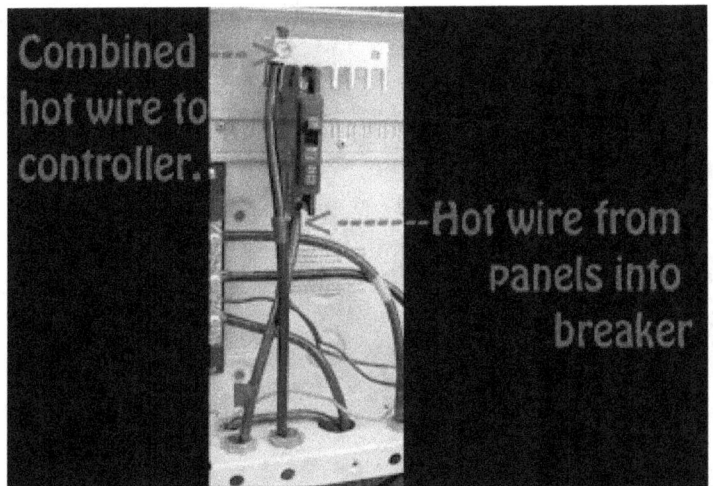

**190 hot wire comes in through the bottom and goes to breaker. Breakers are attached to a bar which combines current. You only have to attach one wire to the breaker. You can just see at the edge of the breaker the hot wire coming from the combing bar and going back out through the case to the charge controller.**

The hot wire goes into the breaker at the bottom. This is a ten amp breaker. (Remember my max amps for each panel is 8.02 amps. Since my panels are in series the current will not exceed ten amps. As you'll see even when I add additional arrays I will still only need a 10 amp breaker. The arrays are not "combined" in parallel until after they go through the breakers. And this is done with a convenient bar which the breakers attach to.)

At the other side of the breaker(s) all incoming power from my arrays is combined. So only one hot wire (**positive**) goes to the charge controller. Having a breaker here gives me another way to shut down power to the charge controller from a single array if I need to. To shut down all arrays I'd have to turn off all the breakers. (So far I only have one in place.)

**191 Negative wires go to the bus bar as does the ground for the case itself.**

And addition I have in my combiner box is a lightning arrestor. It is just like a little jar thing that screws right into the combiner panel. Look at your lightning arrestor's instructions if you get one.

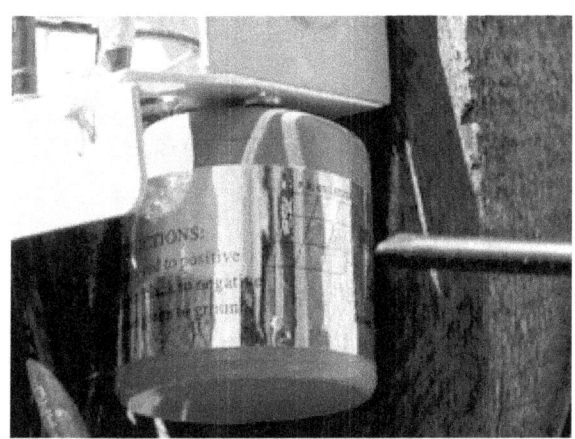

**192 Follow the instructions on your lightning arrestor to install it.**

The red wire coming from my lightning arrestor is the hot wire it connects with the hot wire at my breaker box (on the incoming from panel side). If I had more arrays I'd have to use the combining bar. The black wire is negative and goes to the neutral bus bar and the green ground wire goes to the ground for the box itself.

**193 in this sideways view of the combiner box you can see wires from the lightning arrestor.**

My Flexmax 80 can handle 80 amps max. As I add breakers these are in parallel and the amps go up.

One more array, whether 5 panel, or 3 panel will increase my amps to 16.04. I have seen my one array produce ten amps, or at least it says that on my charge controller when the power is really coming in. So I would consider each breaker to represent 10 amps rather than 8. In that case I could add up to 8 arrays for 80 amps which my Flexmax should be able to handle. However I would have to replace the 60 amp fuse I have installed before my charge controller with an 80 amp breaker or fuse.

**194 To add an array just add a new breaker.**

And that's it.

In conclusion let me say,

Be careful with electricity.

Don't be intimidated by the idea of reading the manuals.

In fact the only thing I remember having to change from the defaults for my Flexmax was my actual battery bank size.

Do not hesitate to call customer tech support. Both Flexmax and Prosine tech support were just wonderful to work with. And they were very good about explaining things.

Consult an electrician if you still don't understand something. It is better to be safe than sorry.

Most of all I wish you luck with your solar project and hope you've learned from this book.


--the end—

APPENDIX A  wire size.

The national electric code (NEC) basically says not to exceed these amperages for the wire gauges shown.  The tables have been adjusted for this.

| AWG | Amps |
|---|---|
| 14 | 15 |
| 12 | 20 |
| 10 | 30 |
| 8 | 40 |
| 6 | 55 |
| 4 | 70 |
| 2 | 95 |

Distance (ft) is one way to panels.  If a value is missing (i.e. % loss = 2 ) it means that the wire required would be thicker than 4/0 (0000).

10ft, amps = 5, volts = 12, % loss = 2, wire gauge = 14
10ft, amps = 5, volts = 12, % loss = 3, wire gauge = 14
10ft, amps = 5, volts = 12, % loss = 4, wire gauge = 14
10ft, amps = 5, volts = 12, % loss = 5, wire gauge = 14
10ft, amps = 5, volts = 24, % loss = 2, wire gauge = 14
10ft, amps = 5, volts = 24, % loss = 3, wire gauge = 14
10ft, amps = 5, volts = 24, % loss = 4, wire gauge = 14
10ft, amps = 5, volts = 24, % loss = 5, wire gauge = 14
10ft, amps = 5, volts = 36, % loss = 2, wire gauge = 14
10ft, amps = 5, volts = 36, % loss = 3, wire gauge = 14
10ft, amps = 5, volts = 36, % loss = 4, wire gauge = 14
10ft, amps = 5, volts = 36, % loss = 5, wire gauge = 14
10ft, amps = 5, volts = 48, % loss = 2, wire gauge = 14
10ft, amps = 5, volts = 48, % loss = 3, wire gauge = 14
10ft, amps = 5, volts = 48, % loss = 4, wire gauge = 14
10ft, amps = 5, volts = 48, % loss = 5, wire gauge = 14

10ft, amps = 5, volts = 60, % loss = 2, wire gauge = 14
10ft, amps = 5, volts = 60, % loss = 3, wire gauge = 14
10ft, amps = 5, volts = 60, % loss = 4, wire gauge = 14
10ft, amps = 5, volts = 60, % loss = 5, wire gauge = 14
10ft, amps = 10, volts = 12, % loss = 2, wire gauge = 12
10ft, amps = 10, volts = 12, % loss = 3, wire gauge = 14
10ft, amps = 10, volts = 12, % loss = 4, wire gauge = 14
10ft, amps = 10, volts = 12, % loss = 5, wire gauge = 14
10ft, amps = 10, volts = 24, % loss = 2, wire gauge = 14
10ft, amps = 10, volts = 24, % loss = 3, wire gauge = 14
10ft, amps = 10, volts = 24, % loss = 4, wire gauge = 14
10ft, amps = 10, volts = 24, % loss = 5, wire gauge = 14
10ft, amps = 10, volts = 36, % loss = 2, wire gauge = 14
10ft, amps = 10, volts = 36, % loss = 3, wire gauge = 14
10ft, amps = 10, volts = 36, % loss = 4, wire gauge = 14
10ft, amps = 10, volts = 36, % loss = 5, wire gauge = 14
10ft, amps = 10, volts = 48, % loss = 2, wire gauge = 14
10ft, amps = 10, volts = 48, % loss = 3, wire gauge = 14
10ft, amps = 10, volts = 48, % loss = 4, wire gauge = 14
10ft, amps = 10, volts = 48, % loss = 5, wire gauge = 14
10ft, amps = 10, volts = 60, % loss = 2, wire gauge = 14
10ft, amps = 10, volts = 60, % loss = 3, wire gauge = 14
10ft, amps = 10, volts = 60, % loss = 4, wire gauge = 14
10ft, amps = 10, volts = 60, % loss = 5, wire gauge = 14
10ft, amps = 15, volts = 12, % loss = 2, wire gauge = 10
10ft, amps = 15, volts = 12, % loss = 3, wire gauge = 12
10ft, amps = 15, volts = 12, % loss = 4, wire gauge = 12
10ft, amps = 15, volts = 12, % loss = 5, wire gauge = 14
10ft, amps = 15, volts = 24, % loss = 2, wire gauge = 12
10ft, amps = 15, volts = 24, % loss = 3, wire gauge = 14
10ft, amps = 15, volts = 24, % loss = 4, wire gauge = 14
10ft, amps = 15, volts = 24, % loss = 5, wire gauge = 14
10ft, amps = 15, volts = 36, % loss = 2, wire gauge = 14
10ft, amps = 15, volts = 36, % loss = 3, wire gauge = 14
10ft, amps = 15, volts = 36, % loss = 4, wire gauge = 14
10ft, amps = 15, volts = 36, % loss = 5, wire gauge = 14
10ft, amps = 15, volts = 48, % loss = 2, wire gauge = 14
10ft, amps = 15, volts = 48, % loss = 3, wire gauge = 14
10ft, amps = 15, volts = 48, % loss = 4, wire gauge = 14

10ft, amps = 15, volts = 48, % loss = 5, wire gauge = 14
10ft, amps = 15, volts = 60, % loss = 2, wire gauge = 14
10ft, amps = 15, volts = 60, % loss = 3, wire gauge = 14
10ft, amps = 15, volts = 60, % loss = 4, wire gauge = 14
10ft, amps = 15, volts = 60, % loss = 5, wire gauge = 14
10ft, amps = 20, volts = 12, % loss = 2, wire gauge = 8
10ft, amps = 20, volts = 12, % loss = 3, wire gauge = 10
10ft, amps = 20, volts = 12, % loss = 4, wire gauge = 12
10ft, amps = 20, volts = 12, % loss = 5, wire gauge = 12
10ft, amps = 20, volts = 24, % loss = 2, wire gauge = 12
10ft, amps = 20, volts = 24, % loss = 3, wire gauge = 12
10ft, amps = 20, volts = 24, % loss = 4, wire gauge = 12
10ft, amps = 20, volts = 24, % loss = 5, wire gauge = 12
10ft, amps = 20, volts = 36, % loss = 2, wire gauge = 12
10ft, amps = 20, volts = 36, % loss = 3, wire gauge = 12
10ft, amps = 20, volts = 36, % loss = 4, wire gauge = 12
10ft, amps = 20, volts = 36, % loss = 5, wire gauge = 12
10ft, amps = 20, volts = 48, % loss = 2, wire gauge = 12
10ft, amps = 20, volts = 48, % loss = 3, wire gauge = 12
10ft, amps = 20, volts = 48, % loss = 4, wire gauge = 12
10ft, amps = 20, volts = 48, % loss = 5, wire gauge = 12
10ft, amps = 20, volts = 60, % loss = 2, wire gauge = 12
10ft, amps = 20, volts = 60, % loss = 3, wire gauge = 12
10ft, amps = 20, volts = 60, % loss = 4, wire gauge = 12
10ft, amps = 20, volts = 60, % loss = 5, wire gauge = 12
10ft, amps = 25, volts = 12, % loss = 2, wire gauge = 8
10ft, amps = 25, volts = 12, % loss = 3, wire gauge = 10
10ft, amps = 25, volts = 12, % loss = 4, wire gauge = 10
10ft, amps = 25, volts = 12, % loss = 5, wire gauge = 12
10ft, amps = 25, volts = 24, % loss = 2, wire gauge = 10
10ft, amps = 25, volts = 24, % loss = 3, wire gauge = 10
10ft, amps = 25, volts = 24, % loss = 4, wire gauge = 10
10ft, amps = 25, volts = 24, % loss = 5, wire gauge = 10
10ft, amps = 25, volts = 36, % loss = 2, wire gauge = 10
10ft, amps = 25, volts = 36, % loss = 3, wire gauge = 10
10ft, amps = 25, volts = 36, % loss = 4, wire gauge = 10
10ft, amps = 25, volts = 36, % loss = 5, wire gauge = 10
10ft, amps = 25, volts = 48, % loss = 2, wire gauge = 10
10ft, amps = 25, volts = 48, % loss = 3, wire gauge = 10

10ft, amps = 25, volts = 48, % loss = 4, wire gauge = 10
10ft, amps = 25, volts = 48, % loss = 5, wire gauge = 10
10ft, amps = 25, volts = 60, % loss = 2, wire gauge = 10
10ft, amps = 25, volts = 60, % loss = 3, wire gauge = 10
10ft, amps = 25, volts = 60, % loss = 4, wire gauge = 10
10ft, amps = 25, volts = 60, % loss = 5, wire gauge = 10
10ft, amps = 30, volts = 12, % loss = 2, wire gauge = 6
10ft, amps = 30, volts = 12, % loss = 3, wire gauge = 8
10ft, amps = 30, volts = 12, % loss = 4, wire gauge = 10
10ft, amps = 30, volts = 12, % loss = 5, wire gauge = 10
10ft, amps = 30, volts = 24, % loss = 2, wire gauge = 10
10ft, amps = 30, volts = 24, % loss = 3, wire gauge = 12
10ft, amps = 30, volts = 24, % loss = 4, wire gauge = 10
10ft, amps = 30, volts = 24, % loss = 5, wire gauge = 10
10ft, amps = 30, volts = 36, % loss = 2, wire gauge = 12
10ft, amps = 30, volts = 36, % loss = 3, wire gauge = 10
10ft, amps = 30, volts = 36, % loss = 4, wire gauge = 10
10ft, amps = 30, volts = 36, % loss = 5, wire gauge = 10
10ft, amps = 30, volts = 48, % loss = 2, wire gauge = 10
10ft, amps = 30, volts = 48, % loss = 3, wire gauge = 10
10ft, amps = 30, volts = 48, % loss = 4, wire gauge = 10
10ft, amps = 30, volts = 48, % loss = 5, wire gauge = 10
10ft, amps = 30, volts = 60, % loss = 2, wire gauge = 10
10ft, amps = 30, volts = 60, % loss = 3, wire gauge = 10
10ft, amps = 30, volts = 60, % loss = 4, wire gauge = 10
10ft, amps = 30, volts = 60, % loss = 5, wire gauge = 10
10ft, amps = 35, volts = 12, % loss = 2, wire gauge = 6
10ft, amps = 35, volts = 12, % loss = 3, wire gauge = 8
10ft, amps = 35, volts = 12, % loss = 4, wire gauge = 10
10ft, amps = 35, volts = 12, % loss = 5, wire gauge = 8
10ft, amps = 35, volts = 24, % loss = 2, wire gauge = 10
10ft, amps = 35, volts = 24, % loss = 3, wire gauge = 8
10ft, amps = 35, volts = 24, % loss = 4, wire gauge = 8
10ft, amps = 35, volts = 24, % loss = 5, wire gauge = 8
10ft, amps = 35, volts = 36, % loss = 2, wire gauge = 8
10ft, amps = 35, volts = 36, % loss = 3, wire gauge = 8
10ft, amps = 35, volts = 36, % loss = 4, wire gauge = 8
10ft, amps = 35, volts = 36, % loss = 5, wire gauge = 8
10ft, amps = 35, volts = 48, % loss = 2, wire gauge = 8

10ft, amps = 35, volts = 48, % loss = 3, wire gauge = 8
10ft, amps = 35, volts = 48, % loss = 4, wire gauge = 8
10ft, amps = 35, volts = 48, % loss = 5, wire gauge = 8
10ft, amps = 35, volts = 60, % loss = 2, wire gauge = 8
10ft, amps = 35, volts = 60, % loss = 3, wire gauge = 8
10ft, amps = 35, volts = 60, % loss = 4, wire gauge = 8
10ft, amps = 35, volts = 60, % loss = 5, wire gauge = 8
10ft, amps = 40, volts = 12, % loss = 2, wire gauge = 6
10ft, amps = 40, volts = 12, % loss = 3, wire gauge = 8
10ft, amps = 40, volts = 12, % loss = 4, wire gauge = 8
10ft, amps = 40, volts = 12, % loss = 5, wire gauge = 10
10ft, amps = 40, volts = 24, % loss = 2, wire gauge = 8
10ft, amps = 40, volts = 24, % loss = 3, wire gauge = 8
10ft, amps = 40, volts = 24, % loss = 4, wire gauge = 8
10ft, amps = 40, volts = 24, % loss = 5, wire gauge = 8
10ft, amps = 40, volts = 36, % loss = 2, wire gauge = 8
10ft, amps = 40, volts = 36, % loss = 3, wire gauge = 8
10ft, amps = 40, volts = 36, % loss = 4, wire gauge = 8
10ft, amps = 40, volts = 36, % loss = 5, wire gauge = 8
10ft, amps = 40, volts = 48, % loss = 2, wire gauge = 8
10ft, amps = 40, volts = 48, % loss = 3, wire gauge = 8
10ft, amps = 40, volts = 48, % loss = 4, wire gauge = 8
10ft, amps = 40, volts = 48, % loss = 5, wire gauge = 8
10ft, amps = 40, volts = 60, % loss = 2, wire gauge = 8
10ft, amps = 40, volts = 60, % loss = 3, wire gauge = 8
10ft, amps = 40, volts = 60, % loss = 4, wire gauge = 8
10ft, amps = 40, volts = 60, % loss = 5, wire gauge = 8
10ft, amps = 45, volts = 12, % loss = 2, wire gauge = 6
10ft, amps = 45, volts = 12, % loss = 3, wire gauge = 6
10ft, amps = 45, volts = 12, % loss = 4, wire gauge = 8
10ft, amps = 45, volts = 12, % loss = 5, wire gauge = 10
10ft, amps = 45, volts = 24, % loss = 2, wire gauge = 8
10ft, amps = 45, volts = 24, % loss = 3, wire gauge = 10
10ft, amps = 45, volts = 24, % loss = 4, wire gauge = 8
10ft, amps = 45, volts = 24, % loss = 5, wire gauge = 8
10ft, amps = 45, volts = 36, % loss = 2, wire gauge = 10
10ft, amps = 45, volts = 36, % loss = 3, wire gauge = 8
10ft, amps = 45, volts = 36, % loss = 4, wire gauge = 8
10ft, amps = 45, volts = 36, % loss = 5, wire gauge = 8

10ft, amps = 45, volts = 48, % loss = 2, wire gauge = 8
10ft, amps = 45, volts = 48, % loss = 3, wire gauge = 8
10ft, amps = 45, volts = 48, % loss = 4, wire gauge = 8
10ft, amps = 45, volts = 48, % loss = 5, wire gauge = 8
10ft, amps = 45, volts = 60, % loss = 2, wire gauge = 8
10ft, amps = 45, volts = 60, % loss = 3, wire gauge = 8
10ft, amps = 45, volts = 60, % loss = 4, wire gauge = 8
10ft, amps = 45, volts = 60, % loss = 5, wire gauge = 8
10ft, amps = 50, volts = 12, % loss = 2, wire gauge = 4
10ft, amps = 50, volts = 12, % loss = 3, wire gauge = 6
10ft, amps = 50, volts = 12, % loss = 4, wire gauge = 8
10ft, amps = 50, volts = 12, % loss = 5, wire gauge = 8
10ft, amps = 50, volts = 24, % loss = 2, wire gauge = 8
10ft, amps = 50, volts = 24, % loss = 3, wire gauge = 10
10ft, amps = 50, volts = 24, % loss = 4, wire gauge = 8
10ft, amps = 50, volts = 24, % loss = 5, wire gauge = 8
10ft, amps = 50, volts = 36, % loss = 2, wire gauge = 10
10ft, amps = 50, volts = 36, % loss = 3, wire gauge = 8
10ft, amps = 50, volts = 36, % loss = 4, wire gauge = 8
10ft, amps = 50, volts = 36, % loss = 5, wire gauge = 8
10ft, amps = 50, volts = 48, % loss = 2, wire gauge = 8
10ft, amps = 50, volts = 48, % loss = 3, wire gauge = 8
10ft, amps = 50, volts = 48, % loss = 4, wire gauge = 8
10ft, amps = 50, volts = 48, % loss = 5, wire gauge = 8
10ft, amps = 50, volts = 60, % loss = 2, wire gauge = 8
10ft, amps = 50, volts = 60, % loss = 3, wire gauge = 8
10ft, amps = 50, volts = 60, % loss = 4, wire gauge = 8
10ft, amps = 50, volts = 60, % loss = 5, wire gauge = 8
10ft, amps = 55, volts = 12, % loss = 2, wire gauge = 4
10ft, amps = 55, volts = 12, % loss = 3, wire gauge = 6
10ft, amps = 55, volts = 12, % loss = 4, wire gauge = 8
10ft, amps = 55, volts = 12, % loss = 5, wire gauge = 8
10ft, amps = 55, volts = 24, % loss = 2, wire gauge = 8
10ft, amps = 55, volts = 24, % loss = 3, wire gauge = 10
10ft, amps = 55, volts = 24, % loss = 4, wire gauge = 8
10ft, amps = 55, volts = 24, % loss = 5, wire gauge = 8
10ft, amps = 55, volts = 36, % loss = 2, wire gauge = 10
10ft, amps = 55, volts = 36, % loss = 3, wire gauge = 8
10ft, amps = 55, volts = 36, % loss = 4, wire gauge = 8

10ft, amps = 55, volts = 36, % loss = 5, wire gauge = 8
10ft, amps = 55, volts = 48, % loss = 2, wire gauge = 8
10ft, amps = 55, volts = 48, % loss = 3, wire gauge = 8
10ft, amps = 55, volts = 48, % loss = 4, wire gauge = 8
10ft, amps = 55, volts = 48, % loss = 5, wire gauge = 8
10ft, amps = 55, volts = 60, % loss = 2, wire gauge = 8
10ft, amps = 55, volts = 60, % loss = 3, wire gauge = 8
10ft, amps = 55, volts = 60, % loss = 4, wire gauge = 8
10ft, amps = 55, volts = 60, % loss = 5, wire gauge = 8
10ft, amps = 60, volts = 12, % loss = 2, wire gauge = 4
10ft, amps = 60, volts = 12, % loss = 3, wire gauge = 6
10ft, amps = 60, volts = 12, % loss = 4, wire gauge = 6
10ft, amps = 60, volts = 12, % loss = 5, wire gauge = 8
10ft, amps = 60, volts = 24, % loss = 2, wire gauge = 6
10ft, amps = 60, volts = 24, % loss = 3, wire gauge = 6
10ft, amps = 60, volts = 24, % loss = 4, wire gauge = 6
10ft, amps = 60, volts = 24, % loss = 5, wire gauge = 6
10ft, amps = 60, volts = 36, % loss = 2, wire gauge = 6
10ft, amps = 60, volts = 36, % loss = 3, wire gauge = 6
10ft, amps = 60, volts = 36, % loss = 4, wire gauge = 6
10ft, amps = 60, volts = 36, % loss = 5, wire gauge = 6
10ft, amps = 60, volts = 48, % loss = 2, wire gauge = 6
10ft, amps = 60, volts = 48, % loss = 3, wire gauge = 6
10ft, amps = 60, volts = 48, % loss = 4, wire gauge = 6
10ft, amps = 60, volts = 48, % loss = 5, wire gauge = 6
10ft, amps = 60, volts = 60, % loss = 2, wire gauge = 6
10ft, amps = 60, volts = 60, % loss = 3, wire gauge = 6
10ft, amps = 60, volts = 60, % loss = 4, wire gauge = 6
10ft, amps = 60, volts = 60, % loss = 5, wire gauge = 6
10ft, amps = 65, volts = 12, % loss = 2, wire gauge = 4
10ft, amps = 65, volts = 12, % loss = 3, wire gauge = 6
10ft, amps = 65, volts = 12, % loss = 4, wire gauge = 6
10ft, amps = 65, volts = 12, % loss = 5, wire gauge = 8
10ft, amps = 65, volts = 24, % loss = 2, wire gauge = 6
10ft, amps = 65, volts = 24, % loss = 3, wire gauge = 8
10ft, amps = 65, volts = 24, % loss = 4, wire gauge = 6
10ft, amps = 65, volts = 24, % loss = 5, wire gauge = 6
10ft, amps = 65, volts = 36, % loss = 2, wire gauge = 8
10ft, amps = 65, volts = 36, % loss = 3, wire gauge = 6

10ft, amps = 65, volts = 36, % loss = 4, wire gauge = 6
10ft, amps = 65, volts = 36, % loss = 5, wire gauge = 6
10ft, amps = 65, volts = 48, % loss = 2, wire gauge = 6
10ft, amps = 65, volts = 48, % loss = 3, wire gauge = 6
10ft, amps = 65, volts = 48, % loss = 4, wire gauge = 6
10ft, amps = 65, volts = 48, % loss = 5, wire gauge = 6
10ft, amps = 65, volts = 60, % loss = 2, wire gauge = 6
10ft, amps = 65, volts = 60, % loss = 3, wire gauge = 6
10ft, amps = 65, volts = 60, % loss = 4, wire gauge = 6
10ft, amps = 65, volts = 60, % loss = 5, wire gauge = 6
10ft, amps = 70, volts = 12, % loss = 2, wire gauge = 4
10ft, amps = 70, volts = 12, % loss = 3, wire gauge = 6
10ft, amps = 70, volts = 12, % loss = 4, wire gauge = 6
10ft, amps = 70, volts = 12, % loss = 5, wire gauge = 8
10ft, amps = 70, volts = 24, % loss = 2, wire gauge = 6
10ft, amps = 70, volts = 24, % loss = 3, wire gauge = 8
10ft, amps = 70, volts = 24, % loss = 4, wire gauge = 6
10ft, amps = 70, volts = 24, % loss = 5, wire gauge = 6
10ft, amps = 70, volts = 36, % loss = 2, wire gauge = 8
10ft, amps = 70, volts = 36, % loss = 3, wire gauge = 6
10ft, amps = 70, volts = 36, % loss = 4, wire gauge = 6
10ft, amps = 70, volts = 36, % loss = 5, wire gauge = 6
10ft, amps = 70, volts = 48, % loss = 2, wire gauge = 6
10ft, amps = 70, volts = 48, % loss = 3, wire gauge = 6
10ft, amps = 70, volts = 48, % loss = 4, wire gauge = 6
10ft, amps = 70, volts = 48, % loss = 5, wire gauge = 6
10ft, amps = 70, volts = 60, % loss = 2, wire gauge = 6
10ft, amps = 70, volts = 60, % loss = 3, wire gauge = 6
10ft, amps = 70, volts = 60, % loss = 4, wire gauge = 6
10ft, amps = 70, volts = 60, % loss = 5, wire gauge = 6
10ft, amps = 75, volts = 12, % loss = 2, wire gauge = 2
10ft, amps = 75, volts = 12, % loss = 3, wire gauge = 4
10ft, amps = 75, volts = 12, % loss = 4, wire gauge = 6
10ft, amps = 75, volts = 12, % loss = 5, wire gauge = 6
10ft, amps = 75, volts = 24, % loss = 2, wire gauge = 6
10ft, amps = 75, volts = 24, % loss = 3, wire gauge = 8
10ft, amps = 75, volts = 24, % loss = 4, wire gauge = 6
10ft, amps = 75, volts = 24, % loss = 5, wire gauge = 6
10ft, amps = 75, volts = 36, % loss = 2, wire gauge = 8

10ft, amps = 75, volts = 36, % loss = 3, wire gauge = 6
10ft, amps = 75, volts = 36, % loss = 4, wire gauge = 6
10ft, amps = 75, volts = 36, % loss = 5, wire gauge = 6
10ft, amps = 75, volts = 48, % loss = 2, wire gauge = 6
10ft, amps = 75, volts = 48, % loss = 3, wire gauge = 6
10ft, amps = 75, volts = 48, % loss = 4, wire gauge = 6
10ft, amps = 75, volts = 48, % loss = 5, wire gauge = 6
10ft, amps = 75, volts = 60, % loss = 2, wire gauge = 6
10ft, amps = 75, volts = 60, % loss = 3, wire gauge = 6
10ft, amps = 75, volts = 60, % loss = 4, wire gauge = 6
10ft, amps = 75, volts = 60, % loss = 5, wire gauge = 6
10ft, amps = 80, volts = 12, % loss = 2, wire gauge = 2
10ft, amps = 80, volts = 12, % loss = 3, wire gauge = 4
10ft, amps = 80, volts = 12, % loss = 4, wire gauge = 6
10ft, amps = 80, volts = 12, % loss = 5, wire gauge = 6
10ft, amps = 80, volts = 24, % loss = 2, wire gauge = 6
10ft, amps = 80, volts = 24, % loss = 3, wire gauge = 4
10ft, amps = 80, volts = 24, % loss = 4, wire gauge = 4
10ft, amps = 80, volts = 24, % loss = 5, wire gauge = 4
10ft, amps = 80, volts = 36, % loss = 2, wire gauge = 4
10ft, amps = 80, volts = 36, % loss = 3, wire gauge = 4
10ft, amps = 80, volts = 36, % loss = 4, wire gauge = 4
10ft, amps = 80, volts = 36, % loss = 5, wire gauge = 4
10ft, amps = 80, volts = 48, % loss = 2, wire gauge = 4
10ft, amps = 80, volts = 48, % loss = 3, wire gauge = 4
10ft, amps = 80, volts = 48, % loss = 4, wire gauge = 4
10ft, amps = 80, volts = 48, % loss = 5, wire gauge = 4
10ft, amps = 80, volts = 60, % loss = 2, wire gauge = 4
10ft, amps = 80, volts = 60, % loss = 3, wire gauge = 4
10ft, amps = 80, volts = 60, % loss = 4, wire gauge = 4
10ft, amps = 80, volts = 60, % loss = 5, wire gauge = 4
15ft, amps = 5, volts = 12, % loss = 2, wire gauge = 12
15ft, amps = 5, volts = 12, % loss = 3, wire gauge = 14
15ft, amps = 5, volts = 12, % loss = 4, wire gauge = 14
15ft, amps = 5, volts = 12, % loss = 5, wire gauge = 14
15ft, amps = 5, volts = 24, % loss = 2, wire gauge = 14
15ft, amps = 5, volts = 24, % loss = 3, wire gauge = 14
15ft, amps = 5, volts = 24, % loss = 4, wire gauge = 14
15ft, amps = 5, volts = 24, % loss = 5, wire gauge = 14

15ft, amps = 5, volts = 36, % loss = 2, wire gauge = 14
15ft, amps = 5, volts = 36, % loss = 3, wire gauge = 14
15ft, amps = 5, volts = 36, % loss = 4, wire gauge = 14
15ft, amps = 5, volts = 36, % loss = 5, wire gauge = 14
15ft, amps = 5, volts = 48, % loss = 2, wire gauge = 14
15ft, amps = 5, volts = 48, % loss = 3, wire gauge = 14
15ft, amps = 5, volts = 48, % loss = 4, wire gauge = 14
15ft, amps = 5, volts = 48, % loss = 5, wire gauge = 14
15ft, amps = 5, volts = 60, % loss = 2, wire gauge = 14
15ft, amps = 5, volts = 60, % loss = 3, wire gauge = 14
15ft, amps = 5, volts = 60, % loss = 4, wire gauge = 14
15ft, amps = 5, volts = 60, % loss = 5, wire gauge = 14
15ft, amps = 10, volts = 12, % loss = 2, wire gauge = 10
15ft, amps = 10, volts = 12, % loss = 3, wire gauge = 12
15ft, amps = 10, volts = 12, % loss = 4, wire gauge = 12
15ft, amps = 10, volts = 12, % loss = 5, wire gauge = 14
15ft, amps = 10, volts = 24, % loss = 2, wire gauge = 12
15ft, amps = 10, volts = 24, % loss = 3, wire gauge = 14
15ft, amps = 10, volts = 24, % loss = 4, wire gauge = 14
15ft, amps = 10, volts = 24, % loss = 5, wire gauge = 14
15ft, amps = 10, volts = 36, % loss = 2, wire gauge = 14
15ft, amps = 10, volts = 36, % loss = 3, wire gauge = 14
15ft, amps = 10, volts = 36, % loss = 4, wire gauge = 14
15ft, amps = 10, volts = 36, % loss = 5, wire gauge = 14
15ft, amps = 10, volts = 48, % loss = 2, wire gauge = 14
15ft, amps = 10, volts = 48, % loss = 3, wire gauge = 14
15ft, amps = 10, volts = 48, % loss = 4, wire gauge = 14
15ft, amps = 10, volts = 48, % loss = 5, wire gauge = 14
15ft, amps = 10, volts = 60, % loss = 2, wire gauge = 14
15ft, amps = 10, volts = 60, % loss = 3, wire gauge = 14
15ft, amps = 10, volts = 60, % loss = 4, wire gauge = 14
15ft, amps = 10, volts = 60, % loss = 5, wire gauge = 14
15ft, amps = 15, volts = 12, % loss = 2, wire gauge = 8
15ft, amps = 15, volts = 12, % loss = 3, wire gauge = 10
15ft, amps = 15, volts = 12, % loss = 4, wire gauge = 12
15ft, amps = 15, volts = 12, % loss = 5, wire gauge = 12
15ft, amps = 15, volts = 24, % loss = 2, wire gauge = 12
15ft, amps = 15, volts = 24, % loss = 3, wire gauge = 12
15ft, amps = 15, volts = 24, % loss = 4, wire gauge = 14

15ft, amps = 15, volts = 24, % loss = 5, wire gauge = 14
15ft, amps = 15, volts = 36, % loss = 2, wire gauge = 12
15ft, amps = 15, volts = 36, % loss = 3, wire gauge = 14
15ft, amps = 15, volts = 36, % loss = 4, wire gauge = 14
15ft, amps = 15, volts = 36, % loss = 5, wire gauge = 14
15ft, amps = 15, volts = 48, % loss = 2, wire gauge = 14
15ft, amps = 15, volts = 48, % loss = 3, wire gauge = 14
15ft, amps = 15, volts = 48, % loss = 4, wire gauge = 14
15ft, amps = 15, volts = 48, % loss = 5, wire gauge = 14
15ft, amps = 15, volts = 60, % loss = 2, wire gauge = 14
15ft, amps = 15, volts = 60, % loss = 3, wire gauge = 14
15ft, amps = 15, volts = 60, % loss = 4, wire gauge = 14
15ft, amps = 15, volts = 60, % loss = 5, wire gauge = 14
15ft, amps = 20, volts = 12, % loss = 2, wire gauge = 6
15ft, amps = 20, volts = 12, % loss = 3, wire gauge = 8
15ft, amps = 20, volts = 12, % loss = 4, wire gauge = 10
15ft, amps = 20, volts = 12, % loss = 5, wire gauge = 10
15ft, amps = 20, volts = 24, % loss = 2, wire gauge = 10
15ft, amps = 20, volts = 24, % loss = 3, wire gauge = 12
15ft, amps = 20, volts = 24, % loss = 4, wire gauge = 12
15ft, amps = 20, volts = 24, % loss = 5, wire gauge = 12
15ft, amps = 20, volts = 36, % loss = 2, wire gauge = 12
15ft, amps = 20, volts = 36, % loss = 3, wire gauge = 12
15ft, amps = 20, volts = 36, % loss = 4, wire gauge = 12
15ft, amps = 20, volts = 36, % loss = 5, wire gauge = 12
15ft, amps = 20, volts = 48, % loss = 2, wire gauge = 12
15ft, amps = 20, volts = 48, % loss = 3, wire gauge = 12
15ft, amps = 20, volts = 48, % loss = 4, wire gauge = 12
15ft, amps = 20, volts = 48, % loss = 5, wire gauge = 12
15ft, amps = 20, volts = 60, % loss = 2, wire gauge = 12
15ft, amps = 20, volts = 60, % loss = 3, wire gauge = 12
15ft, amps = 20, volts = 60, % loss = 4, wire gauge = 12
15ft, amps = 20, volts = 60, % loss = 5, wire gauge = 12
15ft, amps = 25, volts = 12, % loss = 2, wire gauge = 6
15ft, amps = 25, volts = 12, % loss = 3, wire gauge = 8
15ft, amps = 25, volts = 12, % loss = 4, wire gauge = 10
15ft, amps = 25, volts = 12, % loss = 5, wire gauge = 10
15ft, amps = 25, volts = 24, % loss = 2, wire gauge = 10
15ft, amps = 25, volts = 24, % loss = 3, wire gauge = 10

15ft, amps = 25, volts = 24, % loss = 4, wire gauge = 10
15ft, amps = 25, volts = 24, % loss = 5, wire gauge = 10
15ft, amps = 25, volts = 36, % loss = 2, wire gauge = 10
15ft, amps = 25, volts = 36, % loss = 3, wire gauge = 10
15ft, amps = 25, volts = 36, % loss = 4, wire gauge = 10
15ft, amps = 25, volts = 36, % loss = 5, wire gauge = 10
15ft, amps = 25, volts = 48, % loss = 2, wire gauge = 10
15ft, amps = 25, volts = 48, % loss = 3, wire gauge = 10
15ft, amps = 25, volts = 48, % loss = 4, wire gauge = 10
15ft, amps = 25, volts = 48, % loss = 5, wire gauge = 10
15ft, amps = 25, volts = 60, % loss = 2, wire gauge = 10
15ft, amps = 25, volts = 60, % loss = 3, wire gauge = 10
15ft, amps = 25, volts = 60, % loss = 4, wire gauge = 10
15ft, amps = 25, volts = 60, % loss = 5, wire gauge = 10
15ft, amps = 30, volts = 12, % loss = 2, wire gauge = 6
15ft, amps = 30, volts = 12, % loss = 3, wire gauge = 6
15ft, amps = 30, volts = 12, % loss = 4, wire gauge = 8
15ft, amps = 30, volts = 12, % loss = 5, wire gauge = 10
15ft, amps = 30, volts = 24, % loss = 2, wire gauge = 8
15ft, amps = 30, volts = 24, % loss = 3, wire gauge = 10
15ft, amps = 30, volts = 24, % loss = 4, wire gauge = 12
15ft, amps = 30, volts = 24, % loss = 5, wire gauge = 10
15ft, amps = 30, volts = 36, % loss = 2, wire gauge = 10
15ft, amps = 30, volts = 36, % loss = 3, wire gauge = 12
15ft, amps = 30, volts = 36, % loss = 4, wire gauge = 10
15ft, amps = 30, volts = 36, % loss = 5, wire gauge = 10
15ft, amps = 30, volts = 48, % loss = 2, wire gauge = 12
15ft, amps = 30, volts = 48, % loss = 3, wire gauge = 10
15ft, amps = 30, volts = 48, % loss = 4, wire gauge = 10
15ft, amps = 30, volts = 48, % loss = 5, wire gauge = 10
15ft, amps = 30, volts = 60, % loss = 2, wire gauge = 10
15ft, amps = 30, volts = 60, % loss = 3, wire gauge = 10
15ft, amps = 30, volts = 60, % loss = 4, wire gauge = 10
15ft, amps = 30, volts = 60, % loss = 5, wire gauge = 10
15ft, amps = 35, volts = 12, % loss = 2, wire gauge = 4
15ft, amps = 35, volts = 12, % loss = 3, wire gauge = 6
15ft, amps = 35, volts = 12, % loss = 4, wire gauge = 8
15ft, amps = 35, volts = 12, % loss = 5, wire gauge = 8
15ft, amps = 35, volts = 24, % loss = 2, wire gauge = 8

15ft, amps = 35, volts = 24, % loss = 3, wire gauge = 10
15ft, amps = 35, volts = 24, % loss = 4, wire gauge = 8
15ft, amps = 35, volts = 24, % loss = 5, wire gauge = 8
15ft, amps = 35, volts = 36, % loss = 2, wire gauge = 10
15ft, amps = 35, volts = 36, % loss = 3, wire gauge = 8
15ft, amps = 35, volts = 36, % loss = 4, wire gauge = 8
15ft, amps = 35, volts = 36, % loss = 5, wire gauge = 8
15ft, amps = 35, volts = 48, % loss = 2, wire gauge = 8
15ft, amps = 35, volts = 48, % loss = 3, wire gauge = 8
15ft, amps = 35, volts = 48, % loss = 4, wire gauge = 8
15ft, amps = 35, volts = 48, % loss = 5, wire gauge = 8
15ft, amps = 35, volts = 60, % loss = 2, wire gauge = 8
15ft, amps = 35, volts = 60, % loss = 3, wire gauge = 8
15ft, amps = 35, volts = 60, % loss = 4, wire gauge = 8
15ft, amps = 35, volts = 60, % loss = 5, wire gauge = 8
15ft, amps = 40, volts = 12, % loss = 2, wire gauge = 4
15ft, amps = 40, volts = 12, % loss = 3, wire gauge = 6
15ft, amps = 40, volts = 12, % loss = 4, wire gauge = 6
15ft, amps = 40, volts = 12, % loss = 5, wire gauge = 8
15ft, amps = 40, volts = 24, % loss = 2, wire gauge = 6
15ft, amps = 40, volts = 24, % loss = 3, wire gauge = 8
15ft, amps = 40, volts = 24, % loss = 4, wire gauge = 10
15ft, amps = 40, volts = 24, % loss = 5, wire gauge = 8
15ft, amps = 40, volts = 36, % loss = 2, wire gauge = 8
15ft, amps = 40, volts = 36, % loss = 3, wire gauge = 8
15ft, amps = 40, volts = 36, % loss = 4, wire gauge = 8
15ft, amps = 40, volts = 36, % loss = 5, wire gauge = 8
15ft, amps = 40, volts = 48, % loss = 2, wire gauge = 10
15ft, amps = 40, volts = 48, % loss = 3, wire gauge = 8
15ft, amps = 40, volts = 48, % loss = 4, wire gauge = 8
15ft, amps = 40, volts = 48, % loss = 5, wire gauge = 8
15ft, amps = 40, volts = 60, % loss = 2, wire gauge = 8
15ft, amps = 40, volts = 60, % loss = 3, wire gauge = 8
15ft, amps = 40, volts = 60, % loss = 4, wire gauge = 8
15ft, amps = 40, volts = 60, % loss = 5, wire gauge = 8
15ft, amps = 45, volts = 12, % loss = 2, wire gauge = 4
15ft, amps = 45, volts = 12, % loss = 3, wire gauge = 6
15ft, amps = 45, volts = 12, % loss = 4, wire gauge = 6
15ft, amps = 45, volts = 12, % loss = 5, wire gauge = 8

15ft, amps = 45, volts = 24, % loss = 2, wire gauge = 6
15ft, amps = 45, volts = 24, % loss = 3, wire gauge = 8
15ft, amps = 45, volts = 24, % loss = 4, wire gauge = 10
15ft, amps = 45, volts = 24, % loss = 5, wire gauge = 8
15ft, amps = 45, volts = 36, % loss = 2, wire gauge = 8
15ft, amps = 45, volts = 36, % loss = 3, wire gauge = 10
15ft, amps = 45, volts = 36, % loss = 4, wire gauge = 8
15ft, amps = 45, volts = 36, % loss = 5, wire gauge = 8
15ft, amps = 45, volts = 48, % loss = 2, wire gauge = 10
15ft, amps = 45, volts = 48, % loss = 3, wire gauge = 8
15ft, amps = 45, volts = 48, % loss = 4, wire gauge = 8
15ft, amps = 45, volts = 48, % loss = 5, wire gauge = 8
15ft, amps = 45, volts = 60, % loss = 2, wire gauge = 8
15ft, amps = 45, volts = 60, % loss = 3, wire gauge = 8
15ft, amps = 45, volts = 60, % loss = 4, wire gauge = 8
15ft, amps = 45, volts = 60, % loss = 5, wire gauge = 8
15ft, amps = 50, volts = 12, % loss = 2, wire gauge = 2
15ft, amps = 50, volts = 12, % loss = 3, wire gauge = 4
15ft, amps = 50, volts = 12, % loss = 4, wire gauge = 6
15ft, amps = 50, volts = 12, % loss = 5, wire gauge = 6
15ft, amps = 50, volts = 24, % loss = 2, wire gauge = 6
15ft, amps = 50, volts = 24, % loss = 3, wire gauge = 8
15ft, amps = 50, volts = 24, % loss = 4, wire gauge = 10
15ft, amps = 50, volts = 24, % loss = 5, wire gauge = 10
15ft, amps = 50, volts = 36, % loss = 2, wire gauge = 8
15ft, amps = 50, volts = 36, % loss = 3, wire gauge = 10
15ft, amps = 50, volts = 36, % loss = 4, wire gauge = 8
15ft, amps = 50, volts = 36, % loss = 5, wire gauge = 8
15ft, amps = 50, volts = 48, % loss = 2, wire gauge = 10
15ft, amps = 50, volts = 48, % loss = 3, wire gauge = 8
15ft, amps = 50, volts = 48, % loss = 4, wire gauge = 8
15ft, amps = 50, volts = 48, % loss = 5, wire gauge = 8
15ft, amps = 50, volts = 60, % loss = 2, wire gauge = 10
15ft, amps = 50, volts = 60, % loss = 3, wire gauge = 8
15ft, amps = 50, volts = 60, % loss = 4, wire gauge = 8
15ft, amps = 50, volts = 60, % loss = 5, wire gauge = 8
15ft, amps = 55, volts = 12, % loss = 2, wire gauge = 2
15ft, amps = 55, volts = 12, % loss = 3, wire gauge = 4
15ft, amps = 55, volts = 12, % loss = 4, wire gauge = 6

15ft, amps = 55, volts = 12, % loss = 5, wire gauge = 6
15ft, amps = 55, volts = 24, % loss = 2, wire gauge = 6
15ft, amps = 55, volts = 24, % loss = 3, wire gauge = 8
15ft, amps = 55, volts = 24, % loss = 4, wire gauge = 8
15ft, amps = 55, volts = 24, % loss = 5, wire gauge = 10
15ft, amps = 55, volts = 36, % loss = 2, wire gauge = 8
15ft, amps = 55, volts = 36, % loss = 3, wire gauge = 10
15ft, amps = 55, volts = 36, % loss = 4, wire gauge = 8
15ft, amps = 55, volts = 36, % loss = 5, wire gauge = 8
15ft, amps = 55, volts = 48, % loss = 2, wire gauge = 8
15ft, amps = 55, volts = 48, % loss = 3, wire gauge = 8
15ft, amps = 55, volts = 48, % loss = 4, wire gauge = 8
15ft, amps = 55, volts = 48, % loss = 5, wire gauge = 8
15ft, amps = 55, volts = 60, % loss = 2, wire gauge = 10
15ft, amps = 55, volts = 60, % loss = 3, wire gauge = 8
15ft, amps = 55, volts = 60, % loss = 4, wire gauge = 8
15ft, amps = 55, volts = 60, % loss = 5, wire gauge = 8
15ft, amps = 60, volts = 12, % loss = 2, wire gauge = 2
15ft, amps = 60, volts = 12, % loss = 3, wire gauge = 4
15ft, amps = 60, volts = 12, % loss = 4, wire gauge = 6
15ft, amps = 60, volts = 12, % loss = 5, wire gauge = 6
15ft, amps = 60, volts = 24, % loss = 2, wire gauge = 6
15ft, amps = 60, volts = 24, % loss = 3, wire gauge = 6
15ft, amps = 60, volts = 24, % loss = 4, wire gauge = 8
15ft, amps = 60, volts = 24, % loss = 5, wire gauge = 6
15ft, amps = 60, volts = 36, % loss = 2, wire gauge = 6
15ft, amps = 60, volts = 36, % loss = 3, wire gauge = 6
15ft, amps = 60, volts = 36, % loss = 4, wire gauge = 6
15ft, amps = 60, volts = 36, % loss = 5, wire gauge = 6
15ft, amps = 60, volts = 48, % loss = 2, wire gauge = 8
15ft, amps = 60, volts = 48, % loss = 3, wire gauge = 6
15ft, amps = 60, volts = 48, % loss = 4, wire gauge = 6
15ft, amps = 60, volts = 48, % loss = 5, wire gauge = 6
15ft, amps = 60, volts = 60, % loss = 2, wire gauge = 6
15ft, amps = 60, volts = 60, % loss = 3, wire gauge = 6
15ft, amps = 60, volts = 60, % loss = 4, wire gauge = 6
15ft, amps = 60, volts = 60, % loss = 5, wire gauge = 6
15ft, amps = 65, volts = 12, % loss = 2, wire gauge = 2
15ft, amps = 65, volts = 12, % loss = 3, wire gauge = 4

15ft, amps = 65, volts = 12, % loss = 4, wire gauge = 4
15ft, amps = 65, volts = 12, % loss = 5, wire gauge = 6
15ft, amps = 65, volts = 24, % loss = 2, wire gauge = 4
15ft, amps = 65, volts = 24, % loss = 3, wire gauge = 6
15ft, amps = 65, volts = 24, % loss = 4, wire gauge = 8
15ft, amps = 65, volts = 24, % loss = 5, wire gauge = 6
15ft, amps = 65, volts = 36, % loss = 2, wire gauge = 6
15ft, amps = 65, volts = 36, % loss = 3, wire gauge = 8
15ft, amps = 65, volts = 36, % loss = 4, wire gauge = 6
15ft, amps = 65, volts = 36, % loss = 5, wire gauge = 6
15ft, amps = 65, volts = 48, % loss = 2, wire gauge = 8
15ft, amps = 65, volts = 48, % loss = 3, wire gauge = 6
15ft, amps = 65, volts = 48, % loss = 4, wire gauge = 6
15ft, amps = 65, volts = 48, % loss = 5, wire gauge = 6
15ft, amps = 65, volts = 60, % loss = 2, wire gauge = 6
15ft, amps = 65, volts = 60, % loss = 3, wire gauge = 6
15ft, amps = 65, volts = 60, % loss = 4, wire gauge = 6
15ft, amps = 65, volts = 60, % loss = 5, wire gauge = 6
15ft, amps = 70, volts = 12, % loss = 2, wire gauge = 2
15ft, amps = 70, volts = 12, % loss = 3, wire gauge = 4
15ft, amps = 70, volts = 12, % loss = 4, wire gauge = 4
15ft, amps = 70, volts = 12, % loss = 5, wire gauge = 6
15ft, amps = 70, volts = 24, % loss = 2, wire gauge = 4
15ft, amps = 70, volts = 24, % loss = 3, wire gauge = 6
15ft, amps = 70, volts = 24, % loss = 4, wire gauge = 8
15ft, amps = 70, volts = 24, % loss = 5, wire gauge = 6
15ft, amps = 70, volts = 36, % loss = 2, wire gauge = 6
15ft, amps = 70, volts = 36, % loss = 3, wire gauge = 8
15ft, amps = 70, volts = 36, % loss = 4, wire gauge = 6
15ft, amps = 70, volts = 36, % loss = 5, wire gauge = 6
15ft, amps = 70, volts = 48, % loss = 2, wire gauge = 8
15ft, amps = 70, volts = 48, % loss = 3, wire gauge = 6
15ft, amps = 70, volts = 48, % loss = 4, wire gauge = 6
15ft, amps = 70, volts = 48, % loss = 5, wire gauge = 6
15ft, amps = 70, volts = 60, % loss = 2, wire gauge = 6
15ft, amps = 70, volts = 60, % loss = 3, wire gauge = 6
15ft, amps = 70, volts = 60, % loss = 4, wire gauge = 6
15ft, amps = 70, volts = 60, % loss = 5, wire gauge = 6
15ft, amps = 75, volts = 12, % loss = 2, wire gauge = 2

15ft, amps = 75, volts = 12, % loss = 3, wire gauge = 2
15ft, amps = 75, volts = 12, % loss = 4, wire gauge = 4
15ft, amps = 75, volts = 12, % loss = 5, wire gauge = 6
15ft, amps = 75, volts = 24, % loss = 2, wire gauge = 4
15ft, amps = 75, volts = 24, % loss = 3, wire gauge = 6
15ft, amps = 75, volts = 24, % loss = 4, wire gauge = 8
15ft, amps = 75, volts = 24, % loss = 5, wire gauge = 8
15ft, amps = 75, volts = 36, % loss = 2, wire gauge = 6
15ft, amps = 75, volts = 36, % loss = 3, wire gauge = 8
15ft, amps = 75, volts = 36, % loss = 4, wire gauge = 6
15ft, amps = 75, volts = 36, % loss = 5, wire gauge = 6
15ft, amps = 75, volts = 48, % loss = 2, wire gauge = 8
15ft, amps = 75, volts = 48, % loss = 3, wire gauge = 6
15ft, amps = 75, volts = 48, % loss = 4, wire gauge = 6
15ft, amps = 75, volts = 48, % loss = 5, wire gauge = 6
15ft, amps = 75, volts = 60, % loss = 2, wire gauge = 8
15ft, amps = 75, volts = 60, % loss = 3, wire gauge = 6
15ft, amps = 75, volts = 60, % loss = 4, wire gauge = 6
15ft, amps = 75, volts = 60, % loss = 5, wire gauge = 6
15ft, amps = 80, volts = 12, % loss = 2, wire gauge = 0
15ft, amps = 80, volts = 12, % loss = 3, wire gauge = 2
15ft, amps = 80, volts = 12, % loss = 4, wire gauge = 4
15ft, amps = 80, volts = 12, % loss = 5, wire gauge = 4
15ft, amps = 80, volts = 24, % loss = 2, wire gauge = 4
15ft, amps = 80, volts = 24, % loss = 3, wire gauge = 6
15ft, amps = 80, volts = 24, % loss = 4, wire gauge = 4
15ft, amps = 80, volts = 24, % loss = 5, wire gauge = 4
15ft, amps = 80, volts = 36, % loss = 2, wire gauge = 6
15ft, amps = 80, volts = 36, % loss = 3, wire gauge = 4
15ft, amps = 80, volts = 36, % loss = 4, wire gauge = 4
15ft, amps = 80, volts = 36, % loss = 5, wire gauge = 4
15ft, amps = 80, volts = 48, % loss = 2, wire gauge = 4
15ft, amps = 80, volts = 48, % loss = 3, wire gauge = 4
15ft, amps = 80, volts = 48, % loss = 4, wire gauge = 4
15ft, amps = 80, volts = 48, % loss = 5, wire gauge = 4
15ft, amps = 80, volts = 60, % loss = 2, wire gauge = 4
15ft, amps = 80, volts = 60, % loss = 3, wire gauge = 4
15ft, amps = 80, volts = 60, % loss = 4, wire gauge = 4
15ft, amps = 80, volts = 60, % loss = 5, wire gauge = 4

20ft, amps = 5, volts = 12, % loss = 2, wire gauge = 12
20ft, amps = 5, volts = 12, % loss = 3, wire gauge = 14
20ft, amps = 5, volts = 12, % loss = 4, wire gauge = 14
20ft, amps = 5, volts = 12, % loss = 5, wire gauge = 14
20ft, amps = 5, volts = 24, % loss = 2, wire gauge = 14
20ft, amps = 5, volts = 24, % loss = 3, wire gauge = 14
20ft, amps = 5, volts = 24, % loss = 4, wire gauge = 14
20ft, amps = 5, volts = 24, % loss = 5, wire gauge = 14
20ft, amps = 5, volts = 36, % loss = 2, wire gauge = 14
20ft, amps = 5, volts = 36, % loss = 3, wire gauge = 14
20ft, amps = 5, volts = 36, % loss = 4, wire gauge = 14
20ft, amps = 5, volts = 36, % loss = 5, wire gauge = 14
20ft, amps = 5, volts = 48, % loss = 2, wire gauge = 14
20ft, amps = 5, volts = 48, % loss = 3, wire gauge = 14
20ft, amps = 5, volts = 48, % loss = 4, wire gauge = 14
20ft, amps = 5, volts = 48, % loss = 5, wire gauge = 14
20ft, amps = 5, volts = 60, % loss = 2, wire gauge = 14
20ft, amps = 5, volts = 60, % loss = 3, wire gauge = 14
20ft, amps = 5, volts = 60, % loss = 4, wire gauge = 14
20ft, amps = 5, volts = 60, % loss = 5, wire gauge = 14
20ft, amps = 10, volts = 12, % loss = 2, wire gauge = 8
20ft, amps = 10, volts = 12, % loss = 3, wire gauge = 10
20ft, amps = 10, volts = 12, % loss = 4, wire gauge = 12
20ft, amps = 10, volts = 12, % loss = 5, wire gauge = 12
20ft, amps = 10, volts = 24, % loss = 2, wire gauge = 12
20ft, amps = 10, volts = 24, % loss = 3, wire gauge = 14
20ft, amps = 10, volts = 24, % loss = 4, wire gauge = 14
20ft, amps = 10, volts = 24, % loss = 5, wire gauge = 14
20ft, amps = 10, volts = 36, % loss = 2, wire gauge = 14
20ft, amps = 10, volts = 36, % loss = 3, wire gauge = 14
20ft, amps = 10, volts = 36, % loss = 4, wire gauge = 14
20ft, amps = 10, volts = 36, % loss = 5, wire gauge = 14
20ft, amps = 10, volts = 48, % loss = 2, wire gauge = 14
20ft, amps = 10, volts = 48, % loss = 3, wire gauge = 14
20ft, amps = 10, volts = 48, % loss = 4, wire gauge = 14
20ft, amps = 10, volts = 48, % loss = 5, wire gauge = 14
20ft, amps = 10, volts = 60, % loss = 2, wire gauge = 14
20ft, amps = 10, volts = 60, % loss = 3, wire gauge = 14
20ft, amps = 10, volts = 60, % loss = 4, wire gauge = 14

20ft, amps = 10, volts = 60, % loss = 5, wire gauge = 14
20ft, amps = 15, volts = 12, % loss = 2, wire gauge = 6
20ft, amps = 15, volts = 12, % loss = 3, wire gauge = 8
20ft, amps = 15, volts = 12, % loss = 4, wire gauge = 10
20ft, amps = 15, volts = 12, % loss = 5, wire gauge = 10
20ft, amps = 15, volts = 24, % loss = 2, wire gauge = 10
20ft, amps = 15, volts = 24, % loss = 3, wire gauge = 12
20ft, amps = 15, volts = 24, % loss = 4, wire gauge = 12
20ft, amps = 15, volts = 24, % loss = 5, wire gauge = 14
20ft, amps = 15, volts = 36, % loss = 2, wire gauge = 12
20ft, amps = 15, volts = 36, % loss = 3, wire gauge = 14
20ft, amps = 15, volts = 36, % loss = 4, wire gauge = 14
20ft, amps = 15, volts = 36, % loss = 5, wire gauge = 14
20ft, amps = 15, volts = 48, % loss = 2, wire gauge = 12
20ft, amps = 15, volts = 48, % loss = 3, wire gauge = 14
20ft, amps = 15, volts = 48, % loss = 4, wire gauge = 14
20ft, amps = 15, volts = 48, % loss = 5, wire gauge = 14
20ft, amps = 15, volts = 60, % loss = 2, wire gauge = 14
20ft, amps = 15, volts = 60, % loss = 3, wire gauge = 14
20ft, amps = 15, volts = 60, % loss = 4, wire gauge = 14
20ft, amps = 15, volts = 60, % loss = 5, wire gauge = 14
20ft, amps = 20, volts = 12, % loss = 2, wire gauge = 6
20ft, amps = 20, volts = 12, % loss = 3, wire gauge = 8
20ft, amps = 20, volts = 12, % loss = 4, wire gauge = 8
20ft, amps = 20, volts = 12, % loss = 5, wire gauge = 10
20ft, amps = 20, volts = 24, % loss = 2, wire gauge = 8
20ft, amps = 20, volts = 24, % loss = 3, wire gauge = 10
20ft, amps = 20, volts = 24, % loss = 4, wire gauge = 12
20ft, amps = 20, volts = 24, % loss = 5, wire gauge = 12
20ft, amps = 20, volts = 36, % loss = 2, wire gauge = 10
20ft, amps = 20, volts = 36, % loss = 3, wire gauge = 12
20ft, amps = 20, volts = 36, % loss = 4, wire gauge = 12
20ft, amps = 20, volts = 36, % loss = 5, wire gauge = 12
20ft, amps = 20, volts = 48, % loss = 2, wire gauge = 12
20ft, amps = 20, volts = 48, % loss = 3, wire gauge = 12
20ft, amps = 20, volts = 48, % loss = 4, wire gauge = 12
20ft, amps = 20, volts = 48, % loss = 5, wire gauge = 12
20ft, amps = 20, volts = 60, % loss = 2, wire gauge = 12
20ft, amps = 20, volts = 60, % loss = 3, wire gauge = 12

20ft, amps = 20, volts = 60, % loss = 4, wire gauge = 12
20ft, amps = 20, volts = 60, % loss = 5, wire gauge = 12
20ft, amps = 25, volts = 12, % loss = 2, wire gauge = 4
20ft, amps = 25, volts = 12, % loss = 3, wire gauge = 6
20ft, amps = 25, volts = 12, % loss = 4, wire gauge = 8
20ft, amps = 25, volts = 12, % loss = 5, wire gauge = 8
20ft, amps = 25, volts = 24, % loss = 2, wire gauge = 8
20ft, amps = 25, volts = 24, % loss = 3, wire gauge = 10
20ft, amps = 25, volts = 24, % loss = 4, wire gauge = 10
20ft, amps = 25, volts = 24, % loss = 5, wire gauge = 12
20ft, amps = 25, volts = 36, % loss = 2, wire gauge = 10
20ft, amps = 25, volts = 36, % loss = 3, wire gauge = 12
20ft, amps = 25, volts = 36, % loss = 4, wire gauge = 10
20ft, amps = 25, volts = 36, % loss = 5, wire gauge = 10
20ft, amps = 25, volts = 48, % loss = 2, wire gauge = 10
20ft, amps = 25, volts = 48, % loss = 3, wire gauge = 10
20ft, amps = 25, volts = 48, % loss = 4, wire gauge = 10
20ft, amps = 25, volts = 48, % loss = 5, wire gauge = 10
20ft, amps = 25, volts = 60, % loss = 2, wire gauge = 12
20ft, amps = 25, volts = 60, % loss = 3, wire gauge = 10
20ft, amps = 25, volts = 60, % loss = 4, wire gauge = 10
20ft, amps = 25, volts = 60, % loss = 5, wire gauge = 10
20ft, amps = 30, volts = 12, % loss = 2, wire gauge = 4
20ft, amps = 30, volts = 12, % loss = 3, wire gauge = 6
20ft, amps = 30, volts = 12, % loss = 4, wire gauge = 6
20ft, amps = 30, volts = 12, % loss = 5, wire gauge = 8
20ft, amps = 30, volts = 24, % loss = 2, wire gauge = 6
20ft, amps = 30, volts = 24, % loss = 3, wire gauge = 8
20ft, amps = 30, volts = 24, % loss = 4, wire gauge = 10
20ft, amps = 30, volts = 24, % loss = 5, wire gauge = 10
20ft, amps = 30, volts = 36, % loss = 2, wire gauge = 8
20ft, amps = 30, volts = 36, % loss = 3, wire gauge = 10
20ft, amps = 30, volts = 36, % loss = 4, wire gauge = 12
20ft, amps = 30, volts = 36, % loss = 5, wire gauge = 10
20ft, amps = 30, volts = 48, % loss = 2, wire gauge = 10
20ft, amps = 30, volts = 48, % loss = 3, wire gauge = 12
20ft, amps = 30, volts = 48, % loss = 4, wire gauge = 10
20ft, amps = 30, volts = 48, % loss = 5, wire gauge = 10
20ft, amps = 30, volts = 60, % loss = 2, wire gauge = 10

20ft, amps = 30, volts = 60, % loss = 3, wire gauge = 10
20ft, amps = 30, volts = 60, % loss = 4, wire gauge = 10
20ft, amps = 30, volts = 60, % loss = 5, wire gauge = 10
20ft, amps = 35, volts = 12, % loss = 2, wire gauge = 4
20ft, amps = 35, volts = 12, % loss = 3, wire gauge = 6
20ft, amps = 35, volts = 12, % loss = 4, wire gauge = 6
20ft, amps = 35, volts = 12, % loss = 5, wire gauge = 8
20ft, amps = 35, volts = 24, % loss = 2, wire gauge = 6
20ft, amps = 35, volts = 24, % loss = 3, wire gauge = 8
20ft, amps = 35, volts = 24, % loss = 4, wire gauge = 10
20ft, amps = 35, volts = 24, % loss = 5, wire gauge = 8
20ft, amps = 35, volts = 36, % loss = 2, wire gauge = 8
20ft, amps = 35, volts = 36, % loss = 3, wire gauge = 10
20ft, amps = 35, volts = 36, % loss = 4, wire gauge = 8
20ft, amps = 35, volts = 36, % loss = 5, wire gauge = 8
20ft, amps = 35, volts = 48, % loss = 2, wire gauge = 10
20ft, amps = 35, volts = 48, % loss = 3, wire gauge = 8
20ft, amps = 35, volts = 48, % loss = 4, wire gauge = 8
20ft, amps = 35, volts = 48, % loss = 5, wire gauge = 8
20ft, amps = 35, volts = 60, % loss = 2, wire gauge = 8
20ft, amps = 35, volts = 60, % loss = 3, wire gauge = 8
20ft, amps = 35, volts = 60, % loss = 4, wire gauge = 8
20ft, amps = 35, volts = 60, % loss = 5, wire gauge = 8
20ft, amps = 40, volts = 12, % loss = 2, wire gauge = 2
20ft, amps = 40, volts = 12, % loss = 3, wire gauge = 4
20ft, amps = 40, volts = 12, % loss = 4, wire gauge = 6
20ft, amps = 40, volts = 12, % loss = 5, wire gauge = 6
20ft, amps = 40, volts = 24, % loss = 2, wire gauge = 6
20ft, amps = 40, volts = 24, % loss = 3, wire gauge = 8
20ft, amps = 40, volts = 24, % loss = 4, wire gauge = 8
20ft, amps = 40, volts = 24, % loss = 5, wire gauge = 10
20ft, amps = 40, volts = 36, % loss = 2, wire gauge = 8
20ft, amps = 40, volts = 36, % loss = 3, wire gauge = 10
20ft, amps = 40, volts = 36, % loss = 4, wire gauge = 8
20ft, amps = 40, volts = 36, % loss = 5, wire gauge = 8
20ft, amps = 40, volts = 48, % loss = 2, wire gauge = 8
20ft, amps = 40, volts = 48, % loss = 3, wire gauge = 8
20ft, amps = 40, volts = 48, % loss = 4, wire gauge = 8
20ft, amps = 40, volts = 48, % loss = 5, wire gauge = 8

20ft, amps = 40, volts = 60, % loss = 2, wire gauge = 10
20ft, amps = 40, volts = 60, % loss = 3, wire gauge = 8
20ft, amps = 40, volts = 60, % loss = 4, wire gauge = 8
20ft, amps = 40, volts = 60, % loss = 5, wire gauge = 8
20ft, amps = 45, volts = 12, % loss = 2, wire gauge = 2
20ft, amps = 45, volts = 12, % loss = 3, wire gauge = 4
20ft, amps = 45, volts = 12, % loss = 4, wire gauge = 6
20ft, amps = 45, volts = 12, % loss = 5, wire gauge = 6
20ft, amps = 45, volts = 24, % loss = 2, wire gauge = 6
20ft, amps = 45, volts = 24, % loss = 3, wire gauge = 6
20ft, amps = 45, volts = 24, % loss = 4, wire gauge = 8
20ft, amps = 45, volts = 24, % loss = 5, wire gauge = 10
20ft, amps = 45, volts = 36, % loss = 2, wire gauge = 6
20ft, amps = 45, volts = 36, % loss = 3, wire gauge = 8
20ft, amps = 45, volts = 36, % loss = 4, wire gauge = 10
20ft, amps = 45, volts = 36, % loss = 5, wire gauge = 8
20ft, amps = 45, volts = 48, % loss = 2, wire gauge = 8
20ft, amps = 45, volts = 48, % loss = 3, wire gauge = 10
20ft, amps = 45, volts = 48, % loss = 4, wire gauge = 8
20ft, amps = 45, volts = 48, % loss = 5, wire gauge = 8
20ft, amps = 45, volts = 60, % loss = 2, wire gauge = 10
20ft, amps = 45, volts = 60, % loss = 3, wire gauge = 8
20ft, amps = 45, volts = 60, % loss = 4, wire gauge = 8
20ft, amps = 45, volts = 60, % loss = 5, wire gauge = 8
20ft, amps = 50, volts = 12, % loss = 2, wire gauge = 2
20ft, amps = 50, volts = 12, % loss = 3, wire gauge = 4
20ft, amps = 50, volts = 12, % loss = 4, wire gauge = 4
20ft, amps = 50, volts = 12, % loss = 5, wire gauge = 6
20ft, amps = 50, volts = 24, % loss = 2, wire gauge = 4
20ft, amps = 50, volts = 24, % loss = 3, wire gauge = 6
20ft, amps = 50, volts = 24, % loss = 4, wire gauge = 8
20ft, amps = 50, volts = 24, % loss = 5, wire gauge = 8
20ft, amps = 50, volts = 36, % loss = 2, wire gauge = 6
20ft, amps = 50, volts = 36, % loss = 3, wire gauge = 8
20ft, amps = 50, volts = 36, % loss = 4, wire gauge = 10
20ft, amps = 50, volts = 36, % loss = 5, wire gauge = 8
20ft, amps = 50, volts = 48, % loss = 2, wire gauge = 8
20ft, amps = 50, volts = 48, % loss = 3, wire gauge = 10
20ft, amps = 50, volts = 48, % loss = 4, wire gauge = 8

20ft, amps = 50, volts = 48, % loss = 5, wire gauge = 8
20ft, amps = 50, volts = 60, % loss = 2, wire gauge = 8
20ft, amps = 50, volts = 60, % loss = 3, wire gauge = 8
20ft, amps = 50, volts = 60, % loss = 4, wire gauge = 8
20ft, amps = 50, volts = 60, % loss = 5, wire gauge = 8
20ft, amps = 55, volts = 12, % loss = 2, wire gauge = 2
20ft, amps = 55, volts = 12, % loss = 3, wire gauge = 4
20ft, amps = 55, volts = 12, % loss = 4, wire gauge = 4
20ft, amps = 55, volts = 12, % loss = 5, wire gauge = 6
20ft, amps = 55, volts = 24, % loss = 2, wire gauge = 4
20ft, amps = 55, volts = 24, % loss = 3, wire gauge = 6
20ft, amps = 55, volts = 24, % loss = 4, wire gauge = 8
20ft, amps = 55, volts = 24, % loss = 5, wire gauge = 8
20ft, amps = 55, volts = 36, % loss = 2, wire gauge = 6
20ft, amps = 55, volts = 36, % loss = 3, wire gauge = 8
20ft, amps = 55, volts = 36, % loss = 4, wire gauge = 10
20ft, amps = 55, volts = 36, % loss = 5, wire gauge = 10
20ft, amps = 55, volts = 48, % loss = 2, wire gauge = 8
20ft, amps = 55, volts = 48, % loss = 3, wire gauge = 10
20ft, amps = 55, volts = 48, % loss = 4, wire gauge = 8
20ft, amps = 55, volts = 48, % loss = 5, wire gauge = 8
20ft, amps = 55, volts = 60, % loss = 2, wire gauge = 8
20ft, amps = 55, volts = 60, % loss = 3, wire gauge = 10
20ft, amps = 55, volts = 60, % loss = 4, wire gauge = 8
20ft, amps = 55, volts = 60, % loss = 5, wire gauge = 8
20ft, amps = 60, volts = 12, % loss = 2, wire gauge = 0
20ft, amps = 60, volts = 12, % loss = 3, wire gauge = 2
20ft, amps = 60, volts = 12, % loss = 4, wire gauge = 4
20ft, amps = 60, volts = 12, % loss = 5, wire gauge = 4
20ft, amps = 60, volts = 24, % loss = 2, wire gauge = 4
20ft, amps = 60, volts = 24, % loss = 3, wire gauge = 6
20ft, amps = 60, volts = 24, % loss = 4, wire gauge = 6
20ft, amps = 60, volts = 24, % loss = 5, wire gauge = 8
20ft, amps = 60, volts = 36, % loss = 2, wire gauge = 6
20ft, amps = 60, volts = 36, % loss = 3, wire gauge = 8
20ft, amps = 60, volts = 36, % loss = 4, wire gauge = 6
20ft, amps = 60, volts = 36, % loss = 5, wire gauge = 6
20ft, amps = 60, volts = 48, % loss = 2, wire gauge = 6
20ft, amps = 60, volts = 48, % loss = 3, wire gauge = 6

20ft, amps = 60, volts = 48, % loss = 4, wire gauge = 6
20ft, amps = 60, volts = 48, % loss = 5, wire gauge = 6
20ft, amps = 60, volts = 60, % loss = 2, wire gauge = 8
20ft, amps = 60, volts = 60, % loss = 3, wire gauge = 6
20ft, amps = 60, volts = 60, % loss = 4, wire gauge = 6
20ft, amps = 60, volts = 60, % loss = 5, wire gauge = 6
20ft, amps = 65, volts = 12, % loss = 2, wire gauge = 0
20ft, amps = 65, volts = 12, % loss = 3, wire gauge = 2
20ft, amps = 65, volts = 12, % loss = 4, wire gauge = 4
20ft, amps = 65, volts = 12, % loss = 5, wire gauge = 4
20ft, amps = 65, volts = 24, % loss = 2, wire gauge = 4
20ft, amps = 65, volts = 24, % loss = 3, wire gauge = 6
20ft, amps = 65, volts = 24, % loss = 4, wire gauge = 6
20ft, amps = 65, volts = 24, % loss = 5, wire gauge = 8
20ft, amps = 65, volts = 36, % loss = 2, wire gauge = 6
20ft, amps = 65, volts = 36, % loss = 3, wire gauge = 6
20ft, amps = 65, volts = 36, % loss = 4, wire gauge = 8
20ft, amps = 65, volts = 36, % loss = 5, wire gauge = 6
20ft, amps = 65, volts = 48, % loss = 2, wire gauge = 6
20ft, amps = 65, volts = 48, % loss = 3, wire gauge = 8
20ft, amps = 65, volts = 48, % loss = 4, wire gauge = 6
20ft, amps = 65, volts = 48, % loss = 5, wire gauge = 6
20ft, amps = 65, volts = 60, % loss = 2, wire gauge = 8
20ft, amps = 65, volts = 60, % loss = 3, wire gauge = 6
20ft, amps = 65, volts = 60, % loss = 4, wire gauge = 6
20ft, amps = 65, volts = 60, % loss = 5, wire gauge = 6
20ft, amps = 70, volts = 12, % loss = 2, wire gauge = 0
20ft, amps = 70, volts = 12, % loss = 3, wire gauge = 2
20ft, amps = 70, volts = 12, % loss = 4, wire gauge = 4
20ft, amps = 70, volts = 12, % loss = 5, wire gauge = 4
20ft, amps = 70, volts = 24, % loss = 2, wire gauge = 4
20ft, amps = 70, volts = 24, % loss = 3, wire gauge = 6
20ft, amps = 70, volts = 24, % loss = 4, wire gauge = 6
20ft, amps = 70, volts = 24, % loss = 5, wire gauge = 8
20ft, amps = 70, volts = 36, % loss = 2, wire gauge = 6
20ft, amps = 70, volts = 36, % loss = 3, wire gauge = 6
20ft, amps = 70, volts = 36, % loss = 4, wire gauge = 8
20ft, amps = 70, volts = 36, % loss = 5, wire gauge = 6
20ft, amps = 70, volts = 48, % loss = 2, wire gauge = 6

20ft, amps = 70, volts = 48, % loss = 3, wire gauge = 8
20ft, amps = 70, volts = 48, % loss = 4, wire gauge = 6
20ft, amps = 70, volts = 48, % loss = 5, wire gauge = 6
20ft, amps = 70, volts = 60, % loss = 2, wire gauge = 8
20ft, amps = 70, volts = 60, % loss = 3, wire gauge = 6
20ft, amps = 70, volts = 60, % loss = 4, wire gauge = 6
20ft, amps = 70, volts = 60, % loss = 5, wire gauge = 6
20ft, amps = 75, volts = 12, % loss = 2, wire gauge = 00
20ft, amps = 75, volts = 12, % loss = 3, wire gauge = 2
20ft, amps = 75, volts = 12, % loss = 4, wire gauge = 2
20ft, amps = 75, volts = 12, % loss = 5, wire gauge = 4
20ft, amps = 75, volts = 24, % loss = 2, wire gauge = 2
20ft, amps = 75, volts = 24, % loss = 3, wire gauge = 4
20ft, amps = 75, volts = 24, % loss = 4, wire gauge = 6
20ft, amps = 75, volts = 24, % loss = 5, wire gauge = 6
20ft, amps = 75, volts = 36, % loss = 2, wire gauge = 4
20ft, amps = 75, volts = 36, % loss = 3, wire gauge = 6
20ft, amps = 75, volts = 36, % loss = 4, wire gauge = 8
20ft, amps = 75, volts = 36, % loss = 5, wire gauge = 6
20ft, amps = 75, volts = 48, % loss = 2, wire gauge = 6
20ft, amps = 75, volts = 48, % loss = 3, wire gauge = 8
20ft, amps = 75, volts = 48, % loss = 4, wire gauge = 6
20ft, amps = 75, volts = 48, % loss = 5, wire gauge = 6
20ft, amps = 75, volts = 60, % loss = 2, wire gauge = 6
20ft, amps = 75, volts = 60, % loss = 3, wire gauge = 6
20ft, amps = 75, volts = 60, % loss = 4, wire gauge = 6
20ft, amps = 75, volts = 60, % loss = 5, wire gauge = 6
20ft, amps = 80, volts = 12, % loss = 2, wire gauge = 00
20ft, amps = 80, volts = 12, % loss = 3, wire gauge = 2
20ft, amps = 80, volts = 12, % loss = 4, wire gauge = 2
20ft, amps = 80, volts = 12, % loss = 5, wire gauge = 4
20ft, amps = 80, volts = 24, % loss = 2, wire gauge = 2
20ft, amps = 80, volts = 24, % loss = 3, wire gauge = 4
20ft, amps = 80, volts = 24, % loss = 4, wire gauge = 6
20ft, amps = 80, volts = 24, % loss = 5, wire gauge = 6
20ft, amps = 80, volts = 36, % loss = 2, wire gauge = 4
20ft, amps = 80, volts = 36, % loss = 3, wire gauge = 6
20ft, amps = 80, volts = 36, % loss = 4, wire gauge = 4
20ft, amps = 80, volts = 36, % loss = 5, wire gauge = 4

20ft, amps = 80, volts = 48, % loss = 2, wire gauge = 6
20ft, amps = 80, volts = 48, % loss = 3, wire gauge = 4
20ft, amps = 80, volts = 48, % loss = 4, wire gauge = 4
20ft, amps = 80, volts = 48, % loss = 5, wire gauge = 4
20ft, amps = 80, volts = 60, % loss = 2, wire gauge = 6
20ft, amps = 80, volts = 60, % loss = 3, wire gauge = 4
20ft, amps = 80, volts = 60, % loss = 4, wire gauge = 4
20ft, amps = 80, volts = 60, % loss = 5, wire gauge = 4
25ft, amps = 5, volts = 12, % loss = 2, wire gauge = 10
25ft, amps = 5, volts = 12, % loss = 3, wire gauge = 12
25ft, amps = 5, volts = 12, % loss = 4, wire gauge = 14
25ft, amps = 5, volts = 12, % loss = 5, wire gauge = 14
25ft, amps = 5, volts = 24, % loss = 2, wire gauge = 14
25ft, amps = 5, volts = 24, % loss = 3, wire gauge = 14
25ft, amps = 5, volts = 24, % loss = 4, wire gauge = 14
25ft, amps = 5, volts = 24, % loss = 5, wire gauge = 14
25ft, amps = 5, volts = 36, % loss = 2, wire gauge = 14
25ft, amps = 5, volts = 36, % loss = 3, wire gauge = 14
25ft, amps = 5, volts = 36, % loss = 4, wire gauge = 14
25ft, amps = 5, volts = 36, % loss = 5, wire gauge = 14
25ft, amps = 5, volts = 48, % loss = 2, wire gauge = 14
25ft, amps = 5, volts = 48, % loss = 3, wire gauge = 14
25ft, amps = 5, volts = 48, % loss = 4, wire gauge = 14
25ft, amps = 5, volts = 48, % loss = 5, wire gauge = 14
25ft, amps = 5, volts = 60, % loss = 2, wire gauge = 14
25ft, amps = 5, volts = 60, % loss = 3, wire gauge = 14
25ft, amps = 5, volts = 60, % loss = 4, wire gauge = 14
25ft, amps = 5, volts = 60, % loss = 5, wire gauge = 14
25ft, amps = 10, volts = 12, % loss = 2, wire gauge = 8
25ft, amps = 10, volts = 12, % loss = 3, wire gauge = 10
25ft, amps = 10, volts = 12, % loss = 4, wire gauge = 10
25ft, amps = 10, volts = 12, % loss = 5, wire gauge = 12
25ft, amps = 10, volts = 24, % loss = 2, wire gauge = 10
25ft, amps = 10, volts = 24, % loss = 3, wire gauge = 12
25ft, amps = 10, volts = 24, % loss = 4, wire gauge = 14
25ft, amps = 10, volts = 24, % loss = 5, wire gauge = 14
25ft, amps = 10, volts = 36, % loss = 2, wire gauge = 12
25ft, amps = 10, volts = 36, % loss = 3, wire gauge = 14
25ft, amps = 10, volts = 36, % loss = 4, wire gauge = 14

25ft, amps = 10, volts = 36, % loss = 5, wire gauge = 14
25ft, amps = 10, volts = 48, % loss = 2, wire gauge = 14
25ft, amps = 10, volts = 48, % loss = 3, wire gauge = 14
25ft, amps = 10, volts = 48, % loss = 4, wire gauge = 14
25ft, amps = 10, volts = 48, % loss = 5, wire gauge = 14
25ft, amps = 10, volts = 60, % loss = 2, wire gauge = 14
25ft, amps = 10, volts = 60, % loss = 3, wire gauge = 14
25ft, amps = 10, volts = 60, % loss = 4, wire gauge = 14
25ft, amps = 10, volts = 60, % loss = 5, wire gauge = 14
25ft, amps = 15, volts = 12, % loss = 2, wire gauge = 6
25ft, amps = 15, volts = 12, % loss = 3, wire gauge = 8
25ft, amps = 15, volts = 12, % loss = 4, wire gauge = 10
25ft, amps = 15, volts = 12, % loss = 5, wire gauge = 10
25ft, amps = 15, volts = 24, % loss = 2, wire gauge = 10
25ft, amps = 15, volts = 24, % loss = 3, wire gauge = 10
25ft, amps = 15, volts = 24, % loss = 4, wire gauge = 12
25ft, amps = 15, volts = 24, % loss = 5, wire gauge = 12
25ft, amps = 15, volts = 36, % loss = 2, wire gauge = 10
25ft, amps = 15, volts = 36, % loss = 3, wire gauge = 12
25ft, amps = 15, volts = 36, % loss = 4, wire gauge = 14
25ft, amps = 15, volts = 36, % loss = 5, wire gauge = 14
25ft, amps = 15, volts = 48, % loss = 2, wire gauge = 12
25ft, amps = 15, volts = 48, % loss = 3, wire gauge = 14
25ft, amps = 15, volts = 48, % loss = 4, wire gauge = 14
25ft, amps = 15, volts = 48, % loss = 5, wire gauge = 14
25ft, amps = 15, volts = 60, % loss = 2, wire gauge = 12
25ft, amps = 15, volts = 60, % loss = 3, wire gauge = 14
25ft, amps = 15, volts = 60, % loss = 4, wire gauge = 14
25ft, amps = 15, volts = 60, % loss = 5, wire gauge = 14
25ft, amps = 20, volts = 12, % loss = 2, wire gauge = 4
25ft, amps = 20, volts = 12, % loss = 3, wire gauge = 6
25ft, amps = 20, volts = 12, % loss = 4, wire gauge = 8
25ft, amps = 20, volts = 12, % loss = 5, wire gauge = 8
25ft, amps = 20, volts = 24, % loss = 2, wire gauge = 8
25ft, amps = 20, volts = 24, % loss = 3, wire gauge = 10
25ft, amps = 20, volts = 24, % loss = 4, wire gauge = 10
25ft, amps = 20, volts = 24, % loss = 5, wire gauge = 12
25ft, amps = 20, volts = 36, % loss = 2, wire gauge = 10
25ft, amps = 20, volts = 36, % loss = 3, wire gauge = 12

25ft, amps = 20, volts = 36, % loss = 4, wire gauge = 12
25ft, amps = 20, volts = 36, % loss = 5, wire gauge = 12
25ft, amps = 20, volts = 48, % loss = 2, wire gauge = 10
25ft, amps = 20, volts = 48, % loss = 3, wire gauge = 12
25ft, amps = 20, volts = 48, % loss = 4, wire gauge = 12
25ft, amps = 20, volts = 48, % loss = 5, wire gauge = 12
25ft, amps = 20, volts = 60, % loss = 2, wire gauge = 12
25ft, amps = 20, volts = 60, % loss = 3, wire gauge = 12
25ft, amps = 20, volts = 60, % loss = 4, wire gauge = 12
25ft, amps = 20, volts = 60, % loss = 5, wire gauge = 12
25ft, amps = 25, volts = 12, % loss = 2, wire gauge = 4
25ft, amps = 25, volts = 12, % loss = 3, wire gauge = 6
25ft, amps = 25, volts = 12, % loss = 4, wire gauge = 6
25ft, amps = 25, volts = 12, % loss = 5, wire gauge = 8
25ft, amps = 25, volts = 24, % loss = 2, wire gauge = 6
25ft, amps = 25, volts = 24, % loss = 3, wire gauge = 8
25ft, amps = 25, volts = 24, % loss = 4, wire gauge = 10
25ft, amps = 25, volts = 24, % loss = 5, wire gauge = 10
25ft, amps = 25, volts = 36, % loss = 2, wire gauge = 8
25ft, amps = 25, volts = 36, % loss = 3, wire gauge = 10
25ft, amps = 25, volts = 36, % loss = 4, wire gauge = 12
25ft, amps = 25, volts = 36, % loss = 5, wire gauge = 10
25ft, amps = 25, volts = 48, % loss = 2, wire gauge = 10
25ft, amps = 25, volts = 48, % loss = 3, wire gauge = 12
25ft, amps = 25, volts = 48, % loss = 4, wire gauge = 10
25ft, amps = 25, volts = 48, % loss = 5, wire gauge = 10
25ft, amps = 25, volts = 60, % loss = 2, wire gauge = 10
25ft, amps = 25, volts = 60, % loss = 3, wire gauge = 10
25ft, amps = 25, volts = 60, % loss = 4, wire gauge = 10
25ft, amps = 25, volts = 60, % loss = 5, wire gauge = 10
25ft, amps = 30, volts = 12, % loss = 2, wire gauge = 2
25ft, amps = 30, volts = 12, % loss = 3, wire gauge = 4
25ft, amps = 30, volts = 12, % loss = 4, wire gauge = 6
25ft, amps = 30, volts = 12, % loss = 5, wire gauge = 6
25ft, amps = 30, volts = 24, % loss = 2, wire gauge = 6
25ft, amps = 30, volts = 24, % loss = 3, wire gauge = 8
25ft, amps = 30, volts = 24, % loss = 4, wire gauge = 10
25ft, amps = 30, volts = 24, % loss = 5, wire gauge = 10
25ft, amps = 30, volts = 36, % loss = 2, wire gauge = 8

25ft, amps = 30, volts = 36, % loss = 3, wire gauge = 10
25ft, amps = 30, volts = 36, % loss = 4, wire gauge = 10
25ft, amps = 30, volts = 36, % loss = 5, wire gauge = 12
25ft, amps = 30, volts = 48, % loss = 2, wire gauge = 10
25ft, amps = 30, volts = 48, % loss = 3, wire gauge = 10
25ft, amps = 30, volts = 48, % loss = 4, wire gauge = 10
25ft, amps = 30, volts = 48, % loss = 5, wire gauge = 10
25ft, amps = 30, volts = 60, % loss = 2, wire gauge = 10
25ft, amps = 30, volts = 60, % loss = 3, wire gauge = 12
25ft, amps = 30, volts = 60, % loss = 4, wire gauge = 10
25ft, amps = 30, volts = 60, % loss = 5, wire gauge = 10
25ft, amps = 35, volts = 12, % loss = 2, wire gauge = 2
25ft, amps = 35, volts = 12, % loss = 3, wire gauge = 4
25ft, amps = 35, volts = 12, % loss = 4, wire gauge = 6
25ft, amps = 35, volts = 12, % loss = 5, wire gauge = 6
25ft, amps = 35, volts = 24, % loss = 2, wire gauge = 6
25ft, amps = 35, volts = 24, % loss = 3, wire gauge = 6
25ft, amps = 35, volts = 24, % loss = 4, wire gauge = 8
25ft, amps = 35, volts = 24, % loss = 5, wire gauge = 10
25ft, amps = 35, volts = 36, % loss = 2, wire gauge = 6
25ft, amps = 35, volts = 36, % loss = 3, wire gauge = 8
25ft, amps = 35, volts = 36, % loss = 4, wire gauge = 10
25ft, amps = 35, volts = 36, % loss = 5, wire gauge = 8
25ft, amps = 35, volts = 48, % loss = 2, wire gauge = 8
25ft, amps = 35, volts = 48, % loss = 3, wire gauge = 10
25ft, amps = 35, volts = 48, % loss = 4, wire gauge = 8
25ft, amps = 35, volts = 48, % loss = 5, wire gauge = 8
25ft, amps = 35, volts = 60, % loss = 2, wire gauge = 10
25ft, amps = 35, volts = 60, % loss = 3, wire gauge = 8
25ft, amps = 35, volts = 60, % loss = 4, wire gauge = 8
25ft, amps = 35, volts = 60, % loss = 5, wire gauge = 8
25ft, amps = 40, volts = 12, % loss = 2, wire gauge = 2
25ft, amps = 40, volts = 12, % loss = 3, wire gauge = 4
25ft, amps = 40, volts = 12, % loss = 4, wire gauge = 4
25ft, amps = 40, volts = 12, % loss = 5, wire gauge = 6
25ft, amps = 40, volts = 24, % loss = 2, wire gauge = 4
25ft, amps = 40, volts = 24, % loss = 3, wire gauge = 6
25ft, amps = 40, volts = 24, % loss = 4, wire gauge = 8
25ft, amps = 40, volts = 24, % loss = 5, wire gauge = 8

25ft, amps = 40, volts = 36, % loss = 2, wire gauge = 6
25ft, amps = 40, volts = 36, % loss = 3, wire gauge = 8
25ft, amps = 40, volts = 36, % loss = 4, wire gauge = 10
25ft, amps = 40, volts = 36, % loss = 5, wire gauge = 8
25ft, amps = 40, volts = 48, % loss = 2, wire gauge = 8
25ft, amps = 40, volts = 48, % loss = 3, wire gauge = 10
25ft, amps = 40, volts = 48, % loss = 4, wire gauge = 8
25ft, amps = 40, volts = 48, % loss = 5, wire gauge = 8
25ft, amps = 40, volts = 60, % loss = 2, wire gauge = 8
25ft, amps = 40, volts = 60, % loss = 3, wire gauge = 8
25ft, amps = 40, volts = 60, % loss = 4, wire gauge = 8
25ft, amps = 40, volts = 60, % loss = 5, wire gauge = 8
25ft, amps = 45, volts = 12, % loss = 2, wire gauge = 2
25ft, amps = 45, volts = 12, % loss = 3, wire gauge = 2
25ft, amps = 45, volts = 12, % loss = 4, wire gauge = 4
25ft, amps = 45, volts = 12, % loss = 5, wire gauge = 6
25ft, amps = 45, volts = 24, % loss = 2, wire gauge = 4
25ft, amps = 45, volts = 24, % loss = 3, wire gauge = 6
25ft, amps = 45, volts = 24, % loss = 4, wire gauge = 8
25ft, amps = 45, volts = 24, % loss = 5, wire gauge = 8
25ft, amps = 45, volts = 36, % loss = 2, wire gauge = 6
25ft, amps = 45, volts = 36, % loss = 3, wire gauge = 8
25ft, amps = 45, volts = 36, % loss = 4, wire gauge = 10
25ft, amps = 45, volts = 36, % loss = 5, wire gauge = 10
25ft, amps = 45, volts = 48, % loss = 2, wire gauge = 8
25ft, amps = 45, volts = 48, % loss = 3, wire gauge = 10
25ft, amps = 45, volts = 48, % loss = 4, wire gauge = 8
25ft, amps = 45, volts = 48, % loss = 5, wire gauge = 8
25ft, amps = 45, volts = 60, % loss = 2, wire gauge = 8
25ft, amps = 45, volts = 60, % loss = 3, wire gauge = 10
25ft, amps = 45, volts = 60, % loss = 4, wire gauge = 8
25ft, amps = 45, volts = 60, % loss = 5, wire gauge = 8
25ft, amps = 50, volts = 12, % loss = 2, wire gauge = 0
25ft, amps = 50, volts = 12, % loss = 3, wire gauge = 2
25ft, amps = 50, volts = 12, % loss = 4, wire gauge = 4
25ft, amps = 50, volts = 12, % loss = 5, wire gauge = 4
25ft, amps = 50, volts = 24, % loss = 2, wire gauge = 4
25ft, amps = 50, volts = 24, % loss = 3, wire gauge = 6
25ft, amps = 50, volts = 24, % loss = 4, wire gauge = 6

25ft, amps = 50, volts = 24, % loss = 5, wire gauge = 8
25ft, amps = 50, volts = 36, % loss = 2, wire gauge = 6
25ft, amps = 50, volts = 36, % loss = 3, wire gauge = 8
25ft, amps = 50, volts = 36, % loss = 4, wire gauge = 8
25ft, amps = 50, volts = 36, % loss = 5, wire gauge = 10
25ft, amps = 50, volts = 48, % loss = 2, wire gauge = 6
25ft, amps = 50, volts = 48, % loss = 3, wire gauge = 8
25ft, amps = 50, volts = 48, % loss = 4, wire gauge = 10
25ft, amps = 50, volts = 48, % loss = 5, wire gauge = 8
25ft, amps = 50, volts = 60, % loss = 2, wire gauge = 8
25ft, amps = 50, volts = 60, % loss = 3, wire gauge = 10
25ft, amps = 50, volts = 60, % loss = 4, wire gauge = 8
25ft, amps = 50, volts = 60, % loss = 5, wire gauge = 8
25ft, amps = 55, volts = 12, % loss = 2, wire gauge = 0
25ft, amps = 55, volts = 12, % loss = 3, wire gauge = 2
25ft, amps = 55, volts = 12, % loss = 4, wire gauge = 4
25ft, amps = 55, volts = 12, % loss = 5, wire gauge = 4
25ft, amps = 55, volts = 24, % loss = 2, wire gauge = 4
25ft, amps = 55, volts = 24, % loss = 3, wire gauge = 6
25ft, amps = 55, volts = 24, % loss = 4, wire gauge = 6
25ft, amps = 55, volts = 24, % loss = 5, wire gauge = 8
25ft, amps = 55, volts = 36, % loss = 2, wire gauge = 6
25ft, amps = 55, volts = 36, % loss = 3, wire gauge = 6
25ft, amps = 55, volts = 36, % loss = 4, wire gauge = 8
25ft, amps = 55, volts = 36, % loss = 5, wire gauge = 10
25ft, amps = 55, volts = 48, % loss = 2, wire gauge = 6
25ft, amps = 55, volts = 48, % loss = 3, wire gauge = 8
25ft, amps = 55, volts = 48, % loss = 4, wire gauge = 10
25ft, amps = 55, volts = 48, % loss = 5, wire gauge = 8
25ft, amps = 55, volts = 60, % loss = 2, wire gauge = 8
25ft, amps = 55, volts = 60, % loss = 3, wire gauge = 10
25ft, amps = 55, volts = 60, % loss = 4, wire gauge = 8
25ft, amps = 55, volts = 60, % loss = 5, wire gauge = 8
25ft, amps = 60, volts = 12, % loss = 2, wire gauge = 00
25ft, amps = 60, volts = 12, % loss = 3, wire gauge = 2
25ft, amps = 60, volts = 12, % loss = 4, wire gauge = 2
25ft, amps = 60, volts = 12, % loss = 5, wire gauge = 4
25ft, amps = 60, volts = 24, % loss = 2, wire gauge = 2
25ft, amps = 60, volts = 24, % loss = 3, wire gauge = 4

25ft, amps = 60, volts = 24, % loss = 4, wire gauge = 6
25ft, amps = 60, volts = 24, % loss = 5, wire gauge = 6
25ft, amps = 60, volts = 36, % loss = 2, wire gauge = 4
25ft, amps = 60, volts = 36, % loss = 3, wire gauge = 6
25ft, amps = 60, volts = 36, % loss = 4, wire gauge = 8
25ft, amps = 60, volts = 36, % loss = 5, wire gauge = 6
25ft, amps = 60, volts = 48, % loss = 2, wire gauge = 6
25ft, amps = 60, volts = 48, % loss = 3, wire gauge = 8
25ft, amps = 60, volts = 48, % loss = 4, wire gauge = 6
25ft, amps = 60, volts = 48, % loss = 5, wire gauge = 6
25ft, amps = 60, volts = 60, % loss = 2, wire gauge = 6
25ft, amps = 60, volts = 60, % loss = 3, wire gauge = 6
25ft, amps = 60, volts = 60, % loss = 4, wire gauge = 6
25ft, amps = 60, volts = 60, % loss = 5, wire gauge = 6
25ft, amps = 65, volts = 12, % loss = 2, wire gauge = 00
25ft, amps = 65, volts = 12, % loss = 3, wire gauge = 2
25ft, amps = 65, volts = 12, % loss = 4, wire gauge = 2
25ft, amps = 65, volts = 12, % loss = 5, wire gauge = 4
25ft, amps = 65, volts = 24, % loss = 2, wire gauge = 2
25ft, amps = 65, volts = 24, % loss = 3, wire gauge = 4
25ft, amps = 65, volts = 24, % loss = 4, wire gauge = 6
25ft, amps = 65, volts = 24, % loss = 5, wire gauge = 6
25ft, amps = 65, volts = 36, % loss = 2, wire gauge = 4
25ft, amps = 65, volts = 36, % loss = 3, wire gauge = 6
25ft, amps = 65, volts = 36, % loss = 4, wire gauge = 8
25ft, amps = 65, volts = 36, % loss = 5, wire gauge = 8
25ft, amps = 65, volts = 48, % loss = 2, wire gauge = 6
25ft, amps = 65, volts = 48, % loss = 3, wire gauge = 8
25ft, amps = 65, volts = 48, % loss = 4, wire gauge = 6
25ft, amps = 65, volts = 48, % loss = 5, wire gauge = 6
25ft, amps = 65, volts = 60, % loss = 2, wire gauge = 6
25ft, amps = 65, volts = 60, % loss = 3, wire gauge = 8
25ft, amps = 65, volts = 60, % loss = 4, wire gauge = 6
25ft, amps = 65, volts = 60, % loss = 5, wire gauge = 6
25ft, amps = 70, volts = 12, % loss = 2, wire gauge = 00
25ft, amps = 70, volts = 12, % loss = 3, wire gauge = 2
25ft, amps = 70, volts = 12, % loss = 4, wire gauge = 2
25ft, amps = 70, volts = 12, % loss = 5, wire gauge = 4
25ft, amps = 70, volts = 24, % loss = 2, wire gauge = 2

25ft, amps = 70, volts = 24, % loss = 3, wire gauge = 4
25ft, amps = 70, volts = 24, % loss = 4, wire gauge = 6
25ft, amps = 70, volts = 24, % loss = 5, wire gauge = 6
25ft, amps = 70, volts = 36, % loss = 2, wire gauge = 4
25ft, amps = 70, volts = 36, % loss = 3, wire gauge = 6
25ft, amps = 70, volts = 36, % loss = 4, wire gauge = 6
25ft, amps = 70, volts = 36, % loss = 5, wire gauge = 8
25ft, amps = 70, volts = 48, % loss = 2, wire gauge = 6
25ft, amps = 70, volts = 48, % loss = 3, wire gauge = 6
25ft, amps = 70, volts = 48, % loss = 4, wire gauge = 8
25ft, amps = 70, volts = 48, % loss = 5, wire gauge = 6
25ft, amps = 70, volts = 60, % loss = 2, wire gauge = 6
25ft, amps = 70, volts = 60, % loss = 3, wire gauge = 8
25ft, amps = 70, volts = 60, % loss = 4, wire gauge = 6
25ft, amps = 70, volts = 60, % loss = 5, wire gauge = 6
25ft, amps = 75, volts = 12, % loss = 2, wire gauge = 000
25ft, amps = 75, volts = 12, % loss = 3, wire gauge = 0
25ft, amps = 75, volts = 12, % loss = 4, wire gauge = 2
25ft, amps = 75, volts = 12, % loss = 5, wire gauge = 2
25ft, amps = 75, volts = 24, % loss = 2, wire gauge = 2
25ft, amps = 75, volts = 24, % loss = 3, wire gauge = 4
25ft, amps = 75, volts = 24, % loss = 4, wire gauge = 6
25ft, amps = 75, volts = 24, % loss = 5, wire gauge = 6
25ft, amps = 75, volts = 36, % loss = 2, wire gauge = 4
25ft, amps = 75, volts = 36, % loss = 3, wire gauge = 6
25ft, amps = 75, volts = 36, % loss = 4, wire gauge = 6
25ft, amps = 75, volts = 36, % loss = 5, wire gauge = 8
25ft, amps = 75, volts = 48, % loss = 2, wire gauge = 6
25ft, amps = 75, volts = 48, % loss = 3, wire gauge = 6
25ft, amps = 75, volts = 48, % loss = 4, wire gauge = 8
25ft, amps = 75, volts = 48, % loss = 5, wire gauge = 6
25ft, amps = 75, volts = 60, % loss = 2, wire gauge = 6
25ft, amps = 75, volts = 60, % loss = 3, wire gauge = 8
25ft, amps = 75, volts = 60, % loss = 4, wire gauge = 6
25ft, amps = 75, volts = 60, % loss = 5, wire gauge = 6
25ft, amps = 80, volts = 12, % loss = 2, wire gauge = 000
25ft, amps = 80, volts = 12, % loss = 3, wire gauge = 0
25ft, amps = 80, volts = 12, % loss = 4, wire gauge = 2
25ft, amps = 80, volts = 12, % loss = 5, wire gauge = 2

25ft, amps = 80, volts = 24, % loss = 2, wire gauge = 2
25ft, amps = 80, volts = 24, % loss = 3, wire gauge = 4
25ft, amps = 80, volts = 24, % loss = 4, wire gauge = 4
25ft, amps = 80, volts = 24, % loss = 5, wire gauge = 6
25ft, amps = 80, volts = 36, % loss = 2, wire gauge = 4
25ft, amps = 80, volts = 36, % loss = 3, wire gauge = 6
25ft, amps = 80, volts = 36, % loss = 4, wire gauge = 6
25ft, amps = 80, volts = 36, % loss = 5, wire gauge = 4
25ft, amps = 80, volts = 48, % loss = 2, wire gauge = 4
25ft, amps = 80, volts = 48, % loss = 3, wire gauge = 6
25ft, amps = 80, volts = 48, % loss = 4, wire gauge = 4
25ft, amps = 80, volts = 48, % loss = 5, wire gauge = 4
25ft, amps = 80, volts = 60, % loss = 2, wire gauge = 6
25ft, amps = 80, volts = 60, % loss = 3, wire gauge = 4
25ft, amps = 80, volts = 60, % loss = 4, wire gauge = 4
25ft, amps = 80, volts = 60, % loss = 5, wire gauge = 4
30ft, amps = 5, volts = 12, % loss = 2, wire gauge = 10
30ft, amps = 5, volts = 12, % loss = 3, wire gauge = 12
30ft, amps = 5, volts = 12, % loss = 4, wire gauge = 12
30ft, amps = 5, volts = 12, % loss = 5, wire gauge = 14
30ft, amps = 5, volts = 24, % loss = 2, wire gauge = 12
30ft, amps = 5, volts = 24, % loss = 3, wire gauge = 14
30ft, amps = 5, volts = 24, % loss = 4, wire gauge = 14
30ft, amps = 5, volts = 24, % loss = 5, wire gauge = 14
30ft, amps = 5, volts = 36, % loss = 2, wire gauge = 14
30ft, amps = 5, volts = 36, % loss = 3, wire gauge = 14
30ft, amps = 5, volts = 36, % loss = 4, wire gauge = 14
30ft, amps = 5, volts = 36, % loss = 5, wire gauge = 14
30ft, amps = 5, volts = 48, % loss = 2, wire gauge = 14
30ft, amps = 5, volts = 48, % loss = 3, wire gauge = 14
30ft, amps = 5, volts = 48, % loss = 4, wire gauge = 14
30ft, amps = 5, volts = 48, % loss = 5, wire gauge = 14
30ft, amps = 5, volts = 60, % loss = 2, wire gauge = 14
30ft, amps = 5, volts = 60, % loss = 3, wire gauge = 14
30ft, amps = 5, volts = 60, % loss = 4, wire gauge = 14
30ft, amps = 5, volts = 60, % loss = 5, wire gauge = 14
30ft, amps = 10, volts = 12, % loss = 2, wire gauge = 6
30ft, amps = 10, volts = 12, % loss = 3, wire gauge = 8
30ft, amps = 10, volts = 12, % loss = 4, wire gauge = 10

30ft, amps = 10, volts = 12, % loss = 5, wire gauge = 10
30ft, amps = 10, volts = 24, % loss = 2, wire gauge = 10
30ft, amps = 10, volts = 24, % loss = 3, wire gauge = 12
30ft, amps = 10, volts = 24, % loss = 4, wire gauge = 12
30ft, amps = 10, volts = 24, % loss = 5, wire gauge = 14
30ft, amps = 10, volts = 36, % loss = 2, wire gauge = 12
30ft, amps = 10, volts = 36, % loss = 3, wire gauge = 14
30ft, amps = 10, volts = 36, % loss = 4, wire gauge = 14
30ft, amps = 10, volts = 36, % loss = 5, wire gauge = 14
30ft, amps = 10, volts = 48, % loss = 2, wire gauge = 12
30ft, amps = 10, volts = 48, % loss = 3, wire gauge = 14
30ft, amps = 10, volts = 48, % loss = 4, wire gauge = 14
30ft, amps = 10, volts = 48, % loss = 5, wire gauge = 14
30ft, amps = 10, volts = 60, % loss = 2, wire gauge = 14
30ft, amps = 10, volts = 60, % loss = 3, wire gauge = 14
30ft, amps = 10, volts = 60, % loss = 4, wire gauge = 14
30ft, amps = 10, volts = 60, % loss = 5, wire gauge = 14
30ft, amps = 15, volts = 12, % loss = 2, wire gauge = 6
30ft, amps = 15, volts = 12, % loss = 3, wire gauge = 6
30ft, amps = 15, volts = 12, % loss = 4, wire gauge = 8
30ft, amps = 15, volts = 12, % loss = 5, wire gauge = 10
30ft, amps = 15, volts = 24, % loss = 2, wire gauge = 8
30ft, amps = 15, volts = 24, % loss = 3, wire gauge = 10
30ft, amps = 15, volts = 24, % loss = 4, wire gauge = 12
30ft, amps = 15, volts = 24, % loss = 5, wire gauge = 12
30ft, amps = 15, volts = 36, % loss = 2, wire gauge = 10
30ft, amps = 15, volts = 36, % loss = 3, wire gauge = 12
30ft, amps = 15, volts = 36, % loss = 4, wire gauge = 12
30ft, amps = 15, volts = 36, % loss = 5, wire gauge = 14
30ft, amps = 15, volts = 48, % loss = 2, wire gauge = 12
30ft, amps = 15, volts = 48, % loss = 3, wire gauge = 12
30ft, amps = 15, volts = 48, % loss = 4, wire gauge = 14
30ft, amps = 15, volts = 48, % loss = 5, wire gauge = 14
30ft, amps = 15, volts = 60, % loss = 2, wire gauge = 12
30ft, amps = 15, volts = 60, % loss = 3, wire gauge = 14
30ft, amps = 15, volts = 60, % loss = 4, wire gauge = 14
30ft, amps = 15, volts = 60, % loss = 5, wire gauge = 14
30ft, amps = 20, volts = 12, % loss = 2, wire gauge = 4
30ft, amps = 20, volts = 12, % loss = 3, wire gauge = 6

30ft, amps = 20, volts = 12, % loss = 4, wire gauge = 6
30ft, amps = 20, volts = 12, % loss = 5, wire gauge = 8
30ft, amps = 20, volts = 24, % loss = 2, wire gauge = 6
30ft, amps = 20, volts = 24, % loss = 3, wire gauge = 8
30ft, amps = 20, volts = 24, % loss = 4, wire gauge = 10
30ft, amps = 20, volts = 24, % loss = 5, wire gauge = 10
30ft, amps = 20, volts = 36, % loss = 2, wire gauge = 8
30ft, amps = 20, volts = 36, % loss = 3, wire gauge = 10
30ft, amps = 20, volts = 36, % loss = 4, wire gauge = 12
30ft, amps = 20, volts = 36, % loss = 5, wire gauge = 12
30ft, amps = 20, volts = 48, % loss = 2, wire gauge = 10
30ft, amps = 20, volts = 48, % loss = 3, wire gauge = 12
30ft, amps = 20, volts = 48, % loss = 4, wire gauge = 12
30ft, amps = 20, volts = 48, % loss = 5, wire gauge = 12
30ft, amps = 20, volts = 60, % loss = 2, wire gauge = 10
30ft, amps = 20, volts = 60, % loss = 3, wire gauge = 12
30ft, amps = 20, volts = 60, % loss = 4, wire gauge = 12
30ft, amps = 20, volts = 60, % loss = 5, wire gauge = 12
30ft, amps = 25, volts = 12, % loss = 2, wire gauge = 2
30ft, amps = 25, volts = 12, % loss = 3, wire gauge = 4
30ft, amps = 25, volts = 12, % loss = 4, wire gauge = 6
30ft, amps = 25, volts = 12, % loss = 5, wire gauge = 6
30ft, amps = 25, volts = 24, % loss = 2, wire gauge = 6
30ft, amps = 25, volts = 24, % loss = 3, wire gauge = 8
30ft, amps = 25, volts = 24, % loss = 4, wire gauge = 10
30ft, amps = 25, volts = 24, % loss = 5, wire gauge = 10
30ft, amps = 25, volts = 36, % loss = 2, wire gauge = 8
30ft, amps = 25, volts = 36, % loss = 3, wire gauge = 10
30ft, amps = 25, volts = 36, % loss = 4, wire gauge = 10
30ft, amps = 25, volts = 36, % loss = 5, wire gauge = 12
30ft, amps = 25, volts = 48, % loss = 2, wire gauge = 10
30ft, amps = 25, volts = 48, % loss = 3, wire gauge = 10
30ft, amps = 25, volts = 48, % loss = 4, wire gauge = 10
30ft, amps = 25, volts = 48, % loss = 5, wire gauge = 10
30ft, amps = 25, volts = 60, % loss = 2, wire gauge = 10
30ft, amps = 25, volts = 60, % loss = 3, wire gauge = 12
30ft, amps = 25, volts = 60, % loss = 4, wire gauge = 10
30ft, amps = 25, volts = 60, % loss = 5, wire gauge = 10
30ft, amps = 30, volts = 12, % loss = 2, wire gauge = 2

30ft, amps = 30, volts = 12, % loss = 3, wire gauge = 4
30ft, amps = 30, volts = 12, % loss = 4, wire gauge = 6
30ft, amps = 30, volts = 12, % loss = 5, wire gauge = 6
30ft, amps = 30, volts = 24, % loss = 2, wire gauge = 6
30ft, amps = 30, volts = 24, % loss = 3, wire gauge = 6
30ft, amps = 30, volts = 24, % loss = 4, wire gauge = 8
30ft, amps = 30, volts = 24, % loss = 5, wire gauge = 10
30ft, amps = 30, volts = 36, % loss = 2, wire gauge = 6
30ft, amps = 30, volts = 36, % loss = 3, wire gauge = 8
30ft, amps = 30, volts = 36, % loss = 4, wire gauge = 10
30ft, amps = 30, volts = 36, % loss = 5, wire gauge = 10
30ft, amps = 30, volts = 48, % loss = 2, wire gauge = 8
30ft, amps = 30, volts = 48, % loss = 3, wire gauge = 10
30ft, amps = 30, volts = 48, % loss = 4, wire gauge = 12
30ft, amps = 30, volts = 48, % loss = 5, wire gauge = 10
30ft, amps = 30, volts = 60, % loss = 2, wire gauge = 10
30ft, amps = 30, volts = 60, % loss = 3, wire gauge = 10
30ft, amps = 30, volts = 60, % loss = 4, wire gauge = 10
30ft, amps = 30, volts = 60, % loss = 5, wire gauge = 10
30ft, amps = 35, volts = 12, % loss = 2, wire gauge = 2
30ft, amps = 35, volts = 12, % loss = 3, wire gauge = 4
30ft, amps = 35, volts = 12, % loss = 4, wire gauge = 4
30ft, amps = 35, volts = 12, % loss = 5, wire gauge = 6
30ft, amps = 35, volts = 24, % loss = 2, wire gauge = 4
30ft, amps = 35, volts = 24, % loss = 3, wire gauge = 6
30ft, amps = 35, volts = 24, % loss = 4, wire gauge = 8
30ft, amps = 35, volts = 24, % loss = 5, wire gauge = 8
30ft, amps = 35, volts = 36, % loss = 2, wire gauge = 6
30ft, amps = 35, volts = 36, % loss = 3, wire gauge = 8
30ft, amps = 35, volts = 36, % loss = 4, wire gauge = 10
30ft, amps = 35, volts = 36, % loss = 5, wire gauge = 8
30ft, amps = 35, volts = 48, % loss = 2, wire gauge = 8
30ft, amps = 35, volts = 48, % loss = 3, wire gauge = 10
30ft, amps = 35, volts = 48, % loss = 4, wire gauge = 8
30ft, amps = 35, volts = 48, % loss = 5, wire gauge = 8
30ft, amps = 35, volts = 60, % loss = 2, wire gauge = 8
30ft, amps = 35, volts = 60, % loss = 3, wire gauge = 8
30ft, amps = 35, volts = 60, % loss = 4, wire gauge = 8
30ft, amps = 35, volts = 60, % loss = 5, wire gauge = 8

30ft, amps = 40, volts = 12, % loss = 2, wire gauge = 0
30ft, amps = 40, volts = 12, % loss = 3, wire gauge = 2
30ft, amps = 40, volts = 12, % loss = 4, wire gauge = 4
30ft, amps = 40, volts = 12, % loss = 5, wire gauge = 4
30ft, amps = 40, volts = 24, % loss = 2, wire gauge = 4
30ft, amps = 40, volts = 24, % loss = 3, wire gauge = 6
30ft, amps = 40, volts = 24, % loss = 4, wire gauge = 6
30ft, amps = 40, volts = 24, % loss = 5, wire gauge = 8
30ft, amps = 40, volts = 36, % loss = 2, wire gauge = 6
30ft, amps = 40, volts = 36, % loss = 3, wire gauge = 8
30ft, amps = 40, volts = 36, % loss = 4, wire gauge = 8
30ft, amps = 40, volts = 36, % loss = 5, wire gauge = 10
30ft, amps = 40, volts = 48, % loss = 2, wire gauge = 6
30ft, amps = 40, volts = 48, % loss = 3, wire gauge = 8
30ft, amps = 40, volts = 48, % loss = 4, wire gauge = 10
30ft, amps = 40, volts = 48, % loss = 5, wire gauge = 8
30ft, amps = 40, volts = 60, % loss = 2, wire gauge = 8
30ft, amps = 40, volts = 60, % loss = 3, wire gauge = 10
30ft, amps = 40, volts = 60, % loss = 4, wire gauge = 8
30ft, amps = 40, volts = 60, % loss = 5, wire gauge = 8
30ft, amps = 45, volts = 12, % loss = 2, wire gauge = 0
30ft, amps = 45, volts = 12, % loss = 3, wire gauge = 2
30ft, amps = 45, volts = 12, % loss = 4, wire gauge = 4
30ft, amps = 45, volts = 12, % loss = 5, wire gauge = 4
30ft, amps = 45, volts = 24, % loss = 2, wire gauge = 4
30ft, amps = 45, volts = 24, % loss = 3, wire gauge = 6
30ft, amps = 45, volts = 24, % loss = 4, wire gauge = 6
30ft, amps = 45, volts = 24, % loss = 5, wire gauge = 8
30ft, amps = 45, volts = 36, % loss = 2, wire gauge = 6
30ft, amps = 45, volts = 36, % loss = 3, wire gauge = 6
30ft, amps = 45, volts = 36, % loss = 4, wire gauge = 8
30ft, amps = 45, volts = 36, % loss = 5, wire gauge = 10
30ft, amps = 45, volts = 48, % loss = 2, wire gauge = 6
30ft, amps = 45, volts = 48, % loss = 3, wire gauge = 8
30ft, amps = 45, volts = 48, % loss = 4, wire gauge = 10
30ft, amps = 45, volts = 48, % loss = 5, wire gauge = 8
30ft, amps = 45, volts = 60, % loss = 2, wire gauge = 8
30ft, amps = 45, volts = 60, % loss = 3, wire gauge = 10
30ft, amps = 45, volts = 60, % loss = 4, wire gauge = 8

30ft, amps = 45, volts = 60, % loss = 5, wire gauge = 8
30ft, amps = 50, volts = 12, % loss = 2, wire gauge = 00
30ft, amps = 50, volts = 12, % loss = 3, wire gauge = 2
30ft, amps = 50, volts = 12, % loss = 4, wire gauge = 2
30ft, amps = 50, volts = 12, % loss = 5, wire gauge = 4
30ft, amps = 50, volts = 24, % loss = 2, wire gauge = 2
30ft, amps = 50, volts = 24, % loss = 3, wire gauge = 4
30ft, amps = 50, volts = 24, % loss = 4, wire gauge = 6
30ft, amps = 50, volts = 24, % loss = 5, wire gauge = 6
30ft, amps = 50, volts = 36, % loss = 2, wire gauge = 4
30ft, amps = 50, volts = 36, % loss = 3, wire gauge = 6
30ft, amps = 50, volts = 36, % loss = 4, wire gauge = 8
30ft, amps = 50, volts = 36, % loss = 5, wire gauge = 8
30ft, amps = 50, volts = 48, % loss = 2, wire gauge = 6
30ft, amps = 50, volts = 48, % loss = 3, wire gauge = 8
30ft, amps = 50, volts = 48, % loss = 4, wire gauge = 10
30ft, amps = 50, volts = 48, % loss = 5, wire gauge = 10
30ft, amps = 50, volts = 60, % loss = 2, wire gauge = 6
30ft, amps = 50, volts = 60, % loss = 3, wire gauge = 8
30ft, amps = 50, volts = 60, % loss = 4, wire gauge = 10
30ft, amps = 50, volts = 60, % loss = 5, wire gauge = 8
30ft, amps = 55, volts = 12, % loss = 2, wire gauge = 00
30ft, amps = 55, volts = 12, % loss = 3, wire gauge = 2
30ft, amps = 55, volts = 12, % loss = 4, wire gauge = 2
30ft, amps = 55, volts = 12, % loss = 5, wire gauge = 4
30ft, amps = 55, volts = 24, % loss = 2, wire gauge = 2
30ft, amps = 55, volts = 24, % loss = 3, wire gauge = 4
30ft, amps = 55, volts = 24, % loss = 4, wire gauge = 6
30ft, amps = 55, volts = 24, % loss = 5, wire gauge = 6
30ft, amps = 55, volts = 36, % loss = 2, wire gauge = 4
30ft, amps = 55, volts = 36, % loss = 3, wire gauge = 6
30ft, amps = 55, volts = 36, % loss = 4, wire gauge = 8
30ft, amps = 55, volts = 36, % loss = 5, wire gauge = 8
30ft, amps = 55, volts = 48, % loss = 2, wire gauge = 6
30ft, amps = 55, volts = 48, % loss = 3, wire gauge = 8
30ft, amps = 55, volts = 48, % loss = 4, wire gauge = 8
30ft, amps = 55, volts = 48, % loss = 5, wire gauge = 10
30ft, amps = 55, volts = 60, % loss = 2, wire gauge = 6
30ft, amps = 55, volts = 60, % loss = 3, wire gauge = 8

30ft, amps = 55, volts = 60, % loss = 4, wire gauge = 10
30ft, amps = 55, volts = 60, % loss = 5, wire gauge = 8
30ft, amps = 60, volts = 12, % loss = 2, wire gauge = 00
30ft, amps = 60, volts = 12, % loss = 3, wire gauge = 0
30ft, amps = 60, volts = 12, % loss = 4, wire gauge = 2
30ft, amps = 60, volts = 12, % loss = 5, wire gauge = 4
30ft, amps = 60, volts = 24, % loss = 2, wire gauge = 2
30ft, amps = 60, volts = 24, % loss = 3, wire gauge = 4
30ft, amps = 60, volts = 24, % loss = 4, wire gauge = 6
30ft, amps = 60, volts = 24, % loss = 5, wire gauge = 6
30ft, amps = 60, volts = 36, % loss = 2, wire gauge = 4
30ft, amps = 60, volts = 36, % loss = 3, wire gauge = 6
30ft, amps = 60, volts = 36, % loss = 4, wire gauge = 6
30ft, amps = 60, volts = 36, % loss = 5, wire gauge = 8
30ft, amps = 60, volts = 48, % loss = 2, wire gauge = 6
30ft, amps = 60, volts = 48, % loss = 3, wire gauge = 6
30ft, amps = 60, volts = 48, % loss = 4, wire gauge = 8
30ft, amps = 60, volts = 48, % loss = 5, wire gauge = 6
30ft, amps = 60, volts = 60, % loss = 2, wire gauge = 6
30ft, amps = 60, volts = 60, % loss = 3, wire gauge = 8
30ft, amps = 60, volts = 60, % loss = 4, wire gauge = 6
30ft, amps = 60, volts = 60, % loss = 5, wire gauge = 6
30ft, amps = 65, volts = 12, % loss = 2, wire gauge = 000
30ft, amps = 65, volts = 12, % loss = 3, wire gauge = 0
30ft, amps = 65, volts = 12, % loss = 4, wire gauge = 2
30ft, amps = 65, volts = 12, % loss = 5, wire gauge = 2
30ft, amps = 65, volts = 24, % loss = 2, wire gauge = 2
30ft, amps = 65, volts = 24, % loss = 3, wire gauge = 4
30ft, amps = 65, volts = 24, % loss = 4, wire gauge = 4
30ft, amps = 65, volts = 24, % loss = 5, wire gauge = 6
30ft, amps = 65, volts = 36, % loss = 2, wire gauge = 4
30ft, amps = 65, volts = 36, % loss = 3, wire gauge = 6
30ft, amps = 65, volts = 36, % loss = 4, wire gauge = 6
30ft, amps = 65, volts = 36, % loss = 5, wire gauge = 8
30ft, amps = 65, volts = 48, % loss = 2, wire gauge = 4
30ft, amps = 65, volts = 48, % loss = 3, wire gauge = 6
30ft, amps = 65, volts = 48, % loss = 4, wire gauge = 8
30ft, amps = 65, volts = 48, % loss = 5, wire gauge = 6
30ft, amps = 65, volts = 60, % loss = 2, wire gauge = 6

30ft, amps = 65, volts = 60, % loss = 3, wire gauge = 8  
30ft, amps = 65, volts = 60, % loss = 4, wire gauge = 6  
30ft, amps = 65, volts = 60, % loss = 5, wire gauge = 6  
30ft, amps = 70, volts = 12, % loss = 2, wire gauge = 000  
30ft, amps = 70, volts = 12, % loss = 3, wire gauge = 0  
30ft, amps = 70, volts = 12, % loss = 4, wire gauge = 2  
30ft, amps = 70, volts = 12, % loss = 5, wire gauge = 2  
30ft, amps = 70, volts = 24, % loss = 2, wire gauge = 2  
30ft, amps = 70, volts = 24, % loss = 3, wire gauge = 4  
30ft, amps = 70, volts = 24, % loss = 4, wire gauge = 4  
30ft, amps = 70, volts = 24, % loss = 5, wire gauge = 6  
30ft, amps = 70, volts = 36, % loss = 2, wire gauge = 4  
30ft, amps = 70, volts = 36, % loss = 3, wire gauge = 6  
30ft, amps = 70, volts = 36, % loss = 4, wire gauge = 6  
30ft, amps = 70, volts = 36, % loss = 5, wire gauge = 8  
30ft, amps = 70, volts = 48, % loss = 2, wire gauge = 4  
30ft, amps = 70, volts = 48, % loss = 3, wire gauge = 6  
30ft, amps = 70, volts = 48, % loss = 4, wire gauge = 8  
30ft, amps = 70, volts = 48, % loss = 5, wire gauge = 6  
30ft, amps = 70, volts = 60, % loss = 2, wire gauge = 6  
30ft, amps = 70, volts = 60, % loss = 3, wire gauge = 8  
30ft, amps = 70, volts = 60, % loss = 4, wire gauge = 6  
30ft, amps = 70, volts = 60, % loss = 5, wire gauge = 6  
30ft, amps = 75, volts = 12, % loss = 2, wire gauge = 000  
30ft, amps = 75, volts = 12, % loss = 3, wire gauge = 00  
30ft, amps = 75, volts = 12, % loss = 4, wire gauge = 2  
30ft, amps = 75, volts = 12, % loss = 5, wire gauge = 2  
30ft, amps = 75, volts = 24, % loss = 2, wire gauge = 2  
30ft, amps = 75, volts = 24, % loss = 3, wire gauge = 2  
30ft, amps = 75, volts = 24, % loss = 4, wire gauge = 4  
30ft, amps = 75, volts = 24, % loss = 5, wire gauge = 6  
30ft, amps = 75, volts = 36, % loss = 2, wire gauge = 2  
30ft, amps = 75, volts = 36, % loss = 3, wire gauge = 4  
30ft, amps = 75, volts = 36, % loss = 4, wire gauge = 6  
30ft, amps = 75, volts = 36, % loss = 5, wire gauge = 6  
30ft, amps = 75, volts = 48, % loss = 2, wire gauge = 4  
30ft, amps = 75, volts = 48, % loss = 3, wire gauge = 6  
30ft, amps = 75, volts = 48, % loss = 4, wire gauge = 8  
30ft, amps = 75, volts = 48, % loss = 5, wire gauge = 8

30ft, amps = 75, volts = 60, % loss = 2, wire gauge = 6
30ft, amps = 75, volts = 60, % loss = 3, wire gauge = 6
30ft, amps = 75, volts = 60, % loss = 4, wire gauge = 8
30ft, amps = 75, volts = 60, % loss = 5, wire gauge = 6
30ft, amps = 80, volts = 12, % loss = 3, wire gauge = 00
30ft, amps = 80, volts = 12, % loss = 4, wire gauge = 0
30ft, amps = 80, volts = 12, % loss = 5, wire gauge = 2
30ft, amps = 80, volts = 24, % loss = 2, wire gauge = 0
30ft, amps = 80, volts = 24, % loss = 3, wire gauge = 2
30ft, amps = 80, volts = 24, % loss = 4, wire gauge = 4
30ft, amps = 80, volts = 24, % loss = 5, wire gauge = 4
30ft, amps = 80, volts = 36, % loss = 2, wire gauge = 2
30ft, amps = 80, volts = 36, % loss = 3, wire gauge = 4
30ft, amps = 80, volts = 36, % loss = 4, wire gauge = 6
30ft, amps = 80, volts = 36, % loss = 5, wire gauge = 6
30ft, amps = 80, volts = 48, % loss = 2, wire gauge = 4
30ft, amps = 80, volts = 48, % loss = 3, wire gauge = 6
30ft, amps = 80, volts = 48, % loss = 4, wire gauge = 4
30ft, amps = 80, volts = 48, % loss = 5, wire gauge = 4
30ft, amps = 80, volts = 60, % loss = 2, wire gauge = 4
30ft, amps = 80, volts = 60, % loss = 3, wire gauge = 6
30ft, amps = 80, volts = 60, % loss = 4, wire gauge = 4
30ft, amps = 80, volts = 60, % loss = 5, wire gauge = 4
35ft, amps = 5, volts = 12, % loss = 2, wire gauge = 10
35ft, amps = 5, volts = 12, % loss = 3, wire gauge = 12
35ft, amps = 5, volts = 12, % loss = 4, wire gauge = 12
35ft, amps = 5, volts = 12, % loss = 5, wire gauge = 14
35ft, amps = 5, volts = 24, % loss = 2, wire gauge = 12
35ft, amps = 5, volts = 24, % loss = 3, wire gauge = 14
35ft, amps = 5, volts = 24, % loss = 4, wire gauge = 14
35ft, amps = 5, volts = 24, % loss = 5, wire gauge = 14
35ft, amps = 5, volts = 36, % loss = 2, wire gauge = 14
35ft, amps = 5, volts = 36, % loss = 3, wire gauge = 14
35ft, amps = 5, volts = 36, % loss = 4, wire gauge = 14
35ft, amps = 5, volts = 36, % loss = 5, wire gauge = 14
35ft, amps = 5, volts = 48, % loss = 2, wire gauge = 14
35ft, amps = 5, volts = 48, % loss = 3, wire gauge = 14
35ft, amps = 5, volts = 48, % loss = 4, wire gauge = 14
35ft, amps = 5, volts = 48, % loss = 5, wire gauge = 14

35ft, amps = 5, volts = 60, % loss = 2, wire gauge = 14
35ft, amps = 5, volts = 60, % loss = 3, wire gauge = 14
35ft, amps = 5, volts = 60, % loss = 4, wire gauge = 14
35ft, amps = 5, volts = 60, % loss = 5, wire gauge = 14
35ft, amps = 10, volts = 12, % loss = 2, wire gauge = 6
35ft, amps = 10, volts = 12, % loss = 3, wire gauge = 8
35ft, amps = 10, volts = 12, % loss = 4, wire gauge = 10
35ft, amps = 10, volts = 12, % loss = 5, wire gauge = 10
35ft, amps = 10, volts = 24, % loss = 2, wire gauge = 10
35ft, amps = 10, volts = 24, % loss = 3, wire gauge = 12
35ft, amps = 10, volts = 24, % loss = 4, wire gauge = 12
35ft, amps = 10, volts = 24, % loss = 5, wire gauge = 14
35ft, amps = 10, volts = 36, % loss = 2, wire gauge = 12
35ft, amps = 10, volts = 36, % loss = 3, wire gauge = 12
35ft, amps = 10, volts = 36, % loss = 4, wire gauge = 14
35ft, amps = 10, volts = 36, % loss = 5, wire gauge = 14
35ft, amps = 10, volts = 48, % loss = 2, wire gauge = 12
35ft, amps = 10, volts = 48, % loss = 3, wire gauge = 14
35ft, amps = 10, volts = 48, % loss = 4, wire gauge = 14
35ft, amps = 10, volts = 48, % loss = 5, wire gauge = 14
35ft, amps = 10, volts = 60, % loss = 2, wire gauge = 14
35ft, amps = 10, volts = 60, % loss = 3, wire gauge = 14
35ft, amps = 10, volts = 60, % loss = 4, wire gauge = 14
35ft, amps = 10, volts = 60, % loss = 5, wire gauge = 14
35ft, amps = 15, volts = 12, % loss = 2, wire gauge = 4
35ft, amps = 15, volts = 12, % loss = 3, wire gauge = 6
35ft, amps = 15, volts = 12, % loss = 4, wire gauge = 8
35ft, amps = 15, volts = 12, % loss = 5, wire gauge = 8
35ft, amps = 15, volts = 24, % loss = 2, wire gauge = 8
35ft, amps = 15, volts = 24, % loss = 3, wire gauge = 10
35ft, amps = 15, volts = 24, % loss = 4, wire gauge = 10
35ft, amps = 15, volts = 24, % loss = 5, wire gauge = 12
35ft, amps = 15, volts = 36, % loss = 2, wire gauge = 10
35ft, amps = 15, volts = 36, % loss = 3, wire gauge = 12
35ft, amps = 15, volts = 36, % loss = 4, wire gauge = 12
35ft, amps = 15, volts = 36, % loss = 5, wire gauge = 14
35ft, amps = 15, volts = 48, % loss = 2, wire gauge = 10
35ft, amps = 15, volts = 48, % loss = 3, wire gauge = 12
35ft, amps = 15, volts = 48, % loss = 4, wire gauge = 14

35ft, amps = 15, volts = 48, % loss = 5, wire gauge = 14
35ft, amps = 15, volts = 60, % loss = 2, wire gauge = 12
35ft, amps = 15, volts = 60, % loss = 3, wire gauge = 14
35ft, amps = 15, volts = 60, % loss = 4, wire gauge = 14
35ft, amps = 15, volts = 60, % loss = 5, wire gauge = 14
35ft, amps = 20, volts = 12, % loss = 2, wire gauge = 4
35ft, amps = 20, volts = 12, % loss = 3, wire gauge = 6
35ft, amps = 20, volts = 12, % loss = 4, wire gauge = 6
35ft, amps = 20, volts = 12, % loss = 5, wire gauge = 8
35ft, amps = 20, volts = 24, % loss = 2, wire gauge = 6
35ft, amps = 20, volts = 24, % loss = 3, wire gauge = 8
35ft, amps = 20, volts = 24, % loss = 4, wire gauge = 10
35ft, amps = 20, volts = 24, % loss = 5, wire gauge = 10
35ft, amps = 20, volts = 36, % loss = 2, wire gauge = 8
35ft, amps = 20, volts = 36, % loss = 3, wire gauge = 10
35ft, amps = 20, volts = 36, % loss = 4, wire gauge = 12
35ft, amps = 20, volts = 36, % loss = 5, wire gauge = 12
35ft, amps = 20, volts = 48, % loss = 2, wire gauge = 10
35ft, amps = 20, volts = 48, % loss = 3, wire gauge = 12
35ft, amps = 20, volts = 48, % loss = 4, wire gauge = 12
35ft, amps = 20, volts = 48, % loss = 5, wire gauge = 12
35ft, amps = 20, volts = 60, % loss = 2, wire gauge = 10
35ft, amps = 20, volts = 60, % loss = 3, wire gauge = 12
35ft, amps = 20, volts = 60, % loss = 4, wire gauge = 12
35ft, amps = 20, volts = 60, % loss = 5, wire gauge = 12
35ft, amps = 25, volts = 12, % loss = 2, wire gauge = 2
35ft, amps = 25, volts = 12, % loss = 3, wire gauge = 4
35ft, amps = 25, volts = 12, % loss = 4, wire gauge = 6
35ft, amps = 25, volts = 12, % loss = 5, wire gauge = 6
35ft, amps = 25, volts = 24, % loss = 2, wire gauge = 6
35ft, amps = 25, volts = 24, % loss = 3, wire gauge = 6
35ft, amps = 25, volts = 24, % loss = 4, wire gauge = 8
35ft, amps = 25, volts = 24, % loss = 5, wire gauge = 10
35ft, amps = 25, volts = 36, % loss = 2, wire gauge = 6
35ft, amps = 25, volts = 36, % loss = 3, wire gauge = 8
35ft, amps = 25, volts = 36, % loss = 4, wire gauge = 10
35ft, amps = 25, volts = 36, % loss = 5, wire gauge = 12
35ft, amps = 25, volts = 48, % loss = 2, wire gauge = 8
35ft, amps = 25, volts = 48, % loss = 3, wire gauge = 10

35ft, amps = 25, volts = 48, % loss = 4, wire gauge = 12
35ft, amps = 25, volts = 48, % loss = 5, wire gauge = 10
35ft, amps = 25, volts = 60, % loss = 2, wire gauge = 10
35ft, amps = 25, volts = 60, % loss = 3, wire gauge = 12
35ft, amps = 25, volts = 60, % loss = 4, wire gauge = 10
35ft, amps = 25, volts = 60, % loss = 5, wire gauge = 10
35ft, amps = 30, volts = 12, % loss = 2, wire gauge = 2
35ft, amps = 30, volts = 12, % loss = 3, wire gauge = 4
35ft, amps = 30, volts = 12, % loss = 4, wire gauge = 4
35ft, amps = 30, volts = 12, % loss = 5, wire gauge = 6
35ft, amps = 30, volts = 24, % loss = 2, wire gauge = 4
35ft, amps = 30, volts = 24, % loss = 3, wire gauge = 6
35ft, amps = 30, volts = 24, % loss = 4, wire gauge = 8
35ft, amps = 30, volts = 24, % loss = 5, wire gauge = 8
35ft, amps = 30, volts = 36, % loss = 2, wire gauge = 6
35ft, amps = 30, volts = 36, % loss = 3, wire gauge = 8
35ft, amps = 30, volts = 36, % loss = 4, wire gauge = 10
35ft, amps = 30, volts = 36, % loss = 5, wire gauge = 10
35ft, amps = 30, volts = 48, % loss = 2, wire gauge = 8
35ft, amps = 30, volts = 48, % loss = 3, wire gauge = 10
35ft, amps = 30, volts = 48, % loss = 4, wire gauge = 10
35ft, amps = 30, volts = 48, % loss = 5, wire gauge = 12
35ft, amps = 30, volts = 60, % loss = 2, wire gauge = 8
35ft, amps = 30, volts = 60, % loss = 3, wire gauge = 10
35ft, amps = 30, volts = 60, % loss = 4, wire gauge = 12
35ft, amps = 30, volts = 60, % loss = 5, wire gauge = 10
35ft, amps = 35, volts = 12, % loss = 2, wire gauge = 0
35ft, amps = 35, volts = 12, % loss = 3, wire gauge = 2
35ft, amps = 35, volts = 12, % loss = 4, wire gauge = 4
35ft, amps = 35, volts = 12, % loss = 5, wire gauge = 4
35ft, amps = 35, volts = 24, % loss = 2, wire gauge = 4
35ft, amps = 35, volts = 24, % loss = 3, wire gauge = 6
35ft, amps = 35, volts = 24, % loss = 4, wire gauge = 6
35ft, amps = 35, volts = 24, % loss = 5, wire gauge = 8
35ft, amps = 35, volts = 36, % loss = 2, wire gauge = 6
35ft, amps = 35, volts = 36, % loss = 3, wire gauge = 8
35ft, amps = 35, volts = 36, % loss = 4, wire gauge = 8
35ft, amps = 35, volts = 36, % loss = 5, wire gauge = 10
35ft, amps = 35, volts = 48, % loss = 2, wire gauge = 6

35ft, amps = 35, volts = 48, % loss = 3, wire gauge = 8
35ft, amps = 35, volts = 48, % loss = 4, wire gauge = 10
35ft, amps = 35, volts = 48, % loss = 5, wire gauge = 8
35ft, amps = 35, volts = 60, % loss = 2, wire gauge = 8
35ft, amps = 35, volts = 60, % loss = 3, wire gauge = 10
35ft, amps = 35, volts = 60, % loss = 4, wire gauge = 8
35ft, amps = 35, volts = 60, % loss = 5, wire gauge = 8
35ft, amps = 40, volts = 12, % loss = 2, wire gauge = 0
35ft, amps = 40, volts = 12, % loss = 3, wire gauge = 2
35ft, amps = 40, volts = 12, % loss = 4, wire gauge = 4
35ft, amps = 40, volts = 12, % loss = 5, wire gauge = 4
35ft, amps = 40, volts = 24, % loss = 2, wire gauge = 4
35ft, amps = 40, volts = 24, % loss = 3, wire gauge = 6
35ft, amps = 40, volts = 24, % loss = 4, wire gauge = 6
35ft, amps = 40, volts = 24, % loss = 5, wire gauge = 8
35ft, amps = 40, volts = 36, % loss = 2, wire gauge = 6
35ft, amps = 40, volts = 36, % loss = 3, wire gauge = 6
35ft, amps = 40, volts = 36, % loss = 4, wire gauge = 8
35ft, amps = 40, volts = 36, % loss = 5, wire gauge = 10
35ft, amps = 40, volts = 48, % loss = 2, wire gauge = 6
35ft, amps = 40, volts = 48, % loss = 3, wire gauge = 8
35ft, amps = 40, volts = 48, % loss = 4, wire gauge = 10
35ft, amps = 40, volts = 48, % loss = 5, wire gauge = 8
35ft, amps = 40, volts = 60, % loss = 2, wire gauge = 8
35ft, amps = 40, volts = 60, % loss = 3, wire gauge = 10
35ft, amps = 40, volts = 60, % loss = 4, wire gauge = 8
35ft, amps = 40, volts = 60, % loss = 5, wire gauge = 8
35ft, amps = 45, volts = 12, % loss = 2, wire gauge = 00
35ft, amps = 45, volts = 12, % loss = 3, wire gauge = 2
35ft, amps = 45, volts = 12, % loss = 4, wire gauge = 2
35ft, amps = 45, volts = 12, % loss = 5, wire gauge = 4
35ft, amps = 45, volts = 24, % loss = 2, wire gauge = 2
35ft, amps = 45, volts = 24, % loss = 3, wire gauge = 4
35ft, amps = 45, volts = 24, % loss = 4, wire gauge = 6
35ft, amps = 45, volts = 24, % loss = 5, wire gauge = 6
35ft, amps = 45, volts = 36, % loss = 2, wire gauge = 4
35ft, amps = 45, volts = 36, % loss = 3, wire gauge = 6
35ft, amps = 45, volts = 36, % loss = 4, wire gauge = 8
35ft, amps = 45, volts = 36, % loss = 5, wire gauge = 8

35ft, amps = 45, volts = 48, % loss = 2, wire gauge = 6
35ft, amps = 45, volts = 48, % loss = 3, wire gauge = 8
35ft, amps = 45, volts = 48, % loss = 4, wire gauge = 8
35ft, amps = 45, volts = 48, % loss = 5, wire gauge = 10
35ft, amps = 45, volts = 60, % loss = 2, wire gauge = 6
35ft, amps = 45, volts = 60, % loss = 3, wire gauge = 8
35ft, amps = 45, volts = 60, % loss = 4, wire gauge = 10
35ft, amps = 45, volts = 60, % loss = 5, wire gauge = 8
35ft, amps = 50, volts = 12, % loss = 2, wire gauge = 00
35ft, amps = 50, volts = 12, % loss = 3, wire gauge = 2
35ft, amps = 50, volts = 12, % loss = 4, wire gauge = 2
35ft, amps = 50, volts = 12, % loss = 5, wire gauge = 4
35ft, amps = 50, volts = 24, % loss = 2, wire gauge = 2
35ft, amps = 50, volts = 24, % loss = 3, wire gauge = 4
35ft, amps = 50, volts = 24, % loss = 4, wire gauge = 6
35ft, amps = 50, volts = 24, % loss = 5, wire gauge = 6
35ft, amps = 50, volts = 36, % loss = 2, wire gauge = 4
35ft, amps = 50, volts = 36, % loss = 3, wire gauge = 6
35ft, amps = 50, volts = 36, % loss = 4, wire gauge = 6
35ft, amps = 50, volts = 36, % loss = 5, wire gauge = 8
35ft, amps = 50, volts = 48, % loss = 2, wire gauge = 6
35ft, amps = 50, volts = 48, % loss = 3, wire gauge = 6
35ft, amps = 50, volts = 48, % loss = 4, wire gauge = 8
35ft, amps = 50, volts = 48, % loss = 5, wire gauge = 10
35ft, amps = 50, volts = 60, % loss = 2, wire gauge = 6
35ft, amps = 50, volts = 60, % loss = 3, wire gauge = 8
35ft, amps = 50, volts = 60, % loss = 4, wire gauge = 10
35ft, amps = 50, volts = 60, % loss = 5, wire gauge = 8
35ft, amps = 55, volts = 12, % loss = 2, wire gauge = 000
35ft, amps = 55, volts = 12, % loss = 3, wire gauge = 0
35ft, amps = 55, volts = 12, % loss = 4, wire gauge = 2
35ft, amps = 55, volts = 12, % loss = 5, wire gauge = 2
35ft, amps = 55, volts = 24, % loss = 2, wire gauge = 2
35ft, amps = 55, volts = 24, % loss = 3, wire gauge = 4
35ft, amps = 55, volts = 24, % loss = 4, wire gauge = 4
35ft, amps = 55, volts = 24, % loss = 5, wire gauge = 6
35ft, amps = 55, volts = 36, % loss = 2, wire gauge = 4
35ft, amps = 55, volts = 36, % loss = 3, wire gauge = 6
35ft, amps = 55, volts = 36, % loss = 4, wire gauge = 6

35ft, amps = 55, volts = 36, % loss = 5, wire gauge = 8
35ft, amps = 55, volts = 48, % loss = 2, wire gauge = 4
35ft, amps = 55, volts = 48, % loss = 3, wire gauge = 6
35ft, amps = 55, volts = 48, % loss = 4, wire gauge = 8
35ft, amps = 55, volts = 48, % loss = 5, wire gauge = 8
35ft, amps = 55, volts = 60, % loss = 2, wire gauge = 6
35ft, amps = 55, volts = 60, % loss = 3, wire gauge = 8
35ft, amps = 55, volts = 60, % loss = 4, wire gauge = 8
35ft, amps = 55, volts = 60, % loss = 5, wire gauge = 10
35ft, amps = 60, volts = 12, % loss = 2, wire gauge = 000
35ft, amps = 60, volts = 12, % loss = 3, wire gauge = 0
35ft, amps = 60, volts = 12, % loss = 4, wire gauge = 2
35ft, amps = 60, volts = 12, % loss = 5, wire gauge = 2
35ft, amps = 60, volts = 24, % loss = 2, wire gauge = 2
35ft, amps = 60, volts = 24, % loss = 3, wire gauge = 4
35ft, amps = 60, volts = 24, % loss = 4, wire gauge = 4
35ft, amps = 60, volts = 24, % loss = 5, wire gauge = 6
35ft, amps = 60, volts = 36, % loss = 2, wire gauge = 4
35ft, amps = 60, volts = 36, % loss = 3, wire gauge = 6
35ft, amps = 60, volts = 36, % loss = 4, wire gauge = 6
35ft, amps = 60, volts = 36, % loss = 5, wire gauge = 8
35ft, amps = 60, volts = 48, % loss = 2, wire gauge = 4
35ft, amps = 60, volts = 48, % loss = 3, wire gauge = 6
35ft, amps = 60, volts = 48, % loss = 4, wire gauge = 8
35ft, amps = 60, volts = 48, % loss = 5, wire gauge = 6
35ft, amps = 60, volts = 60, % loss = 2, wire gauge = 6
35ft, amps = 60, volts = 60, % loss = 3, wire gauge = 8
35ft, amps = 60, volts = 60, % loss = 4, wire gauge = 6
35ft, amps = 60, volts = 60, % loss = 5, wire gauge = 6
35ft, amps = 65, volts = 12, % loss = 2, wire gauge = 000
35ft, amps = 65, volts = 12, % loss = 3, wire gauge = 00
35ft, amps = 65, volts = 12, % loss = 4, wire gauge = 2
35ft, amps = 65, volts = 12, % loss = 5, wire gauge = 2
35ft, amps = 65, volts = 24, % loss = 2, wire gauge = 2
35ft, amps = 65, volts = 24, % loss = 3, wire gauge = 2
35ft, amps = 65, volts = 24, % loss = 4, wire gauge = 4
35ft, amps = 65, volts = 24, % loss = 5, wire gauge = 6
35ft, amps = 65, volts = 36, % loss = 2, wire gauge = 2
35ft, amps = 65, volts = 36, % loss = 3, wire gauge = 4

35ft, amps = 65, volts = 36, % loss = 4, wire gauge = 6
35ft, amps = 65, volts = 36, % loss = 5, wire gauge = 6
35ft, amps = 65, volts = 48, % loss = 2, wire gauge = 4
35ft, amps = 65, volts = 48, % loss = 3, wire gauge = 6
35ft, amps = 65, volts = 48, % loss = 4, wire gauge = 8
35ft, amps = 65, volts = 48, % loss = 5, wire gauge = 8
35ft, amps = 65, volts = 60, % loss = 2, wire gauge = 6
35ft, amps = 65, volts = 60, % loss = 3, wire gauge = 6
35ft, amps = 65, volts = 60, % loss = 4, wire gauge = 8
35ft, amps = 65, volts = 60, % loss = 5, wire gauge = 6
35ft, amps = 70, volts = 12, % loss = 3, wire gauge = 00
35ft, amps = 70, volts = 12, % loss = 4, wire gauge = 0
35ft, amps = 70, volts = 12, % loss = 5, wire gauge = 2
35ft, amps = 70, volts = 24, % loss = 2, wire gauge = 0
35ft, amps = 70, volts = 24, % loss = 3, wire gauge = 2
35ft, amps = 70, volts = 24, % loss = 4, wire gauge = 4
35ft, amps = 70, volts = 24, % loss = 5, wire gauge = 4
35ft, amps = 70, volts = 36, % loss = 2, wire gauge = 2
35ft, amps = 70, volts = 36, % loss = 3, wire gauge = 4
35ft, amps = 70, volts = 36, % loss = 4, wire gauge = 6
35ft, amps = 70, volts = 36, % loss = 5, wire gauge = 6
35ft, amps = 70, volts = 48, % loss = 2, wire gauge = 4
35ft, amps = 70, volts = 48, % loss = 3, wire gauge = 6
35ft, amps = 70, volts = 48, % loss = 4, wire gauge = 6
35ft, amps = 70, volts = 48, % loss = 5, wire gauge = 8
35ft, amps = 70, volts = 60, % loss = 2, wire gauge = 4
35ft, amps = 70, volts = 60, % loss = 3, wire gauge = 6
35ft, amps = 70, volts = 60, % loss = 4, wire gauge = 8
35ft, amps = 70, volts = 60, % loss = 5, wire gauge = 6
35ft, amps = 75, volts = 12, % loss = 3, wire gauge = 00
35ft, amps = 75, volts = 12, % loss = 4, wire gauge = 0
35ft, amps = 75, volts = 12, % loss = 5, wire gauge = 2
35ft, amps = 75, volts = 24, % loss = 2, wire gauge = 0
35ft, amps = 75, volts = 24, % loss = 3, wire gauge = 2
35ft, amps = 75, volts = 24, % loss = 4, wire gauge = 4
35ft, amps = 75, volts = 24, % loss = 5, wire gauge = 4
35ft, amps = 75, volts = 36, % loss = 2, wire gauge = 2
35ft, amps = 75, volts = 36, % loss = 3, wire gauge = 4
35ft, amps = 75, volts = 36, % loss = 4, wire gauge = 6

35ft, amps = 75, volts = 36, % loss = 5, wire gauge = 6
35ft, amps = 75, volts = 48, % loss = 2, wire gauge = 4
35ft, amps = 75, volts = 48, % loss = 3, wire gauge = 6
35ft, amps = 75, volts = 48, % loss = 4, wire gauge = 6
35ft, amps = 75, volts = 48, % loss = 5, wire gauge = 8
35ft, amps = 75, volts = 60, % loss = 2, wire gauge = 4
35ft, amps = 75, volts = 60, % loss = 3, wire gauge = 6
35ft, amps = 75, volts = 60, % loss = 4, wire gauge = 8
35ft, amps = 75, volts = 60, % loss = 5, wire gauge = 6
35ft, amps = 80, volts = 12, % loss = 3, wire gauge = 00
35ft, amps = 80, volts = 12, % loss = 4, wire gauge = 0
35ft, amps = 80, volts = 12, % loss = 5, wire gauge = 2
35ft, amps = 80, volts = 24, % loss = 2, wire gauge = 0
35ft, amps = 80, volts = 24, % loss = 3, wire gauge = 2
35ft, amps = 80, volts = 24, % loss = 4, wire gauge = 4
35ft, amps = 80, volts = 24, % loss = 5, wire gauge = 4
35ft, amps = 80, volts = 36, % loss = 2, wire gauge = 2
35ft, amps = 80, volts = 36, % loss = 3, wire gauge = 4
35ft, amps = 80, volts = 36, % loss = 4, wire gauge = 6
35ft, amps = 80, volts = 36, % loss = 5, wire gauge = 6
35ft, amps = 80, volts = 48, % loss = 2, wire gauge = 4
35ft, amps = 80, volts = 48, % loss = 3, wire gauge = 6
35ft, amps = 80, volts = 48, % loss = 4, wire gauge = 6
35ft, amps = 80, volts = 48, % loss = 5, wire gauge = 4
35ft, amps = 80, volts = 60, % loss = 2, wire gauge = 4
35ft, amps = 80, volts = 60, % loss = 3, wire gauge = 6
35ft, amps = 80, volts = 60, % loss = 4, wire gauge = 4
35ft, amps = 80, volts = 60, % loss = 5, wire gauge = 4
40ft, amps = 5, volts = 12, % loss = 2, wire gauge = 8
40ft, amps = 5, volts = 12, % loss = 3, wire gauge = 10
40ft, amps = 5, volts = 12, % loss = 4, wire gauge = 12
40ft, amps = 5, volts = 12, % loss = 5, wire gauge = 12
40ft, amps = 5, volts = 24, % loss = 2, wire gauge = 12
40ft, amps = 5, volts = 24, % loss = 3, wire gauge = 14
40ft, amps = 5, volts = 24, % loss = 4, wire gauge = 14
40ft, amps = 5, volts = 24, % loss = 5, wire gauge = 14
40ft, amps = 5, volts = 36, % loss = 2, wire gauge = 14
40ft, amps = 5, volts = 36, % loss = 3, wire gauge = 14
40ft, amps = 5, volts = 36, % loss = 4, wire gauge = 14

40ft, amps = 5, volts = 36, % loss = 5, wire gauge = 14
40ft, amps = 5, volts = 48, % loss = 2, wire gauge = 14
40ft, amps = 5, volts = 48, % loss = 3, wire gauge = 14
40ft, amps = 5, volts = 48, % loss = 4, wire gauge = 14
40ft, amps = 5, volts = 48, % loss = 5, wire gauge = 14
40ft, amps = 5, volts = 60, % loss = 2, wire gauge = 14
40ft, amps = 5, volts = 60, % loss = 3, wire gauge = 14
40ft, amps = 5, volts = 60, % loss = 4, wire gauge = 14
40ft, amps = 5, volts = 60, % loss = 5, wire gauge = 14
40ft, amps = 10, volts = 12, % loss = 2, wire gauge = 6
40ft, amps = 10, volts = 12, % loss = 3, wire gauge = 8
40ft, amps = 10, volts = 12, % loss = 4, wire gauge = 8
40ft, amps = 10, volts = 12, % loss = 5, wire gauge = 10
40ft, amps = 10, volts = 24, % loss = 2, wire gauge = 8
40ft, amps = 10, volts = 24, % loss = 3, wire gauge = 10
40ft, amps = 10, volts = 24, % loss = 4, wire gauge = 12
40ft, amps = 10, volts = 24, % loss = 5, wire gauge = 12
40ft, amps = 10, volts = 36, % loss = 2, wire gauge = 10
40ft, amps = 10, volts = 36, % loss = 3, wire gauge = 12
40ft, amps = 10, volts = 36, % loss = 4, wire gauge = 14
40ft, amps = 10, volts = 36, % loss = 5, wire gauge = 14
40ft, amps = 10, volts = 48, % loss = 2, wire gauge = 12
40ft, amps = 10, volts = 48, % loss = 3, wire gauge = 14
40ft, amps = 10, volts = 48, % loss = 4, wire gauge = 14
40ft, amps = 10, volts = 48, % loss = 5, wire gauge = 14
40ft, amps = 10, volts = 60, % loss = 2, wire gauge = 12
40ft, amps = 10, volts = 60, % loss = 3, wire gauge = 14
40ft, amps = 10, volts = 60, % loss = 4, wire gauge = 14
40ft, amps = 10, volts = 60, % loss = 5, wire gauge = 14
40ft, amps = 15, volts = 12, % loss = 2, wire gauge = 4
40ft, amps = 15, volts = 12, % loss = 3, wire gauge = 6
40ft, amps = 15, volts = 12, % loss = 4, wire gauge = 6
40ft, amps = 15, volts = 12, % loss = 5, wire gauge = 8
40ft, amps = 15, volts = 24, % loss = 2, wire gauge = 6
40ft, amps = 15, volts = 24, % loss = 3, wire gauge = 8
40ft, amps = 15, volts = 24, % loss = 4, wire gauge = 10
40ft, amps = 15, volts = 24, % loss = 5, wire gauge = 10
40ft, amps = 15, volts = 36, % loss = 2, wire gauge = 8
40ft, amps = 15, volts = 36, % loss = 3, wire gauge = 10

40ft, amps = 15, volts = 36, % loss = 4, wire gauge = 12
40ft, amps = 15, volts = 36, % loss = 5, wire gauge = 12
40ft, amps = 15, volts = 48, % loss = 2, wire gauge = 10
40ft, amps = 15, volts = 48, % loss = 3, wire gauge = 12
40ft, amps = 15, volts = 48, % loss = 4, wire gauge = 12
40ft, amps = 15, volts = 48, % loss = 5, wire gauge = 14
40ft, amps = 15, volts = 60, % loss = 2, wire gauge = 10
40ft, amps = 15, volts = 60, % loss = 3, wire gauge = 12
40ft, amps = 15, volts = 60, % loss = 4, wire gauge = 14
40ft, amps = 15, volts = 60, % loss = 5, wire gauge = 14
40ft, amps = 20, volts = 12, % loss = 2, wire gauge = 2
40ft, amps = 20, volts = 12, % loss = 3, wire gauge = 4
40ft, amps = 20, volts = 12, % loss = 4, wire gauge = 6
40ft, amps = 20, volts = 12, % loss = 5, wire gauge = 6
40ft, amps = 20, volts = 24, % loss = 2, wire gauge = 6
40ft, amps = 20, volts = 24, % loss = 3, wire gauge = 8
40ft, amps = 20, volts = 24, % loss = 4, wire gauge = 8
40ft, amps = 20, volts = 24, % loss = 5, wire gauge = 10
40ft, amps = 20, volts = 36, % loss = 2, wire gauge = 8
40ft, amps = 20, volts = 36, % loss = 3, wire gauge = 10
40ft, amps = 20, volts = 36, % loss = 4, wire gauge = 10
40ft, amps = 20, volts = 36, % loss = 5, wire gauge = 12
40ft, amps = 20, volts = 48, % loss = 2, wire gauge = 8
40ft, amps = 20, volts = 48, % loss = 3, wire gauge = 10
40ft, amps = 20, volts = 48, % loss = 4, wire gauge = 12
40ft, amps = 20, volts = 48, % loss = 5, wire gauge = 12
40ft, amps = 20, volts = 60, % loss = 2, wire gauge = 10
40ft, amps = 20, volts = 60, % loss = 3, wire gauge = 12
40ft, amps = 20, volts = 60, % loss = 4, wire gauge = 12
40ft, amps = 20, volts = 60, % loss = 5, wire gauge = 12
40ft, amps = 25, volts = 12, % loss = 2, wire gauge = 2
40ft, amps = 25, volts = 12, % loss = 3, wire gauge = 4
40ft, amps = 25, volts = 12, % loss = 4, wire gauge = 4
40ft, amps = 25, volts = 12, % loss = 5, wire gauge = 6
40ft, amps = 25, volts = 24, % loss = 2, wire gauge = 4
40ft, amps = 25, volts = 24, % loss = 3, wire gauge = 6
40ft, amps = 25, volts = 24, % loss = 4, wire gauge = 8
40ft, amps = 25, volts = 24, % loss = 5, wire gauge = 8
40ft, amps = 25, volts = 36, % loss = 2, wire gauge = 6

40ft, amps = 25, volts = 36, % loss = 3, wire gauge = 8
40ft, amps = 25, volts = 36, % loss = 4, wire gauge = 10
40ft, amps = 25, volts = 36, % loss = 5, wire gauge = 10
40ft, amps = 25, volts = 48, % loss = 2, wire gauge = 8
40ft, amps = 25, volts = 48, % loss = 3, wire gauge = 10
40ft, amps = 25, volts = 48, % loss = 4, wire gauge = 10
40ft, amps = 25, volts = 48, % loss = 5, wire gauge = 12
40ft, amps = 25, volts = 60, % loss = 2, wire gauge = 8
40ft, amps = 25, volts = 60, % loss = 3, wire gauge = 10
40ft, amps = 25, volts = 60, % loss = 4, wire gauge = 12
40ft, amps = 25, volts = 60, % loss = 5, wire gauge = 10
40ft, amps = 30, volts = 12, % loss = 2, wire gauge = 0
40ft, amps = 30, volts = 12, % loss = 3, wire gauge = 2
40ft, amps = 30, volts = 12, % loss = 4, wire gauge = 4
40ft, amps = 30, volts = 12, % loss = 5, wire gauge = 4
40ft, amps = 30, volts = 24, % loss = 2, wire gauge = 4
40ft, amps = 30, volts = 24, % loss = 3, wire gauge = 6
40ft, amps = 30, volts = 24, % loss = 4, wire gauge = 6
40ft, amps = 30, volts = 24, % loss = 5, wire gauge = 8
40ft, amps = 30, volts = 36, % loss = 2, wire gauge = 6
40ft, amps = 30, volts = 36, % loss = 3, wire gauge = 8
40ft, amps = 30, volts = 36, % loss = 4, wire gauge = 8
40ft, amps = 30, volts = 36, % loss = 5, wire gauge = 10
40ft, amps = 30, volts = 48, % loss = 2, wire gauge = 6
40ft, amps = 30, volts = 48, % loss = 3, wire gauge = 8
40ft, amps = 30, volts = 48, % loss = 4, wire gauge = 10
40ft, amps = 30, volts = 48, % loss = 5, wire gauge = 10
40ft, amps = 30, volts = 60, % loss = 2, wire gauge = 8
40ft, amps = 30, volts = 60, % loss = 3, wire gauge = 10
40ft, amps = 30, volts = 60, % loss = 4, wire gauge = 10
40ft, amps = 30, volts = 60, % loss = 5, wire gauge = 12
40ft, amps = 35, volts = 12, % loss = 2, wire gauge = 0
40ft, amps = 35, volts = 12, % loss = 3, wire gauge = 2
40ft, amps = 35, volts = 12, % loss = 4, wire gauge = 4
40ft, amps = 35, volts = 12, % loss = 5, wire gauge = 4
40ft, amps = 35, volts = 24, % loss = 2, wire gauge = 4
40ft, amps = 35, volts = 24, % loss = 3, wire gauge = 6
40ft, amps = 35, volts = 24, % loss = 4, wire gauge = 6
40ft, amps = 35, volts = 24, % loss = 5, wire gauge = 8

40ft, amps = 35, volts = 36, % loss = 2, wire gauge = 6
40ft, amps = 35, volts = 36, % loss = 3, wire gauge = 6
40ft, amps = 35, volts = 36, % loss = 4, wire gauge = 8
40ft, amps = 35, volts = 36, % loss = 5, wire gauge = 10
40ft, amps = 35, volts = 48, % loss = 2, wire gauge = 6
40ft, amps = 35, volts = 48, % loss = 3, wire gauge = 8
40ft, amps = 35, volts = 48, % loss = 4, wire gauge = 10
40ft, amps = 35, volts = 48, % loss = 5, wire gauge = 8
40ft, amps = 35, volts = 60, % loss = 2, wire gauge = 8
40ft, amps = 35, volts = 60, % loss = 3, wire gauge = 10
40ft, amps = 35, volts = 60, % loss = 4, wire gauge = 8
40ft, amps = 35, volts = 60, % loss = 5, wire gauge = 8
40ft, amps = 40, volts = 12, % loss = 2, wire gauge = 00
40ft, amps = 40, volts = 12, % loss = 3, wire gauge = 2
40ft, amps = 40, volts = 12, % loss = 4, wire gauge = 2
40ft, amps = 40, volts = 12, % loss = 5, wire gauge = 4
40ft, amps = 40, volts = 24, % loss = 2, wire gauge = 2
40ft, amps = 40, volts = 24, % loss = 3, wire gauge = 4
40ft, amps = 40, volts = 24, % loss = 4, wire gauge = 6
40ft, amps = 40, volts = 24, % loss = 5, wire gauge = 6
40ft, amps = 40, volts = 36, % loss = 2, wire gauge = 4
40ft, amps = 40, volts = 36, % loss = 3, wire gauge = 6
40ft, amps = 40, volts = 36, % loss = 4, wire gauge = 8
40ft, amps = 40, volts = 36, % loss = 5, wire gauge = 8
40ft, amps = 40, volts = 48, % loss = 2, wire gauge = 6
40ft, amps = 40, volts = 48, % loss = 3, wire gauge = 8
40ft, amps = 40, volts = 48, % loss = 4, wire gauge = 8
40ft, amps = 40, volts = 48, % loss = 5, wire gauge = 10
40ft, amps = 40, volts = 60, % loss = 2, wire gauge = 6
40ft, amps = 40, volts = 60, % loss = 3, wire gauge = 8
40ft, amps = 40, volts = 60, % loss = 4, wire gauge = 10
40ft, amps = 40, volts = 60, % loss = 5, wire gauge = 8
40ft, amps = 45, volts = 12, % loss = 2, wire gauge = 00
40ft, amps = 45, volts = 12, % loss = 3, wire gauge = 0
40ft, amps = 45, volts = 12, % loss = 4, wire gauge = 2
40ft, amps = 45, volts = 12, % loss = 5, wire gauge = 4
40ft, amps = 45, volts = 24, % loss = 2, wire gauge = 2
40ft, amps = 45, volts = 24, % loss = 3, wire gauge = 4
40ft, amps = 45, volts = 24, % loss = 4, wire gauge = 6

40ft, amps = 45, volts = 24, % loss = 5, wire gauge = 6
40ft, amps = 45, volts = 36, % loss = 2, wire gauge = 4
40ft, amps = 45, volts = 36, % loss = 3, wire gauge = 6
40ft, amps = 45, volts = 36, % loss = 4, wire gauge = 6
40ft, amps = 45, volts = 36, % loss = 5, wire gauge = 8
40ft, amps = 45, volts = 48, % loss = 2, wire gauge = 6
40ft, amps = 45, volts = 48, % loss = 3, wire gauge = 6
40ft, amps = 45, volts = 48, % loss = 4, wire gauge = 8
40ft, amps = 45, volts = 48, % loss = 5, wire gauge = 10
40ft, amps = 45, volts = 60, % loss = 2, wire gauge = 6
40ft, amps = 45, volts = 60, % loss = 3, wire gauge = 8
40ft, amps = 45, volts = 60, % loss = 4, wire gauge = 10
40ft, amps = 45, volts = 60, % loss = 5, wire gauge = 10
40ft, amps = 50, volts = 12, % loss = 2, wire gauge = 000
40ft, amps = 50, volts = 12, % loss = 3, wire gauge = 0
40ft, amps = 50, volts = 12, % loss = 4, wire gauge = 2
40ft, amps = 50, volts = 12, % loss = 5, wire gauge = 2
40ft, amps = 50, volts = 24, % loss = 2, wire gauge = 2
40ft, amps = 50, volts = 24, % loss = 3, wire gauge = 4
40ft, amps = 50, volts = 24, % loss = 4, wire gauge = 4
40ft, amps = 50, volts = 24, % loss = 5, wire gauge = 6
40ft, amps = 50, volts = 36, % loss = 2, wire gauge = 4
40ft, amps = 50, volts = 36, % loss = 3, wire gauge = 6
40ft, amps = 50, volts = 36, % loss = 4, wire gauge = 6
40ft, amps = 50, volts = 36, % loss = 5, wire gauge = 8
40ft, amps = 50, volts = 48, % loss = 2, wire gauge = 4
40ft, amps = 50, volts = 48, % loss = 3, wire gauge = 6
40ft, amps = 50, volts = 48, % loss = 4, wire gauge = 8
40ft, amps = 50, volts = 48, % loss = 5, wire gauge = 8
40ft, amps = 50, volts = 60, % loss = 2, wire gauge = 6
40ft, amps = 50, volts = 60, % loss = 3, wire gauge = 8
40ft, amps = 50, volts = 60, % loss = 4, wire gauge = 8
40ft, amps = 50, volts = 60, % loss = 5, wire gauge = 10
40ft, amps = 55, volts = 12, % loss = 2, wire gauge = 000
40ft, amps = 55, volts = 12, % loss = 3, wire gauge = 0
40ft, amps = 55, volts = 12, % loss = 4, wire gauge = 2
40ft, amps = 55, volts = 12, % loss = 5, wire gauge = 2
40ft, amps = 55, volts = 24, % loss = 2, wire gauge = 2
40ft, amps = 55, volts = 24, % loss = 3, wire gauge = 4

40ft, amps = 55, volts = 24, % loss = 4, wire gauge = 4
40ft, amps = 55, volts = 24, % loss = 5, wire gauge = 6
40ft, amps = 55, volts = 36, % loss = 2, wire gauge = 4
40ft, amps = 55, volts = 36, % loss = 3, wire gauge = 4
40ft, amps = 55, volts = 36, % loss = 4, wire gauge = 6
40ft, amps = 55, volts = 36, % loss = 5, wire gauge = 6
40ft, amps = 55, volts = 48, % loss = 2, wire gauge = 4
40ft, amps = 55, volts = 48, % loss = 3, wire gauge = 6
40ft, amps = 55, volts = 48, % loss = 4, wire gauge = 8
40ft, amps = 55, volts = 48, % loss = 5, wire gauge = 8
40ft, amps = 55, volts = 60, % loss = 2, wire gauge = 6
40ft, amps = 55, volts = 60, % loss = 3, wire gauge = 6
40ft, amps = 55, volts = 60, % loss = 4, wire gauge = 8
40ft, amps = 55, volts = 60, % loss = 5, wire gauge = 10
40ft, amps = 60, volts = 12, % loss = 3, wire gauge = 00
40ft, amps = 60, volts = 12, % loss = 4, wire gauge = 0
40ft, amps = 60, volts = 12, % loss = 5, wire gauge = 2
40ft, amps = 60, volts = 24, % loss = 2, wire gauge = 0
40ft, amps = 60, volts = 24, % loss = 3, wire gauge = 2
40ft, amps = 60, volts = 24, % loss = 4, wire gauge = 4
40ft, amps = 60, volts = 24, % loss = 5, wire gauge = 4
40ft, amps = 60, volts = 36, % loss = 2, wire gauge = 2
40ft, amps = 60, volts = 36, % loss = 3, wire gauge = 4
40ft, amps = 60, volts = 36, % loss = 4, wire gauge = 6
40ft, amps = 60, volts = 36, % loss = 5, wire gauge = 6
40ft, amps = 60, volts = 48, % loss = 2, wire gauge = 4
40ft, amps = 60, volts = 48, % loss = 3, wire gauge = 6
40ft, amps = 60, volts = 48, % loss = 4, wire gauge = 6
40ft, amps = 60, volts = 48, % loss = 5, wire gauge = 8
40ft, amps = 60, volts = 60, % loss = 2, wire gauge = 4
40ft, amps = 60, volts = 60, % loss = 3, wire gauge = 6
40ft, amps = 60, volts = 60, % loss = 4, wire gauge = 8
40ft, amps = 60, volts = 60, % loss = 5, wire gauge = 6
40ft, amps = 65, volts = 12, % loss = 3, wire gauge = 00
40ft, amps = 65, volts = 12, % loss = 4, wire gauge = 0
40ft, amps = 65, volts = 12, % loss = 5, wire gauge = 2
40ft, amps = 65, volts = 24, % loss = 2, wire gauge = 0
40ft, amps = 65, volts = 24, % loss = 3, wire gauge = 2
40ft, amps = 65, volts = 24, % loss = 4, wire gauge = 4

40ft, amps = 65, volts = 24, % loss = 5, wire gauge = 4
40ft, amps = 65, volts = 36, % loss = 2, wire gauge = 2
40ft, amps = 65, volts = 36, % loss = 3, wire gauge = 4
40ft, amps = 65, volts = 36, % loss = 4, wire gauge = 6
40ft, amps = 65, volts = 36, % loss = 5, wire gauge = 6
40ft, amps = 65, volts = 48, % loss = 2, wire gauge = 4
40ft, amps = 65, volts = 48, % loss = 3, wire gauge = 6
40ft, amps = 65, volts = 48, % loss = 4, wire gauge = 6
40ft, amps = 65, volts = 48, % loss = 5, wire gauge = 8
40ft, amps = 65, volts = 60, % loss = 2, wire gauge = 4
40ft, amps = 65, volts = 60, % loss = 3, wire gauge = 6
40ft, amps = 65, volts = 60, % loss = 4, wire gauge = 8
40ft, amps = 65, volts = 60, % loss = 5, wire gauge = 6
40ft, amps = 70, volts = 12, % loss = 3, wire gauge = 00
40ft, amps = 70, volts = 12, % loss = 4, wire gauge = 0
40ft, amps = 70, volts = 12, % loss = 5, wire gauge = 2
40ft, amps = 70, volts = 24, % loss = 2, wire gauge = 0
40ft, amps = 70, volts = 24, % loss = 3, wire gauge = 2
40ft, amps = 70, volts = 24, % loss = 4, wire gauge = 4
40ft, amps = 70, volts = 24, % loss = 5, wire gauge = 4
40ft, amps = 70, volts = 36, % loss = 2, wire gauge = 2
40ft, amps = 70, volts = 36, % loss = 3, wire gauge = 4
40ft, amps = 70, volts = 36, % loss = 4, wire gauge = 6
40ft, amps = 70, volts = 36, % loss = 5, wire gauge = 6
40ft, amps = 70, volts = 48, % loss = 2, wire gauge = 4
40ft, amps = 70, volts = 48, % loss = 3, wire gauge = 6
40ft, amps = 70, volts = 48, % loss = 4, wire gauge = 6
40ft, amps = 70, volts = 48, % loss = 5, wire gauge = 8
40ft, amps = 70, volts = 60, % loss = 2, wire gauge = 4
40ft, amps = 70, volts = 60, % loss = 3, wire gauge = 6
40ft, amps = 70, volts = 60, % loss = 4, wire gauge = 8
40ft, amps = 70, volts = 60, % loss = 5, wire gauge = 8
40ft, amps = 75, volts = 12, % loss = 3, wire gauge = 000
40ft, amps = 75, volts = 12, % loss = 4, wire gauge = 00
40ft, amps = 75, volts = 12, % loss = 5, wire gauge = 0
40ft, amps = 75, volts = 24, % loss = 2, wire gauge = 00
40ft, amps = 75, volts = 24, % loss = 3, wire gauge = 2
40ft, amps = 75, volts = 24, % loss = 4, wire gauge = 2
40ft, amps = 75, volts = 24, % loss = 5, wire gauge = 4

40ft, amps = 75, volts = 36, % loss = 2, wire gauge = 2
40ft, amps = 75, volts = 36, % loss = 3, wire gauge = 4
40ft, amps = 75, volts = 36, % loss = 4, wire gauge = 4
40ft, amps = 75, volts = 36, % loss = 5, wire gauge = 6
40ft, amps = 75, volts = 48, % loss = 2, wire gauge = 2
40ft, amps = 75, volts = 48, % loss = 3, wire gauge = 4
40ft, amps = 75, volts = 48, % loss = 4, wire gauge = 6
40ft, amps = 75, volts = 48, % loss = 5, wire gauge = 6
40ft, amps = 75, volts = 60, % loss = 2, wire gauge = 4
40ft, amps = 75, volts = 60, % loss = 3, wire gauge = 6
40ft, amps = 75, volts = 60, % loss = 4, wire gauge = 6
40ft, amps = 75, volts = 60, % loss = 5, wire gauge = 8
40ft, amps = 80, volts = 12, % loss = 3, wire gauge = 000
40ft, amps = 80, volts = 12, % loss = 4, wire gauge = 00
40ft, amps = 80, volts = 12, % loss = 5, wire gauge = 0
40ft, amps = 80, volts = 24, % loss = 2, wire gauge = 00
40ft, amps = 80, volts = 24, % loss = 3, wire gauge = 2
40ft, amps = 80, volts = 24, % loss = 4, wire gauge = 2
40ft, amps = 80, volts = 24, % loss = 5, wire gauge = 4
40ft, amps = 80, volts = 36, % loss = 2, wire gauge = 2
40ft, amps = 80, volts = 36, % loss = 3, wire gauge = 4
40ft, amps = 80, volts = 36, % loss = 4, wire gauge = 4
40ft, amps = 80, volts = 36, % loss = 5, wire gauge = 6
40ft, amps = 80, volts = 48, % loss = 2, wire gauge = 2
40ft, amps = 80, volts = 48, % loss = 3, wire gauge = 4
40ft, amps = 80, volts = 48, % loss = 4, wire gauge = 6
40ft, amps = 80, volts = 48, % loss = 5, wire gauge = 6
40ft, amps = 80, volts = 60, % loss = 2, wire gauge = 4
40ft, amps = 80, volts = 60, % loss = 3, wire gauge = 6
40ft, amps = 80, volts = 60, % loss = 4, wire gauge = 6
40ft, amps = 80, volts = 60, % loss = 5, wire gauge = 4
45ft, amps = 5, volts = 12, % loss = 2, wire gauge = 8
45ft, amps = 5, volts = 12, % loss = 3, wire gauge = 10
45ft, amps = 5, volts = 12, % loss = 4, wire gauge = 12
45ft, amps = 5, volts = 12, % loss = 5, wire gauge = 12
45ft, amps = 5, volts = 24, % loss = 2, wire gauge = 12
45ft, amps = 5, volts = 24, % loss = 3, wire gauge = 12
45ft, amps = 5, volts = 24, % loss = 4, wire gauge = 14
45ft, amps = 5, volts = 24, % loss = 5, wire gauge = 14

45ft, amps = 5, volts = 36, % loss = 2, wire gauge = 12
45ft, amps = 5, volts = 36, % loss = 3, wire gauge = 14
45ft, amps = 5, volts = 36, % loss = 4, wire gauge = 14
45ft, amps = 5, volts = 36, % loss = 5, wire gauge = 14
45ft, amps = 5, volts = 48, % loss = 2, wire gauge = 14
45ft, amps = 5, volts = 48, % loss = 3, wire gauge = 14
45ft, amps = 5, volts = 48, % loss = 4, wire gauge = 14
45ft, amps = 5, volts = 48, % loss = 5, wire gauge = 14
45ft, amps = 5, volts = 60, % loss = 2, wire gauge = 14
45ft, amps = 5, volts = 60, % loss = 3, wire gauge = 14
45ft, amps = 5, volts = 60, % loss = 4, wire gauge = 14
45ft, amps = 5, volts = 60, % loss = 5, wire gauge = 14
45ft, amps = 10, volts = 12, % loss = 2, wire gauge = 6
45ft, amps = 10, volts = 12, % loss = 3, wire gauge = 6
45ft, amps = 10, volts = 12, % loss = 4, wire gauge = 8
45ft, amps = 10, volts = 12, % loss = 5, wire gauge = 10
45ft, amps = 10, volts = 24, % loss = 2, wire gauge = 8
45ft, amps = 10, volts = 24, % loss = 3, wire gauge = 10
45ft, amps = 10, volts = 24, % loss = 4, wire gauge = 12
45ft, amps = 10, volts = 24, % loss = 5, wire gauge = 12
45ft, amps = 10, volts = 36, % loss = 2, wire gauge = 10
45ft, amps = 10, volts = 36, % loss = 3, wire gauge = 12
45ft, amps = 10, volts = 36, % loss = 4, wire gauge = 12
45ft, amps = 10, volts = 36, % loss = 5, wire gauge = 14
45ft, amps = 10, volts = 48, % loss = 2, wire gauge = 12
45ft, amps = 10, volts = 48, % loss = 3, wire gauge = 12
45ft, amps = 10, volts = 48, % loss = 4, wire gauge = 14
45ft, amps = 10, volts = 48, % loss = 5, wire gauge = 14
45ft, amps = 10, volts = 60, % loss = 2, wire gauge = 12
45ft, amps = 10, volts = 60, % loss = 3, wire gauge = 14
45ft, amps = 10, volts = 60, % loss = 4, wire gauge = 14
45ft, amps = 10, volts = 60, % loss = 5, wire gauge = 14
45ft, amps = 15, volts = 12, % loss = 2, wire gauge = 4
45ft, amps = 15, volts = 12, % loss = 3, wire gauge = 6
45ft, amps = 15, volts = 12, % loss = 4, wire gauge = 6
45ft, amps = 15, volts = 12, % loss = 5, wire gauge = 8
45ft, amps = 15, volts = 24, % loss = 2, wire gauge = 6
45ft, amps = 15, volts = 24, % loss = 3, wire gauge = 8
45ft, amps = 15, volts = 24, % loss = 4, wire gauge = 10

45ft, amps = 15, volts = 24, % loss = 5, wire gauge = 10
45ft, amps = 15, volts = 36, % loss = 2, wire gauge = 8
45ft, amps = 15, volts = 36, % loss = 3, wire gauge = 10
45ft, amps = 15, volts = 36, % loss = 4, wire gauge = 12
45ft, amps = 15, volts = 36, % loss = 5, wire gauge = 12
45ft, amps = 15, volts = 48, % loss = 2, wire gauge = 10
45ft, amps = 15, volts = 48, % loss = 3, wire gauge = 12
45ft, amps = 15, volts = 48, % loss = 4, wire gauge = 12
45ft, amps = 15, volts = 48, % loss = 5, wire gauge = 14
45ft, amps = 15, volts = 60, % loss = 2, wire gauge = 10
45ft, amps = 15, volts = 60, % loss = 3, wire gauge = 12
45ft, amps = 15, volts = 60, % loss = 4, wire gauge = 14
45ft, amps = 15, volts = 60, % loss = 5, wire gauge = 14
45ft, amps = 20, volts = 12, % loss = 2, wire gauge = 2
45ft, amps = 20, volts = 12, % loss = 3, wire gauge = 4
45ft, amps = 20, volts = 12, % loss = 4, wire gauge = 6
45ft, amps = 20, volts = 12, % loss = 5, wire gauge = 6
45ft, amps = 20, volts = 24, % loss = 2, wire gauge = 6
45ft, amps = 20, volts = 24, % loss = 3, wire gauge = 6
45ft, amps = 20, volts = 24, % loss = 4, wire gauge = 8
45ft, amps = 20, volts = 24, % loss = 5, wire gauge = 10
45ft, amps = 20, volts = 36, % loss = 2, wire gauge = 6
45ft, amps = 20, volts = 36, % loss = 3, wire gauge = 8
45ft, amps = 20, volts = 36, % loss = 4, wire gauge = 10
45ft, amps = 20, volts = 36, % loss = 5, wire gauge = 10
45ft, amps = 20, volts = 48, % loss = 2, wire gauge = 8
45ft, amps = 20, volts = 48, % loss = 3, wire gauge = 10
45ft, amps = 20, volts = 48, % loss = 4, wire gauge = 12
45ft, amps = 20, volts = 48, % loss = 5, wire gauge = 12
45ft, amps = 20, volts = 60, % loss = 2, wire gauge = 10
45ft, amps = 20, volts = 60, % loss = 3, wire gauge = 10
45ft, amps = 20, volts = 60, % loss = 4, wire gauge = 12
45ft, amps = 20, volts = 60, % loss = 5, wire gauge = 12
45ft, amps = 25, volts = 12, % loss = 2, wire gauge = 2
45ft, amps = 25, volts = 12, % loss = 3, wire gauge = 2
45ft, amps = 25, volts = 12, % loss = 4, wire gauge = 4
45ft, amps = 25, volts = 12, % loss = 5, wire gauge = 6
45ft, amps = 25, volts = 24, % loss = 2, wire gauge = 4
45ft, amps = 25, volts = 24, % loss = 3, wire gauge = 6

45ft, amps = 25, volts = 24, % loss = 4, wire gauge = 8
45ft, amps = 25, volts = 24, % loss = 5, wire gauge = 8
45ft, amps = 25, volts = 36, % loss = 2, wire gauge = 6
45ft, amps = 25, volts = 36, % loss = 3, wire gauge = 8
45ft, amps = 25, volts = 36, % loss = 4, wire gauge = 10
45ft, amps = 25, volts = 36, % loss = 5, wire gauge = 10
45ft, amps = 25, volts = 48, % loss = 2, wire gauge = 8
45ft, amps = 25, volts = 48, % loss = 3, wire gauge = 10
45ft, amps = 25, volts = 48, % loss = 4, wire gauge = 10
45ft, amps = 25, volts = 48, % loss = 5, wire gauge = 12
45ft, amps = 25, volts = 60, % loss = 2, wire gauge = 8
45ft, amps = 25, volts = 60, % loss = 3, wire gauge = 10
45ft, amps = 25, volts = 60, % loss = 4, wire gauge = 12
45ft, amps = 25, volts = 60, % loss = 5, wire gauge = 10
45ft, amps = 30, volts = 12, % loss = 2, wire gauge = 0
45ft, amps = 30, volts = 12, % loss = 3, wire gauge = 2
45ft, amps = 30, volts = 12, % loss = 4, wire gauge = 4
45ft, amps = 30, volts = 12, % loss = 5, wire gauge = 4
45ft, amps = 30, volts = 24, % loss = 2, wire gauge = 4
45ft, amps = 30, volts = 24, % loss = 3, wire gauge = 6
45ft, amps = 30, volts = 24, % loss = 4, wire gauge = 6
45ft, amps = 30, volts = 24, % loss = 5, wire gauge = 8
45ft, amps = 30, volts = 36, % loss = 2, wire gauge = 6
45ft, amps = 30, volts = 36, % loss = 3, wire gauge = 6
45ft, amps = 30, volts = 36, % loss = 4, wire gauge = 8
45ft, amps = 30, volts = 36, % loss = 5, wire gauge = 10
45ft, amps = 30, volts = 48, % loss = 2, wire gauge = 6
45ft, amps = 30, volts = 48, % loss = 3, wire gauge = 8
45ft, amps = 30, volts = 48, % loss = 4, wire gauge = 10
45ft, amps = 30, volts = 48, % loss = 5, wire gauge = 10
45ft, amps = 30, volts = 60, % loss = 2, wire gauge = 8
45ft, amps = 30, volts = 60, % loss = 3, wire gauge = 10
45ft, amps = 30, volts = 60, % loss = 4, wire gauge = 10
45ft, amps = 30, volts = 60, % loss = 5, wire gauge = 12
45ft, amps = 35, volts = 12, % loss = 2, wire gauge = 00
45ft, amps = 35, volts = 12, % loss = 3, wire gauge = 2
45ft, amps = 35, volts = 12, % loss = 4, wire gauge = 2
45ft, amps = 35, volts = 12, % loss = 5, wire gauge = 4
45ft, amps = 35, volts = 24, % loss = 2, wire gauge = 2

45ft, amps = 35, volts = 24, % loss = 3, wire gauge = 4
45ft, amps = 35, volts = 24, % loss = 4, wire gauge = 6
45ft, amps = 35, volts = 24, % loss = 5, wire gauge = 6
45ft, amps = 35, volts = 36, % loss = 2, wire gauge = 4
45ft, amps = 35, volts = 36, % loss = 3, wire gauge = 6
45ft, amps = 35, volts = 36, % loss = 4, wire gauge = 8
45ft, amps = 35, volts = 36, % loss = 5, wire gauge = 8
45ft, amps = 35, volts = 48, % loss = 2, wire gauge = 6
45ft, amps = 35, volts = 48, % loss = 3, wire gauge = 8
45ft, amps = 35, volts = 48, % loss = 4, wire gauge = 8
45ft, amps = 35, volts = 48, % loss = 5, wire gauge = 10
45ft, amps = 35, volts = 60, % loss = 2, wire gauge = 6
45ft, amps = 35, volts = 60, % loss = 3, wire gauge = 8
45ft, amps = 35, volts = 60, % loss = 4, wire gauge = 10
45ft, amps = 35, volts = 60, % loss = 5, wire gauge = 8
45ft, amps = 40, volts = 12, % loss = 2, wire gauge = 00
45ft, amps = 40, volts = 12, % loss = 3, wire gauge = 0
45ft, amps = 40, volts = 12, % loss = 4, wire gauge = 2
45ft, amps = 40, volts = 12, % loss = 5, wire gauge = 4
45ft, amps = 40, volts = 24, % loss = 2, wire gauge = 2
45ft, amps = 40, volts = 24, % loss = 3, wire gauge = 4
45ft, amps = 40, volts = 24, % loss = 4, wire gauge = 6
45ft, amps = 40, volts = 24, % loss = 5, wire gauge = 6
45ft, amps = 40, volts = 36, % loss = 2, wire gauge = 4
45ft, amps = 40, volts = 36, % loss = 3, wire gauge = 6
45ft, amps = 40, volts = 36, % loss = 4, wire gauge = 6
45ft, amps = 40, volts = 36, % loss = 5, wire gauge = 8
45ft, amps = 40, volts = 48, % loss = 2, wire gauge = 6
45ft, amps = 40, volts = 48, % loss = 3, wire gauge = 6
45ft, amps = 40, volts = 48, % loss = 4, wire gauge = 8
45ft, amps = 40, volts = 48, % loss = 5, wire gauge = 10
45ft, amps = 40, volts = 60, % loss = 2, wire gauge = 6
45ft, amps = 40, volts = 60, % loss = 3, wire gauge = 8
45ft, amps = 40, volts = 60, % loss = 4, wire gauge = 10
45ft, amps = 40, volts = 60, % loss = 5, wire gauge = 10
45ft, amps = 45, volts = 12, % loss = 2, wire gauge = 000
45ft, amps = 45, volts = 12, % loss = 3, wire gauge = 0
45ft, amps = 45, volts = 12, % loss = 4, wire gauge = 2
45ft, amps = 45, volts = 12, % loss = 5, wire gauge = 2

45ft, amps = 45, volts = 24, % loss = 2, wire gauge = 2
45ft, amps = 45, volts = 24, % loss = 3, wire gauge = 4
45ft, amps = 45, volts = 24, % loss = 4, wire gauge = 4
45ft, amps = 45, volts = 24, % loss = 5, wire gauge = 6
45ft, amps = 45, volts = 36, % loss = 2, wire gauge = 4
45ft, amps = 45, volts = 36, % loss = 3, wire gauge = 6
45ft, amps = 45, volts = 36, % loss = 4, wire gauge = 6
45ft, amps = 45, volts = 36, % loss = 5, wire gauge = 8
45ft, amps = 45, volts = 48, % loss = 2, wire gauge = 4
45ft, amps = 45, volts = 48, % loss = 3, wire gauge = 6
45ft, amps = 45, volts = 48, % loss = 4, wire gauge = 8
45ft, amps = 45, volts = 48, % loss = 5, wire gauge = 8
45ft, amps = 45, volts = 60, % loss = 2, wire gauge = 6
45ft, amps = 45, volts = 60, % loss = 3, wire gauge = 8
45ft, amps = 45, volts = 60, % loss = 4, wire gauge = 8
45ft, amps = 45, volts = 60, % loss = 5, wire gauge = 10
45ft, amps = 50, volts = 12, % loss = 2, wire gauge = 000
45ft, amps = 50, volts = 12, % loss = 3, wire gauge = 00
45ft, amps = 50, volts = 12, % loss = 4, wire gauge = 2
45ft, amps = 50, volts = 12, % loss = 5, wire gauge = 2
45ft, amps = 50, volts = 24, % loss = 2, wire gauge = 2
45ft, amps = 50, volts = 24, % loss = 3, wire gauge = 2
45ft, amps = 50, volts = 24, % loss = 4, wire gauge = 4
45ft, amps = 50, volts = 24, % loss = 5, wire gauge = 6
45ft, amps = 50, volts = 36, % loss = 2, wire gauge = 2
45ft, amps = 50, volts = 36, % loss = 3, wire gauge = 4
45ft, amps = 50, volts = 36, % loss = 4, wire gauge = 6
45ft, amps = 50, volts = 36, % loss = 5, wire gauge = 6
45ft, amps = 50, volts = 48, % loss = 2, wire gauge = 4
45ft, amps = 50, volts = 48, % loss = 3, wire gauge = 6
45ft, amps = 50, volts = 48, % loss = 4, wire gauge = 8
45ft, amps = 50, volts = 48, % loss = 5, wire gauge = 8
45ft, amps = 50, volts = 60, % loss = 2, wire gauge = 6
45ft, amps = 50, volts = 60, % loss = 3, wire gauge = 6
45ft, amps = 50, volts = 60, % loss = 4, wire gauge = 8
45ft, amps = 50, volts = 60, % loss = 5, wire gauge = 10
45ft, amps = 55, volts = 12, % loss = 3, wire gauge = 00
45ft, amps = 55, volts = 12, % loss = 4, wire gauge = 0
45ft, amps = 55, volts = 12, % loss = 5, wire gauge = 2

45ft, amps = 55, volts = 24, % loss = 2, wire gauge = 0
45ft, amps = 55, volts = 24, % loss = 3, wire gauge = 2
45ft, amps = 55, volts = 24, % loss = 4, wire gauge = 4
45ft, amps = 55, volts = 24, % loss = 5, wire gauge = 4
45ft, amps = 55, volts = 36, % loss = 2, wire gauge = 2
45ft, amps = 55, volts = 36, % loss = 3, wire gauge = 4
45ft, amps = 55, volts = 36, % loss = 4, wire gauge = 6
45ft, amps = 55, volts = 36, % loss = 5, wire gauge = 6
45ft, amps = 55, volts = 48, % loss = 2, wire gauge = 4
45ft, amps = 55, volts = 48, % loss = 3, wire gauge = 6
45ft, amps = 55, volts = 48, % loss = 4, wire gauge = 6
45ft, amps = 55, volts = 48, % loss = 5, wire gauge = 8
45ft, amps = 55, volts = 60, % loss = 2, wire gauge = 4
45ft, amps = 55, volts = 60, % loss = 3, wire gauge = 6
45ft, amps = 55, volts = 60, % loss = 4, wire gauge = 8
45ft, amps = 55, volts = 60, % loss = 5, wire gauge = 8
45ft, amps = 60, volts = 12, % loss = 3, wire gauge = 00
45ft, amps = 60, volts = 12, % loss = 4, wire gauge = 0
45ft, amps = 60, volts = 12, % loss = 5, wire gauge = 2
45ft, amps = 60, volts = 24, % loss = 2, wire gauge = 0
45ft, amps = 60, volts = 24, % loss = 3, wire gauge = 2
45ft, amps = 60, volts = 24, % loss = 4, wire gauge = 4
45ft, amps = 60, volts = 24, % loss = 5, wire gauge = 4
45ft, amps = 60, volts = 36, % loss = 2, wire gauge = 2
45ft, amps = 60, volts = 36, % loss = 3, wire gauge = 4
45ft, amps = 60, volts = 36, % loss = 4, wire gauge = 6
45ft, amps = 60, volts = 36, % loss = 5, wire gauge = 6
45ft, amps = 60, volts = 48, % loss = 2, wire gauge = 4
45ft, amps = 60, volts = 48, % loss = 3, wire gauge = 6
45ft, amps = 60, volts = 48, % loss = 4, wire gauge = 6
45ft, amps = 60, volts = 48, % loss = 5, wire gauge = 8
45ft, amps = 60, volts = 60, % loss = 2, wire gauge = 4
45ft, amps = 60, volts = 60, % loss = 3, wire gauge = 6
45ft, amps = 60, volts = 60, % loss = 4, wire gauge = 8
45ft, amps = 60, volts = 60, % loss = 5, wire gauge = 8
45ft, amps = 65, volts = 12, % loss = 3, wire gauge = 000
45ft, amps = 65, volts = 12, % loss = 4, wire gauge = 0
45ft, amps = 65, volts = 12, % loss = 5, wire gauge = 2
45ft, amps = 65, volts = 24, % loss = 2, wire gauge = 0

45ft, amps = 65, volts = 24, % loss = 3, wire gauge = 2
45ft, amps = 65, volts = 24, % loss = 4, wire gauge = 4
45ft, amps = 65, volts = 24, % loss = 5, wire gauge = 4
45ft, amps = 65, volts = 36, % loss = 2, wire gauge = 2
45ft, amps = 65, volts = 36, % loss = 3, wire gauge = 4
45ft, amps = 65, volts = 36, % loss = 4, wire gauge = 4
45ft, amps = 65, volts = 36, % loss = 5, wire gauge = 6
45ft, amps = 65, volts = 48, % loss = 2, wire gauge = 4
45ft, amps = 65, volts = 48, % loss = 3, wire gauge = 4
45ft, amps = 65, volts = 48, % loss = 4, wire gauge = 6
45ft, amps = 65, volts = 48, % loss = 5, wire gauge = 6
45ft, amps = 65, volts = 60, % loss = 2, wire gauge = 4
45ft, amps = 65, volts = 60, % loss = 3, wire gauge = 6
45ft, amps = 65, volts = 60, % loss = 4, wire gauge = 6
45ft, amps = 65, volts = 60, % loss = 5, wire gauge = 8
45ft, amps = 70, volts = 12, % loss = 3, wire gauge = 000
45ft, amps = 70, volts = 12, % loss = 4, wire gauge = 00
45ft, amps = 70, volts = 12, % loss = 5, wire gauge = 0
45ft, amps = 70, volts = 24, % loss = 2, wire gauge = 00
45ft, amps = 70, volts = 24, % loss = 3, wire gauge = 2
45ft, amps = 70, volts = 24, % loss = 4, wire gauge = 2
45ft, amps = 70, volts = 24, % loss = 5, wire gauge = 4
45ft, amps = 70, volts = 36, % loss = 2, wire gauge = 2
45ft, amps = 70, volts = 36, % loss = 3, wire gauge = 4
45ft, amps = 70, volts = 36, % loss = 4, wire gauge = 4
45ft, amps = 70, volts = 36, % loss = 5, wire gauge = 6
45ft, amps = 70, volts = 48, % loss = 2, wire gauge = 2
45ft, amps = 70, volts = 48, % loss = 3, wire gauge = 4
45ft, amps = 70, volts = 48, % loss = 4, wire gauge = 6
45ft, amps = 70, volts = 48, % loss = 5, wire gauge = 6
45ft, amps = 70, volts = 60, % loss = 2, wire gauge = 4
45ft, amps = 70, volts = 60, % loss = 3, wire gauge = 6
45ft, amps = 70, volts = 60, % loss = 4, wire gauge = 6
45ft, amps = 70, volts = 60, % loss = 5, wire gauge = 8
45ft, amps = 75, volts = 12, % loss = 3, wire gauge = 000
45ft, amps = 75, volts = 12, % loss = 4, wire gauge = 00
45ft, amps = 75, volts = 12, % loss = 5, wire gauge = 0
45ft, amps = 75, volts = 24, % loss = 2, wire gauge = 00
45ft, amps = 75, volts = 24, % loss = 3, wire gauge = 2

45ft, amps = 75, volts = 24, % loss = 4, wire gauge = 2
45ft, amps = 75, volts = 24, % loss = 5, wire gauge = 4
45ft, amps = 75, volts = 36, % loss = 2, wire gauge = 2
45ft, amps = 75, volts = 36, % loss = 3, wire gauge = 2
45ft, amps = 75, volts = 36, % loss = 4, wire gauge = 4
45ft, amps = 75, volts = 36, % loss = 5, wire gauge = 6
45ft, amps = 75, volts = 48, % loss = 2, wire gauge = 2
45ft, amps = 75, volts = 48, % loss = 3, wire gauge = 4
45ft, amps = 75, volts = 48, % loss = 4, wire gauge = 6
45ft, amps = 75, volts = 48, % loss = 5, wire gauge = 6
45ft, amps = 75, volts = 60, % loss = 2, wire gauge = 4
45ft, amps = 75, volts = 60, % loss = 3, wire gauge = 6
45ft, amps = 75, volts = 60, % loss = 4, wire gauge = 6
45ft, amps = 75, volts = 60, % loss = 5, wire gauge = 8
45ft, amps = 80, volts = 12, % loss = 4, wire gauge = 00
45ft, amps = 80, volts = 12, % loss = 5, wire gauge = 0
45ft, amps = 80, volts = 24, % loss = 2, wire gauge = 00
45ft, amps = 80, volts = 24, % loss = 3, wire gauge = 0
45ft, amps = 80, volts = 24, % loss = 4, wire gauge = 2
45ft, amps = 80, volts = 24, % loss = 5, wire gauge = 4
45ft, amps = 80, volts = 36, % loss = 2, wire gauge = 0
45ft, amps = 80, volts = 36, % loss = 3, wire gauge = 2
45ft, amps = 80, volts = 36, % loss = 4, wire gauge = 4
45ft, amps = 80, volts = 36, % loss = 5, wire gauge = 4
45ft, amps = 80, volts = 48, % loss = 2, wire gauge = 2
45ft, amps = 80, volts = 48, % loss = 3, wire gauge = 4
45ft, amps = 80, volts = 48, % loss = 4, wire gauge = 6
45ft, amps = 80, volts = 48, % loss = 5, wire gauge = 6
45ft, amps = 80, volts = 60, % loss = 2, wire gauge = 4
45ft, amps = 80, volts = 60, % loss = 3, wire gauge = 4
45ft, amps = 80, volts = 60, % loss = 4, wire gauge = 6
45ft, amps = 80, volts = 60, % loss = 5, wire gauge = 4
50ft, amps = 5, volts = 12, % loss = 2, wire gauge = 8
50ft, amps = 5, volts = 12, % loss = 3, wire gauge = 10
50ft, amps = 5, volts = 12, % loss = 4, wire gauge = 10
50ft, amps = 5, volts = 12, % loss = 5, wire gauge = 12
50ft, amps = 5, volts = 24, % loss = 2, wire gauge = 10
50ft, amps = 5, volts = 24, % loss = 3, wire gauge = 12
50ft, amps = 5, volts = 24, % loss = 4, wire gauge = 14

50ft, amps = 5, volts = 24, % loss = 5, wire gauge = 14
50ft, amps = 5, volts = 36, % loss = 2, wire gauge = 12
50ft, amps = 5, volts = 36, % loss = 3, wire gauge = 14
50ft, amps = 5, volts = 36, % loss = 4, wire gauge = 14
50ft, amps = 5, volts = 36, % loss = 5, wire gauge = 14
50ft, amps = 5, volts = 48, % loss = 2, wire gauge = 14
50ft, amps = 5, volts = 48, % loss = 3, wire gauge = 14
50ft, amps = 5, volts = 48, % loss = 4, wire gauge = 14
50ft, amps = 5, volts = 48, % loss = 5, wire gauge = 14
50ft, amps = 5, volts = 60, % loss = 2, wire gauge = 14
50ft, amps = 5, volts = 60, % loss = 3, wire gauge = 14
50ft, amps = 5, volts = 60, % loss = 4, wire gauge = 14
50ft, amps = 5, volts = 60, % loss = 5, wire gauge = 14
50ft, amps = 10, volts = 12, % loss = 2, wire gauge = 4
50ft, amps = 10, volts = 12, % loss = 3, wire gauge = 6
50ft, amps = 10, volts = 12, % loss = 4, wire gauge = 8
50ft, amps = 10, volts = 12, % loss = 5, wire gauge = 8
50ft, amps = 10, volts = 24, % loss = 2, wire gauge = 8
50ft, amps = 10, volts = 24, % loss = 3, wire gauge = 10
50ft, amps = 10, volts = 24, % loss = 4, wire gauge = 10
50ft, amps = 10, volts = 24, % loss = 5, wire gauge = 12
50ft, amps = 10, volts = 36, % loss = 2, wire gauge = 10
50ft, amps = 10, volts = 36, % loss = 3, wire gauge = 12
50ft, amps = 10, volts = 36, % loss = 4, wire gauge = 12
50ft, amps = 10, volts = 36, % loss = 5, wire gauge = 14
50ft, amps = 10, volts = 48, % loss = 2, wire gauge = 10
50ft, amps = 10, volts = 48, % loss = 3, wire gauge = 12
50ft, amps = 10, volts = 48, % loss = 4, wire gauge = 14
50ft, amps = 10, volts = 48, % loss = 5, wire gauge = 14
50ft, amps = 10, volts = 60, % loss = 2, wire gauge = 12
50ft, amps = 10, volts = 60, % loss = 3, wire gauge = 14
50ft, amps = 10, volts = 60, % loss = 4, wire gauge = 14
50ft, amps = 10, volts = 60, % loss = 5, wire gauge = 14
50ft, amps = 15, volts = 12, % loss = 2, wire gauge = 2
50ft, amps = 15, volts = 12, % loss = 3, wire gauge = 4
50ft, amps = 15, volts = 12, % loss = 4, wire gauge = 6
50ft, amps = 15, volts = 12, % loss = 5, wire gauge = 6
50ft, amps = 15, volts = 24, % loss = 2, wire gauge = 6
50ft, amps = 15, volts = 24, % loss = 3, wire gauge = 8

50ft, amps = 15, volts = 24, % loss = 4, wire gauge = 10
50ft, amps = 15, volts = 24, % loss = 5, wire gauge = 10
50ft, amps = 15, volts = 36, % loss = 2, wire gauge = 8
50ft, amps = 15, volts = 36, % loss = 3, wire gauge = 10
50ft, amps = 15, volts = 36, % loss = 4, wire gauge = 10
50ft, amps = 15, volts = 36, % loss = 5, wire gauge = 12
50ft, amps = 15, volts = 48, % loss = 2, wire gauge = 10
50ft, amps = 15, volts = 48, % loss = 3, wire gauge = 10
50ft, amps = 15, volts = 48, % loss = 4, wire gauge = 12
50ft, amps = 15, volts = 48, % loss = 5, wire gauge = 12
50ft, amps = 15, volts = 60, % loss = 2, wire gauge = 10
50ft, amps = 15, volts = 60, % loss = 3, wire gauge = 12
50ft, amps = 15, volts = 60, % loss = 4, wire gauge = 12
50ft, amps = 15, volts = 60, % loss = 5, wire gauge = 14
50ft, amps = 20, volts = 12, % loss = 2, wire gauge = 2
50ft, amps = 20, volts = 12, % loss = 3, wire gauge = 4
50ft, amps = 20, volts = 12, % loss = 4, wire gauge = 4
50ft, amps = 20, volts = 12, % loss = 5, wire gauge = 6
50ft, amps = 20, volts = 24, % loss = 2, wire gauge = 4
50ft, amps = 20, volts = 24, % loss = 3, wire gauge = 6
50ft, amps = 20, volts = 24, % loss = 4, wire gauge = 8
50ft, amps = 20, volts = 24, % loss = 5, wire gauge = 8
50ft, amps = 20, volts = 36, % loss = 2, wire gauge = 6
50ft, amps = 20, volts = 36, % loss = 3, wire gauge = 8
50ft, amps = 20, volts = 36, % loss = 4, wire gauge = 10
50ft, amps = 20, volts = 36, % loss = 5, wire gauge = 10
50ft, amps = 20, volts = 48, % loss = 2, wire gauge = 8
50ft, amps = 20, volts = 48, % loss = 3, wire gauge = 10
50ft, amps = 20, volts = 48, % loss = 4, wire gauge = 10
50ft, amps = 20, volts = 48, % loss = 5, wire gauge = 12
50ft, amps = 20, volts = 60, % loss = 2, wire gauge = 8
50ft, amps = 20, volts = 60, % loss = 3, wire gauge = 10
50ft, amps = 20, volts = 60, % loss = 4, wire gauge = 12
50ft, amps = 20, volts = 60, % loss = 5, wire gauge = 12
50ft, amps = 25, volts = 12, % loss = 2, wire gauge = 0
50ft, amps = 25, volts = 12, % loss = 3, wire gauge = 2
50ft, amps = 25, volts = 12, % loss = 4, wire gauge = 4
50ft, amps = 25, volts = 12, % loss = 5, wire gauge = 4
50ft, amps = 25, volts = 24, % loss = 2, wire gauge = 4

50ft, amps = 25, volts = 24, % loss = 3, wire gauge = 6
50ft, amps = 25, volts = 24, % loss = 4, wire gauge = 6
50ft, amps = 25, volts = 24, % loss = 5, wire gauge = 8
50ft, amps = 25, volts = 36, % loss = 2, wire gauge = 6
50ft, amps = 25, volts = 36, % loss = 3, wire gauge = 8
50ft, amps = 25, volts = 36, % loss = 4, wire gauge = 8
50ft, amps = 25, volts = 36, % loss = 5, wire gauge = 10
50ft, amps = 25, volts = 48, % loss = 2, wire gauge = 6
50ft, amps = 25, volts = 48, % loss = 3, wire gauge = 8
50ft, amps = 25, volts = 48, % loss = 4, wire gauge = 10
50ft, amps = 25, volts = 48, % loss = 5, wire gauge = 10
50ft, amps = 25, volts = 60, % loss = 2, wire gauge = 8
50ft, amps = 25, volts = 60, % loss = 3, wire gauge = 10
50ft, amps = 25, volts = 60, % loss = 4, wire gauge = 10
50ft, amps = 25, volts = 60, % loss = 5, wire gauge = 12
50ft, amps = 30, volts = 12, % loss = 2, wire gauge = 00
50ft, amps = 30, volts = 12, % loss = 3, wire gauge = 2
50ft, amps = 30, volts = 12, % loss = 4, wire gauge = 2
50ft, amps = 30, volts = 12, % loss = 5, wire gauge = 4
50ft, amps = 30, volts = 24, % loss = 2, wire gauge = 2
50ft, amps = 30, volts = 24, % loss = 3, wire gauge = 4
50ft, amps = 30, volts = 24, % loss = 4, wire gauge = 6
50ft, amps = 30, volts = 24, % loss = 5, wire gauge = 6
50ft, amps = 30, volts = 36, % loss = 2, wire gauge = 4
50ft, amps = 30, volts = 36, % loss = 3, wire gauge = 6
50ft, amps = 30, volts = 36, % loss = 4, wire gauge = 8
50ft, amps = 30, volts = 36, % loss = 5, wire gauge = 8
50ft, amps = 30, volts = 48, % loss = 2, wire gauge = 6
50ft, amps = 30, volts = 48, % loss = 3, wire gauge = 8
50ft, amps = 30, volts = 48, % loss = 4, wire gauge = 10
50ft, amps = 30, volts = 48, % loss = 5, wire gauge = 10
50ft, amps = 30, volts = 60, % loss = 2, wire gauge = 6
50ft, amps = 30, volts = 60, % loss = 3, wire gauge = 8
50ft, amps = 30, volts = 60, % loss = 4, wire gauge = 10
50ft, amps = 30, volts = 60, % loss = 5, wire gauge = 10
50ft, amps = 35, volts = 12, % loss = 2, wire gauge = 00
50ft, amps = 35, volts = 12, % loss = 3, wire gauge = 2
50ft, amps = 35, volts = 12, % loss = 4, wire gauge = 2
50ft, amps = 35, volts = 12, % loss = 5, wire gauge = 4

50ft, amps = 35, volts = 24, % loss = 2, wire gauge = 2
50ft, amps = 35, volts = 24, % loss = 3, wire gauge = 4
50ft, amps = 35, volts = 24, % loss = 4, wire gauge = 6
50ft, amps = 35, volts = 24, % loss = 5, wire gauge = 6
50ft, amps = 35, volts = 36, % loss = 2, wire gauge = 4
50ft, amps = 35, volts = 36, % loss = 3, wire gauge = 6
50ft, amps = 35, volts = 36, % loss = 4, wire gauge = 6
50ft, amps = 35, volts = 36, % loss = 5, wire gauge = 8
50ft, amps = 35, volts = 48, % loss = 2, wire gauge = 6
50ft, amps = 35, volts = 48, % loss = 3, wire gauge = 6
50ft, amps = 35, volts = 48, % loss = 4, wire gauge = 8
50ft, amps = 35, volts = 48, % loss = 5, wire gauge = 10
50ft, amps = 35, volts = 60, % loss = 2, wire gauge = 6
50ft, amps = 35, volts = 60, % loss = 3, wire gauge = 8
50ft, amps = 35, volts = 60, % loss = 4, wire gauge = 10
50ft, amps = 35, volts = 60, % loss = 5, wire gauge = 8
50ft, amps = 40, volts = 12, % loss = 2, wire gauge = 000
50ft, amps = 40, volts = 12, % loss = 3, wire gauge = 0
50ft, amps = 40, volts = 12, % loss = 4, wire gauge = 2
50ft, amps = 40, volts = 12, % loss = 5, wire gauge = 2
50ft, amps = 40, volts = 24, % loss = 2, wire gauge = 2
50ft, amps = 40, volts = 24, % loss = 3, wire gauge = 4
50ft, amps = 40, volts = 24, % loss = 4, wire gauge = 4
50ft, amps = 40, volts = 24, % loss = 5, wire gauge = 6
50ft, amps = 40, volts = 36, % loss = 2, wire gauge = 4
50ft, amps = 40, volts = 36, % loss = 3, wire gauge = 6
50ft, amps = 40, volts = 36, % loss = 4, wire gauge = 6
50ft, amps = 40, volts = 36, % loss = 5, wire gauge = 8
50ft, amps = 40, volts = 48, % loss = 2, wire gauge = 4
50ft, amps = 40, volts = 48, % loss = 3, wire gauge = 6
50ft, amps = 40, volts = 48, % loss = 4, wire gauge = 8
50ft, amps = 40, volts = 48, % loss = 5, wire gauge = 8
50ft, amps = 40, volts = 60, % loss = 2, wire gauge = 6
50ft, amps = 40, volts = 60, % loss = 3, wire gauge = 8
50ft, amps = 40, volts = 60, % loss = 4, wire gauge = 8
50ft, amps = 40, volts = 60, % loss = 5, wire gauge = 10
50ft, amps = 45, volts = 12, % loss = 2, wire gauge = 000
50ft, amps = 45, volts = 12, % loss = 3, wire gauge = 00
50ft, amps = 45, volts = 12, % loss = 4, wire gauge = 2

50ft, amps = 45, volts = 12, % loss = 5, wire gauge = 2
50ft, amps = 45, volts = 24, % loss = 2, wire gauge = 2
50ft, amps = 45, volts = 24, % loss = 3, wire gauge = 2
50ft, amps = 45, volts = 24, % loss = 4, wire gauge = 4
50ft, amps = 45, volts = 24, % loss = 5, wire gauge = 6
50ft, amps = 45, volts = 36, % loss = 2, wire gauge = 2
50ft, amps = 45, volts = 36, % loss = 3, wire gauge = 4
50ft, amps = 45, volts = 36, % loss = 4, wire gauge = 6
50ft, amps = 45, volts = 36, % loss = 5, wire gauge = 6
50ft, amps = 45, volts = 48, % loss = 2, wire gauge = 4
50ft, amps = 45, volts = 48, % loss = 3, wire gauge = 6
50ft, amps = 45, volts = 48, % loss = 4, wire gauge = 8
50ft, amps = 45, volts = 48, % loss = 5, wire gauge = 8
50ft, amps = 45, volts = 60, % loss = 2, wire gauge = 6
50ft, amps = 45, volts = 60, % loss = 3, wire gauge = 6
50ft, amps = 45, volts = 60, % loss = 4, wire gauge = 8
50ft, amps = 45, volts = 60, % loss = 5, wire gauge = 10
50ft, amps = 50, volts = 12, % loss = 3, wire gauge = 00
50ft, amps = 50, volts = 12, % loss = 4, wire gauge = 0
50ft, amps = 50, volts = 12, % loss = 5, wire gauge = 2
50ft, amps = 50, volts = 24, % loss = 2, wire gauge = 0
50ft, amps = 50, volts = 24, % loss = 3, wire gauge = 2
50ft, amps = 50, volts = 24, % loss = 4, wire gauge = 4
50ft, amps = 50, volts = 24, % loss = 5, wire gauge = 4
50ft, amps = 50, volts = 36, % loss = 2, wire gauge = 2
50ft, amps = 50, volts = 36, % loss = 3, wire gauge = 4
50ft, amps = 50, volts = 36, % loss = 4, wire gauge = 6
50ft, amps = 50, volts = 36, % loss = 5, wire gauge = 6
50ft, amps = 50, volts = 48, % loss = 2, wire gauge = 4
50ft, amps = 50, volts = 48, % loss = 3, wire gauge = 6
50ft, amps = 50, volts = 48, % loss = 4, wire gauge = 6
50ft, amps = 50, volts = 48, % loss = 5, wire gauge = 8
50ft, amps = 50, volts = 60, % loss = 2, wire gauge = 4
50ft, amps = 50, volts = 60, % loss = 3, wire gauge = 6
50ft, amps = 50, volts = 60, % loss = 4, wire gauge = 8
50ft, amps = 50, volts = 60, % loss = 5, wire gauge = 8
50ft, amps = 55, volts = 12, % loss = 3, wire gauge = 00
50ft, amps = 55, volts = 12, % loss = 4, wire gauge = 0
50ft, amps = 55, volts = 12, % loss = 5, wire gauge = 2

50ft, amps = 55, volts = 24, % loss = 2, wire gauge = 0
50ft, amps = 55, volts = 24, % loss = 3, wire gauge = 2
50ft, amps = 55, volts = 24, % loss = 4, wire gauge = 4
50ft, amps = 55, volts = 24, % loss = 5, wire gauge = 4
50ft, amps = 55, volts = 36, % loss = 2, wire gauge = 2
50ft, amps = 55, volts = 36, % loss = 3, wire gauge = 4
50ft, amps = 55, volts = 36, % loss = 4, wire gauge = 6
50ft, amps = 55, volts = 36, % loss = 5, wire gauge = 6
50ft, amps = 55, volts = 48, % loss = 2, wire gauge = 4
50ft, amps = 55, volts = 48, % loss = 3, wire gauge = 6
50ft, amps = 55, volts = 48, % loss = 4, wire gauge = 6
50ft, amps = 55, volts = 48, % loss = 5, wire gauge = 8
50ft, amps = 55, volts = 60, % loss = 2, wire gauge = 4
50ft, amps = 55, volts = 60, % loss = 3, wire gauge = 6
50ft, amps = 55, volts = 60, % loss = 4, wire gauge = 8
50ft, amps = 55, volts = 60, % loss = 5, wire gauge = 8
50ft, amps = 60, volts = 12, % loss = 3, wire gauge = 000
50ft, amps = 60, volts = 12, % loss = 4, wire gauge = 00
50ft, amps = 60, volts = 12, % loss = 5, wire gauge = 0
50ft, amps = 60, volts = 24, % loss = 2, wire gauge = 00
50ft, amps = 60, volts = 24, % loss = 3, wire gauge = 2
50ft, amps = 60, volts = 24, % loss = 4, wire gauge = 2
50ft, amps = 60, volts = 24, % loss = 5, wire gauge = 4
50ft, amps = 60, volts = 36, % loss = 2, wire gauge = 2
50ft, amps = 60, volts = 36, % loss = 3, wire gauge = 4
50ft, amps = 60, volts = 36, % loss = 4, wire gauge = 4
50ft, amps = 60, volts = 36, % loss = 5, wire gauge = 6
50ft, amps = 60, volts = 48, % loss = 2, wire gauge = 2
50ft, amps = 60, volts = 48, % loss = 3, wire gauge = 4
50ft, amps = 60, volts = 48, % loss = 4, wire gauge = 6
50ft, amps = 60, volts = 48, % loss = 5, wire gauge = 6
50ft, amps = 60, volts = 60, % loss = 2, wire gauge = 4
50ft, amps = 60, volts = 60, % loss = 3, wire gauge = 6
50ft, amps = 60, volts = 60, % loss = 4, wire gauge = 6
50ft, amps = 60, volts = 60, % loss = 5, wire gauge = 8
50ft, amps = 65, volts = 12, % loss = 3, wire gauge = 000
50ft, amps = 65, volts = 12, % loss = 4, wire gauge = 00
50ft, amps = 65, volts = 12, % loss = 5, wire gauge = 0
50ft, amps = 65, volts = 24, % loss = 2, wire gauge = 00

50ft, amps = 65, volts = 24, % loss = 3, wire gauge = 2
50ft, amps = 65, volts = 24, % loss = 4, wire gauge = 2
50ft, amps = 65, volts = 24, % loss = 5, wire gauge = 4
50ft, amps = 65, volts = 36, % loss = 2, wire gauge = 2
50ft, amps = 65, volts = 36, % loss = 3, wire gauge = 4
50ft, amps = 65, volts = 36, % loss = 4, wire gauge = 4
50ft, amps = 65, volts = 36, % loss = 5, wire gauge = 6
50ft, amps = 65, volts = 48, % loss = 2, wire gauge = 2
50ft, amps = 65, volts = 48, % loss = 3, wire gauge = 4
50ft, amps = 65, volts = 48, % loss = 4, wire gauge = 6
50ft, amps = 65, volts = 48, % loss = 5, wire gauge = 6
50ft, amps = 65, volts = 60, % loss = 2, wire gauge = 4
50ft, amps = 65, volts = 60, % loss = 3, wire gauge = 6
50ft, amps = 65, volts = 60, % loss = 4, wire gauge = 6
50ft, amps = 65, volts = 60, % loss = 5, wire gauge = 8
50ft, amps = 70, volts = 12, % loss = 3, wire gauge = 000
50ft, amps = 70, volts = 12, % loss = 4, wire gauge = 00
50ft, amps = 70, volts = 12, % loss = 5, wire gauge = 0
50ft, amps = 70, volts = 24, % loss = 2, wire gauge = 00
50ft, amps = 70, volts = 24, % loss = 3, wire gauge = 2
50ft, amps = 70, volts = 24, % loss = 4, wire gauge = 2
50ft, amps = 70, volts = 24, % loss = 5, wire gauge = 4
50ft, amps = 70, volts = 36, % loss = 2, wire gauge = 2
50ft, amps = 70, volts = 36, % loss = 3, wire gauge = 2
50ft, amps = 70, volts = 36, % loss = 4, wire gauge = 4
50ft, amps = 70, volts = 36, % loss = 5, wire gauge = 6
50ft, amps = 70, volts = 48, % loss = 2, wire gauge = 2
50ft, amps = 70, volts = 48, % loss = 3, wire gauge = 4
50ft, amps = 70, volts = 48, % loss = 4, wire gauge = 6
50ft, amps = 70, volts = 48, % loss = 5, wire gauge = 6
50ft, amps = 70, volts = 60, % loss = 2, wire gauge = 4
50ft, amps = 70, volts = 60, % loss = 3, wire gauge = 6
50ft, amps = 70, volts = 60, % loss = 4, wire gauge = 6
50ft, amps = 70, volts = 60, % loss = 5, wire gauge = 8
50ft, amps = 75, volts = 12, % loss = 4, wire gauge = 000
50ft, amps = 75, volts = 12, % loss = 5, wire gauge = 00
50ft, amps = 75, volts = 24, % loss = 2, wire gauge = 000
50ft, amps = 75, volts = 24, % loss = 3, wire gauge = 0
50ft, amps = 75, volts = 24, % loss = 4, wire gauge = 2

50ft, amps = 75, volts = 24, % loss = 5, wire gauge = 2
50ft, amps = 75, volts = 36, % loss = 2, wire gauge = 0
50ft, amps = 75, volts = 36, % loss = 3, wire gauge = 2
50ft, amps = 75, volts = 36, % loss = 4, wire gauge = 4
50ft, amps = 75, volts = 36, % loss = 5, wire gauge = 4
50ft, amps = 75, volts = 48, % loss = 2, wire gauge = 2
50ft, amps = 75, volts = 48, % loss = 3, wire gauge = 4
50ft, amps = 75, volts = 48, % loss = 4, wire gauge = 6
50ft, amps = 75, volts = 48, % loss = 5, wire gauge = 6
50ft, amps = 75, volts = 60, % loss = 2, wire gauge = 2
50ft, amps = 75, volts = 60, % loss = 3, wire gauge = 4
50ft, amps = 75, volts = 60, % loss = 4, wire gauge = 6
50ft, amps = 75, volts = 60, % loss = 5, wire gauge = 6
50ft, amps = 80, volts = 12, % loss = 4, wire gauge = 000
50ft, amps = 80, volts = 12, % loss = 5, wire gauge = 00
50ft, amps = 80, volts = 24, % loss = 2, wire gauge = 000
50ft, amps = 80, volts = 24, % loss = 3, wire gauge = 0
50ft, amps = 80, volts = 24, % loss = 4, wire gauge = 2
50ft, amps = 80, volts = 24, % loss = 5, wire gauge = 2
50ft, amps = 80, volts = 36, % loss = 2, wire gauge = 0
50ft, amps = 80, volts = 36, % loss = 3, wire gauge = 2
50ft, amps = 80, volts = 36, % loss = 4, wire gauge = 4
50ft, amps = 80, volts = 36, % loss = 5, wire gauge = 4
50ft, amps = 80, volts = 48, % loss = 2, wire gauge = 2
50ft, amps = 80, volts = 48, % loss = 3, wire gauge = 4
50ft, amps = 80, volts = 48, % loss = 4, wire gauge = 4
50ft, amps = 80, volts = 48, % loss = 5, wire gauge = 6
50ft, amps = 80, volts = 60, % loss = 2, wire gauge = 2
50ft, amps = 80, volts = 60, % loss = 3, wire gauge = 4
50ft, amps = 80, volts = 60, % loss = 4, wire gauge = 6
50ft, amps = 80, volts = 60, % loss = 5, wire gauge = 6
55ft, amps = 5, volts = 12, % loss = 2, wire gauge = 8
55ft, amps = 5, volts = 12, % loss = 3, wire gauge = 10
55ft, amps = 5, volts = 12, % loss = 4, wire gauge = 10
55ft, amps = 5, volts = 12, % loss = 5, wire gauge = 12
55ft, amps = 5, volts = 24, % loss = 2, wire gauge = 10
55ft, amps = 5, volts = 24, % loss = 3, wire gauge = 12
55ft, amps = 5, volts = 24, % loss = 4, wire gauge = 14
55ft, amps = 5, volts = 24, % loss = 5, wire gauge = 14

55ft, amps = 5, volts = 36, % loss = 2, wire gauge = 12
55ft, amps = 5, volts = 36, % loss = 3, wire gauge = 14
55ft, amps = 5, volts = 36, % loss = 4, wire gauge = 14
55ft, amps = 5, volts = 36, % loss = 5, wire gauge = 14
55ft, amps = 5, volts = 48, % loss = 2, wire gauge = 14
55ft, amps = 5, volts = 48, % loss = 3, wire gauge = 14
55ft, amps = 5, volts = 48, % loss = 4, wire gauge = 14
55ft, amps = 5, volts = 48, % loss = 5, wire gauge = 14
55ft, amps = 5, volts = 60, % loss = 2, wire gauge = 14
55ft, amps = 5, volts = 60, % loss = 3, wire gauge = 14
55ft, amps = 5, volts = 60, % loss = 4, wire gauge = 14
55ft, amps = 5, volts = 60, % loss = 5, wire gauge = 14
55ft, amps = 10, volts = 12, % loss = 2, wire gauge = 4
55ft, amps = 10, volts = 12, % loss = 3, wire gauge = 6
55ft, amps = 10, volts = 12, % loss = 4, wire gauge = 8
55ft, amps = 10, volts = 12, % loss = 5, wire gauge = 8
55ft, amps = 10, volts = 24, % loss = 2, wire gauge = 8
55ft, amps = 10, volts = 24, % loss = 3, wire gauge = 10
55ft, amps = 10, volts = 24, % loss = 4, wire gauge = 10
55ft, amps = 10, volts = 24, % loss = 5, wire gauge = 12
55ft, amps = 10, volts = 36, % loss = 2, wire gauge = 10
55ft, amps = 10, volts = 36, % loss = 3, wire gauge = 10
55ft, amps = 10, volts = 36, % loss = 4, wire gauge = 12
55ft, amps = 10, volts = 36, % loss = 5, wire gauge = 12
55ft, amps = 10, volts = 48, % loss = 2, wire gauge = 10
55ft, amps = 10, volts = 48, % loss = 3, wire gauge = 12
55ft, amps = 10, volts = 48, % loss = 4, wire gauge = 14
55ft, amps = 10, volts = 48, % loss = 5, wire gauge = 14
55ft, amps = 10, volts = 60, % loss = 2, wire gauge = 12
55ft, amps = 10, volts = 60, % loss = 3, wire gauge = 12
55ft, amps = 10, volts = 60, % loss = 4, wire gauge = 14
55ft, amps = 10, volts = 60, % loss = 5, wire gauge = 14
55ft, amps = 15, volts = 12, % loss = 2, wire gauge = 2
55ft, amps = 15, volts = 12, % loss = 3, wire gauge = 4
55ft, amps = 15, volts = 12, % loss = 4, wire gauge = 6
55ft, amps = 15, volts = 12, % loss = 5, wire gauge = 6
55ft, amps = 15, volts = 24, % loss = 2, wire gauge = 6
55ft, amps = 15, volts = 24, % loss = 3, wire gauge = 8
55ft, amps = 15, volts = 24, % loss = 4, wire gauge = 8

55ft, amps = 15, volts = 24, % loss = 5, wire gauge = 10
55ft, amps = 15, volts = 36, % loss = 2, wire gauge = 8
55ft, amps = 15, volts = 36, % loss = 3, wire gauge = 10
55ft, amps = 15, volts = 36, % loss = 4, wire gauge = 10
55ft, amps = 15, volts = 36, % loss = 5, wire gauge = 12
55ft, amps = 15, volts = 48, % loss = 2, wire gauge = 8
55ft, amps = 15, volts = 48, % loss = 3, wire gauge = 10
55ft, amps = 15, volts = 48, % loss = 4, wire gauge = 12
55ft, amps = 15, volts = 48, % loss = 5, wire gauge = 12
55ft, amps = 15, volts = 60, % loss = 2, wire gauge = 10
55ft, amps = 15, volts = 60, % loss = 3, wire gauge = 12
55ft, amps = 15, volts = 60, % loss = 4, wire gauge = 12
55ft, amps = 15, volts = 60, % loss = 5, wire gauge = 14
55ft, amps = 20, volts = 12, % loss = 2, wire gauge = 2
55ft, amps = 20, volts = 12, % loss = 3, wire gauge = 4
55ft, amps = 20, volts = 12, % loss = 4, wire gauge = 4
55ft, amps = 20, volts = 12, % loss = 5, wire gauge = 6
55ft, amps = 20, volts = 24, % loss = 2, wire gauge = 4
55ft, amps = 20, volts = 24, % loss = 3, wire gauge = 6
55ft, amps = 20, volts = 24, % loss = 4, wire gauge = 8
55ft, amps = 20, volts = 24, % loss = 5, wire gauge = 8
55ft, amps = 20, volts = 36, % loss = 2, wire gauge = 6
55ft, amps = 20, volts = 36, % loss = 3, wire gauge = 8
55ft, amps = 20, volts = 36, % loss = 4, wire gauge = 10
55ft, amps = 20, volts = 36, % loss = 5, wire gauge = 10
55ft, amps = 20, volts = 48, % loss = 2, wire gauge = 8
55ft, amps = 20, volts = 48, % loss = 3, wire gauge = 10
55ft, amps = 20, volts = 48, % loss = 4, wire gauge = 10
55ft, amps = 20, volts = 48, % loss = 5, wire gauge = 12
55ft, amps = 20, volts = 60, % loss = 2, wire gauge = 8
55ft, amps = 20, volts = 60, % loss = 3, wire gauge = 10
55ft, amps = 20, volts = 60, % loss = 4, wire gauge = 12
55ft, amps = 20, volts = 60, % loss = 5, wire gauge = 12
55ft, amps = 25, volts = 12, % loss = 2, wire gauge = 0
55ft, amps = 25, volts = 12, % loss = 3, wire gauge = 2
55ft, amps = 25, volts = 12, % loss = 4, wire gauge = 4
55ft, amps = 25, volts = 12, % loss = 5, wire gauge = 4
55ft, amps = 25, volts = 24, % loss = 2, wire gauge = 4
55ft, amps = 25, volts = 24, % loss = 3, wire gauge = 6

55ft, amps = 25, volts = 24, % loss = 4, wire gauge = 6
55ft, amps = 25, volts = 24, % loss = 5, wire gauge = 8
55ft, amps = 25, volts = 36, % loss = 2, wire gauge = 6
55ft, amps = 25, volts = 36, % loss = 3, wire gauge = 6
55ft, amps = 25, volts = 36, % loss = 4, wire gauge = 8
55ft, amps = 25, volts = 36, % loss = 5, wire gauge = 10
55ft, amps = 25, volts = 48, % loss = 2, wire gauge = 6
55ft, amps = 25, volts = 48, % loss = 3, wire gauge = 8
55ft, amps = 25, volts = 48, % loss = 4, wire gauge = 10
55ft, amps = 25, volts = 48, % loss = 5, wire gauge = 10
55ft, amps = 25, volts = 60, % loss = 2, wire gauge = 8
55ft, amps = 25, volts = 60, % loss = 3, wire gauge = 10
55ft, amps = 25, volts = 60, % loss = 4, wire gauge = 10
55ft, amps = 25, volts = 60, % loss = 5, wire gauge = 12
55ft, amps = 30, volts = 12, % loss = 2, wire gauge = 00
55ft, amps = 30, volts = 12, % loss = 3, wire gauge = 2
55ft, amps = 30, volts = 12, % loss = 4, wire gauge = 2
55ft, amps = 30, volts = 12, % loss = 5, wire gauge = 4
55ft, amps = 30, volts = 24, % loss = 2, wire gauge = 2
55ft, amps = 30, volts = 24, % loss = 3, wire gauge = 4
55ft, amps = 30, volts = 24, % loss = 4, wire gauge = 6
55ft, amps = 30, volts = 24, % loss = 5, wire gauge = 6
55ft, amps = 30, volts = 36, % loss = 2, wire gauge = 4
55ft, amps = 30, volts = 36, % loss = 3, wire gauge = 6
55ft, amps = 30, volts = 36, % loss = 4, wire gauge = 8
55ft, amps = 30, volts = 36, % loss = 5, wire gauge = 8
55ft, amps = 30, volts = 48, % loss = 2, wire gauge = 6
55ft, amps = 30, volts = 48, % loss = 3, wire gauge = 8
55ft, amps = 30, volts = 48, % loss = 4, wire gauge = 8
55ft, amps = 30, volts = 48, % loss = 5, wire gauge = 10
55ft, amps = 30, volts = 60, % loss = 2, wire gauge = 6
55ft, amps = 30, volts = 60, % loss = 3, wire gauge = 8
55ft, amps = 30, volts = 60, % loss = 4, wire gauge = 10
55ft, amps = 30, volts = 60, % loss = 5, wire gauge = 10
55ft, amps = 35, volts = 12, % loss = 2, wire gauge = 000
55ft, amps = 35, volts = 12, % loss = 3, wire gauge = 0
55ft, amps = 35, volts = 12, % loss = 4, wire gauge = 2
55ft, amps = 35, volts = 12, % loss = 5, wire gauge = 2
55ft, amps = 35, volts = 24, % loss = 2, wire gauge = 2

55ft, amps = 35, volts = 24, % loss = 3, wire gauge = 4
55ft, amps = 35, volts = 24, % loss = 4, wire gauge = 4
55ft, amps = 35, volts = 24, % loss = 5, wire gauge = 6
55ft, amps = 35, volts = 36, % loss = 2, wire gauge = 4
55ft, amps = 35, volts = 36, % loss = 3, wire gauge = 6
55ft, amps = 35, volts = 36, % loss = 4, wire gauge = 6
55ft, amps = 35, volts = 36, % loss = 5, wire gauge = 8
55ft, amps = 35, volts = 48, % loss = 2, wire gauge = 4
55ft, amps = 35, volts = 48, % loss = 3, wire gauge = 6
55ft, amps = 35, volts = 48, % loss = 4, wire gauge = 8
55ft, amps = 35, volts = 48, % loss = 5, wire gauge = 8
55ft, amps = 35, volts = 60, % loss = 2, wire gauge = 6
55ft, amps = 35, volts = 60, % loss = 3, wire gauge = 8
55ft, amps = 35, volts = 60, % loss = 4, wire gauge = 8
55ft, amps = 35, volts = 60, % loss = 5, wire gauge = 10
55ft, amps = 40, volts = 12, % loss = 2, wire gauge = 000
55ft, amps = 40, volts = 12, % loss = 3, wire gauge = 0
55ft, amps = 40, volts = 12, % loss = 4, wire gauge = 2
55ft, amps = 40, volts = 12, % loss = 5, wire gauge = 2
55ft, amps = 40, volts = 24, % loss = 2, wire gauge = 2
55ft, amps = 40, volts = 24, % loss = 3, wire gauge = 4
55ft, amps = 40, volts = 24, % loss = 4, wire gauge = 4
55ft, amps = 40, volts = 24, % loss = 5, wire gauge = 6
55ft, amps = 40, volts = 36, % loss = 2, wire gauge = 4
55ft, amps = 40, volts = 36, % loss = 3, wire gauge = 4
55ft, amps = 40, volts = 36, % loss = 4, wire gauge = 6
55ft, amps = 40, volts = 36, % loss = 5, wire gauge = 6
55ft, amps = 40, volts = 48, % loss = 2, wire gauge = 4
55ft, amps = 40, volts = 48, % loss = 3, wire gauge = 6
55ft, amps = 40, volts = 48, % loss = 4, wire gauge = 8
55ft, amps = 40, volts = 48, % loss = 5, wire gauge = 8
55ft, amps = 40, volts = 60, % loss = 2, wire gauge = 6
55ft, amps = 40, volts = 60, % loss = 3, wire gauge = 6
55ft, amps = 40, volts = 60, % loss = 4, wire gauge = 8
55ft, amps = 40, volts = 60, % loss = 5, wire gauge = 10
55ft, amps = 45, volts = 12, % loss = 3, wire gauge = 00
55ft, amps = 45, volts = 12, % loss = 4, wire gauge = 0
55ft, amps = 45, volts = 12, % loss = 5, wire gauge = 2
55ft, amps = 45, volts = 24, % loss = 2, wire gauge = 0

55ft, amps = 45, volts = 24, % loss = 3, wire gauge = 2
55ft, amps = 45, volts = 24, % loss = 4, wire gauge = 4
55ft, amps = 45, volts = 24, % loss = 5, wire gauge = 4
55ft, amps = 45, volts = 36, % loss = 2, wire gauge = 2
55ft, amps = 45, volts = 36, % loss = 3, wire gauge = 4
55ft, amps = 45, volts = 36, % loss = 4, wire gauge = 6
55ft, amps = 45, volts = 36, % loss = 5, wire gauge = 6
55ft, amps = 45, volts = 48, % loss = 2, wire gauge = 4
55ft, amps = 45, volts = 48, % loss = 3, wire gauge = 6
55ft, amps = 45, volts = 48, % loss = 4, wire gauge = 6
55ft, amps = 45, volts = 48, % loss = 5, wire gauge = 8
55ft, amps = 45, volts = 60, % loss = 2, wire gauge = 4
55ft, amps = 45, volts = 60, % loss = 3, wire gauge = 6
55ft, amps = 45, volts = 60, % loss = 4, wire gauge = 8
55ft, amps = 45, volts = 60, % loss = 5, wire gauge = 8
55ft, amps = 50, volts = 12, % loss = 3, wire gauge = 00
55ft, amps = 50, volts = 12, % loss = 4, wire gauge = 0
55ft, amps = 50, volts = 12, % loss = 5, wire gauge = 2
55ft, amps = 50, volts = 24, % loss = 2, wire gauge = 0
55ft, amps = 50, volts = 24, % loss = 3, wire gauge = 2
55ft, amps = 50, volts = 24, % loss = 4, wire gauge = 4
55ft, amps = 50, volts = 24, % loss = 5, wire gauge = 4
55ft, amps = 50, volts = 36, % loss = 2, wire gauge = 2
55ft, amps = 50, volts = 36, % loss = 3, wire gauge = 4
55ft, amps = 50, volts = 36, % loss = 4, wire gauge = 6
55ft, amps = 50, volts = 36, % loss = 5, wire gauge = 6
55ft, amps = 50, volts = 48, % loss = 2, wire gauge = 4
55ft, amps = 50, volts = 48, % loss = 3, wire gauge = 6
55ft, amps = 50, volts = 48, % loss = 4, wire gauge = 6
55ft, amps = 50, volts = 48, % loss = 5, wire gauge = 8
55ft, amps = 50, volts = 60, % loss = 2, wire gauge = 4
55ft, amps = 50, volts = 60, % loss = 3, wire gauge = 6
55ft, amps = 50, volts = 60, % loss = 4, wire gauge = 8
55ft, amps = 50, volts = 60, % loss = 5, wire gauge = 8
55ft, amps = 55, volts = 12, % loss = 3, wire gauge = 000
55ft, amps = 55, volts = 12, % loss = 4, wire gauge = 00
55ft, amps = 55, volts = 12, % loss = 5, wire gauge = 0
55ft, amps = 55, volts = 24, % loss = 2, wire gauge = 00
55ft, amps = 55, volts = 24, % loss = 3, wire gauge = 2

55ft, amps = 55, volts = 24, % loss = 4, wire gauge = 2
55ft, amps = 55, volts = 24, % loss = 5, wire gauge = 4
55ft, amps = 55, volts = 36, % loss = 2, wire gauge = 2
55ft, amps = 55, volts = 36, % loss = 3, wire gauge = 4
55ft, amps = 55, volts = 36, % loss = 4, wire gauge = 4
55ft, amps = 55, volts = 36, % loss = 5, wire gauge = 6
55ft, amps = 55, volts = 48, % loss = 2, wire gauge = 2
55ft, amps = 55, volts = 48, % loss = 3, wire gauge = 4
55ft, amps = 55, volts = 48, % loss = 4, wire gauge = 6
55ft, amps = 55, volts = 48, % loss = 5, wire gauge = 6
55ft, amps = 55, volts = 60, % loss = 2, wire gauge = 4
55ft, amps = 55, volts = 60, % loss = 3, wire gauge = 6
55ft, amps = 55, volts = 60, % loss = 4, wire gauge = 6
55ft, amps = 55, volts = 60, % loss = 5, wire gauge = 8
55ft, amps = 60, volts = 12, % loss = 3, wire gauge = 000
55ft, amps = 60, volts = 12, % loss = 4, wire gauge = 00
55ft, amps = 60, volts = 12, % loss = 5, wire gauge = 0
55ft, amps = 60, volts = 24, % loss = 2, wire gauge = 00
55ft, amps = 60, volts = 24, % loss = 3, wire gauge = 2
55ft, amps = 60, volts = 24, % loss = 4, wire gauge = 2
55ft, amps = 60, volts = 24, % loss = 5, wire gauge = 4
55ft, amps = 60, volts = 36, % loss = 2, wire gauge = 2
55ft, amps = 60, volts = 36, % loss = 3, wire gauge = 4
55ft, amps = 60, volts = 36, % loss = 4, wire gauge = 4
55ft, amps = 60, volts = 36, % loss = 5, wire gauge = 6
55ft, amps = 60, volts = 48, % loss = 2, wire gauge = 2
55ft, amps = 60, volts = 48, % loss = 3, wire gauge = 4
55ft, amps = 60, volts = 48, % loss = 4, wire gauge = 6
55ft, amps = 60, volts = 48, % loss = 5, wire gauge = 6
55ft, amps = 60, volts = 60, % loss = 2, wire gauge = 4
55ft, amps = 60, volts = 60, % loss = 3, wire gauge = 6
55ft, amps = 60, volts = 60, % loss = 4, wire gauge = 6
55ft, amps = 60, volts = 60, % loss = 5, wire gauge = 8
55ft, amps = 65, volts = 12, % loss = 3, wire gauge = 0000
55ft, amps = 65, volts = 12, % loss = 4, wire gauge = 00
55ft, amps = 65, volts = 12, % loss = 5, wire gauge = 0
55ft, amps = 65, volts = 24, % loss = 2, wire gauge = 00
55ft, amps = 65, volts = 24, % loss = 3, wire gauge = 0
55ft, amps = 65, volts = 24, % loss = 4, wire gauge = 2

55ft, amps = 65, volts = 24, % loss = 5, wire gauge = 4
55ft, amps = 65, volts = 36, % loss = 2, wire gauge = 0
55ft, amps = 65, volts = 36, % loss = 3, wire gauge = 2
55ft, amps = 65, volts = 36, % loss = 4, wire gauge = 4
55ft, amps = 65, volts = 36, % loss = 5, wire gauge = 6
55ft, amps = 65, volts = 48, % loss = 2, wire gauge = 2
55ft, amps = 65, volts = 48, % loss = 3, wire gauge = 4
55ft, amps = 65, volts = 48, % loss = 4, wire gauge = 6
55ft, amps = 65, volts = 48, % loss = 5, wire gauge = 6
55ft, amps = 65, volts = 60, % loss = 2, wire gauge = 4
55ft, amps = 65, volts = 60, % loss = 3, wire gauge = 6
55ft, amps = 65, volts = 60, % loss = 4, wire gauge = 6
55ft, amps = 65, volts = 60, % loss = 5, wire gauge = 8
55ft, amps = 70, volts = 12, % loss = 4, wire gauge = 000
55ft, amps = 70, volts = 12, % loss = 5, wire gauge = 00
55ft, amps = 70, volts = 24, % loss = 2, wire gauge = 000
55ft, amps = 70, volts = 24, % loss = 3, wire gauge = 0
55ft, amps = 70, volts = 24, % loss = 4, wire gauge = 2
55ft, amps = 70, volts = 24, % loss = 5, wire gauge = 2
55ft, amps = 70, volts = 36, % loss = 2, wire gauge = 0
55ft, amps = 70, volts = 36, % loss = 3, wire gauge = 2
55ft, amps = 70, volts = 36, % loss = 4, wire gauge = 4
55ft, amps = 70, volts = 36, % loss = 5, wire gauge = 4
55ft, amps = 70, volts = 48, % loss = 2, wire gauge = 2
55ft, amps = 70, volts = 48, % loss = 3, wire gauge = 4
55ft, amps = 70, volts = 48, % loss = 4, wire gauge = 4
55ft, amps = 70, volts = 48, % loss = 5, wire gauge = 6
55ft, amps = 70, volts = 60, % loss = 2, wire gauge = 2
55ft, amps = 70, volts = 60, % loss = 3, wire gauge = 4
55ft, amps = 70, volts = 60, % loss = 4, wire gauge = 6
55ft, amps = 70, volts = 60, % loss = 5, wire gauge = 6
55ft, amps = 75, volts = 12, % loss = 4, wire gauge = 000
55ft, amps = 75, volts = 12, % loss = 5, wire gauge = 00
55ft, amps = 75, volts = 24, % loss = 2, wire gauge = 000
55ft, amps = 75, volts = 24, % loss = 3, wire gauge = 0
55ft, amps = 75, volts = 24, % loss = 4, wire gauge = 2
55ft, amps = 75, volts = 24, % loss = 5, wire gauge = 2
55ft, amps = 75, volts = 36, % loss = 2, wire gauge = 0
55ft, amps = 75, volts = 36, % loss = 3, wire gauge = 2

55ft, amps = 75, volts = 36, % loss = 4, wire gauge = 4
55ft, amps = 75, volts = 36, % loss = 5, wire gauge = 4
55ft, amps = 75, volts = 48, % loss = 2, wire gauge = 2
55ft, amps = 75, volts = 48, % loss = 3, wire gauge = 4
55ft, amps = 75, volts = 48, % loss = 4, wire gauge = 4
55ft, amps = 75, volts = 48, % loss = 5, wire gauge = 6
55ft, amps = 75, volts = 60, % loss = 2, wire gauge = 2
55ft, amps = 75, volts = 60, % loss = 3, wire gauge = 4
55ft, amps = 75, volts = 60, % loss = 4, wire gauge = 6
55ft, amps = 75, volts = 60, % loss = 5, wire gauge = 6
55ft, amps = 80, volts = 12, % loss = 4, wire gauge = 000
55ft, amps = 80, volts = 12, % loss = 5, wire gauge = 00
55ft, amps = 80, volts = 24, % loss = 2, wire gauge = 000
55ft, amps = 80, volts = 24, % loss = 3, wire gauge = 0
55ft, amps = 80, volts = 24, % loss = 4, wire gauge = 2
55ft, amps = 80, volts = 24, % loss = 5, wire gauge = 2
55ft, amps = 80, volts = 36, % loss = 2, wire gauge = 0
55ft, amps = 80, volts = 36, % loss = 3, wire gauge = 2
55ft, amps = 80, volts = 36, % loss = 4, wire gauge = 4
55ft, amps = 80, volts = 36, % loss = 5, wire gauge = 4
55ft, amps = 80, volts = 48, % loss = 2, wire gauge = 2
55ft, amps = 80, volts = 48, % loss = 3, wire gauge = 4
55ft, amps = 80, volts = 48, % loss = 4, wire gauge = 4
55ft, amps = 80, volts = 48, % loss = 5, wire gauge = 6
55ft, amps = 80, volts = 60, % loss = 2, wire gauge = 2
55ft, amps = 80, volts = 60, % loss = 3, wire gauge = 4
55ft, amps = 80, volts = 60, % loss = 4, wire gauge = 6
55ft, amps = 80, volts = 60, % loss = 5, wire gauge = 6
60ft, amps = 5, volts = 12, % loss = 2, wire gauge = 6
60ft, amps = 5, volts = 12, % loss = 3, wire gauge = 8
60ft, amps = 5, volts = 12, % loss = 4, wire gauge = 10
60ft, amps = 5, volts = 12, % loss = 5, wire gauge = 10
60ft, amps = 5, volts = 24, % loss = 2, wire gauge = 10
60ft, amps = 5, volts = 24, % loss = 3, wire gauge = 12
60ft, amps = 5, volts = 24, % loss = 4, wire gauge = 12
60ft, amps = 5, volts = 24, % loss = 5, wire gauge = 14
60ft, amps = 5, volts = 36, % loss = 2, wire gauge = 12
60ft, amps = 5, volts = 36, % loss = 3, wire gauge = 14
60ft, amps = 5, volts = 36, % loss = 4, wire gauge = 14

60ft, amps = 5, volts = 36, % loss = 5, wire gauge = 14
60ft, amps = 5, volts = 48, % loss = 2, wire gauge = 12
60ft, amps = 5, volts = 48, % loss = 3, wire gauge = 14
60ft, amps = 5, volts = 48, % loss = 4, wire gauge = 14
60ft, amps = 5, volts = 48, % loss = 5, wire gauge = 14
60ft, amps = 5, volts = 60, % loss = 2, wire gauge = 14
60ft, amps = 5, volts = 60, % loss = 3, wire gauge = 14
60ft, amps = 5, volts = 60, % loss = 4, wire gauge = 14
60ft, amps = 5, volts = 60, % loss = 5, wire gauge = 14
60ft, amps = 10, volts = 12, % loss = 2, wire gauge = 4
60ft, amps = 10, volts = 12, % loss = 3, wire gauge = 6
60ft, amps = 10, volts = 12, % loss = 4, wire gauge = 6
60ft, amps = 10, volts = 12, % loss = 5, wire gauge = 8
60ft, amps = 10, volts = 24, % loss = 2, wire gauge = 6
60ft, amps = 10, volts = 24, % loss = 3, wire gauge = 8
60ft, amps = 10, volts = 24, % loss = 4, wire gauge = 10
60ft, amps = 10, volts = 24, % loss = 5, wire gauge = 10
60ft, amps = 10, volts = 36, % loss = 2, wire gauge = 8
60ft, amps = 10, volts = 36, % loss = 3, wire gauge = 10
60ft, amps = 10, volts = 36, % loss = 4, wire gauge = 12
60ft, amps = 10, volts = 36, % loss = 5, wire gauge = 12
60ft, amps = 10, volts = 48, % loss = 2, wire gauge = 10
60ft, amps = 10, volts = 48, % loss = 3, wire gauge = 12
60ft, amps = 10, volts = 48, % loss = 4, wire gauge = 12
60ft, amps = 10, volts = 48, % loss = 5, wire gauge = 14
60ft, amps = 10, volts = 60, % loss = 2, wire gauge = 10
60ft, amps = 10, volts = 60, % loss = 3, wire gauge = 12
60ft, amps = 10, volts = 60, % loss = 4, wire gauge = 14
60ft, amps = 10, volts = 60, % loss = 5, wire gauge = 14
60ft, amps = 15, volts = 12, % loss = 2, wire gauge = 2
60ft, amps = 15, volts = 12, % loss = 3, wire gauge = 4
60ft, amps = 15, volts = 12, % loss = 4, wire gauge = 6
60ft, amps = 15, volts = 12, % loss = 5, wire gauge = 6
60ft, amps = 15, volts = 24, % loss = 2, wire gauge = 6
60ft, amps = 15, volts = 24, % loss = 3, wire gauge = 6
60ft, amps = 15, volts = 24, % loss = 4, wire gauge = 8
60ft, amps = 15, volts = 24, % loss = 5, wire gauge = 10
60ft, amps = 15, volts = 36, % loss = 2, wire gauge = 6
60ft, amps = 15, volts = 36, % loss = 3, wire gauge = 8

60ft, amps = 15, volts = 36, % loss = 4, wire gauge = 10
60ft, amps = 15, volts = 36, % loss = 5, wire gauge = 10
60ft, amps = 15, volts = 48, % loss = 2, wire gauge = 8
60ft, amps = 15, volts = 48, % loss = 3, wire gauge = 10
60ft, amps = 15, volts = 48, % loss = 4, wire gauge = 12
60ft, amps = 15, volts = 48, % loss = 5, wire gauge = 12
60ft, amps = 15, volts = 60, % loss = 2, wire gauge = 10
60ft, amps = 15, volts = 60, % loss = 3, wire gauge = 10
60ft, amps = 15, volts = 60, % loss = 4, wire gauge = 12
60ft, amps = 15, volts = 60, % loss = 5, wire gauge = 12
60ft, amps = 20, volts = 12, % loss = 2, wire gauge = 0
60ft, amps = 20, volts = 12, % loss = 3, wire gauge = 2
60ft, amps = 20, volts = 12, % loss = 4, wire gauge = 4
60ft, amps = 20, volts = 12, % loss = 5, wire gauge = 4
60ft, amps = 20, volts = 24, % loss = 2, wire gauge = 4
60ft, amps = 20, volts = 24, % loss = 3, wire gauge = 6
60ft, amps = 20, volts = 24, % loss = 4, wire gauge = 6
60ft, amps = 20, volts = 24, % loss = 5, wire gauge = 8
60ft, amps = 20, volts = 36, % loss = 2, wire gauge = 6
60ft, amps = 20, volts = 36, % loss = 3, wire gauge = 8
60ft, amps = 20, volts = 36, % loss = 4, wire gauge = 8
60ft, amps = 20, volts = 36, % loss = 5, wire gauge = 10
60ft, amps = 20, volts = 48, % loss = 2, wire gauge = 6
60ft, amps = 20, volts = 48, % loss = 3, wire gauge = 8
60ft, amps = 20, volts = 48, % loss = 4, wire gauge = 10
60ft, amps = 20, volts = 48, % loss = 5, wire gauge = 10
60ft, amps = 20, volts = 60, % loss = 2, wire gauge = 8
60ft, amps = 20, volts = 60, % loss = 3, wire gauge = 10
60ft, amps = 20, volts = 60, % loss = 4, wire gauge = 10
60ft, amps = 20, volts = 60, % loss = 5, wire gauge = 12
60ft, amps = 25, volts = 12, % loss = 2, wire gauge = 00
60ft, amps = 25, volts = 12, % loss = 3, wire gauge = 2
60ft, amps = 25, volts = 12, % loss = 4, wire gauge = 2
60ft, amps = 25, volts = 12, % loss = 5, wire gauge = 4
60ft, amps = 25, volts = 24, % loss = 2, wire gauge = 2
60ft, amps = 25, volts = 24, % loss = 3, wire gauge = 4
60ft, amps = 25, volts = 24, % loss = 4, wire gauge = 6
60ft, amps = 25, volts = 24, % loss = 5, wire gauge = 6
60ft, amps = 25, volts = 36, % loss = 2, wire gauge = 4

60ft, amps = 25, volts = 36, % loss = 3, wire gauge = 6
60ft, amps = 25, volts = 36, % loss = 4, wire gauge = 8
60ft, amps = 25, volts = 36, % loss = 5, wire gauge = 8
60ft, amps = 25, volts = 48, % loss = 2, wire gauge = 6
60ft, amps = 25, volts = 48, % loss = 3, wire gauge = 8
60ft, amps = 25, volts = 48, % loss = 4, wire gauge = 10
60ft, amps = 25, volts = 48, % loss = 5, wire gauge = 10
60ft, amps = 25, volts = 60, % loss = 2, wire gauge = 6
60ft, amps = 25, volts = 60, % loss = 3, wire gauge = 8
60ft, amps = 25, volts = 60, % loss = 4, wire gauge = 10
60ft, amps = 25, volts = 60, % loss = 5, wire gauge = 10
60ft, amps = 30, volts = 12, % loss = 2, wire gauge = 00
60ft, amps = 30, volts = 12, % loss = 3, wire gauge = 0
60ft, amps = 30, volts = 12, % loss = 4, wire gauge = 2
60ft, amps = 30, volts = 12, % loss = 5, wire gauge = 4
60ft, amps = 30, volts = 24, % loss = 2, wire gauge = 2
60ft, amps = 30, volts = 24, % loss = 3, wire gauge = 4
60ft, amps = 30, volts = 24, % loss = 4, wire gauge = 6
60ft, amps = 30, volts = 24, % loss = 5, wire gauge = 6
60ft, amps = 30, volts = 36, % loss = 2, wire gauge = 4
60ft, amps = 30, volts = 36, % loss = 3, wire gauge = 6
60ft, amps = 30, volts = 36, % loss = 4, wire gauge = 6
60ft, amps = 30, volts = 36, % loss = 5, wire gauge = 8
60ft, amps = 30, volts = 48, % loss = 2, wire gauge = 6
60ft, amps = 30, volts = 48, % loss = 3, wire gauge = 6
60ft, amps = 30, volts = 48, % loss = 4, wire gauge = 8
60ft, amps = 30, volts = 48, % loss = 5, wire gauge = 10
60ft, amps = 30, volts = 60, % loss = 2, wire gauge = 6
60ft, amps = 30, volts = 60, % loss = 3, wire gauge = 8
60ft, amps = 30, volts = 60, % loss = 4, wire gauge = 10
60ft, amps = 30, volts = 60, % loss = 5, wire gauge = 10
60ft, amps = 35, volts = 12, % loss = 2, wire gauge = 000
60ft, amps = 35, volts = 12, % loss = 3, wire gauge = 0
60ft, amps = 35, volts = 12, % loss = 4, wire gauge = 2
60ft, amps = 35, volts = 12, % loss = 5, wire gauge = 2
60ft, amps = 35, volts = 24, % loss = 2, wire gauge = 2
60ft, amps = 35, volts = 24, % loss = 3, wire gauge = 4
60ft, amps = 35, volts = 24, % loss = 4, wire gauge = 4
60ft, amps = 35, volts = 24, % loss = 5, wire gauge = 6

60ft, amps = 35, volts = 36, % loss = 2, wire gauge = 4
60ft, amps = 35, volts = 36, % loss = 3, wire gauge = 6
60ft, amps = 35, volts = 36, % loss = 4, wire gauge = 6
60ft, amps = 35, volts = 36, % loss = 5, wire gauge = 8
60ft, amps = 35, volts = 48, % loss = 2, wire gauge = 4
60ft, amps = 35, volts = 48, % loss = 3, wire gauge = 6
60ft, amps = 35, volts = 48, % loss = 4, wire gauge = 8
60ft, amps = 35, volts = 48, % loss = 5, wire gauge = 8
60ft, amps = 35, volts = 60, % loss = 2, wire gauge = 6
60ft, amps = 35, volts = 60, % loss = 3, wire gauge = 8
60ft, amps = 35, volts = 60, % loss = 4, wire gauge = 8
60ft, amps = 35, volts = 60, % loss = 5, wire gauge = 10
60ft, amps = 40, volts = 12, % loss = 3, wire gauge = 00
60ft, amps = 40, volts = 12, % loss = 4, wire gauge = 0
60ft, amps = 40, volts = 12, % loss = 5, wire gauge = 2
60ft, amps = 40, volts = 24, % loss = 2, wire gauge = 0
60ft, amps = 40, volts = 24, % loss = 3, wire gauge = 2
60ft, amps = 40, volts = 24, % loss = 4, wire gauge = 4
60ft, amps = 40, volts = 24, % loss = 5, wire gauge = 4
60ft, amps = 40, volts = 36, % loss = 2, wire gauge = 2
60ft, amps = 40, volts = 36, % loss = 3, wire gauge = 4
60ft, amps = 40, volts = 36, % loss = 4, wire gauge = 6
60ft, amps = 40, volts = 36, % loss = 5, wire gauge = 6
60ft, amps = 40, volts = 48, % loss = 2, wire gauge = 4
60ft, amps = 40, volts = 48, % loss = 3, wire gauge = 6
60ft, amps = 40, volts = 48, % loss = 4, wire gauge = 6
60ft, amps = 40, volts = 48, % loss = 5, wire gauge = 8
60ft, amps = 40, volts = 60, % loss = 2, wire gauge = 4
60ft, amps = 40, volts = 60, % loss = 3, wire gauge = 6
60ft, amps = 40, volts = 60, % loss = 4, wire gauge = 8
60ft, amps = 40, volts = 60, % loss = 5, wire gauge = 8
60ft, amps = 45, volts = 12, % loss = 3, wire gauge = 00
60ft, amps = 45, volts = 12, % loss = 4, wire gauge = 0
60ft, amps = 45, volts = 12, % loss = 5, wire gauge = 2
60ft, amps = 45, volts = 24, % loss = 2, wire gauge = 0
60ft, amps = 45, volts = 24, % loss = 3, wire gauge = 2
60ft, amps = 45, volts = 24, % loss = 4, wire gauge = 4
60ft, amps = 45, volts = 24, % loss = 5, wire gauge = 4
60ft, amps = 45, volts = 36, % loss = 2, wire gauge = 2

60ft, amps = 45, volts = 36, % loss = 3, wire gauge = 4
60ft, amps = 45, volts = 36, % loss = 4, wire gauge = 6
60ft, amps = 45, volts = 36, % loss = 5, wire gauge = 6
60ft, amps = 45, volts = 48, % loss = 2, wire gauge = 4
60ft, amps = 45, volts = 48, % loss = 3, wire gauge = 6
60ft, amps = 45, volts = 48, % loss = 4, wire gauge = 6
60ft, amps = 45, volts = 48, % loss = 5, wire gauge = 8
60ft, amps = 45, volts = 60, % loss = 2, wire gauge = 4
60ft, amps = 45, volts = 60, % loss = 3, wire gauge = 6
60ft, amps = 45, volts = 60, % loss = 4, wire gauge = 8
60ft, amps = 45, volts = 60, % loss = 5, wire gauge = 8
60ft, amps = 50, volts = 12, % loss = 3, wire gauge = 000
60ft, amps = 50, volts = 12, % loss = 4, wire gauge = 00
60ft, amps = 50, volts = 12, % loss = 5, wire gauge = 0
60ft, amps = 50, volts = 24, % loss = 2, wire gauge = 00
60ft, amps = 50, volts = 24, % loss = 3, wire gauge = 2
60ft, amps = 50, volts = 24, % loss = 4, wire gauge = 2
60ft, amps = 50, volts = 24, % loss = 5, wire gauge = 4
60ft, amps = 50, volts = 36, % loss = 2, wire gauge = 2
60ft, amps = 50, volts = 36, % loss = 3, wire gauge = 4
60ft, amps = 50, volts = 36, % loss = 4, wire gauge = 4
60ft, amps = 50, volts = 36, % loss = 5, wire gauge = 6
60ft, amps = 50, volts = 48, % loss = 2, wire gauge = 2
60ft, amps = 50, volts = 48, % loss = 3, wire gauge = 4
60ft, amps = 50, volts = 48, % loss = 4, wire gauge = 6
60ft, amps = 50, volts = 48, % loss = 5, wire gauge = 6
60ft, amps = 50, volts = 60, % loss = 2, wire gauge = 4
60ft, amps = 50, volts = 60, % loss = 3, wire gauge = 6
60ft, amps = 50, volts = 60, % loss = 4, wire gauge = 6
60ft, amps = 50, volts = 60, % loss = 5, wire gauge = 8
60ft, amps = 55, volts = 12, % loss = 3, wire gauge = 000
60ft, amps = 55, volts = 12, % loss = 4, wire gauge = 00
60ft, amps = 55, volts = 12, % loss = 5, wire gauge = 0
60ft, amps = 55, volts = 24, % loss = 2, wire gauge = 00
60ft, amps = 55, volts = 24, % loss = 3, wire gauge = 2
60ft, amps = 55, volts = 24, % loss = 4, wire gauge = 2
60ft, amps = 55, volts = 24, % loss = 5, wire gauge = 4
60ft, amps = 55, volts = 36, % loss = 2, wire gauge = 2
60ft, amps = 55, volts = 36, % loss = 3, wire gauge = 4

60ft, amps = 55, volts = 36, % loss = 4, wire gauge = 4
60ft, amps = 55, volts = 36, % loss = 5, wire gauge = 6
60ft, amps = 55, volts = 48, % loss = 2, wire gauge = 2
60ft, amps = 55, volts = 48, % loss = 3, wire gauge = 4
60ft, amps = 55, volts = 48, % loss = 4, wire gauge = 6
60ft, amps = 55, volts = 48, % loss = 5, wire gauge = 6
60ft, amps = 55, volts = 60, % loss = 2, wire gauge = 4
60ft, amps = 55, volts = 60, % loss = 3, wire gauge = 6
60ft, amps = 55, volts = 60, % loss = 4, wire gauge = 6
60ft, amps = 55, volts = 60, % loss = 5, wire gauge = 8
60ft, amps = 60, volts = 12, % loss = 4, wire gauge = 00
60ft, amps = 60, volts = 12, % loss = 5, wire gauge = 0
60ft, amps = 60, volts = 24, % loss = 2, wire gauge = 00
60ft, amps = 60, volts = 24, % loss = 3, wire gauge = 0
60ft, amps = 60, volts = 24, % loss = 4, wire gauge = 2
60ft, amps = 60, volts = 24, % loss = 5, wire gauge = 4
60ft, amps = 60, volts = 36, % loss = 2, wire gauge = 0
60ft, amps = 60, volts = 36, % loss = 3, wire gauge = 2
60ft, amps = 60, volts = 36, % loss = 4, wire gauge = 4
60ft, amps = 60, volts = 36, % loss = 5, wire gauge = 4
60ft, amps = 60, volts = 48, % loss = 2, wire gauge = 2
60ft, amps = 60, volts = 48, % loss = 3, wire gauge = 4
60ft, amps = 60, volts = 48, % loss = 4, wire gauge = 6
60ft, amps = 60, volts = 48, % loss = 5, wire gauge = 6
60ft, amps = 60, volts = 60, % loss = 2, wire gauge = 4
60ft, amps = 60, volts = 60, % loss = 3, wire gauge = 4
60ft, amps = 60, volts = 60, % loss = 4, wire gauge = 6
60ft, amps = 60, volts = 60, % loss = 5, wire gauge = 6
60ft, amps = 65, volts = 12, % loss = 4, wire gauge = 000
60ft, amps = 65, volts = 12, % loss = 5, wire gauge = 00
60ft, amps = 65, volts = 24, % loss = 2, wire gauge = 000
60ft, amps = 65, volts = 24, % loss = 3, wire gauge = 0
60ft, amps = 65, volts = 24, % loss = 4, wire gauge = 2
60ft, amps = 65, volts = 24, % loss = 5, wire gauge = 2
60ft, amps = 65, volts = 36, % loss = 2, wire gauge = 0
60ft, amps = 65, volts = 36, % loss = 3, wire gauge = 2
60ft, amps = 65, volts = 36, % loss = 4, wire gauge = 4
60ft, amps = 65, volts = 36, % loss = 5, wire gauge = 4
60ft, amps = 65, volts = 48, % loss = 2, wire gauge = 2

60ft, amps = 65, volts = 48, % loss = 3, wire gauge = 4
60ft, amps = 65, volts = 48, % loss = 4, wire gauge = 4
60ft, amps = 65, volts = 48, % loss = 5, wire gauge = 6
60ft, amps = 65, volts = 60, % loss = 2, wire gauge = 2
60ft, amps = 65, volts = 60, % loss = 3, wire gauge = 4
60ft, amps = 65, volts = 60, % loss = 4, wire gauge = 6
60ft, amps = 65, volts = 60, % loss = 5, wire gauge = 6
60ft, amps = 70, volts = 12, % loss = 4, wire gauge = 000
60ft, amps = 70, volts = 12, % loss = 5, wire gauge = 00
60ft, amps = 70, volts = 24, % loss = 2, wire gauge = 000
60ft, amps = 70, volts = 24, % loss = 3, wire gauge = 0
60ft, amps = 70, volts = 24, % loss = 4, wire gauge = 2
60ft, amps = 70, volts = 24, % loss = 5, wire gauge = 2
60ft, amps = 70, volts = 36, % loss = 2, wire gauge = 0
60ft, amps = 70, volts = 36, % loss = 3, wire gauge = 2
60ft, amps = 70, volts = 36, % loss = 4, wire gauge = 4
60ft, amps = 70, volts = 36, % loss = 5, wire gauge = 4
60ft, amps = 70, volts = 48, % loss = 2, wire gauge = 2
60ft, amps = 70, volts = 48, % loss = 3, wire gauge = 4
60ft, amps = 70, volts = 48, % loss = 4, wire gauge = 4
60ft, amps = 70, volts = 48, % loss = 5, wire gauge = 6
60ft, amps = 70, volts = 60, % loss = 2, wire gauge = 2
60ft, amps = 70, volts = 60, % loss = 3, wire gauge = 4
60ft, amps = 70, volts = 60, % loss = 4, wire gauge = 6
60ft, amps = 70, volts = 60, % loss = 5, wire gauge = 6
60ft, amps = 75, volts = 12, % loss = 4, wire gauge = 000
60ft, amps = 75, volts = 12, % loss = 5, wire gauge = 00
60ft, amps = 75, volts = 24, % loss = 2, wire gauge = 000
60ft, amps = 75, volts = 24, % loss = 3, wire gauge = 00
60ft, amps = 75, volts = 24, % loss = 4, wire gauge = 2
60ft, amps = 75, volts = 24, % loss = 5, wire gauge = 2
60ft, amps = 75, volts = 36, % loss = 2, wire gauge = 00
60ft, amps = 75, volts = 36, % loss = 3, wire gauge = 2
60ft, amps = 75, volts = 36, % loss = 4, wire gauge = 2
60ft, amps = 75, volts = 36, % loss = 5, wire gauge = 4
60ft, amps = 75, volts = 48, % loss = 2, wire gauge = 2
60ft, amps = 75, volts = 48, % loss = 3, wire gauge = 2
60ft, amps = 75, volts = 48, % loss = 4, wire gauge = 4
60ft, amps = 75, volts = 48, % loss = 5, wire gauge = 6

60ft, amps = 75, volts = 60, % loss = 2, wire gauge = 2
60ft, amps = 75, volts = 60, % loss = 3, wire gauge = 4
60ft, amps = 75, volts = 60, % loss = 4, wire gauge = 6
60ft, amps = 75, volts = 60, % loss = 5, wire gauge = 6
60ft, amps = 80, volts = 12, % loss = 5, wire gauge = 000
60ft, amps = 80, volts = 24, % loss = 3, wire gauge = 00
60ft, amps = 80, volts = 24, % loss = 4, wire gauge = 0
60ft, amps = 80, volts = 24, % loss = 5, wire gauge = 2
60ft, amps = 80, volts = 36, % loss = 2, wire gauge = 00
60ft, amps = 80, volts = 36, % loss = 3, wire gauge = 2
60ft, amps = 80, volts = 36, % loss = 4, wire gauge = 2
60ft, amps = 80, volts = 36, % loss = 5, wire gauge = 4
60ft, amps = 80, volts = 48, % loss = 2, wire gauge = 0
60ft, amps = 80, volts = 48, % loss = 3, wire gauge = 2
60ft, amps = 80, volts = 48, % loss = 4, wire gauge = 4
60ft, amps = 80, volts = 48, % loss = 5, wire gauge = 4
60ft, amps = 80, volts = 60, % loss = 2, wire gauge = 2
60ft, amps = 80, volts = 60, % loss = 3, wire gauge = 4
60ft, amps = 80, volts = 60, % loss = 4, wire gauge = 4
60ft, amps = 80, volts = 60, % loss = 5, wire gauge = 6
65ft, amps = 5, volts = 12, % loss = 2, wire gauge = 6
65ft, amps = 5, volts = 12, % loss = 3, wire gauge = 8
65ft, amps = 5, volts = 12, % loss = 4, wire gauge = 10
65ft, amps = 5, volts = 12, % loss = 5, wire gauge = 10
65ft, amps = 5, volts = 24, % loss = 2, wire gauge = 10
65ft, amps = 5, volts = 24, % loss = 3, wire gauge = 12
65ft, amps = 5, volts = 24, % loss = 4, wire gauge = 12
65ft, amps = 5, volts = 24, % loss = 5, wire gauge = 14
65ft, amps = 5, volts = 36, % loss = 2, wire gauge = 12
65ft, amps = 5, volts = 36, % loss = 3, wire gauge = 12
65ft, amps = 5, volts = 36, % loss = 4, wire gauge = 14
65ft, amps = 5, volts = 36, % loss = 5, wire gauge = 14
65ft, amps = 5, volts = 48, % loss = 2, wire gauge = 12
65ft, amps = 5, volts = 48, % loss = 3, wire gauge = 14
65ft, amps = 5, volts = 48, % loss = 4, wire gauge = 14
65ft, amps = 5, volts = 48, % loss = 5, wire gauge = 14
65ft, amps = 5, volts = 60, % loss = 2, wire gauge = 14
65ft, amps = 5, volts = 60, % loss = 3, wire gauge = 14
65ft, amps = 5, volts = 60, % loss = 4, wire gauge = 14

65ft, amps = 5, volts = 60, % loss = 5, wire gauge = 14
65ft, amps = 10, volts = 12, % loss = 2, wire gauge = 4
65ft, amps = 10, volts = 12, % loss = 3, wire gauge = 6
65ft, amps = 10, volts = 12, % loss = 4, wire gauge = 6
65ft, amps = 10, volts = 12, % loss = 5, wire gauge = 8
65ft, amps = 10, volts = 24, % loss = 2, wire gauge = 6
65ft, amps = 10, volts = 24, % loss = 3, wire gauge = 8
65ft, amps = 10, volts = 24, % loss = 4, wire gauge = 10
65ft, amps = 10, volts = 24, % loss = 5, wire gauge = 10
65ft, amps = 10, volts = 36, % loss = 2, wire gauge = 8
65ft, amps = 10, volts = 36, % loss = 3, wire gauge = 10
65ft, amps = 10, volts = 36, % loss = 4, wire gauge = 12
65ft, amps = 10, volts = 36, % loss = 5, wire gauge = 12
65ft, amps = 10, volts = 48, % loss = 2, wire gauge = 10
65ft, amps = 10, volts = 48, % loss = 3, wire gauge = 12
65ft, amps = 10, volts = 48, % loss = 4, wire gauge = 12
65ft, amps = 10, volts = 48, % loss = 5, wire gauge = 14
65ft, amps = 10, volts = 60, % loss = 2, wire gauge = 10
65ft, amps = 10, volts = 60, % loss = 3, wire gauge = 12
65ft, amps = 10, volts = 60, % loss = 4, wire gauge = 14
65ft, amps = 10, volts = 60, % loss = 5, wire gauge = 14
65ft, amps = 15, volts = 12, % loss = 2, wire gauge = 2
65ft, amps = 15, volts = 12, % loss = 3, wire gauge = 4
65ft, amps = 15, volts = 12, % loss = 4, wire gauge = 4
65ft, amps = 15, volts = 12, % loss = 5, wire gauge = 6
65ft, amps = 15, volts = 24, % loss = 2, wire gauge = 4
65ft, amps = 15, volts = 24, % loss = 3, wire gauge = 6
65ft, amps = 15, volts = 24, % loss = 4, wire gauge = 8
65ft, amps = 15, volts = 24, % loss = 5, wire gauge = 8
65ft, amps = 15, volts = 36, % loss = 2, wire gauge = 6
65ft, amps = 15, volts = 36, % loss = 3, wire gauge = 8
65ft, amps = 15, volts = 36, % loss = 4, wire gauge = 10
65ft, amps = 15, volts = 36, % loss = 5, wire gauge = 10
65ft, amps = 15, volts = 48, % loss = 2, wire gauge = 8
65ft, amps = 15, volts = 48, % loss = 3, wire gauge = 10
65ft, amps = 15, volts = 48, % loss = 4, wire gauge = 10
65ft, amps = 15, volts = 48, % loss = 5, wire gauge = 12
65ft, amps = 15, volts = 60, % loss = 2, wire gauge = 8
65ft, amps = 15, volts = 60, % loss = 3, wire gauge = 10

65ft, amps = 15, volts = 60, % loss = 4, wire gauge = 12
65ft, amps = 15, volts = 60, % loss = 5, wire gauge = 12
65ft, amps = 20, volts = 12, % loss = 2, wire gauge = 0
65ft, amps = 20, volts = 12, % loss = 3, wire gauge = 2
65ft, amps = 20, volts = 12, % loss = 4, wire gauge = 4
65ft, amps = 20, volts = 12, % loss = 5, wire gauge = 4
65ft, amps = 20, volts = 24, % loss = 2, wire gauge = 4
65ft, amps = 20, volts = 24, % loss = 3, wire gauge = 6
65ft, amps = 20, volts = 24, % loss = 4, wire gauge = 6
65ft, amps = 20, volts = 24, % loss = 5, wire gauge = 8
65ft, amps = 20, volts = 36, % loss = 2, wire gauge = 6
65ft, amps = 20, volts = 36, % loss = 3, wire gauge = 6
65ft, amps = 20, volts = 36, % loss = 4, wire gauge = 8
65ft, amps = 20, volts = 36, % loss = 5, wire gauge = 10
65ft, amps = 20, volts = 48, % loss = 2, wire gauge = 6
65ft, amps = 20, volts = 48, % loss = 3, wire gauge = 8
65ft, amps = 20, volts = 48, % loss = 4, wire gauge = 10
65ft, amps = 20, volts = 48, % loss = 5, wire gauge = 10
65ft, amps = 20, volts = 60, % loss = 2, wire gauge = 8
65ft, amps = 20, volts = 60, % loss = 3, wire gauge = 10
65ft, amps = 20, volts = 60, % loss = 4, wire gauge = 10
65ft, amps = 20, volts = 60, % loss = 5, wire gauge = 12
65ft, amps = 25, volts = 12, % loss = 2, wire gauge = 00
65ft, amps = 25, volts = 12, % loss = 3, wire gauge = 2
65ft, amps = 25, volts = 12, % loss = 4, wire gauge = 2
65ft, amps = 25, volts = 12, % loss = 5, wire gauge = 4
65ft, amps = 25, volts = 24, % loss = 2, wire gauge = 2
65ft, amps = 25, volts = 24, % loss = 3, wire gauge = 4
65ft, amps = 25, volts = 24, % loss = 4, wire gauge = 6
65ft, amps = 25, volts = 24, % loss = 5, wire gauge = 6
65ft, amps = 25, volts = 36, % loss = 2, wire gauge = 4
65ft, amps = 25, volts = 36, % loss = 3, wire gauge = 6
65ft, amps = 25, volts = 36, % loss = 4, wire gauge = 8
65ft, amps = 25, volts = 36, % loss = 5, wire gauge = 8
65ft, amps = 25, volts = 48, % loss = 2, wire gauge = 6
65ft, amps = 25, volts = 48, % loss = 3, wire gauge = 8
65ft, amps = 25, volts = 48, % loss = 4, wire gauge = 8
65ft, amps = 25, volts = 48, % loss = 5, wire gauge = 10
65ft, amps = 25, volts = 60, % loss = 2, wire gauge = 6

65ft, amps = 25, volts = 60, % loss = 3, wire gauge = 8
65ft, amps = 25, volts = 60, % loss = 4, wire gauge = 10
65ft, amps = 25, volts = 60, % loss = 5, wire gauge = 10
65ft, amps = 30, volts = 12, % loss = 2, wire gauge = 000
65ft, amps = 30, volts = 12, % loss = 3, wire gauge = 0
65ft, amps = 30, volts = 12, % loss = 4, wire gauge = 2
65ft, amps = 30, volts = 12, % loss = 5, wire gauge = 2
65ft, amps = 30, volts = 24, % loss = 2, wire gauge = 2
65ft, amps = 30, volts = 24, % loss = 3, wire gauge = 4
65ft, amps = 30, volts = 24, % loss = 4, wire gauge = 4
65ft, amps = 30, volts = 24, % loss = 5, wire gauge = 6
65ft, amps = 30, volts = 36, % loss = 2, wire gauge = 4
65ft, amps = 30, volts = 36, % loss = 3, wire gauge = 6
65ft, amps = 30, volts = 36, % loss = 4, wire gauge = 6
65ft, amps = 30, volts = 36, % loss = 5, wire gauge = 8
65ft, amps = 30, volts = 48, % loss = 2, wire gauge = 4
65ft, amps = 30, volts = 48, % loss = 3, wire gauge = 6
65ft, amps = 30, volts = 48, % loss = 4, wire gauge = 8
65ft, amps = 30, volts = 48, % loss = 5, wire gauge = 8
65ft, amps = 30, volts = 60, % loss = 2, wire gauge = 6
65ft, amps = 30, volts = 60, % loss = 3, wire gauge = 8
65ft, amps = 30, volts = 60, % loss = 4, wire gauge = 8
65ft, amps = 30, volts = 60, % loss = 5, wire gauge = 10
65ft, amps = 35, volts = 12, % loss = 2, wire gauge = 000
65ft, amps = 35, volts = 12, % loss = 3, wire gauge = 00
65ft, amps = 35, volts = 12, % loss = 4, wire gauge = 2
65ft, amps = 35, volts = 12, % loss = 5, wire gauge = 2
65ft, amps = 35, volts = 24, % loss = 2, wire gauge = 2
65ft, amps = 35, volts = 24, % loss = 3, wire gauge = 2
65ft, amps = 35, volts = 24, % loss = 4, wire gauge = 4
65ft, amps = 35, volts = 24, % loss = 5, wire gauge = 6
65ft, amps = 35, volts = 36, % loss = 2, wire gauge = 2
65ft, amps = 35, volts = 36, % loss = 3, wire gauge = 4
65ft, amps = 35, volts = 36, % loss = 4, wire gauge = 6
65ft, amps = 35, volts = 36, % loss = 5, wire gauge = 6
65ft, amps = 35, volts = 48, % loss = 2, wire gauge = 4
65ft, amps = 35, volts = 48, % loss = 3, wire gauge = 6
65ft, amps = 35, volts = 48, % loss = 4, wire gauge = 8
65ft, amps = 35, volts = 48, % loss = 5, wire gauge = 8

65ft, amps = 35, volts = 60, % loss = 2, wire gauge = 6
65ft, amps = 35, volts = 60, % loss = 3, wire gauge = 6
65ft, amps = 35, volts = 60, % loss = 4, wire gauge = 8
65ft, amps = 35, volts = 60, % loss = 5, wire gauge = 10
65ft, amps = 40, volts = 12, % loss = 3, wire gauge = 00
65ft, amps = 40, volts = 12, % loss = 4, wire gauge = 0
65ft, amps = 40, volts = 12, % loss = 5, wire gauge = 2
65ft, amps = 40, volts = 24, % loss = 2, wire gauge = 0
65ft, amps = 40, volts = 24, % loss = 3, wire gauge = 2
65ft, amps = 40, volts = 24, % loss = 4, wire gauge = 4
65ft, amps = 40, volts = 24, % loss = 5, wire gauge = 4
65ft, amps = 40, volts = 36, % loss = 2, wire gauge = 2
65ft, amps = 40, volts = 36, % loss = 3, wire gauge = 4
65ft, amps = 40, volts = 36, % loss = 4, wire gauge = 6
65ft, amps = 40, volts = 36, % loss = 5, wire gauge = 6
65ft, amps = 40, volts = 48, % loss = 2, wire gauge = 4
65ft, amps = 40, volts = 48, % loss = 3, wire gauge = 6
65ft, amps = 40, volts = 48, % loss = 4, wire gauge = 6
65ft, amps = 40, volts = 48, % loss = 5, wire gauge = 8
65ft, amps = 40, volts = 60, % loss = 2, wire gauge = 4
65ft, amps = 40, volts = 60, % loss = 3, wire gauge = 6
65ft, amps = 40, volts = 60, % loss = 4, wire gauge = 8
65ft, amps = 40, volts = 60, % loss = 5, wire gauge = 8
65ft, amps = 45, volts = 12, % loss = 3, wire gauge = 000
65ft, amps = 45, volts = 12, % loss = 4, wire gauge = 0
65ft, amps = 45, volts = 12, % loss = 5, wire gauge = 2
65ft, amps = 45, volts = 24, % loss = 2, wire gauge = 0
65ft, amps = 45, volts = 24, % loss = 3, wire gauge = 2
65ft, amps = 45, volts = 24, % loss = 4, wire gauge = 4
65ft, amps = 45, volts = 24, % loss = 5, wire gauge = 4
65ft, amps = 45, volts = 36, % loss = 2, wire gauge = 2
65ft, amps = 45, volts = 36, % loss = 3, wire gauge = 4
65ft, amps = 45, volts = 36, % loss = 4, wire gauge = 4
65ft, amps = 45, volts = 36, % loss = 5, wire gauge = 6
65ft, amps = 45, volts = 48, % loss = 2, wire gauge = 4
65ft, amps = 45, volts = 48, % loss = 3, wire gauge = 4
65ft, amps = 45, volts = 48, % loss = 4, wire gauge = 6
65ft, amps = 45, volts = 48, % loss = 5, wire gauge = 6
65ft, amps = 45, volts = 60, % loss = 2, wire gauge = 4

65ft, amps = 45, volts = 60, % loss = 3, wire gauge = 6
65ft, amps = 45, volts = 60, % loss = 4, wire gauge = 6
65ft, amps = 45, volts = 60, % loss = 5, wire gauge = 8
65ft, amps = 50, volts = 12, % loss = 3, wire gauge = 000
65ft, amps = 50, volts = 12, % loss = 4, wire gauge = 00
65ft, amps = 50, volts = 12, % loss = 5, wire gauge = 0
65ft, amps = 50, volts = 24, % loss = 2, wire gauge = 00
65ft, amps = 50, volts = 24, % loss = 3, wire gauge = 2
65ft, amps = 50, volts = 24, % loss = 4, wire gauge = 2
65ft, amps = 50, volts = 24, % loss = 5, wire gauge = 4
65ft, amps = 50, volts = 36, % loss = 2, wire gauge = 2
65ft, amps = 50, volts = 36, % loss = 3, wire gauge = 4
65ft, amps = 50, volts = 36, % loss = 4, wire gauge = 4
65ft, amps = 50, volts = 36, % loss = 5, wire gauge = 6
65ft, amps = 50, volts = 48, % loss = 2, wire gauge = 2
65ft, amps = 50, volts = 48, % loss = 3, wire gauge = 4
65ft, amps = 50, volts = 48, % loss = 4, wire gauge = 6
65ft, amps = 50, volts = 48, % loss = 5, wire gauge = 6
65ft, amps = 50, volts = 60, % loss = 2, wire gauge = 4
65ft, amps = 50, volts = 60, % loss = 3, wire gauge = 6
65ft, amps = 50, volts = 60, % loss = 4, wire gauge = 6
65ft, amps = 50, volts = 60, % loss = 5, wire gauge = 8
65ft, amps = 55, volts = 12, % loss = 3, wire gauge = 0000
65ft, amps = 55, volts = 12, % loss = 4, wire gauge = 00
65ft, amps = 55, volts = 12, % loss = 5, wire gauge = 0
65ft, amps = 55, volts = 24, % loss = 2, wire gauge = 00
65ft, amps = 55, volts = 24, % loss = 3, wire gauge = 0
65ft, amps = 55, volts = 24, % loss = 4, wire gauge = 2
65ft, amps = 55, volts = 24, % loss = 5, wire gauge = 4
65ft, amps = 55, volts = 36, % loss = 2, wire gauge = 0
65ft, amps = 55, volts = 36, % loss = 3, wire gauge = 2
65ft, amps = 55, volts = 36, % loss = 4, wire gauge = 4
65ft, amps = 55, volts = 36, % loss = 5, wire gauge = 6
65ft, amps = 55, volts = 48, % loss = 2, wire gauge = 2
65ft, amps = 55, volts = 48, % loss = 3, wire gauge = 4
65ft, amps = 55, volts = 48, % loss = 4, wire gauge = 6
65ft, amps = 55, volts = 48, % loss = 5, wire gauge = 6
65ft, amps = 55, volts = 60, % loss = 2, wire gauge = 4
65ft, amps = 55, volts = 60, % loss = 3, wire gauge = 6

65ft, amps = 55, volts = 60, % loss = 4, wire gauge = 6
65ft, amps = 55, volts = 60, % loss = 5, wire gauge = 8
65ft, amps = 60, volts = 12, % loss = 4, wire gauge = 000
65ft, amps = 60, volts = 12, % loss = 5, wire gauge = 00
65ft, amps = 60, volts = 24, % loss = 2, wire gauge = 000
65ft, amps = 60, volts = 24, % loss = 3, wire gauge = 0
65ft, amps = 60, volts = 24, % loss = 4, wire gauge = 2
65ft, amps = 60, volts = 24, % loss = 5, wire gauge = 2
65ft, amps = 60, volts = 36, % loss = 2, wire gauge = 0
65ft, amps = 60, volts = 36, % loss = 3, wire gauge = 2
65ft, amps = 60, volts = 36, % loss = 4, wire gauge = 4
65ft, amps = 60, volts = 36, % loss = 5, wire gauge = 4
65ft, amps = 60, volts = 48, % loss = 2, wire gauge = 2
65ft, amps = 60, volts = 48, % loss = 3, wire gauge = 4
65ft, amps = 60, volts = 48, % loss = 4, wire gauge = 4
65ft, amps = 60, volts = 48, % loss = 5, wire gauge = 6
65ft, amps = 60, volts = 60, % loss = 2, wire gauge = 2
65ft, amps = 60, volts = 60, % loss = 3, wire gauge = 4
65ft, amps = 60, volts = 60, % loss = 4, wire gauge = 6
65ft, amps = 60, volts = 60, % loss = 5, wire gauge = 6
65ft, amps = 65, volts = 12, % loss = 4, wire gauge = 000
65ft, amps = 65, volts = 12, % loss = 5, wire gauge = 00
65ft, amps = 65, volts = 24, % loss = 2, wire gauge = 000
65ft, amps = 65, volts = 24, % loss = 3, wire gauge = 0
65ft, amps = 65, volts = 24, % loss = 4, wire gauge = 2
65ft, amps = 65, volts = 24, % loss = 5, wire gauge = 2
65ft, amps = 65, volts = 36, % loss = 2, wire gauge = 0
65ft, amps = 65, volts = 36, % loss = 3, wire gauge = 2
65ft, amps = 65, volts = 36, % loss = 4, wire gauge = 4
65ft, amps = 65, volts = 36, % loss = 5, wire gauge = 4
65ft, amps = 65, volts = 48, % loss = 2, wire gauge = 2
65ft, amps = 65, volts = 48, % loss = 3, wire gauge = 4
65ft, amps = 65, volts = 48, % loss = 4, wire gauge = 4
65ft, amps = 65, volts = 48, % loss = 5, wire gauge = 6
65ft, amps = 65, volts = 60, % loss = 2, wire gauge = 2
65ft, amps = 65, volts = 60, % loss = 3, wire gauge = 4
65ft, amps = 65, volts = 60, % loss = 4, wire gauge = 6
65ft, amps = 65, volts = 60, % loss = 5, wire gauge = 6
65ft, amps = 70, volts = 12, % loss = 4, wire gauge = 000

65ft, amps = 70, volts = 12, % loss = 5, wire gauge = 00
65ft, amps = 70, volts = 24, % loss = 2, wire gauge = 000
65ft, amps = 70, volts = 24, % loss = 3, wire gauge = 00
65ft, amps = 70, volts = 24, % loss = 4, wire gauge = 2
65ft, amps = 70, volts = 24, % loss = 5, wire gauge = 2
65ft, amps = 70, volts = 36, % loss = 2, wire gauge = 00
65ft, amps = 70, volts = 36, % loss = 3, wire gauge = 2
65ft, amps = 70, volts = 36, % loss = 4, wire gauge = 2
65ft, amps = 70, volts = 36, % loss = 5, wire gauge = 4
65ft, amps = 70, volts = 48, % loss = 2, wire gauge = 2
65ft, amps = 70, volts = 48, % loss = 3, wire gauge = 2
65ft, amps = 70, volts = 48, % loss = 4, wire gauge = 4
65ft, amps = 70, volts = 48, % loss = 5, wire gauge = 6
65ft, amps = 70, volts = 60, % loss = 2, wire gauge = 2
65ft, amps = 70, volts = 60, % loss = 3, wire gauge = 4
65ft, amps = 70, volts = 60, % loss = 4, wire gauge = 6
65ft, amps = 70, volts = 60, % loss = 5, wire gauge = 6
65ft, amps = 75, volts = 12, % loss = 5, wire gauge = 000
65ft, amps = 75, volts = 24, % loss = 3, wire gauge = 00
65ft, amps = 75, volts = 24, % loss = 4, wire gauge = 0
65ft, amps = 75, volts = 24, % loss = 5, wire gauge = 2
65ft, amps = 75, volts = 36, % loss = 2, wire gauge = 00
65ft, amps = 75, volts = 36, % loss = 3, wire gauge = 2
65ft, amps = 75, volts = 36, % loss = 4, wire gauge = 2
65ft, amps = 75, volts = 36, % loss = 5, wire gauge = 4
65ft, amps = 75, volts = 48, % loss = 2, wire gauge = 0
65ft, amps = 75, volts = 48, % loss = 3, wire gauge = 2
65ft, amps = 75, volts = 48, % loss = 4, wire gauge = 4
65ft, amps = 75, volts = 48, % loss = 5, wire gauge = 4
65ft, amps = 75, volts = 60, % loss = 2, wire gauge = 2
65ft, amps = 75, volts = 60, % loss = 3, wire gauge = 4
65ft, amps = 75, volts = 60, % loss = 4, wire gauge = 4
65ft, amps = 75, volts = 60, % loss = 5, wire gauge = 6
65ft, amps = 80, volts = 12, % loss = 5, wire gauge = 000
65ft, amps = 80, volts = 24, % loss = 3, wire gauge = 00
65ft, amps = 80, volts = 24, % loss = 4, wire gauge = 0
65ft, amps = 80, volts = 24, % loss = 5, wire gauge = 2
65ft, amps = 80, volts = 36, % loss = 2, wire gauge = 00
65ft, amps = 80, volts = 36, % loss = 3, wire gauge = 2

65ft, amps = 80, volts = 36, % loss = 4, wire gauge = 2
65ft, amps = 80, volts = 36, % loss = 5, wire gauge = 4
65ft, amps = 80, volts = 48, % loss = 2, wire gauge = 0
65ft, amps = 80, volts = 48, % loss = 3, wire gauge = 2
65ft, amps = 80, volts = 48, % loss = 4, wire gauge = 4
65ft, amps = 80, volts = 48, % loss = 5, wire gauge = 4
65ft, amps = 80, volts = 60, % loss = 2, wire gauge = 2
65ft, amps = 80, volts = 60, % loss = 3, wire gauge = 4
65ft, amps = 80, volts = 60, % loss = 4, wire gauge = 4
65ft, amps = 80, volts = 60, % loss = 5, wire gauge = 6
70ft, amps = 5, volts = 12, % loss = 2, wire gauge = 6
70ft, amps = 5, volts = 12, % loss = 3, wire gauge = 8
70ft, amps = 5, volts = 12, % loss = 4, wire gauge = 10
70ft, amps = 5, volts = 12, % loss = 5, wire gauge = 10
70ft, amps = 5, volts = 24, % loss = 2, wire gauge = 10
70ft, amps = 5, volts = 24, % loss = 3, wire gauge = 12
70ft, amps = 5, volts = 24, % loss = 4, wire gauge = 12
70ft, amps = 5, volts = 24, % loss = 5, wire gauge = 14
70ft, amps = 5, volts = 36, % loss = 2, wire gauge = 12
70ft, amps = 5, volts = 36, % loss = 3, wire gauge = 12
70ft, amps = 5, volts = 36, % loss = 4, wire gauge = 14
70ft, amps = 5, volts = 36, % loss = 5, wire gauge = 14
70ft, amps = 5, volts = 48, % loss = 2, wire gauge = 12
70ft, amps = 5, volts = 48, % loss = 3, wire gauge = 14
70ft, amps = 5, volts = 48, % loss = 4, wire gauge = 14
70ft, amps = 5, volts = 48, % loss = 5, wire gauge = 14
70ft, amps = 5, volts = 60, % loss = 2, wire gauge = 14
70ft, amps = 5, volts = 60, % loss = 3, wire gauge = 14
70ft, amps = 5, volts = 60, % loss = 4, wire gauge = 14
70ft, amps = 5, volts = 60, % loss = 5, wire gauge = 14
70ft, amps = 10, volts = 12, % loss = 2, wire gauge = 4
70ft, amps = 10, volts = 12, % loss = 3, wire gauge = 6
70ft, amps = 10, volts = 12, % loss = 4, wire gauge = 6
70ft, amps = 10, volts = 12, % loss = 5, wire gauge = 8
70ft, amps = 10, volts = 24, % loss = 2, wire gauge = 6
70ft, amps = 10, volts = 24, % loss = 3, wire gauge = 8
70ft, amps = 10, volts = 24, % loss = 4, wire gauge = 10
70ft, amps = 10, volts = 24, % loss = 5, wire gauge = 10
70ft, amps = 10, volts = 36, % loss = 2, wire gauge = 8

70ft, amps = 10, volts = 36, % loss = 3, wire gauge = 10
70ft, amps = 10, volts = 36, % loss = 4, wire gauge = 12
70ft, amps = 10, volts = 36, % loss = 5, wire gauge = 12
70ft, amps = 10, volts = 48, % loss = 2, wire gauge = 10
70ft, amps = 10, volts = 48, % loss = 3, wire gauge = 12
70ft, amps = 10, volts = 48, % loss = 4, wire gauge = 12
70ft, amps = 10, volts = 48, % loss = 5, wire gauge = 14
70ft, amps = 10, volts = 60, % loss = 2, wire gauge = 10
70ft, amps = 10, volts = 60, % loss = 3, wire gauge = 12
70ft, amps = 10, volts = 60, % loss = 4, wire gauge = 14
70ft, amps = 10, volts = 60, % loss = 5, wire gauge = 14
70ft, amps = 15, volts = 12, % loss = 2, wire gauge = 2
70ft, amps = 15, volts = 12, % loss = 3, wire gauge = 4
70ft, amps = 15, volts = 12, % loss = 4, wire gauge = 4
70ft, amps = 15, volts = 12, % loss = 5, wire gauge = 6
70ft, amps = 15, volts = 24, % loss = 2, wire gauge = 4
70ft, amps = 15, volts = 24, % loss = 3, wire gauge = 6
70ft, amps = 15, volts = 24, % loss = 4, wire gauge = 8
70ft, amps = 15, volts = 24, % loss = 5, wire gauge = 8
70ft, amps = 15, volts = 36, % loss = 2, wire gauge = 6
70ft, amps = 15, volts = 36, % loss = 3, wire gauge = 8
70ft, amps = 15, volts = 36, % loss = 4, wire gauge = 10
70ft, amps = 15, volts = 36, % loss = 5, wire gauge = 10
70ft, amps = 15, volts = 48, % loss = 2, wire gauge = 8
70ft, amps = 15, volts = 48, % loss = 3, wire gauge = 10
70ft, amps = 15, volts = 48, % loss = 4, wire gauge = 10
70ft, amps = 15, volts = 48, % loss = 5, wire gauge = 12
70ft, amps = 15, volts = 60, % loss = 2, wire gauge = 8
70ft, amps = 15, volts = 60, % loss = 3, wire gauge = 10
70ft, amps = 15, volts = 60, % loss = 4, wire gauge = 12
70ft, amps = 15, volts = 60, % loss = 5, wire gauge = 12
70ft, amps = 20, volts = 12, % loss = 2, wire gauge = 0
70ft, amps = 20, volts = 12, % loss = 3, wire gauge = 2
70ft, amps = 20, volts = 12, % loss = 4, wire gauge = 4
70ft, amps = 20, volts = 12, % loss = 5, wire gauge = 4
70ft, amps = 20, volts = 24, % loss = 2, wire gauge = 4
70ft, amps = 20, volts = 24, % loss = 3, wire gauge = 6
70ft, amps = 20, volts = 24, % loss = 4, wire gauge = 6
70ft, amps = 20, volts = 24, % loss = 5, wire gauge = 8

70ft, amps = 20, volts = 36, % loss = 2, wire gauge = 6
70ft, amps = 20, volts = 36, % loss = 3, wire gauge = 6
70ft, amps = 20, volts = 36, % loss = 4, wire gauge = 8
70ft, amps = 20, volts = 36, % loss = 5, wire gauge = 10
70ft, amps = 20, volts = 48, % loss = 2, wire gauge = 6
70ft, amps = 20, volts = 48, % loss = 3, wire gauge = 8
70ft, amps = 20, volts = 48, % loss = 4, wire gauge = 10
70ft, amps = 20, volts = 48, % loss = 5, wire gauge = 10
70ft, amps = 20, volts = 60, % loss = 2, wire gauge = 8
70ft, amps = 20, volts = 60, % loss = 3, wire gauge = 10
70ft, amps = 20, volts = 60, % loss = 4, wire gauge = 10
70ft, amps = 20, volts = 60, % loss = 5, wire gauge = 12
70ft, amps = 25, volts = 12, % loss = 2, wire gauge = 00
70ft, amps = 25, volts = 12, % loss = 3, wire gauge = 2
70ft, amps = 25, volts = 12, % loss = 4, wire gauge = 2
70ft, amps = 25, volts = 12, % loss = 5, wire gauge = 4
70ft, amps = 25, volts = 24, % loss = 2, wire gauge = 2
70ft, amps = 25, volts = 24, % loss = 3, wire gauge = 4
70ft, amps = 25, volts = 24, % loss = 4, wire gauge = 6
70ft, amps = 25, volts = 24, % loss = 5, wire gauge = 6
70ft, amps = 25, volts = 36, % loss = 2, wire gauge = 4
70ft, amps = 25, volts = 36, % loss = 3, wire gauge = 6
70ft, amps = 25, volts = 36, % loss = 4, wire gauge = 6
70ft, amps = 25, volts = 36, % loss = 5, wire gauge = 8
70ft, amps = 25, volts = 48, % loss = 2, wire gauge = 6
70ft, amps = 25, volts = 48, % loss = 3, wire gauge = 6
70ft, amps = 25, volts = 48, % loss = 4, wire gauge = 8
70ft, amps = 25, volts = 48, % loss = 5, wire gauge = 10
70ft, amps = 25, volts = 60, % loss = 2, wire gauge = 6
70ft, amps = 25, volts = 60, % loss = 3, wire gauge = 8
70ft, amps = 25, volts = 60, % loss = 4, wire gauge = 10
70ft, amps = 25, volts = 60, % loss = 5, wire gauge = 10
70ft, amps = 30, volts = 12, % loss = 2, wire gauge = 000
70ft, amps = 30, volts = 12, % loss = 3, wire gauge = 0
70ft, amps = 30, volts = 12, % loss = 4, wire gauge = 2
70ft, amps = 30, volts = 12, % loss = 5, wire gauge = 2
70ft, amps = 30, volts = 24, % loss = 2, wire gauge = 2
70ft, amps = 30, volts = 24, % loss = 3, wire gauge = 4
70ft, amps = 30, volts = 24, % loss = 4, wire gauge = 4

70ft, amps = 30, volts = 24, % loss = 5, wire gauge = 6
70ft, amps = 30, volts = 36, % loss = 2, wire gauge = 4
70ft, amps = 30, volts = 36, % loss = 3, wire gauge = 6
70ft, amps = 30, volts = 36, % loss = 4, wire gauge = 6
70ft, amps = 30, volts = 36, % loss = 5, wire gauge = 8
70ft, amps = 30, volts = 48, % loss = 2, wire gauge = 4
70ft, amps = 30, volts = 48, % loss = 3, wire gauge = 6
70ft, amps = 30, volts = 48, % loss = 4, wire gauge = 8
70ft, amps = 30, volts = 48, % loss = 5, wire gauge = 8
70ft, amps = 30, volts = 60, % loss = 2, wire gauge = 6
70ft, amps = 30, volts = 60, % loss = 3, wire gauge = 8
70ft, amps = 30, volts = 60, % loss = 4, wire gauge = 8
70ft, amps = 30, volts = 60, % loss = 5, wire gauge = 10
70ft, amps = 35, volts = 12, % loss = 3, wire gauge = 00
70ft, amps = 35, volts = 12, % loss = 4, wire gauge = 0
70ft, amps = 35, volts = 12, % loss = 5, wire gauge = 2
70ft, amps = 35, volts = 24, % loss = 2, wire gauge = 0
70ft, amps = 35, volts = 24, % loss = 3, wire gauge = 2
70ft, amps = 35, volts = 24, % loss = 4, wire gauge = 4
70ft, amps = 35, volts = 24, % loss = 5, wire gauge = 4
70ft, amps = 35, volts = 36, % loss = 2, wire gauge = 2
70ft, amps = 35, volts = 36, % loss = 3, wire gauge = 4
70ft, amps = 35, volts = 36, % loss = 4, wire gauge = 6
70ft, amps = 35, volts = 36, % loss = 5, wire gauge = 6
70ft, amps = 35, volts = 48, % loss = 2, wire gauge = 4
70ft, amps = 35, volts = 48, % loss = 3, wire gauge = 6
70ft, amps = 35, volts = 48, % loss = 4, wire gauge = 6
70ft, amps = 35, volts = 48, % loss = 5, wire gauge = 8
70ft, amps = 35, volts = 60, % loss = 2, wire gauge = 4
70ft, amps = 35, volts = 60, % loss = 3, wire gauge = 6
70ft, amps = 35, volts = 60, % loss = 4, wire gauge = 8
70ft, amps = 35, volts = 60, % loss = 5, wire gauge = 8
70ft, amps = 40, volts = 12, % loss = 3, wire gauge = 00
70ft, amps = 40, volts = 12, % loss = 4, wire gauge = 0
70ft, amps = 40, volts = 12, % loss = 5, wire gauge = 2
70ft, amps = 40, volts = 24, % loss = 2, wire gauge = 0
70ft, amps = 40, volts = 24, % loss = 3, wire gauge = 2
70ft, amps = 40, volts = 24, % loss = 4, wire gauge = 4
70ft, amps = 40, volts = 24, % loss = 5, wire gauge = 4

70ft, amps = 40, volts = 36, % loss = 2, wire gauge = 2
70ft, amps = 40, volts = 36, % loss = 3, wire gauge = 4
70ft, amps = 40, volts = 36, % loss = 4, wire gauge = 6
70ft, amps = 40, volts = 36, % loss = 5, wire gauge = 6
70ft, amps = 40, volts = 48, % loss = 2, wire gauge = 4
70ft, amps = 40, volts = 48, % loss = 3, wire gauge = 6
70ft, amps = 40, volts = 48, % loss = 4, wire gauge = 6
70ft, amps = 40, volts = 48, % loss = 5, wire gauge = 8
70ft, amps = 40, volts = 60, % loss = 2, wire gauge = 4
70ft, amps = 40, volts = 60, % loss = 3, wire gauge = 6
70ft, amps = 40, volts = 60, % loss = 4, wire gauge = 8
70ft, amps = 40, volts = 60, % loss = 5, wire gauge = 8
70ft, amps = 45, volts = 12, % loss = 3, wire gauge = 000
70ft, amps = 45, volts = 12, % loss = 4, wire gauge = 00
70ft, amps = 45, volts = 12, % loss = 5, wire gauge = 0
70ft, amps = 45, volts = 24, % loss = 2, wire gauge = 00
70ft, amps = 45, volts = 24, % loss = 3, wire gauge = 2
70ft, amps = 45, volts = 24, % loss = 4, wire gauge = 2
70ft, amps = 45, volts = 24, % loss = 5, wire gauge = 4
70ft, amps = 45, volts = 36, % loss = 2, wire gauge = 2
70ft, amps = 45, volts = 36, % loss = 3, wire gauge = 4
70ft, amps = 45, volts = 36, % loss = 4, wire gauge = 4
70ft, amps = 45, volts = 36, % loss = 5, wire gauge = 6
70ft, amps = 45, volts = 48, % loss = 2, wire gauge = 2
70ft, amps = 45, volts = 48, % loss = 3, wire gauge = 4
70ft, amps = 45, volts = 48, % loss = 4, wire gauge = 6
70ft, amps = 45, volts = 48, % loss = 5, wire gauge = 6
70ft, amps = 45, volts = 60, % loss = 2, wire gauge = 4
70ft, amps = 45, volts = 60, % loss = 3, wire gauge = 6
70ft, amps = 45, volts = 60, % loss = 4, wire gauge = 6
70ft, amps = 45, volts = 60, % loss = 5, wire gauge = 8
70ft, amps = 50, volts = 12, % loss = 3, wire gauge = 000
70ft, amps = 50, volts = 12, % loss = 4, wire gauge = 00
70ft, amps = 50, volts = 12, % loss = 5, wire gauge = 0
70ft, amps = 50, volts = 24, % loss = 2, wire gauge = 00
70ft, amps = 50, volts = 24, % loss = 3, wire gauge = 2
70ft, amps = 50, volts = 24, % loss = 4, wire gauge = 2
70ft, amps = 50, volts = 24, % loss = 5, wire gauge = 4
70ft, amps = 50, volts = 36, % loss = 2, wire gauge = 2

70ft, amps = 50, volts = 36, % loss = 3, wire gauge = 2
70ft, amps = 50, volts = 36, % loss = 4, wire gauge = 4
70ft, amps = 50, volts = 36, % loss = 5, wire gauge = 6
70ft, amps = 50, volts = 48, % loss = 2, wire gauge = 2
70ft, amps = 50, volts = 48, % loss = 3, wire gauge = 4
70ft, amps = 50, volts = 48, % loss = 4, wire gauge = 6
70ft, amps = 50, volts = 48, % loss = 5, wire gauge = 6
70ft, amps = 50, volts = 60, % loss = 2, wire gauge = 4
70ft, amps = 50, volts = 60, % loss = 3, wire gauge = 6
70ft, amps = 50, volts = 60, % loss = 4, wire gauge = 6
70ft, amps = 50, volts = 60, % loss = 5, wire gauge = 8
70ft, amps = 55, volts = 12, % loss = 4, wire gauge = 000
70ft, amps = 55, volts = 12, % loss = 5, wire gauge = 00
70ft, amps = 55, volts = 24, % loss = 2, wire gauge = 000
70ft, amps = 55, volts = 24, % loss = 3, wire gauge = 0
70ft, amps = 55, volts = 24, % loss = 4, wire gauge = 2
70ft, amps = 55, volts = 24, % loss = 5, wire gauge = 2
70ft, amps = 55, volts = 36, % loss = 2, wire gauge = 0
70ft, amps = 55, volts = 36, % loss = 3, wire gauge = 2
70ft, amps = 55, volts = 36, % loss = 4, wire gauge = 4
70ft, amps = 55, volts = 36, % loss = 5, wire gauge = 4
70ft, amps = 55, volts = 48, % loss = 2, wire gauge = 2
70ft, amps = 55, volts = 48, % loss = 3, wire gauge = 4
70ft, amps = 55, volts = 48, % loss = 4, wire gauge = 4
70ft, amps = 55, volts = 48, % loss = 5, wire gauge = 6
70ft, amps = 55, volts = 60, % loss = 2, wire gauge = 2
70ft, amps = 55, volts = 60, % loss = 3, wire gauge = 4
70ft, amps = 55, volts = 60, % loss = 4, wire gauge = 6
70ft, amps = 55, volts = 60, % loss = 5, wire gauge = 6
70ft, amps = 60, volts = 12, % loss = 4, wire gauge = 000
70ft, amps = 60, volts = 12, % loss = 5, wire gauge = 00
70ft, amps = 60, volts = 24, % loss = 2, wire gauge = 000
70ft, amps = 60, volts = 24, % loss = 3, wire gauge = 0
70ft, amps = 60, volts = 24, % loss = 4, wire gauge = 2
70ft, amps = 60, volts = 24, % loss = 5, wire gauge = 2
70ft, amps = 60, volts = 36, % loss = 2, wire gauge = 0
70ft, amps = 60, volts = 36, % loss = 3, wire gauge = 2
70ft, amps = 60, volts = 36, % loss = 4, wire gauge = 4
70ft, amps = 60, volts = 36, % loss = 5, wire gauge = 4

70ft, amps = 60, volts = 48, % loss = 2, wire gauge = 2
70ft, amps = 60, volts = 48, % loss = 3, wire gauge = 4
70ft, amps = 60, volts = 48, % loss = 4, wire gauge = 4
70ft, amps = 60, volts = 48, % loss = 5, wire gauge = 6
70ft, amps = 60, volts = 60, % loss = 2, wire gauge = 2
70ft, amps = 60, volts = 60, % loss = 3, wire gauge = 4
70ft, amps = 60, volts = 60, % loss = 4, wire gauge = 6
70ft, amps = 60, volts = 60, % loss = 5, wire gauge = 6
70ft, amps = 65, volts = 12, % loss = 4, wire gauge = 000
70ft, amps = 65, volts = 12, % loss = 5, wire gauge = 00
70ft, amps = 65, volts = 24, % loss = 2, wire gauge = 000
70ft, amps = 65, volts = 24, % loss = 3, wire gauge = 00
70ft, amps = 65, volts = 24, % loss = 4, wire gauge = 2
70ft, amps = 65, volts = 24, % loss = 5, wire gauge = 2
70ft, amps = 65, volts = 36, % loss = 2, wire gauge = 00
70ft, amps = 65, volts = 36, % loss = 3, wire gauge = 2
70ft, amps = 65, volts = 36, % loss = 4, wire gauge = 2
70ft, amps = 65, volts = 36, % loss = 5, wire gauge = 4
70ft, amps = 65, volts = 48, % loss = 2, wire gauge = 2
70ft, amps = 65, volts = 48, % loss = 3, wire gauge = 2
70ft, amps = 65, volts = 48, % loss = 4, wire gauge = 4
70ft, amps = 65, volts = 48, % loss = 5, wire gauge = 6
70ft, amps = 65, volts = 60, % loss = 2, wire gauge = 2
70ft, amps = 65, volts = 60, % loss = 3, wire gauge = 4
70ft, amps = 65, volts = 60, % loss = 4, wire gauge = 6
70ft, amps = 65, volts = 60, % loss = 5, wire gauge = 6
70ft, amps = 70, volts = 12, % loss = 5, wire gauge = 000
70ft, amps = 70, volts = 24, % loss = 3, wire gauge = 00
70ft, amps = 70, volts = 24, % loss = 4, wire gauge = 0
70ft, amps = 70, volts = 24, % loss = 5, wire gauge = 2
70ft, amps = 70, volts = 36, % loss = 2, wire gauge = 00
70ft, amps = 70, volts = 36, % loss = 3, wire gauge = 2
70ft, amps = 70, volts = 36, % loss = 4, wire gauge = 2
70ft, amps = 70, volts = 36, % loss = 5, wire gauge = 4
70ft, amps = 70, volts = 48, % loss = 2, wire gauge = 0
70ft, amps = 70, volts = 48, % loss = 3, wire gauge = 2
70ft, amps = 70, volts = 48, % loss = 4, wire gauge = 4
70ft, amps = 70, volts = 48, % loss = 5, wire gauge = 4
70ft, amps = 70, volts = 60, % loss = 2, wire gauge = 2

70ft, amps = 70, volts = 60, % loss = 3, wire gauge = 4
70ft, amps = 70, volts = 60, % loss = 4, wire gauge = 4
70ft, amps = 70, volts = 60, % loss = 5, wire gauge = 6
70ft, amps = 75, volts = 12, % loss = 5, wire gauge = 000
70ft, amps = 75, volts = 24, % loss = 3, wire gauge = 00
70ft, amps = 75, volts = 24, % loss = 4, wire gauge = 0
70ft, amps = 75, volts = 24, % loss = 5, wire gauge = 2
70ft, amps = 75, volts = 36, % loss = 2, wire gauge = 00
70ft, amps = 75, volts = 36, % loss = 3, wire gauge = 2
70ft, amps = 75, volts = 36, % loss = 4, wire gauge = 2
70ft, amps = 75, volts = 36, % loss = 5, wire gauge = 4
70ft, amps = 75, volts = 48, % loss = 2, wire gauge = 0
70ft, amps = 75, volts = 48, % loss = 3, wire gauge = 2
70ft, amps = 75, volts = 48, % loss = 4, wire gauge = 4
70ft, amps = 75, volts = 48, % loss = 5, wire gauge = 4
70ft, amps = 75, volts = 60, % loss = 2, wire gauge = 2
70ft, amps = 75, volts = 60, % loss = 3, wire gauge = 4
70ft, amps = 75, volts = 60, % loss = 4, wire gauge = 4
70ft, amps = 75, volts = 60, % loss = 5, wire gauge = 6
70ft, amps = 80, volts = 12, % loss = 5, wire gauge = 000
70ft, amps = 80, volts = 24, % loss = 3, wire gauge = 00
70ft, amps = 80, volts = 24, % loss = 4, wire gauge = 0
70ft, amps = 80, volts = 24, % loss = 5, wire gauge = 2
70ft, amps = 80, volts = 36, % loss = 2, wire gauge = 00
70ft, amps = 80, volts = 36, % loss = 3, wire gauge = 0
70ft, amps = 80, volts = 36, % loss = 4, wire gauge = 2
70ft, amps = 80, volts = 36, % loss = 5, wire gauge = 2
70ft, amps = 80, volts = 48, % loss = 2, wire gauge = 0
70ft, amps = 80, volts = 48, % loss = 3, wire gauge = 2
70ft, amps = 80, volts = 48, % loss = 4, wire gauge = 4
70ft, amps = 80, volts = 48, % loss = 5, wire gauge = 4
70ft, amps = 80, volts = 60, % loss = 2, wire gauge = 2
70ft, amps = 80, volts = 60, % loss = 3, wire gauge = 2
70ft, amps = 80, volts = 60, % loss = 4, wire gauge = 4
70ft, amps = 80, volts = 60, % loss = 5, wire gauge = 6
75ft, amps = 5, volts = 12, % loss = 2, wire gauge = 6
75ft, amps = 5, volts = 12, % loss = 3, wire gauge = 8
75ft, amps = 5, volts = 12, % loss = 4, wire gauge = 10
75ft, amps = 5, volts = 12, % loss = 5, wire gauge = 10

75ft, amps = 5, volts = 24, % loss = 2, wire gauge = 10
75ft, amps = 5, volts = 24, % loss = 3, wire gauge = 10
75ft, amps = 5, volts = 24, % loss = 4, wire gauge = 12
75ft, amps = 5, volts = 24, % loss = 5, wire gauge = 12
75ft, amps = 5, volts = 36, % loss = 2, wire gauge = 10
75ft, amps = 5, volts = 36, % loss = 3, wire gauge = 12
75ft, amps = 5, volts = 36, % loss = 4, wire gauge = 14
75ft, amps = 5, volts = 36, % loss = 5, wire gauge = 14
75ft, amps = 5, volts = 48, % loss = 2, wire gauge = 12
75ft, amps = 5, volts = 48, % loss = 3, wire gauge = 14
75ft, amps = 5, volts = 48, % loss = 4, wire gauge = 14
75ft, amps = 5, volts = 48, % loss = 5, wire gauge = 14
75ft, amps = 5, volts = 60, % loss = 2, wire gauge = 12
75ft, amps = 5, volts = 60, % loss = 3, wire gauge = 14
75ft, amps = 5, volts = 60, % loss = 4, wire gauge = 14
75ft, amps = 5, volts = 60, % loss = 5, wire gauge = 14
75ft, amps = 10, volts = 12, % loss = 2, wire gauge = 2
75ft, amps = 10, volts = 12, % loss = 3, wire gauge = 4
75ft, amps = 10, volts = 12, % loss = 4, wire gauge = 6
75ft, amps = 10, volts = 12, % loss = 5, wire gauge = 6
75ft, amps = 10, volts = 24, % loss = 2, wire gauge = 6
75ft, amps = 10, volts = 24, % loss = 3, wire gauge = 8
75ft, amps = 10, volts = 24, % loss = 4, wire gauge = 10
75ft, amps = 10, volts = 24, % loss = 5, wire gauge = 10
75ft, amps = 10, volts = 36, % loss = 2, wire gauge = 8
75ft, amps = 10, volts = 36, % loss = 3, wire gauge = 10
75ft, amps = 10, volts = 36, % loss = 4, wire gauge = 10
75ft, amps = 10, volts = 36, % loss = 5, wire gauge = 12
75ft, amps = 10, volts = 48, % loss = 2, wire gauge = 10
75ft, amps = 10, volts = 48, % loss = 3, wire gauge = 10
75ft, amps = 10, volts = 48, % loss = 4, wire gauge = 12
75ft, amps = 10, volts = 48, % loss = 5, wire gauge = 12
75ft, amps = 10, volts = 60, % loss = 2, wire gauge = 10
75ft, amps = 10, volts = 60, % loss = 3, wire gauge = 12
75ft, amps = 10, volts = 60, % loss = 4, wire gauge = 12
75ft, amps = 10, volts = 60, % loss = 5, wire gauge = 14
75ft, amps = 15, volts = 12, % loss = 2, wire gauge = 2
75ft, amps = 15, volts = 12, % loss = 3, wire gauge = 2
75ft, amps = 15, volts = 12, % loss = 4, wire gauge = 4

75ft, amps = 15, volts = 12, % loss = 5, wire gauge = 6
75ft, amps = 15, volts = 24, % loss = 2, wire gauge = 4
75ft, amps = 15, volts = 24, % loss = 3, wire gauge = 6
75ft, amps = 15, volts = 24, % loss = 4, wire gauge = 8
75ft, amps = 15, volts = 24, % loss = 5, wire gauge = 8
75ft, amps = 15, volts = 36, % loss = 2, wire gauge = 6
75ft, amps = 15, volts = 36, % loss = 3, wire gauge = 8
75ft, amps = 15, volts = 36, % loss = 4, wire gauge = 10
75ft, amps = 15, volts = 36, % loss = 5, wire gauge = 10
75ft, amps = 15, volts = 48, % loss = 2, wire gauge = 8
75ft, amps = 15, volts = 48, % loss = 3, wire gauge = 10
75ft, amps = 15, volts = 48, % loss = 4, wire gauge = 10
75ft, amps = 15, volts = 48, % loss = 5, wire gauge = 12
75ft, amps = 15, volts = 60, % loss = 2, wire gauge = 8
75ft, amps = 15, volts = 60, % loss = 3, wire gauge = 10
75ft, amps = 15, volts = 60, % loss = 4, wire gauge = 12
75ft, amps = 15, volts = 60, % loss = 5, wire gauge = 12
75ft, amps = 20, volts = 12, % loss = 2, wire gauge = 00
75ft, amps = 20, volts = 12, % loss = 3, wire gauge = 2
75ft, amps = 20, volts = 12, % loss = 4, wire gauge = 2
75ft, amps = 20, volts = 12, % loss = 5, wire gauge = 4
75ft, amps = 20, volts = 24, % loss = 2, wire gauge = 2
75ft, amps = 20, volts = 24, % loss = 3, wire gauge = 4
75ft, amps = 20, volts = 24, % loss = 4, wire gauge = 6
75ft, amps = 20, volts = 24, % loss = 5, wire gauge = 6
75ft, amps = 20, volts = 36, % loss = 2, wire gauge = 4
75ft, amps = 20, volts = 36, % loss = 3, wire gauge = 6
75ft, amps = 20, volts = 36, % loss = 4, wire gauge = 8
75ft, amps = 20, volts = 36, % loss = 5, wire gauge = 8
75ft, amps = 20, volts = 48, % loss = 2, wire gauge = 6
75ft, amps = 20, volts = 48, % loss = 3, wire gauge = 8
75ft, amps = 20, volts = 48, % loss = 4, wire gauge = 10
75ft, amps = 20, volts = 48, % loss = 5, wire gauge = 10
75ft, amps = 20, volts = 60, % loss = 2, wire gauge = 6
75ft, amps = 20, volts = 60, % loss = 3, wire gauge = 8
75ft, amps = 20, volts = 60, % loss = 4, wire gauge = 10
75ft, amps = 20, volts = 60, % loss = 5, wire gauge = 10
75ft, amps = 25, volts = 12, % loss = 2, wire gauge = 000
75ft, amps = 25, volts = 12, % loss = 3, wire gauge = 0

75ft, amps = 25, volts = 12, % loss = 4, wire gauge = 2
75ft, amps = 25, volts = 12, % loss = 5, wire gauge = 2
75ft, amps = 25, volts = 24, % loss = 2, wire gauge = 2
75ft, amps = 25, volts = 24, % loss = 3, wire gauge = 4
75ft, amps = 25, volts = 24, % loss = 4, wire gauge = 6
75ft, amps = 25, volts = 24, % loss = 5, wire gauge = 6
75ft, amps = 25, volts = 36, % loss = 2, wire gauge = 4
75ft, amps = 25, volts = 36, % loss = 3, wire gauge = 6
75ft, amps = 25, volts = 36, % loss = 4, wire gauge = 6
75ft, amps = 25, volts = 36, % loss = 5, wire gauge = 8
75ft, amps = 25, volts = 48, % loss = 2, wire gauge = 6
75ft, amps = 25, volts = 48, % loss = 3, wire gauge = 6
75ft, amps = 25, volts = 48, % loss = 4, wire gauge = 8
75ft, amps = 25, volts = 48, % loss = 5, wire gauge = 10
75ft, amps = 25, volts = 60, % loss = 2, wire gauge = 6
75ft, amps = 25, volts = 60, % loss = 3, wire gauge = 8
75ft, amps = 25, volts = 60, % loss = 4, wire gauge = 10
75ft, amps = 25, volts = 60, % loss = 5, wire gauge = 10
75ft, amps = 30, volts = 12, % loss = 2, wire gauge = 000
75ft, amps = 30, volts = 12, % loss = 3, wire gauge = 00
75ft, amps = 30, volts = 12, % loss = 4, wire gauge = 2
75ft, amps = 30, volts = 12, % loss = 5, wire gauge = 2
75ft, amps = 30, volts = 24, % loss = 2, wire gauge = 2
75ft, amps = 30, volts = 24, % loss = 3, wire gauge = 2
75ft, amps = 30, volts = 24, % loss = 4, wire gauge = 4
75ft, amps = 30, volts = 24, % loss = 5, wire gauge = 6
75ft, amps = 30, volts = 36, % loss = 2, wire gauge = 2
75ft, amps = 30, volts = 36, % loss = 3, wire gauge = 4
75ft, amps = 30, volts = 36, % loss = 4, wire gauge = 6
75ft, amps = 30, volts = 36, % loss = 5, wire gauge = 6
75ft, amps = 30, volts = 48, % loss = 2, wire gauge = 4
75ft, amps = 30, volts = 48, % loss = 3, wire gauge = 6
75ft, amps = 30, volts = 48, % loss = 4, wire gauge = 8
75ft, amps = 30, volts = 48, % loss = 5, wire gauge = 8
75ft, amps = 30, volts = 60, % loss = 2, wire gauge = 6
75ft, amps = 30, volts = 60, % loss = 3, wire gauge = 6
75ft, amps = 30, volts = 60, % loss = 4, wire gauge = 8
75ft, amps = 30, volts = 60, % loss = 5, wire gauge = 10
75ft, amps = 35, volts = 12, % loss = 3, wire gauge = 00

75ft, amps = 35, volts = 12, % loss = 4, wire gauge = 0
75ft, amps = 35, volts = 12, % loss = 5, wire gauge = 2
75ft, amps = 35, volts = 24, % loss = 2, wire gauge = 0
75ft, amps = 35, volts = 24, % loss = 3, wire gauge = 2
75ft, amps = 35, volts = 24, % loss = 4, wire gauge = 4
75ft, amps = 35, volts = 24, % loss = 5, wire gauge = 4
75ft, amps = 35, volts = 36, % loss = 2, wire gauge = 2
75ft, amps = 35, volts = 36, % loss = 3, wire gauge = 4
75ft, amps = 35, volts = 36, % loss = 4, wire gauge = 6
75ft, amps = 35, volts = 36, % loss = 5, wire gauge = 6
75ft, amps = 35, volts = 48, % loss = 2, wire gauge = 4
75ft, amps = 35, volts = 48, % loss = 3, wire gauge = 6
75ft, amps = 35, volts = 48, % loss = 4, wire gauge = 6
75ft, amps = 35, volts = 48, % loss = 5, wire gauge = 8
75ft, amps = 35, volts = 60, % loss = 2, wire gauge = 4
75ft, amps = 35, volts = 60, % loss = 3, wire gauge = 6
75ft, amps = 35, volts = 60, % loss = 4, wire gauge = 8
75ft, amps = 35, volts = 60, % loss = 5, wire gauge = 8
75ft, amps = 40, volts = 12, % loss = 3, wire gauge = 000
75ft, amps = 40, volts = 12, % loss = 4, wire gauge = 00
75ft, amps = 40, volts = 12, % loss = 5, wire gauge = 0
75ft, amps = 40, volts = 24, % loss = 2, wire gauge = 00
75ft, amps = 40, volts = 24, % loss = 3, wire gauge = 2
75ft, amps = 40, volts = 24, % loss = 4, wire gauge = 2
75ft, amps = 40, volts = 24, % loss = 5, wire gauge = 4
75ft, amps = 40, volts = 36, % loss = 2, wire gauge = 2
75ft, amps = 40, volts = 36, % loss = 3, wire gauge = 4
75ft, amps = 40, volts = 36, % loss = 4, wire gauge = 4
75ft, amps = 40, volts = 36, % loss = 5, wire gauge = 6
75ft, amps = 40, volts = 48, % loss = 2, wire gauge = 2
75ft, amps = 40, volts = 48, % loss = 3, wire gauge = 4
75ft, amps = 40, volts = 48, % loss = 4, wire gauge = 6
75ft, amps = 40, volts = 48, % loss = 5, wire gauge = 6
75ft, amps = 40, volts = 60, % loss = 2, wire gauge = 4
75ft, amps = 40, volts = 60, % loss = 3, wire gauge = 6
75ft, amps = 40, volts = 60, % loss = 4, wire gauge = 6
75ft, amps = 40, volts = 60, % loss = 5, wire gauge = 8
75ft, amps = 45, volts = 12, % loss = 3, wire gauge = 000
75ft, amps = 45, volts = 12, % loss = 4, wire gauge = 00

75ft, amps = 45, volts = 12, % loss = 5, wire gauge = 0
75ft, amps = 45, volts = 24, % loss = 2, wire gauge = 00
75ft, amps = 45, volts = 24, % loss = 3, wire gauge = 2
75ft, amps = 45, volts = 24, % loss = 4, wire gauge = 2
75ft, amps = 45, volts = 24, % loss = 5, wire gauge = 4
75ft, amps = 45, volts = 36, % loss = 2, wire gauge = 2
75ft, amps = 45, volts = 36, % loss = 3, wire gauge = 2
75ft, amps = 45, volts = 36, % loss = 4, wire gauge = 4
75ft, amps = 45, volts = 36, % loss = 5, wire gauge = 6
75ft, amps = 45, volts = 48, % loss = 2, wire gauge = 2
75ft, amps = 45, volts = 48, % loss = 3, wire gauge = 4
75ft, amps = 45, volts = 48, % loss = 4, wire gauge = 6
75ft, amps = 45, volts = 48, % loss = 5, wire gauge = 6
75ft, amps = 45, volts = 60, % loss = 2, wire gauge = 4
75ft, amps = 45, volts = 60, % loss = 3, wire gauge = 6
75ft, amps = 45, volts = 60, % loss = 4, wire gauge = 6
75ft, amps = 45, volts = 60, % loss = 5, wire gauge = 8
75ft, amps = 50, volts = 12, % loss = 4, wire gauge = 000
75ft, amps = 50, volts = 12, % loss = 5, wire gauge = 00
75ft, amps = 50, volts = 24, % loss = 2, wire gauge = 000
75ft, amps = 50, volts = 24, % loss = 3, wire gauge = 0
75ft, amps = 50, volts = 24, % loss = 4, wire gauge = 2
75ft, amps = 50, volts = 24, % loss = 5, wire gauge = 2
75ft, amps = 50, volts = 36, % loss = 2, wire gauge = 0
75ft, amps = 50, volts = 36, % loss = 3, wire gauge = 2
75ft, amps = 50, volts = 36, % loss = 4, wire gauge = 4
75ft, amps = 50, volts = 36, % loss = 5, wire gauge = 4
75ft, amps = 50, volts = 48, % loss = 2, wire gauge = 2
75ft, amps = 50, volts = 48, % loss = 3, wire gauge = 4
75ft, amps = 50, volts = 48, % loss = 4, wire gauge = 6
75ft, amps = 50, volts = 48, % loss = 5, wire gauge = 6
75ft, amps = 50, volts = 60, % loss = 2, wire gauge = 2
75ft, amps = 50, volts = 60, % loss = 3, wire gauge = 4
75ft, amps = 50, volts = 60, % loss = 4, wire gauge = 6
75ft, amps = 50, volts = 60, % loss = 5, wire gauge = 6
75ft, amps = 55, volts = 12, % loss = 4, wire gauge = 000
75ft, amps = 55, volts = 12, % loss = 5, wire gauge = 00
75ft, amps = 55, volts = 24, % loss = 2, wire gauge = 000
75ft, amps = 55, volts = 24, % loss = 3, wire gauge = 0

75ft, amps = 55, volts = 24, % loss = 4, wire gauge = 2
75ft, amps = 55, volts = 24, % loss = 5, wire gauge = 2
75ft, amps = 55, volts = 36, % loss = 2, wire gauge = 0
75ft, amps = 55, volts = 36, % loss = 3, wire gauge = 2
75ft, amps = 55, volts = 36, % loss = 4, wire gauge = 4
75ft, amps = 55, volts = 36, % loss = 5, wire gauge = 4
75ft, amps = 55, volts = 48, % loss = 2, wire gauge = 2
75ft, amps = 55, volts = 48, % loss = 3, wire gauge = 4
75ft, amps = 55, volts = 48, % loss = 4, wire gauge = 4
75ft, amps = 55, volts = 48, % loss = 5, wire gauge = 6
75ft, amps = 55, volts = 60, % loss = 2, wire gauge = 2
75ft, amps = 55, volts = 60, % loss = 3, wire gauge = 4
75ft, amps = 55, volts = 60, % loss = 4, wire gauge = 6
75ft, amps = 55, volts = 60, % loss = 5, wire gauge = 6
75ft, amps = 60, volts = 12, % loss = 4, wire gauge = 000
75ft, amps = 60, volts = 12, % loss = 5, wire gauge = 00
75ft, amps = 60, volts = 24, % loss = 2, wire gauge = 000
75ft, amps = 60, volts = 24, % loss = 3, wire gauge = 00
75ft, amps = 60, volts = 24, % loss = 4, wire gauge = 2
75ft, amps = 60, volts = 24, % loss = 5, wire gauge = 2
75ft, amps = 60, volts = 36, % loss = 2, wire gauge = 00
75ft, amps = 60, volts = 36, % loss = 3, wire gauge = 2
75ft, amps = 60, volts = 36, % loss = 4, wire gauge = 2
75ft, amps = 60, volts = 36, % loss = 5, wire gauge = 4
75ft, amps = 60, volts = 48, % loss = 2, wire gauge = 2
75ft, amps = 60, volts = 48, % loss = 3, wire gauge = 2
75ft, amps = 60, volts = 48, % loss = 4, wire gauge = 4
75ft, amps = 60, volts = 48, % loss = 5, wire gauge = 6
75ft, amps = 60, volts = 60, % loss = 2, wire gauge = 2
75ft, amps = 60, volts = 60, % loss = 3, wire gauge = 4
75ft, amps = 60, volts = 60, % loss = 4, wire gauge = 6
75ft, amps = 60, volts = 60, % loss = 5, wire gauge = 6
75ft, amps = 65, volts = 12, % loss = 5, wire gauge = 000
75ft, amps = 65, volts = 24, % loss = 3, wire gauge = 00
75ft, amps = 65, volts = 24, % loss = 4, wire gauge = 0
75ft, amps = 65, volts = 24, % loss = 5, wire gauge = 2
75ft, amps = 65, volts = 36, % loss = 2, wire gauge = 00
75ft, amps = 65, volts = 36, % loss = 3, wire gauge = 2
75ft, amps = 65, volts = 36, % loss = 4, wire gauge = 2

75ft, amps = 65, volts = 36, % loss = 5, wire gauge = 4
75ft, amps = 65, volts = 48, % loss = 2, wire gauge = 0
75ft, amps = 65, volts = 48, % loss = 3, wire gauge = 2
75ft, amps = 65, volts = 48, % loss = 4, wire gauge = 4
75ft, amps = 65, volts = 48, % loss = 5, wire gauge = 4
75ft, amps = 65, volts = 60, % loss = 2, wire gauge = 2
75ft, amps = 65, volts = 60, % loss = 3, wire gauge = 4
75ft, amps = 65, volts = 60, % loss = 4, wire gauge = 4
75ft, amps = 65, volts = 60, % loss = 5, wire gauge = 6
75ft, amps = 70, volts = 12, % loss = 5, wire gauge = 000
75ft, amps = 70, volts = 24, % loss = 3, wire gauge = 00
75ft, amps = 70, volts = 24, % loss = 4, wire gauge = 0
75ft, amps = 70, volts = 24, % loss = 5, wire gauge = 2
75ft, amps = 70, volts = 36, % loss = 2, wire gauge = 00
75ft, amps = 70, volts = 36, % loss = 3, wire gauge = 2
75ft, amps = 70, volts = 36, % loss = 4, wire gauge = 2
75ft, amps = 70, volts = 36, % loss = 5, wire gauge = 4
75ft, amps = 70, volts = 48, % loss = 2, wire gauge = 0
75ft, amps = 70, volts = 48, % loss = 3, wire gauge = 2
75ft, amps = 70, volts = 48, % loss = 4, wire gauge = 4
75ft, amps = 70, volts = 48, % loss = 5, wire gauge = 4
75ft, amps = 70, volts = 60, % loss = 2, wire gauge = 2
75ft, amps = 70, volts = 60, % loss = 3, wire gauge = 4
75ft, amps = 70, volts = 60, % loss = 4, wire gauge = 4
75ft, amps = 70, volts = 60, % loss = 5, wire gauge = 6
75ft, amps = 75, volts = 12, % loss = 5, wire gauge = 000
75ft, amps = 75, volts = 24, % loss = 3, wire gauge = 000
75ft, amps = 75, volts = 24, % loss = 4, wire gauge = 0
75ft, amps = 75, volts = 24, % loss = 5, wire gauge = 2
75ft, amps = 75, volts = 36, % loss = 2, wire gauge = 000
75ft, amps = 75, volts = 36, % loss = 3, wire gauge = 0
75ft, amps = 75, volts = 36, % loss = 4, wire gauge = 2
75ft, amps = 75, volts = 36, % loss = 5, wire gauge = 2
75ft, amps = 75, volts = 48, % loss = 2, wire gauge = 0
75ft, amps = 75, volts = 48, % loss = 3, wire gauge = 2
75ft, amps = 75, volts = 48, % loss = 4, wire gauge = 4
75ft, amps = 75, volts = 48, % loss = 5, wire gauge = 4
75ft, amps = 75, volts = 60, % loss = 2, wire gauge = 2
75ft, amps = 75, volts = 60, % loss = 3, wire gauge = 2

75ft, amps = 75, volts = 60, % loss = 4, wire gauge = 4
75ft, amps = 75, volts = 60, % loss = 5, wire gauge = 6
75ft, amps = 80, volts = 24, % loss = 3, wire gauge = 000
75ft, amps = 80, volts = 24, % loss = 4, wire gauge = 00
75ft, amps = 80, volts = 24, % loss = 5, wire gauge = 0
75ft, amps = 80, volts = 36, % loss = 2, wire gauge = 000
75ft, amps = 80, volts = 36, % loss = 3, wire gauge = 0
75ft, amps = 80, volts = 36, % loss = 4, wire gauge = 2
75ft, amps = 80, volts = 36, % loss = 5, wire gauge = 2
75ft, amps = 80, volts = 48, % loss = 2, wire gauge = 00
75ft, amps = 80, volts = 48, % loss = 3, wire gauge = 2
75ft, amps = 80, volts = 48, % loss = 4, wire gauge = 2
75ft, amps = 80, volts = 48, % loss = 5, wire gauge = 4
75ft, amps = 80, volts = 60, % loss = 2, wire gauge = 0
75ft, amps = 80, volts = 60, % loss = 3, wire gauge = 2
75ft, amps = 80, volts = 60, % loss = 4, wire gauge = 4
75ft, amps = 80, volts = 60, % loss = 5, wire gauge = 4
80ft, amps = 5, volts = 12, % loss = 2, wire gauge = 6
80ft, amps = 5, volts = 12, % loss = 3, wire gauge = 8
80ft, amps = 5, volts = 12, % loss = 4, wire gauge = 8
80ft, amps = 5, volts = 12, % loss = 5, wire gauge = 10
80ft, amps = 5, volts = 24, % loss = 2, wire gauge = 8
80ft, amps = 5, volts = 24, % loss = 3, wire gauge = 10
80ft, amps = 5, volts = 24, % loss = 4, wire gauge = 12
80ft, amps = 5, volts = 24, % loss = 5, wire gauge = 12
80ft, amps = 5, volts = 36, % loss = 2, wire gauge = 10
80ft, amps = 5, volts = 36, % loss = 3, wire gauge = 12
80ft, amps = 5, volts = 36, % loss = 4, wire gauge = 14
80ft, amps = 5, volts = 36, % loss = 5, wire gauge = 14
80ft, amps = 5, volts = 48, % loss = 2, wire gauge = 12
80ft, amps = 5, volts = 48, % loss = 3, wire gauge = 14
80ft, amps = 5, volts = 48, % loss = 4, wire gauge = 14
80ft, amps = 5, volts = 48, % loss = 5, wire gauge = 14
80ft, amps = 5, volts = 60, % loss = 2, wire gauge = 12
80ft, amps = 5, volts = 60, % loss = 3, wire gauge = 14
80ft, amps = 5, volts = 60, % loss = 4, wire gauge = 14
80ft, amps = 5, volts = 60, % loss = 5, wire gauge = 14
80ft, amps = 10, volts = 12, % loss = 2, wire gauge = 2
80ft, amps = 10, volts = 12, % loss = 3, wire gauge = 4

80ft, amps = 10, volts = 12, % loss = 4, wire gauge = 6
80ft, amps = 10, volts = 12, % loss = 5, wire gauge = 6
80ft, amps = 10, volts = 24, % loss = 2, wire gauge = 6
80ft, amps = 10, volts = 24, % loss = 3, wire gauge = 8
80ft, amps = 10, volts = 24, % loss = 4, wire gauge = 8
80ft, amps = 10, volts = 24, % loss = 5, wire gauge = 10
80ft, amps = 10, volts = 36, % loss = 2, wire gauge = 8
80ft, amps = 10, volts = 36, % loss = 3, wire gauge = 10
80ft, amps = 10, volts = 36, % loss = 4, wire gauge = 10
80ft, amps = 10, volts = 36, % loss = 5, wire gauge = 12
80ft, amps = 10, volts = 48, % loss = 2, wire gauge = 8
80ft, amps = 10, volts = 48, % loss = 3, wire gauge = 10
80ft, amps = 10, volts = 48, % loss = 4, wire gauge = 12
80ft, amps = 10, volts = 48, % loss = 5, wire gauge = 12
80ft, amps = 10, volts = 60, % loss = 2, wire gauge = 10
80ft, amps = 10, volts = 60, % loss = 3, wire gauge = 12
80ft, amps = 10, volts = 60, % loss = 4, wire gauge = 12
80ft, amps = 10, volts = 60, % loss = 5, wire gauge = 14
80ft, amps = 15, volts = 12, % loss = 2, wire gauge = 0
80ft, amps = 15, volts = 12, % loss = 3, wire gauge = 2
80ft, amps = 15, volts = 12, % loss = 4, wire gauge = 4
80ft, amps = 15, volts = 12, % loss = 5, wire gauge = 4
80ft, amps = 15, volts = 24, % loss = 2, wire gauge = 4
80ft, amps = 15, volts = 24, % loss = 3, wire gauge = 6
80ft, amps = 15, volts = 24, % loss = 4, wire gauge = 6
80ft, amps = 15, volts = 24, % loss = 5, wire gauge = 8
80ft, amps = 15, volts = 36, % loss = 2, wire gauge = 6
80ft, amps = 15, volts = 36, % loss = 3, wire gauge = 8
80ft, amps = 15, volts = 36, % loss = 4, wire gauge = 8
80ft, amps = 15, volts = 36, % loss = 5, wire gauge = 10
80ft, amps = 15, volts = 48, % loss = 2, wire gauge = 6
80ft, amps = 15, volts = 48, % loss = 3, wire gauge = 8
80ft, amps = 15, volts = 48, % loss = 4, wire gauge = 10
80ft, amps = 15, volts = 48, % loss = 5, wire gauge = 10
80ft, amps = 15, volts = 60, % loss = 2, wire gauge = 8
80ft, amps = 15, volts = 60, % loss = 3, wire gauge = 10
80ft, amps = 15, volts = 60, % loss = 4, wire gauge = 10
80ft, amps = 15, volts = 60, % loss = 5, wire gauge = 12
80ft, amps = 20, volts = 12, % loss = 2, wire gauge = 00

80ft, amps = 20, volts = 12, % loss = 3, wire gauge = 2
80ft, amps = 20, volts = 12, % loss = 4, wire gauge = 2
80ft, amps = 20, volts = 12, % loss = 5, wire gauge = 4
80ft, amps = 20, volts = 24, % loss = 2, wire gauge = 2
80ft, amps = 20, volts = 24, % loss = 3, wire gauge = 4
80ft, amps = 20, volts = 24, % loss = 4, wire gauge = 6
80ft, amps = 20, volts = 24, % loss = 5, wire gauge = 6
80ft, amps = 20, volts = 36, % loss = 2, wire gauge = 4
80ft, amps = 20, volts = 36, % loss = 3, wire gauge = 6
80ft, amps = 20, volts = 36, % loss = 4, wire gauge = 8
80ft, amps = 20, volts = 36, % loss = 5, wire gauge = 8
80ft, amps = 20, volts = 48, % loss = 2, wire gauge = 6
80ft, amps = 20, volts = 48, % loss = 3, wire gauge = 8
80ft, amps = 20, volts = 48, % loss = 4, wire gauge = 8
80ft, amps = 20, volts = 48, % loss = 5, wire gauge = 10
80ft, amps = 20, volts = 60, % loss = 2, wire gauge = 6
80ft, amps = 20, volts = 60, % loss = 3, wire gauge = 8
80ft, amps = 20, volts = 60, % loss = 4, wire gauge = 10
80ft, amps = 20, volts = 60, % loss = 5, wire gauge = 10
80ft, amps = 25, volts = 12, % loss = 2, wire gauge = 000
80ft, amps = 25, volts = 12, % loss = 3, wire gauge = 0
80ft, amps = 25, volts = 12, % loss = 4, wire gauge = 2
80ft, amps = 25, volts = 12, % loss = 5, wire gauge = 2
80ft, amps = 25, volts = 24, % loss = 2, wire gauge = 2
80ft, amps = 25, volts = 24, % loss = 3, wire gauge = 4
80ft, amps = 25, volts = 24, % loss = 4, wire gauge = 4
80ft, amps = 25, volts = 24, % loss = 5, wire gauge = 6
80ft, amps = 25, volts = 36, % loss = 2, wire gauge = 4
80ft, amps = 25, volts = 36, % loss = 3, wire gauge = 6
80ft, amps = 25, volts = 36, % loss = 4, wire gauge = 6
80ft, amps = 25, volts = 36, % loss = 5, wire gauge = 8
80ft, amps = 25, volts = 48, % loss = 2, wire gauge = 4
80ft, amps = 25, volts = 48, % loss = 3, wire gauge = 6
80ft, amps = 25, volts = 48, % loss = 4, wire gauge = 8
80ft, amps = 25, volts = 48, % loss = 5, wire gauge = 8
80ft, amps = 25, volts = 60, % loss = 2, wire gauge = 6
80ft, amps = 25, volts = 60, % loss = 3, wire gauge = 8
80ft, amps = 25, volts = 60, % loss = 4, wire gauge = 8
80ft, amps = 25, volts = 60, % loss = 5, wire gauge = 10

80ft, amps = 30, volts = 12, % loss = 3, wire gauge = 00
80ft, amps = 30, volts = 12, % loss = 4, wire gauge = 0
80ft, amps = 30, volts = 12, % loss = 5, wire gauge = 2
80ft, amps = 30, volts = 24, % loss = 2, wire gauge = 0
80ft, amps = 30, volts = 24, % loss = 3, wire gauge = 2
80ft, amps = 30, volts = 24, % loss = 4, wire gauge = 4
80ft, amps = 30, volts = 24, % loss = 5, wire gauge = 4
80ft, amps = 30, volts = 36, % loss = 2, wire gauge = 2
80ft, amps = 30, volts = 36, % loss = 3, wire gauge = 4
80ft, amps = 30, volts = 36, % loss = 4, wire gauge = 6
80ft, amps = 30, volts = 36, % loss = 5, wire gauge = 6
80ft, amps = 30, volts = 48, % loss = 2, wire gauge = 4
80ft, amps = 30, volts = 48, % loss = 3, wire gauge = 6
80ft, amps = 30, volts = 48, % loss = 4, wire gauge = 6
80ft, amps = 30, volts = 48, % loss = 5, wire gauge = 8
80ft, amps = 30, volts = 60, % loss = 2, wire gauge = 4
80ft, amps = 30, volts = 60, % loss = 3, wire gauge = 6
80ft, amps = 30, volts = 60, % loss = 4, wire gauge = 8
80ft, amps = 30, volts = 60, % loss = 5, wire gauge = 8
80ft, amps = 35, volts = 12, % loss = 3, wire gauge = 00
80ft, amps = 35, volts = 12, % loss = 4, wire gauge = 0
80ft, amps = 35, volts = 12, % loss = 5, wire gauge = 2
80ft, amps = 35, volts = 24, % loss = 2, wire gauge = 0
80ft, amps = 35, volts = 24, % loss = 3, wire gauge = 2
80ft, amps = 35, volts = 24, % loss = 4, wire gauge = 4
80ft, amps = 35, volts = 24, % loss = 5, wire gauge = 4
80ft, amps = 35, volts = 36, % loss = 2, wire gauge = 2
80ft, amps = 35, volts = 36, % loss = 3, wire gauge = 4
80ft, amps = 35, volts = 36, % loss = 4, wire gauge = 6
80ft, amps = 35, volts = 36, % loss = 5, wire gauge = 6
80ft, amps = 35, volts = 48, % loss = 2, wire gauge = 4
80ft, amps = 35, volts = 48, % loss = 3, wire gauge = 6
80ft, amps = 35, volts = 48, % loss = 4, wire gauge = 6
80ft, amps = 35, volts = 48, % loss = 5, wire gauge = 8
80ft, amps = 35, volts = 60, % loss = 2, wire gauge = 4
80ft, amps = 35, volts = 60, % loss = 3, wire gauge = 6
80ft, amps = 35, volts = 60, % loss = 4, wire gauge = 8
80ft, amps = 35, volts = 60, % loss = 5, wire gauge = 8
80ft, amps = 40, volts = 12, % loss = 3, wire gauge = 000

80ft, amps = 40, volts = 12, % loss = 4, wire gauge = 00
80ft, amps = 40, volts = 12, % loss = 5, wire gauge = 0
80ft, amps = 40, volts = 24, % loss = 2, wire gauge = 00
80ft, amps = 40, volts = 24, % loss = 3, wire gauge = 2
80ft, amps = 40, volts = 24, % loss = 4, wire gauge = 2
80ft, amps = 40, volts = 24, % loss = 5, wire gauge = 4
80ft, amps = 40, volts = 36, % loss = 2, wire gauge = 2
80ft, amps = 40, volts = 36, % loss = 3, wire gauge = 4
80ft, amps = 40, volts = 36, % loss = 4, wire gauge = 4
80ft, amps = 40, volts = 36, % loss = 5, wire gauge = 6
80ft, amps = 40, volts = 48, % loss = 2, wire gauge = 2
80ft, amps = 40, volts = 48, % loss = 3, wire gauge = 4
80ft, amps = 40, volts = 48, % loss = 4, wire gauge = 6
80ft, amps = 40, volts = 48, % loss = 5, wire gauge = 6
80ft, amps = 40, volts = 60, % loss = 2, wire gauge = 4
80ft, amps = 40, volts = 60, % loss = 3, wire gauge = 6
80ft, amps = 40, volts = 60, % loss = 4, wire gauge = 6
80ft, amps = 40, volts = 60, % loss = 5, wire gauge = 8
80ft, amps = 45, volts = 12, % loss = 4, wire gauge = 00
80ft, amps = 45, volts = 12, % loss = 5, wire gauge = 0
80ft, amps = 45, volts = 24, % loss = 2, wire gauge = 00
80ft, amps = 45, volts = 24, % loss = 3, wire gauge = 0
80ft, amps = 45, volts = 24, % loss = 4, wire gauge = 2
80ft, amps = 45, volts = 24, % loss = 5, wire gauge = 4
80ft, amps = 45, volts = 36, % loss = 2, wire gauge = 0
80ft, amps = 45, volts = 36, % loss = 3, wire gauge = 2
80ft, amps = 45, volts = 36, % loss = 4, wire gauge = 4
80ft, amps = 45, volts = 36, % loss = 5, wire gauge = 4
80ft, amps = 45, volts = 48, % loss = 2, wire gauge = 2
80ft, amps = 45, volts = 48, % loss = 3, wire gauge = 4
80ft, amps = 45, volts = 48, % loss = 4, wire gauge = 6
80ft, amps = 45, volts = 48, % loss = 5, wire gauge = 6
80ft, amps = 45, volts = 60, % loss = 2, wire gauge = 4
80ft, amps = 45, volts = 60, % loss = 3, wire gauge = 4
80ft, amps = 45, volts = 60, % loss = 4, wire gauge = 6
80ft, amps = 45, volts = 60, % loss = 5, wire gauge = 6
80ft, amps = 50, volts = 12, % loss = 4, wire gauge = 000
80ft, amps = 50, volts = 12, % loss = 5, wire gauge = 00
80ft, amps = 50, volts = 24, % loss = 2, wire gauge = 000

80ft, amps = 50, volts = 24, % loss = 3, wire gauge = 0
80ft, amps = 50, volts = 24, % loss = 4, wire gauge = 2
80ft, amps = 50, volts = 24, % loss = 5, wire gauge = 2
80ft, amps = 50, volts = 36, % loss = 2, wire gauge = 0
80ft, amps = 50, volts = 36, % loss = 3, wire gauge = 2
80ft, amps = 50, volts = 36, % loss = 4, wire gauge = 4
80ft, amps = 50, volts = 36, % loss = 5, wire gauge = 4
80ft, amps = 50, volts = 48, % loss = 2, wire gauge = 2
80ft, amps = 50, volts = 48, % loss = 3, wire gauge = 4
80ft, amps = 50, volts = 48, % loss = 4, wire gauge = 4
80ft, amps = 50, volts = 48, % loss = 5, wire gauge = 6
80ft, amps = 50, volts = 60, % loss = 2, wire gauge = 2
80ft, amps = 50, volts = 60, % loss = 3, wire gauge = 4
80ft, amps = 50, volts = 60, % loss = 4, wire gauge = 6
80ft, amps = 50, volts = 60, % loss = 5, wire gauge = 6
80ft, amps = 55, volts = 12, % loss = 4, wire gauge = 000
80ft, amps = 55, volts = 12, % loss = 5, wire gauge = 00
80ft, amps = 55, volts = 24, % loss = 2, wire gauge = 000
80ft, amps = 55, volts = 24, % loss = 3, wire gauge = 0
80ft, amps = 55, volts = 24, % loss = 4, wire gauge = 2
80ft, amps = 55, volts = 24, % loss = 5, wire gauge = 2
80ft, amps = 55, volts = 36, % loss = 2, wire gauge = 0
80ft, amps = 55, volts = 36, % loss = 3, wire gauge = 2
80ft, amps = 55, volts = 36, % loss = 4, wire gauge = 4
80ft, amps = 55, volts = 36, % loss = 5, wire gauge = 4
80ft, amps = 55, volts = 48, % loss = 2, wire gauge = 2
80ft, amps = 55, volts = 48, % loss = 3, wire gauge = 4
80ft, amps = 55, volts = 48, % loss = 4, wire gauge = 4
80ft, amps = 55, volts = 48, % loss = 5, wire gauge = 6
80ft, amps = 55, volts = 60, % loss = 2, wire gauge = 2
80ft, amps = 55, volts = 60, % loss = 3, wire gauge = 4
80ft, amps = 55, volts = 60, % loss = 4, wire gauge = 6
80ft, amps = 55, volts = 60, % loss = 5, wire gauge = 6
80ft, amps = 60, volts = 12, % loss = 5, wire gauge = 000
80ft, amps = 60, volts = 24, % loss = 3, wire gauge = 00
80ft, amps = 60, volts = 24, % loss = 4, wire gauge = 0
80ft, amps = 60, volts = 24, % loss = 5, wire gauge = 2
80ft, amps = 60, volts = 36, % loss = 2, wire gauge = 00
80ft, amps = 60, volts = 36, % loss = 3, wire gauge = 2

80ft, amps = 60, volts = 36, % loss = 4, wire gauge = 2
80ft, amps = 60, volts = 36, % loss = 5, wire gauge = 4
80ft, amps = 60, volts = 48, % loss = 2, wire gauge = 0
80ft, amps = 60, volts = 48, % loss = 3, wire gauge = 2
80ft, amps = 60, volts = 48, % loss = 4, wire gauge = 4
80ft, amps = 60, volts = 48, % loss = 5, wire gauge = 4
80ft, amps = 60, volts = 60, % loss = 2, wire gauge = 2
80ft, amps = 60, volts = 60, % loss = 3, wire gauge = 4
80ft, amps = 60, volts = 60, % loss = 4, wire gauge = 4
80ft, amps = 60, volts = 60, % loss = 5, wire gauge = 6
80ft, amps = 65, volts = 12, % loss = 5, wire gauge = 000
80ft, amps = 65, volts = 24, % loss = 3, wire gauge = 00
80ft, amps = 65, volts = 24, % loss = 4, wire gauge = 0
80ft, amps = 65, volts = 24, % loss = 5, wire gauge = 2
80ft, amps = 65, volts = 36, % loss = 2, wire gauge = 00
80ft, amps = 65, volts = 36, % loss = 3, wire gauge = 2
80ft, amps = 65, volts = 36, % loss = 4, wire gauge = 2
80ft, amps = 65, volts = 36, % loss = 5, wire gauge = 4
80ft, amps = 65, volts = 48, % loss = 2, wire gauge = 0
80ft, amps = 65, volts = 48, % loss = 3, wire gauge = 2
80ft, amps = 65, volts = 48, % loss = 4, wire gauge = 4
80ft, amps = 65, volts = 48, % loss = 5, wire gauge = 4
80ft, amps = 65, volts = 60, % loss = 2, wire gauge = 2
80ft, amps = 65, volts = 60, % loss = 3, wire gauge = 4
80ft, amps = 65, volts = 60, % loss = 4, wire gauge = 4
80ft, amps = 65, volts = 60, % loss = 5, wire gauge = 6
80ft, amps = 70, volts = 12, % loss = 5, wire gauge = 000
80ft, amps = 70, volts = 24, % loss = 3, wire gauge = 00
80ft, amps = 70, volts = 24, % loss = 4, wire gauge = 0
80ft, amps = 70, volts = 24, % loss = 5, wire gauge = 2
80ft, amps = 70, volts = 36, % loss = 2, wire gauge = 00
80ft, amps = 70, volts = 36, % loss = 3, wire gauge = 0
80ft, amps = 70, volts = 36, % loss = 4, wire gauge = 2
80ft, amps = 70, volts = 36, % loss = 5, wire gauge = 2
80ft, amps = 70, volts = 48, % loss = 2, wire gauge = 0
80ft, amps = 70, volts = 48, % loss = 3, wire gauge = 2
80ft, amps = 70, volts = 48, % loss = 4, wire gauge = 4
80ft, amps = 70, volts = 48, % loss = 5, wire gauge = 4
80ft, amps = 70, volts = 60, % loss = 2, wire gauge = 2

80ft, amps = 70, volts = 60, % loss = 3, wire gauge = 2
80ft, amps = 70, volts = 60, % loss = 4, wire gauge = 4
80ft, amps = 70, volts = 60, % loss = 5, wire gauge = 6
80ft, amps = 75, volts = 24, % loss = 3, wire gauge = 000
80ft, amps = 75, volts = 24, % loss = 4, wire gauge = 00
80ft, amps = 75, volts = 24, % loss = 5, wire gauge = 0
80ft, amps = 75, volts = 36, % loss = 2, wire gauge = 000
80ft, amps = 75, volts = 36, % loss = 3, wire gauge = 0
80ft, amps = 75, volts = 36, % loss = 4, wire gauge = 2
80ft, amps = 75, volts = 36, % loss = 5, wire gauge = 2
80ft, amps = 75, volts = 48, % loss = 2, wire gauge = 00
80ft, amps = 75, volts = 48, % loss = 3, wire gauge = 2
80ft, amps = 75, volts = 48, % loss = 4, wire gauge = 2
80ft, amps = 75, volts = 48, % loss = 5, wire gauge = 4
80ft, amps = 75, volts = 60, % loss = 2, wire gauge = 0
80ft, amps = 75, volts = 60, % loss = 3, wire gauge = 2
80ft, amps = 75, volts = 60, % loss = 4, wire gauge = 4
80ft, amps = 75, volts = 60, % loss = 5, wire gauge = 4
80ft, amps = 80, volts = 24, % loss = 3, wire gauge = 000
80ft, amps = 80, volts = 24, % loss = 4, wire gauge = 00
80ft, amps = 80, volts = 24, % loss = 5, wire gauge = 0
80ft, amps = 80, volts = 36, % loss = 2, wire gauge = 000
80ft, amps = 80, volts = 36, % loss = 3, wire gauge = 0
80ft, amps = 80, volts = 36, % loss = 4, wire gauge = 2
80ft, amps = 80, volts = 36, % loss = 5, wire gauge = 2
80ft, amps = 80, volts = 48, % loss = 2, wire gauge = 00
80ft, amps = 80, volts = 48, % loss = 3, wire gauge = 2
80ft, amps = 80, volts = 48, % loss = 4, wire gauge = 2
80ft, amps = 80, volts = 48, % loss = 5, wire gauge = 4
80ft, amps = 80, volts = 60, % loss = 2, wire gauge = 0
80ft, amps = 80, volts = 60, % loss = 3, wire gauge = 2
80ft, amps = 80, volts = 60, % loss = 4, wire gauge = 4
80ft, amps = 80, volts = 60, % loss = 5, wire gauge = 4
85ft, amps = 5, volts = 12, % loss = 2, wire gauge = 6
85ft, amps = 5, volts = 12, % loss = 3, wire gauge = 8
85ft, amps = 5, volts = 12, % loss = 4, wire gauge = 8
85ft, amps = 5, volts = 12, % loss = 5, wire gauge = 10
85ft, amps = 5, volts = 24, % loss = 2, wire gauge = 8
85ft, amps = 5, volts = 24, % loss = 3, wire gauge = 10

85ft, amps = 5, volts = 24, % loss = 4, wire gauge = 12
85ft, amps = 5, volts = 24, % loss = 5, wire gauge = 12
85ft, amps = 5, volts = 36, % loss = 2, wire gauge = 10
85ft, amps = 5, volts = 36, % loss = 3, wire gauge = 12
85ft, amps = 5, volts = 36, % loss = 4, wire gauge = 14
85ft, amps = 5, volts = 36, % loss = 5, wire gauge = 14
85ft, amps = 5, volts = 48, % loss = 2, wire gauge = 12
85ft, amps = 5, volts = 48, % loss = 3, wire gauge = 14
85ft, amps = 5, volts = 48, % loss = 4, wire gauge = 14
85ft, amps = 5, volts = 48, % loss = 5, wire gauge = 14
85ft, amps = 5, volts = 60, % loss = 2, wire gauge = 12
85ft, amps = 5, volts = 60, % loss = 3, wire gauge = 14
85ft, amps = 5, volts = 60, % loss = 4, wire gauge = 14
85ft, amps = 5, volts = 60, % loss = 5, wire gauge = 14
85ft, amps = 10, volts = 12, % loss = 2, wire gauge = 2
85ft, amps = 10, volts = 12, % loss = 3, wire gauge = 4
85ft, amps = 10, volts = 12, % loss = 4, wire gauge = 6
85ft, amps = 10, volts = 12, % loss = 5, wire gauge = 6
85ft, amps = 10, volts = 24, % loss = 2, wire gauge = 6
85ft, amps = 10, volts = 24, % loss = 3, wire gauge = 8
85ft, amps = 10, volts = 24, % loss = 4, wire gauge = 8
85ft, amps = 10, volts = 24, % loss = 5, wire gauge = 10
85ft, amps = 10, volts = 36, % loss = 2, wire gauge = 8
85ft, amps = 10, volts = 36, % loss = 3, wire gauge = 10
85ft, amps = 10, volts = 36, % loss = 4, wire gauge = 10
85ft, amps = 10, volts = 36, % loss = 5, wire gauge = 12
85ft, amps = 10, volts = 48, % loss = 2, wire gauge = 8
85ft, amps = 10, volts = 48, % loss = 3, wire gauge = 10
85ft, amps = 10, volts = 48, % loss = 4, wire gauge = 12
85ft, amps = 10, volts = 48, % loss = 5, wire gauge = 12
85ft, amps = 10, volts = 60, % loss = 2, wire gauge = 10
85ft, amps = 10, volts = 60, % loss = 3, wire gauge = 12
85ft, amps = 10, volts = 60, % loss = 4, wire gauge = 12
85ft, amps = 10, volts = 60, % loss = 5, wire gauge = 14
85ft, amps = 15, volts = 12, % loss = 2, wire gauge = 0
85ft, amps = 15, volts = 12, % loss = 3, wire gauge = 2
85ft, amps = 15, volts = 12, % loss = 4, wire gauge = 4
85ft, amps = 15, volts = 12, % loss = 5, wire gauge = 4
85ft, amps = 15, volts = 24, % loss = 2, wire gauge = 4

85ft, amps = 15, volts = 24, % loss = 3, wire gauge = 6
85ft, amps = 15, volts = 24, % loss = 4, wire gauge = 6
85ft, amps = 15, volts = 24, % loss = 5, wire gauge = 8
85ft, amps = 15, volts = 36, % loss = 2, wire gauge = 6
85ft, amps = 15, volts = 36, % loss = 3, wire gauge = 8
85ft, amps = 15, volts = 36, % loss = 4, wire gauge = 8
85ft, amps = 15, volts = 36, % loss = 5, wire gauge = 10
85ft, amps = 15, volts = 48, % loss = 2, wire gauge = 6
85ft, amps = 15, volts = 48, % loss = 3, wire gauge = 8
85ft, amps = 15, volts = 48, % loss = 4, wire gauge = 10
85ft, amps = 15, volts = 48, % loss = 5, wire gauge = 10
85ft, amps = 15, volts = 60, % loss = 2, wire gauge = 8
85ft, amps = 15, volts = 60, % loss = 3, wire gauge = 10
85ft, amps = 15, volts = 60, % loss = 4, wire gauge = 10
85ft, amps = 15, volts = 60, % loss = 5, wire gauge = 12
85ft, amps = 20, volts = 12, % loss = 2, wire gauge = 00
85ft, amps = 20, volts = 12, % loss = 3, wire gauge = 2
85ft, amps = 20, volts = 12, % loss = 4, wire gauge = 2
85ft, amps = 20, volts = 12, % loss = 5, wire gauge = 4
85ft, amps = 20, volts = 24, % loss = 2, wire gauge = 2
85ft, amps = 20, volts = 24, % loss = 3, wire gauge = 4
85ft, amps = 20, volts = 24, % loss = 4, wire gauge = 6
85ft, amps = 20, volts = 24, % loss = 5, wire gauge = 6
85ft, amps = 20, volts = 36, % loss = 2, wire gauge = 4
85ft, amps = 20, volts = 36, % loss = 3, wire gauge = 6
85ft, amps = 20, volts = 36, % loss = 4, wire gauge = 8
85ft, amps = 20, volts = 36, % loss = 5, wire gauge = 8
85ft, amps = 20, volts = 48, % loss = 2, wire gauge = 6
85ft, amps = 20, volts = 48, % loss = 3, wire gauge = 8
85ft, amps = 20, volts = 48, % loss = 4, wire gauge = 8
85ft, amps = 20, volts = 48, % loss = 5, wire gauge = 10
85ft, amps = 20, volts = 60, % loss = 2, wire gauge = 6
85ft, amps = 20, volts = 60, % loss = 3, wire gauge = 8
85ft, amps = 20, volts = 60, % loss = 4, wire gauge = 10
85ft, amps = 20, volts = 60, % loss = 5, wire gauge = 10
85ft, amps = 25, volts = 12, % loss = 2, wire gauge = 000
85ft, amps = 25, volts = 12, % loss = 3, wire gauge = 0
85ft, amps = 25, volts = 12, % loss = 4, wire gauge = 2
85ft, amps = 25, volts = 12, % loss = 5, wire gauge = 2

85ft, amps = 25, volts = 24, % loss = 2, wire gauge = 2
85ft, amps = 25, volts = 24, % loss = 3, wire gauge = 4
85ft, amps = 25, volts = 24, % loss = 4, wire gauge = 4
85ft, amps = 25, volts = 24, % loss = 5, wire gauge = 6
85ft, amps = 25, volts = 36, % loss = 2, wire gauge = 4
85ft, amps = 25, volts = 36, % loss = 3, wire gauge = 6
85ft, amps = 25, volts = 36, % loss = 4, wire gauge = 6
85ft, amps = 25, volts = 36, % loss = 5, wire gauge = 8
85ft, amps = 25, volts = 48, % loss = 2, wire gauge = 4
85ft, amps = 25, volts = 48, % loss = 3, wire gauge = 6
85ft, amps = 25, volts = 48, % loss = 4, wire gauge = 8
85ft, amps = 25, volts = 48, % loss = 5, wire gauge = 8
85ft, amps = 25, volts = 60, % loss = 2, wire gauge = 6
85ft, amps = 25, volts = 60, % loss = 3, wire gauge = 8
85ft, amps = 25, volts = 60, % loss = 4, wire gauge = 8
85ft, amps = 25, volts = 60, % loss = 5, wire gauge = 10
85ft, amps = 30, volts = 12, % loss = 3, wire gauge = 00
85ft, amps = 30, volts = 12, % loss = 4, wire gauge = 0
85ft, amps = 30, volts = 12, % loss = 5, wire gauge = 2
85ft, amps = 30, volts = 24, % loss = 2, wire gauge = 0
85ft, amps = 30, volts = 24, % loss = 3, wire gauge = 2
85ft, amps = 30, volts = 24, % loss = 4, wire gauge = 4
85ft, amps = 30, volts = 24, % loss = 5, wire gauge = 4
85ft, amps = 30, volts = 36, % loss = 2, wire gauge = 2
85ft, amps = 30, volts = 36, % loss = 3, wire gauge = 4
85ft, amps = 30, volts = 36, % loss = 4, wire gauge = 6
85ft, amps = 30, volts = 36, % loss = 5, wire gauge = 6
85ft, amps = 30, volts = 48, % loss = 2, wire gauge = 4
85ft, amps = 30, volts = 48, % loss = 3, wire gauge = 6
85ft, amps = 30, volts = 48, % loss = 4, wire gauge = 6
85ft, amps = 30, volts = 48, % loss = 5, wire gauge = 8
85ft, amps = 30, volts = 60, % loss = 2, wire gauge = 4
85ft, amps = 30, volts = 60, % loss = 3, wire gauge = 6
85ft, amps = 30, volts = 60, % loss = 4, wire gauge = 8
85ft, amps = 30, volts = 60, % loss = 5, wire gauge = 8
85ft, amps = 35, volts = 12, % loss = 3, wire gauge = 000
85ft, amps = 35, volts = 12, % loss = 4, wire gauge = 0
85ft, amps = 35, volts = 12, % loss = 5, wire gauge = 0
85ft, amps = 35, volts = 24, % loss = 2, wire gauge = 0

85ft, amps = 35, volts = 24, % loss = 3, wire gauge = 2
85ft, amps = 35, volts = 24, % loss = 4, wire gauge = 4
85ft, amps = 35, volts = 24, % loss = 5, wire gauge = 4
85ft, amps = 35, volts = 36, % loss = 2, wire gauge = 2
85ft, amps = 35, volts = 36, % loss = 3, wire gauge = 4
85ft, amps = 35, volts = 36, % loss = 4, wire gauge = 4
85ft, amps = 35, volts = 36, % loss = 5, wire gauge = 6
85ft, amps = 35, volts = 48, % loss = 2, wire gauge = 4
85ft, amps = 35, volts = 48, % loss = 3, wire gauge = 4
85ft, amps = 35, volts = 48, % loss = 4, wire gauge = 6
85ft, amps = 35, volts = 48, % loss = 5, wire gauge = 6
85ft, amps = 35, volts = 60, % loss = 2, wire gauge = 4
85ft, amps = 35, volts = 60, % loss = 3, wire gauge = 6
85ft, amps = 35, volts = 60, % loss = 4, wire gauge = 6
85ft, amps = 35, volts = 60, % loss = 5, wire gauge = 8
85ft, amps = 40, volts = 12, % loss = 3, wire gauge = 000
85ft, amps = 40, volts = 12, % loss = 4, wire gauge = 00
85ft, amps = 40, volts = 12, % loss = 5, wire gauge = 0
85ft, amps = 40, volts = 24, % loss = 2, wire gauge = 00
85ft, amps = 40, volts = 24, % loss = 3, wire gauge = 2
85ft, amps = 40, volts = 24, % loss = 4, wire gauge = 2
85ft, amps = 40, volts = 24, % loss = 5, wire gauge = 4
85ft, amps = 40, volts = 36, % loss = 2, wire gauge = 2
85ft, amps = 40, volts = 36, % loss = 3, wire gauge = 2
85ft, amps = 40, volts = 36, % loss = 4, wire gauge = 4
85ft, amps = 40, volts = 36, % loss = 5, wire gauge = 6
85ft, amps = 40, volts = 48, % loss = 2, wire gauge = 2
85ft, amps = 40, volts = 48, % loss = 3, wire gauge = 4
85ft, amps = 40, volts = 48, % loss = 4, wire gauge = 6
85ft, amps = 40, volts = 48, % loss = 5, wire gauge = 6
85ft, amps = 40, volts = 60, % loss = 2, wire gauge = 4
85ft, amps = 40, volts = 60, % loss = 3, wire gauge = 6
85ft, amps = 40, volts = 60, % loss = 4, wire gauge = 6
85ft, amps = 40, volts = 60, % loss = 5, wire gauge = 8
85ft, amps = 45, volts = 12, % loss = 4, wire gauge = 000
85ft, amps = 45, volts = 12, % loss = 5, wire gauge = 00
85ft, amps = 45, volts = 24, % loss = 2, wire gauge = 000
85ft, amps = 45, volts = 24, % loss = 3, wire gauge = 0
85ft, amps = 45, volts = 24, % loss = 4, wire gauge = 2

85ft, amps = 45, volts = 24, % loss = 5, wire gauge = 2
85ft, amps = 45, volts = 36, % loss = 2, wire gauge = 0
85ft, amps = 45, volts = 36, % loss = 3, wire gauge = 2
85ft, amps = 45, volts = 36, % loss = 4, wire gauge = 4
85ft, amps = 45, volts = 36, % loss = 5, wire gauge = 4
85ft, amps = 45, volts = 48, % loss = 2, wire gauge = 2
85ft, amps = 45, volts = 48, % loss = 3, wire gauge = 4
85ft, amps = 45, volts = 48, % loss = 4, wire gauge = 6
85ft, amps = 45, volts = 48, % loss = 5, wire gauge = 6
85ft, amps = 45, volts = 60, % loss = 2, wire gauge = 2
85ft, amps = 45, volts = 60, % loss = 3, wire gauge = 4
85ft, amps = 45, volts = 60, % loss = 4, wire gauge = 6
85ft, amps = 45, volts = 60, % loss = 5, wire gauge = 6
85ft, amps = 50, volts = 12, % loss = 4, wire gauge = 000
85ft, amps = 50, volts = 12, % loss = 5, wire gauge = 00
85ft, amps = 50, volts = 24, % loss = 2, wire gauge = 000
85ft, amps = 50, volts = 24, % loss = 3, wire gauge = 0
85ft, amps = 50, volts = 24, % loss = 4, wire gauge = 2
85ft, amps = 50, volts = 24, % loss = 5, wire gauge = 2
85ft, amps = 50, volts = 36, % loss = 2, wire gauge = 0
85ft, amps = 50, volts = 36, % loss = 3, wire gauge = 2
85ft, amps = 50, volts = 36, % loss = 4, wire gauge = 4
85ft, amps = 50, volts = 36, % loss = 5, wire gauge = 4
85ft, amps = 50, volts = 48, % loss = 2, wire gauge = 2
85ft, amps = 50, volts = 48, % loss = 3, wire gauge = 4
85ft, amps = 50, volts = 48, % loss = 4, wire gauge = 4
85ft, amps = 50, volts = 48, % loss = 5, wire gauge = 6
85ft, amps = 50, volts = 60, % loss = 2, wire gauge = 2
85ft, amps = 50, volts = 60, % loss = 3, wire gauge = 4
85ft, amps = 50, volts = 60, % loss = 4, wire gauge = 6
85ft, amps = 50, volts = 60, % loss = 5, wire gauge = 6
85ft, amps = 55, volts = 12, % loss = 4, wire gauge = 000
85ft, amps = 55, volts = 12, % loss = 5, wire gauge = 00
85ft, amps = 55, volts = 24, % loss = 2, wire gauge = 000
85ft, amps = 55, volts = 24, % loss = 3, wire gauge = 00
85ft, amps = 55, volts = 24, % loss = 4, wire gauge = 2
85ft, amps = 55, volts = 24, % loss = 5, wire gauge = 2
85ft, amps = 55, volts = 36, % loss = 2, wire gauge = 00
85ft, amps = 55, volts = 36, % loss = 3, wire gauge = 2

85ft, amps = 55, volts = 36, % loss = 4, wire gauge = 2
85ft, amps = 55, volts = 36, % loss = 5, wire gauge = 4
85ft, amps = 55, volts = 48, % loss = 2, wire gauge = 2
85ft, amps = 55, volts = 48, % loss = 3, wire gauge = 2
85ft, amps = 55, volts = 48, % loss = 4, wire gauge = 4
85ft, amps = 55, volts = 48, % loss = 5, wire gauge = 6
85ft, amps = 55, volts = 60, % loss = 2, wire gauge = 2
85ft, amps = 55, volts = 60, % loss = 3, wire gauge = 4
85ft, amps = 55, volts = 60, % loss = 4, wire gauge = 6
85ft, amps = 55, volts = 60, % loss = 5, wire gauge = 6
85ft, amps = 60, volts = 12, % loss = 5, wire gauge = 000
85ft, amps = 60, volts = 24, % loss = 3, wire gauge = 00
85ft, amps = 60, volts = 24, % loss = 4, wire gauge = 0
85ft, amps = 60, volts = 24, % loss = 5, wire gauge = 2
85ft, amps = 60, volts = 36, % loss = 2, wire gauge = 00
85ft, amps = 60, volts = 36, % loss = 3, wire gauge = 2
85ft, amps = 60, volts = 36, % loss = 4, wire gauge = 2
85ft, amps = 60, volts = 36, % loss = 5, wire gauge = 4
85ft, amps = 60, volts = 48, % loss = 2, wire gauge = 0
85ft, amps = 60, volts = 48, % loss = 3, wire gauge = 2
85ft, amps = 60, volts = 48, % loss = 4, wire gauge = 4
85ft, amps = 60, volts = 48, % loss = 5, wire gauge = 4
85ft, amps = 60, volts = 60, % loss = 2, wire gauge = 2
85ft, amps = 60, volts = 60, % loss = 3, wire gauge = 4
85ft, amps = 60, volts = 60, % loss = 4, wire gauge = 4
85ft, amps = 60, volts = 60, % loss = 5, wire gauge = 6
85ft, amps = 65, volts = 12, % loss = 5, wire gauge = 000
85ft, amps = 65, volts = 24, % loss = 3, wire gauge = 00
85ft, amps = 65, volts = 24, % loss = 4, wire gauge = 0
85ft, amps = 65, volts = 24, % loss = 5, wire gauge = 2
85ft, amps = 65, volts = 36, % loss = 2, wire gauge = 00
85ft, amps = 65, volts = 36, % loss = 3, wire gauge = 0
85ft, amps = 65, volts = 36, % loss = 4, wire gauge = 2
85ft, amps = 65, volts = 36, % loss = 5, wire gauge = 4
85ft, amps = 65, volts = 48, % loss = 2, wire gauge = 0
85ft, amps = 65, volts = 48, % loss = 3, wire gauge = 2
85ft, amps = 65, volts = 48, % loss = 4, wire gauge = 4
85ft, amps = 65, volts = 48, % loss = 5, wire gauge = 4
85ft, amps = 65, volts = 60, % loss = 2, wire gauge = 2

85ft, amps = 65, volts = 60, % loss = 3, wire gauge = 4
85ft, amps = 65, volts = 60, % loss = 4, wire gauge = 4
85ft, amps = 65, volts = 60, % loss = 5, wire gauge = 6
85ft, amps = 70, volts = 12, % loss = 5, wire gauge = 0000
85ft, amps = 70, volts = 24, % loss = 3, wire gauge = 000
85ft, amps = 70, volts = 24, % loss = 4, wire gauge = 0
85ft, amps = 70, volts = 24, % loss = 5, wire gauge = 0
85ft, amps = 70, volts = 36, % loss = 2, wire gauge = 000
85ft, amps = 70, volts = 36, % loss = 3, wire gauge = 0
85ft, amps = 70, volts = 36, % loss = 4, wire gauge = 2
85ft, amps = 70, volts = 36, % loss = 5, wire gauge = 2
85ft, amps = 70, volts = 48, % loss = 2, wire gauge = 0
85ft, amps = 70, volts = 48, % loss = 3, wire gauge = 2
85ft, amps = 70, volts = 48, % loss = 4, wire gauge = 4
85ft, amps = 70, volts = 48, % loss = 5, wire gauge = 4
85ft, amps = 70, volts = 60, % loss = 2, wire gauge = 0
85ft, amps = 70, volts = 60, % loss = 3, wire gauge = 2
85ft, amps = 70, volts = 60, % loss = 4, wire gauge = 4
85ft, amps = 70, volts = 60, % loss = 5, wire gauge = 6
85ft, amps = 75, volts = 24, % loss = 3, wire gauge = 000
85ft, amps = 75, volts = 24, % loss = 4, wire gauge = 00
85ft, amps = 75, volts = 24, % loss = 5, wire gauge = 0
85ft, amps = 75, volts = 36, % loss = 2, wire gauge = 000
85ft, amps = 75, volts = 36, % loss = 3, wire gauge = 0
85ft, amps = 75, volts = 36, % loss = 4, wire gauge = 2
85ft, amps = 75, volts = 36, % loss = 5, wire gauge = 2
85ft, amps = 75, volts = 48, % loss = 2, wire gauge = 00
85ft, amps = 75, volts = 48, % loss = 3, wire gauge = 2
85ft, amps = 75, volts = 48, % loss = 4, wire gauge = 2
85ft, amps = 75, volts = 48, % loss = 5, wire gauge = 4
85ft, amps = 75, volts = 60, % loss = 2, wire gauge = 0
85ft, amps = 75, volts = 60, % loss = 3, wire gauge = 2
85ft, amps = 75, volts = 60, % loss = 4, wire gauge = 4
85ft, amps = 75, volts = 60, % loss = 5, wire gauge = 4
85ft, amps = 80, volts = 24, % loss = 3, wire gauge = 000
85ft, amps = 80, volts = 24, % loss = 4, wire gauge = 00
85ft, amps = 80, volts = 24, % loss = 5, wire gauge = 0
85ft, amps = 80, volts = 36, % loss = 2, wire gauge = 000
85ft, amps = 80, volts = 36, % loss = 3, wire gauge = 00

85ft, amps = 80, volts = 36, % loss = 4, wire gauge = 2
85ft, amps = 80, volts = 36, % loss = 5, wire gauge = 2
85ft, amps = 80, volts = 48, % loss = 2, wire gauge = 00
85ft, amps = 80, volts = 48, % loss = 3, wire gauge = 2
85ft, amps = 80, volts = 48, % loss = 4, wire gauge = 2
85ft, amps = 80, volts = 48, % loss = 5, wire gauge = 4
85ft, amps = 80, volts = 60, % loss = 2, wire gauge = 0
85ft, amps = 80, volts = 60, % loss = 3, wire gauge = 2
85ft, amps = 80, volts = 60, % loss = 4, wire gauge = 4
85ft, amps = 80, volts = 60, % loss = 5, wire gauge = 4
90ft, amps = 5, volts = 12, % loss = 2, wire gauge = 6
90ft, amps = 5, volts = 12, % loss = 3, wire gauge = 6
90ft, amps = 5, volts = 12, % loss = 4, wire gauge = 8
90ft, amps = 5, volts = 12, % loss = 5, wire gauge = 10
90ft, amps = 5, volts = 24, % loss = 2, wire gauge = 8
90ft, amps = 5, volts = 24, % loss = 3, wire gauge = 10
90ft, amps = 5, volts = 24, % loss = 4, wire gauge = 12
90ft, amps = 5, volts = 24, % loss = 5, wire gauge = 12
90ft, amps = 5, volts = 36, % loss = 2, wire gauge = 10
90ft, amps = 5, volts = 36, % loss = 3, wire gauge = 12
90ft, amps = 5, volts = 36, % loss = 4, wire gauge = 12
90ft, amps = 5, volts = 36, % loss = 5, wire gauge = 14
90ft, amps = 5, volts = 48, % loss = 2, wire gauge = 12
90ft, amps = 5, volts = 48, % loss = 3, wire gauge = 12
90ft, amps = 5, volts = 48, % loss = 4, wire gauge = 14
90ft, amps = 5, volts = 48, % loss = 5, wire gauge = 14
90ft, amps = 5, volts = 60, % loss = 2, wire gauge = 12
90ft, amps = 5, volts = 60, % loss = 3, wire gauge = 14
90ft, amps = 5, volts = 60, % loss = 4, wire gauge = 14
90ft, amps = 5, volts = 60, % loss = 5, wire gauge = 14
90ft, amps = 10, volts = 12, % loss = 2, wire gauge = 2
90ft, amps = 10, volts = 12, % loss = 3, wire gauge = 4
90ft, amps = 10, volts = 12, % loss = 4, wire gauge = 6
90ft, amps = 10, volts = 12, % loss = 5, wire gauge = 6
90ft, amps = 10, volts = 24, % loss = 2, wire gauge = 6
90ft, amps = 10, volts = 24, % loss = 3, wire gauge = 6
90ft, amps = 10, volts = 24, % loss = 4, wire gauge = 8
90ft, amps = 10, volts = 24, % loss = 5, wire gauge = 10
90ft, amps = 10, volts = 36, % loss = 2, wire gauge = 6

90ft, amps = 10, volts = 36, % loss = 3, wire gauge = 8
90ft, amps = 10, volts = 36, % loss = 4, wire gauge = 10
90ft, amps = 10, volts = 36, % loss = 5, wire gauge = 10
90ft, amps = 10, volts = 48, % loss = 2, wire gauge = 8
90ft, amps = 10, volts = 48, % loss = 3, wire gauge = 10
90ft, amps = 10, volts = 48, % loss = 4, wire gauge = 12
90ft, amps = 10, volts = 48, % loss = 5, wire gauge = 12
90ft, amps = 10, volts = 60, % loss = 2, wire gauge = 10
90ft, amps = 10, volts = 60, % loss = 3, wire gauge = 10
90ft, amps = 10, volts = 60, % loss = 4, wire gauge = 12
90ft, amps = 10, volts = 60, % loss = 5, wire gauge = 12
90ft, amps = 15, volts = 12, % loss = 2, wire gauge = 0
90ft, amps = 15, volts = 12, % loss = 3, wire gauge = 2
90ft, amps = 15, volts = 12, % loss = 4, wire gauge = 4
90ft, amps = 15, volts = 12, % loss = 5, wire gauge = 4
90ft, amps = 15, volts = 24, % loss = 2, wire gauge = 4
90ft, amps = 15, volts = 24, % loss = 3, wire gauge = 6
90ft, amps = 15, volts = 24, % loss = 4, wire gauge = 6
90ft, amps = 15, volts = 24, % loss = 5, wire gauge = 8
90ft, amps = 15, volts = 36, % loss = 2, wire gauge = 6
90ft, amps = 15, volts = 36, % loss = 3, wire gauge = 6
90ft, amps = 15, volts = 36, % loss = 4, wire gauge = 8
90ft, amps = 15, volts = 36, % loss = 5, wire gauge = 10
90ft, amps = 15, volts = 48, % loss = 2, wire gauge = 6
90ft, amps = 15, volts = 48, % loss = 3, wire gauge = 8
90ft, amps = 15, volts = 48, % loss = 4, wire gauge = 10
90ft, amps = 15, volts = 48, % loss = 5, wire gauge = 10
90ft, amps = 15, volts = 60, % loss = 2, wire gauge = 8
90ft, amps = 15, volts = 60, % loss = 3, wire gauge = 10
90ft, amps = 15, volts = 60, % loss = 4, wire gauge = 10
90ft, amps = 15, volts = 60, % loss = 5, wire gauge = 12
90ft, amps = 20, volts = 12, % loss = 2, wire gauge = 00
90ft, amps = 20, volts = 12, % loss = 3, wire gauge = 0
90ft, amps = 20, volts = 12, % loss = 4, wire gauge = 2
90ft, amps = 20, volts = 12, % loss = 5, wire gauge = 4
90ft, amps = 20, volts = 24, % loss = 2, wire gauge = 2
90ft, amps = 20, volts = 24, % loss = 3, wire gauge = 4
90ft, amps = 20, volts = 24, % loss = 4, wire gauge = 6
90ft, amps = 20, volts = 24, % loss = 5, wire gauge = 6

90ft, amps = 20, volts = 36, % loss = 2, wire gauge = 4
90ft, amps = 20, volts = 36, % loss = 3, wire gauge = 6
90ft, amps = 20, volts = 36, % loss = 4, wire gauge = 6
90ft, amps = 20, volts = 36, % loss = 5, wire gauge = 8
90ft, amps = 20, volts = 48, % loss = 2, wire gauge = 6
90ft, amps = 20, volts = 48, % loss = 3, wire gauge = 6
90ft, amps = 20, volts = 48, % loss = 4, wire gauge = 8
90ft, amps = 20, volts = 48, % loss = 5, wire gauge = 10
90ft, amps = 20, volts = 60, % loss = 2, wire gauge = 6
90ft, amps = 20, volts = 60, % loss = 3, wire gauge = 8
90ft, amps = 20, volts = 60, % loss = 4, wire gauge = 10
90ft, amps = 20, volts = 60, % loss = 5, wire gauge = 10
90ft, amps = 25, volts = 12, % loss = 2, wire gauge = 000
90ft, amps = 25, volts = 12, % loss = 3, wire gauge = 00
90ft, amps = 25, volts = 12, % loss = 4, wire gauge = 2
90ft, amps = 25, volts = 12, % loss = 5, wire gauge = 2
90ft, amps = 25, volts = 24, % loss = 2, wire gauge = 2
90ft, amps = 25, volts = 24, % loss = 3, wire gauge = 2
90ft, amps = 25, volts = 24, % loss = 4, wire gauge = 4
90ft, amps = 25, volts = 24, % loss = 5, wire gauge = 6
90ft, amps = 25, volts = 36, % loss = 2, wire gauge = 2
90ft, amps = 25, volts = 36, % loss = 3, wire gauge = 4
90ft, amps = 25, volts = 36, % loss = 4, wire gauge = 6
90ft, amps = 25, volts = 36, % loss = 5, wire gauge = 6
90ft, amps = 25, volts = 48, % loss = 2, wire gauge = 4
90ft, amps = 25, volts = 48, % loss = 3, wire gauge = 6
90ft, amps = 25, volts = 48, % loss = 4, wire gauge = 8
90ft, amps = 25, volts = 48, % loss = 5, wire gauge = 8
90ft, amps = 25, volts = 60, % loss = 2, wire gauge = 6
90ft, amps = 25, volts = 60, % loss = 3, wire gauge = 6
90ft, amps = 25, volts = 60, % loss = 4, wire gauge = 8
90ft, amps = 25, volts = 60, % loss = 5, wire gauge = 10
90ft, amps = 30, volts = 12, % loss = 3, wire gauge = 00
90ft, amps = 30, volts = 12, % loss = 4, wire gauge = 0
90ft, amps = 30, volts = 12, % loss = 5, wire gauge = 2
90ft, amps = 30, volts = 24, % loss = 2, wire gauge = 0
90ft, amps = 30, volts = 24, % loss = 3, wire gauge = 2
90ft, amps = 30, volts = 24, % loss = 4, wire gauge = 4
90ft, amps = 30, volts = 24, % loss = 5, wire gauge = 4

90ft, amps = 30, volts = 36, % loss = 2, wire gauge = 2
90ft, amps = 30, volts = 36, % loss = 3, wire gauge = 4
90ft, amps = 30, volts = 36, % loss = 4, wire gauge = 6
90ft, amps = 30, volts = 36, % loss = 5, wire gauge = 6
90ft, amps = 30, volts = 48, % loss = 2, wire gauge = 4
90ft, amps = 30, volts = 48, % loss = 3, wire gauge = 6
90ft, amps = 30, volts = 48, % loss = 4, wire gauge = 6
90ft, amps = 30, volts = 48, % loss = 5, wire gauge = 8
90ft, amps = 30, volts = 60, % loss = 2, wire gauge = 4
90ft, amps = 30, volts = 60, % loss = 3, wire gauge = 6
90ft, amps = 30, volts = 60, % loss = 4, wire gauge = 8
90ft, amps = 30, volts = 60, % loss = 5, wire gauge = 8
90ft, amps = 35, volts = 12, % loss = 3, wire gauge = 000
90ft, amps = 35, volts = 12, % loss = 4, wire gauge = 00
90ft, amps = 35, volts = 12, % loss = 5, wire gauge = 0
90ft, amps = 35, volts = 24, % loss = 2, wire gauge = 00
90ft, amps = 35, volts = 24, % loss = 3, wire gauge = 2
90ft, amps = 35, volts = 24, % loss = 4, wire gauge = 2
90ft, amps = 35, volts = 24, % loss = 5, wire gauge = 4
90ft, amps = 35, volts = 36, % loss = 2, wire gauge = 2
90ft, amps = 35, volts = 36, % loss = 3, wire gauge = 4
90ft, amps = 35, volts = 36, % loss = 4, wire gauge = 4
90ft, amps = 35, volts = 36, % loss = 5, wire gauge = 6
90ft, amps = 35, volts = 48, % loss = 2, wire gauge = 2
90ft, amps = 35, volts = 48, % loss = 3, wire gauge = 4
90ft, amps = 35, volts = 48, % loss = 4, wire gauge = 6
90ft, amps = 35, volts = 48, % loss = 5, wire gauge = 6
90ft, amps = 35, volts = 60, % loss = 2, wire gauge = 4
90ft, amps = 35, volts = 60, % loss = 3, wire gauge = 6
90ft, amps = 35, volts = 60, % loss = 4, wire gauge = 6
90ft, amps = 35, volts = 60, % loss = 5, wire gauge = 8
90ft, amps = 40, volts = 12, % loss = 4, wire gauge = 00
90ft, amps = 40, volts = 12, % loss = 5, wire gauge = 0
90ft, amps = 40, volts = 24, % loss = 2, wire gauge = 00
90ft, amps = 40, volts = 24, % loss = 3, wire gauge = 0
90ft, amps = 40, volts = 24, % loss = 4, wire gauge = 2
90ft, amps = 40, volts = 24, % loss = 5, wire gauge = 4
90ft, amps = 40, volts = 36, % loss = 2, wire gauge = 0
90ft, amps = 40, volts = 36, % loss = 3, wire gauge = 2

90ft, amps = 40, volts = 36, % loss = 4, wire gauge = 4
90ft, amps = 40, volts = 36, % loss = 5, wire gauge = 4
90ft, amps = 40, volts = 48, % loss = 2, wire gauge = 2
90ft, amps = 40, volts = 48, % loss = 3, wire gauge = 4
90ft, amps = 40, volts = 48, % loss = 4, wire gauge = 6
90ft, amps = 40, volts = 48, % loss = 5, wire gauge = 6
90ft, amps = 40, volts = 60, % loss = 2, wire gauge = 4
90ft, amps = 40, volts = 60, % loss = 3, wire gauge = 4
90ft, amps = 40, volts = 60, % loss = 4, wire gauge = 6
90ft, amps = 40, volts = 60, % loss = 5, wire gauge = 6
90ft, amps = 45, volts = 12, % loss = 4, wire gauge = 000
90ft, amps = 45, volts = 12, % loss = 5, wire gauge = 00
90ft, amps = 45, volts = 24, % loss = 2, wire gauge = 000
90ft, amps = 45, volts = 24, % loss = 3, wire gauge = 0
90ft, amps = 45, volts = 24, % loss = 4, wire gauge = 2
90ft, amps = 45, volts = 24, % loss = 5, wire gauge = 2
90ft, amps = 45, volts = 36, % loss = 2, wire gauge = 0
90ft, amps = 45, volts = 36, % loss = 3, wire gauge = 2
90ft, amps = 45, volts = 36, % loss = 4, wire gauge = 4
90ft, amps = 45, volts = 36, % loss = 5, wire gauge = 4
90ft, amps = 45, volts = 48, % loss = 2, wire gauge = 2
90ft, amps = 45, volts = 48, % loss = 3, wire gauge = 4
90ft, amps = 45, volts = 48, % loss = 4, wire gauge = 4
90ft, amps = 45, volts = 48, % loss = 5, wire gauge = 6
90ft, amps = 45, volts = 60, % loss = 2, wire gauge = 2
90ft, amps = 45, volts = 60, % loss = 3, wire gauge = 4
90ft, amps = 45, volts = 60, % loss = 4, wire gauge = 6
90ft, amps = 45, volts = 60, % loss = 5, wire gauge = 6
90ft, amps = 50, volts = 12, % loss = 4, wire gauge = 000
90ft, amps = 50, volts = 12, % loss = 5, wire gauge = 00
90ft, amps = 50, volts = 24, % loss = 2, wire gauge = 000
90ft, amps = 50, volts = 24, % loss = 3, wire gauge = 00
90ft, amps = 50, volts = 24, % loss = 4, wire gauge = 2
90ft, amps = 50, volts = 24, % loss = 5, wire gauge = 2
90ft, amps = 50, volts = 36, % loss = 2, wire gauge = 00
90ft, amps = 50, volts = 36, % loss = 3, wire gauge = 2
90ft, amps = 50, volts = 36, % loss = 4, wire gauge = 2
90ft, amps = 50, volts = 36, % loss = 5, wire gauge = 4
90ft, amps = 50, volts = 48, % loss = 2, wire gauge = 2

90ft, amps = 50, volts = 48, % loss = 3, wire gauge = 2
90ft, amps = 50, volts = 48, % loss = 4, wire gauge = 4
90ft, amps = 50, volts = 48, % loss = 5, wire gauge = 6
90ft, amps = 50, volts = 60, % loss = 2, wire gauge = 2
90ft, amps = 50, volts = 60, % loss = 3, wire gauge = 4
90ft, amps = 50, volts = 60, % loss = 4, wire gauge = 6
90ft, amps = 50, volts = 60, % loss = 5, wire gauge = 6
90ft, amps = 55, volts = 12, % loss = 5, wire gauge = 000
90ft, amps = 55, volts = 24, % loss = 3, wire gauge = 00
90ft, amps = 55, volts = 24, % loss = 4, wire gauge = 0
90ft, amps = 55, volts = 24, % loss = 5, wire gauge = 2
90ft, amps = 55, volts = 36, % loss = 2, wire gauge = 00
90ft, amps = 55, volts = 36, % loss = 3, wire gauge = 2
90ft, amps = 55, volts = 36, % loss = 4, wire gauge = 2
90ft, amps = 55, volts = 36, % loss = 5, wire gauge = 4
90ft, amps = 55, volts = 48, % loss = 2, wire gauge = 0
90ft, amps = 55, volts = 48, % loss = 3, wire gauge = 2
90ft, amps = 55, volts = 48, % loss = 4, wire gauge = 4
90ft, amps = 55, volts = 48, % loss = 5, wire gauge = 4
90ft, amps = 55, volts = 60, % loss = 2, wire gauge = 2
90ft, amps = 55, volts = 60, % loss = 3, wire gauge = 4
90ft, amps = 55, volts = 60, % loss = 4, wire gauge = 4
90ft, amps = 55, volts = 60, % loss = 5, wire gauge = 6
90ft, amps = 60, volts = 12, % loss = 5, wire gauge = 000
90ft, amps = 60, volts = 24, % loss = 3, wire gauge = 00
90ft, amps = 60, volts = 24, % loss = 4, wire gauge = 0
90ft, amps = 60, volts = 24, % loss = 5, wire gauge = 2
90ft, amps = 60, volts = 36, % loss = 2, wire gauge = 00
90ft, amps = 60, volts = 36, % loss = 3, wire gauge = 0
90ft, amps = 60, volts = 36, % loss = 4, wire gauge = 2
90ft, amps = 60, volts = 36, % loss = 5, wire gauge = 4
90ft, amps = 60, volts = 48, % loss = 2, wire gauge = 0
90ft, amps = 60, volts = 48, % loss = 3, wire gauge = 2
90ft, amps = 60, volts = 48, % loss = 4, wire gauge = 4
90ft, amps = 60, volts = 48, % loss = 5, wire gauge = 4
90ft, amps = 60, volts = 60, % loss = 2, wire gauge = 2
90ft, amps = 60, volts = 60, % loss = 3, wire gauge = 4
90ft, amps = 60, volts = 60, % loss = 4, wire gauge = 4
90ft, amps = 60, volts = 60, % loss = 5, wire gauge = 6

90ft, amps = 65, volts = 12, % loss = 5, wire gauge = 000
90ft, amps = 65, volts = 24, % loss = 3, wire gauge = 000
90ft, amps = 65, volts = 24, % loss = 4, wire gauge = 0
90ft, amps = 65, volts = 24, % loss = 5, wire gauge = 2
90ft, amps = 65, volts = 36, % loss = 2, wire gauge = 000
90ft, amps = 65, volts = 36, % loss = 3, wire gauge = 0
90ft, amps = 65, volts = 36, % loss = 4, wire gauge = 2
90ft, amps = 65, volts = 36, % loss = 5, wire gauge = 2
90ft, amps = 65, volts = 48, % loss = 2, wire gauge = 0
90ft, amps = 65, volts = 48, % loss = 3, wire gauge = 2
90ft, amps = 65, volts = 48, % loss = 4, wire gauge = 4
90ft, amps = 65, volts = 48, % loss = 5, wire gauge = 4
90ft, amps = 65, volts = 60, % loss = 2, wire gauge = 2
90ft, amps = 65, volts = 60, % loss = 3, wire gauge = 2
90ft, amps = 65, volts = 60, % loss = 4, wire gauge = 4
90ft, amps = 65, volts = 60, % loss = 5, wire gauge = 6
90ft, amps = 70, volts = 24, % loss = 3, wire gauge = 000
90ft, amps = 70, volts = 24, % loss = 4, wire gauge = 00
90ft, amps = 70, volts = 24, % loss = 5, wire gauge = 0
90ft, amps = 70, volts = 36, % loss = 2, wire gauge = 000
90ft, amps = 70, volts = 36, % loss = 3, wire gauge = 0
90ft, amps = 70, volts = 36, % loss = 4, wire gauge = 2
90ft, amps = 70, volts = 36, % loss = 5, wire gauge = 2
90ft, amps = 70, volts = 48, % loss = 2, wire gauge = 00
90ft, amps = 70, volts = 48, % loss = 3, wire gauge = 2
90ft, amps = 70, volts = 48, % loss = 4, wire gauge = 2
90ft, amps = 70, volts = 48, % loss = 5, wire gauge = 4
90ft, amps = 70, volts = 60, % loss = 2, wire gauge = 0
90ft, amps = 70, volts = 60, % loss = 3, wire gauge = 2
90ft, amps = 70, volts = 60, % loss = 4, wire gauge = 4
90ft, amps = 70, volts = 60, % loss = 5, wire gauge = 4
90ft, amps = 75, volts = 24, % loss = 3, wire gauge = 000
90ft, amps = 75, volts = 24, % loss = 4, wire gauge = 00
90ft, amps = 75, volts = 24, % loss = 5, wire gauge = 0
90ft, amps = 75, volts = 36, % loss = 2, wire gauge = 000
90ft, amps = 75, volts = 36, % loss = 3, wire gauge = 00
90ft, amps = 75, volts = 36, % loss = 4, wire gauge = 2
90ft, amps = 75, volts = 36, % loss = 5, wire gauge = 2
90ft, amps = 75, volts = 48, % loss = 2, wire gauge = 00

90ft, amps = 75, volts = 48, % loss = 3, wire gauge = 2
90ft, amps = 75, volts = 48, % loss = 4, wire gauge = 2
90ft, amps = 75, volts = 48, % loss = 5, wire gauge = 4
90ft, amps = 75, volts = 60, % loss = 2, wire gauge = 0
90ft, amps = 75, volts = 60, % loss = 3, wire gauge = 2
90ft, amps = 75, volts = 60, % loss = 4, wire gauge = 4
90ft, amps = 75, volts = 60, % loss = 5, wire gauge = 4
90ft, amps = 80, volts = 24, % loss = 4, wire gauge = 00
90ft, amps = 80, volts = 24, % loss = 5, wire gauge = 0
90ft, amps = 80, volts = 36, % loss = 3, wire gauge = 00
90ft, amps = 80, volts = 36, % loss = 4, wire gauge = 0
90ft, amps = 80, volts = 36, % loss = 5, wire gauge = 2
90ft, amps = 80, volts = 48, % loss = 2, wire gauge = 00
90ft, amps = 80, volts = 48, % loss = 3, wire gauge = 0
90ft, amps = 80, volts = 48, % loss = 4, wire gauge = 2
90ft, amps = 80, volts = 48, % loss = 5, wire gauge = 4
90ft, amps = 80, volts = 60, % loss = 2, wire gauge = 0
90ft, amps = 80, volts = 60, % loss = 3, wire gauge = 2
90ft, amps = 80, volts = 60, % loss = 4, wire gauge = 4
90ft, amps = 80, volts = 60, % loss = 5, wire gauge = 4
95ft, amps = 5, volts = 12, % loss = 2, wire gauge = 6
95ft, amps = 5, volts = 12, % loss = 3, wire gauge = 6
95ft, amps = 5, volts = 12, % loss = 4, wire gauge = 8
95ft, amps = 5, volts = 12, % loss = 5, wire gauge = 10
95ft, amps = 5, volts = 24, % loss = 2, wire gauge = 8
95ft, amps = 5, volts = 24, % loss = 3, wire gauge = 10
95ft, amps = 5, volts = 24, % loss = 4, wire gauge = 12
95ft, amps = 5, volts = 24, % loss = 5, wire gauge = 12
95ft, amps = 5, volts = 36, % loss = 2, wire gauge = 10
95ft, amps = 5, volts = 36, % loss = 3, wire gauge = 12
95ft, amps = 5, volts = 36, % loss = 4, wire gauge = 12
95ft, amps = 5, volts = 36, % loss = 5, wire gauge = 14
95ft, amps = 5, volts = 48, % loss = 2, wire gauge = 12
95ft, amps = 5, volts = 48, % loss = 3, wire gauge = 12
95ft, amps = 5, volts = 48, % loss = 4, wire gauge = 14
95ft, amps = 5, volts = 48, % loss = 5, wire gauge = 14
95ft, amps = 5, volts = 60, % loss = 2, wire gauge = 12
95ft, amps = 5, volts = 60, % loss = 3, wire gauge = 14
95ft, amps = 5, volts = 60, % loss = 4, wire gauge = 14

95ft, amps = 5, volts = 60, % loss = 5, wire gauge = 14
95ft, amps = 10, volts = 12, % loss = 2, wire gauge = 2
95ft, amps = 10, volts = 12, % loss = 3, wire gauge = 4
95ft, amps = 10, volts = 12, % loss = 4, wire gauge = 6
95ft, amps = 10, volts = 12, % loss = 5, wire gauge = 6
95ft, amps = 10, volts = 24, % loss = 2, wire gauge = 6
95ft, amps = 10, volts = 24, % loss = 3, wire gauge = 6
95ft, amps = 10, volts = 24, % loss = 4, wire gauge = 8
95ft, amps = 10, volts = 24, % loss = 5, wire gauge = 10
95ft, amps = 10, volts = 36, % loss = 2, wire gauge = 6
95ft, amps = 10, volts = 36, % loss = 3, wire gauge = 8
95ft, amps = 10, volts = 36, % loss = 4, wire gauge = 10
95ft, amps = 10, volts = 36, % loss = 5, wire gauge = 10
95ft, amps = 10, volts = 48, % loss = 2, wire gauge = 8
95ft, amps = 10, volts = 48, % loss = 3, wire gauge = 10
95ft, amps = 10, volts = 48, % loss = 4, wire gauge = 12
95ft, amps = 10, volts = 48, % loss = 5, wire gauge = 12
95ft, amps = 10, volts = 60, % loss = 2, wire gauge = 10
95ft, amps = 10, volts = 60, % loss = 3, wire gauge = 10
95ft, amps = 10, volts = 60, % loss = 4, wire gauge = 12
95ft, amps = 10, volts = 60, % loss = 5, wire gauge = 12
95ft, amps = 15, volts = 12, % loss = 2, wire gauge = 0
95ft, amps = 15, volts = 12, % loss = 3, wire gauge = 2
95ft, amps = 15, volts = 12, % loss = 4, wire gauge = 4
95ft, amps = 15, volts = 12, % loss = 5, wire gauge = 4
95ft, amps = 15, volts = 24, % loss = 2, wire gauge = 4
95ft, amps = 15, volts = 24, % loss = 3, wire gauge = 6
95ft, amps = 15, volts = 24, % loss = 4, wire gauge = 6
95ft, amps = 15, volts = 24, % loss = 5, wire gauge = 8
95ft, amps = 15, volts = 36, % loss = 2, wire gauge = 6
95ft, amps = 15, volts = 36, % loss = 3, wire gauge = 6
95ft, amps = 15, volts = 36, % loss = 4, wire gauge = 8
95ft, amps = 15, volts = 36, % loss = 5, wire gauge = 10
95ft, amps = 15, volts = 48, % loss = 2, wire gauge = 6
95ft, amps = 15, volts = 48, % loss = 3, wire gauge = 8
95ft, amps = 15, volts = 48, % loss = 4, wire gauge = 10
95ft, amps = 15, volts = 48, % loss = 5, wire gauge = 10
95ft, amps = 15, volts = 60, % loss = 2, wire gauge = 8
95ft, amps = 15, volts = 60, % loss = 3, wire gauge = 10

95ft, amps = 15, volts = 60, % loss = 4, wire gauge = 10
95ft, amps = 15, volts = 60, % loss = 5, wire gauge = 12
95ft, amps = 20, volts = 12, % loss = 2, wire gauge = 000
95ft, amps = 20, volts = 12, % loss = 3, wire gauge = 0
95ft, amps = 20, volts = 12, % loss = 4, wire gauge = 2
95ft, amps = 20, volts = 12, % loss = 5, wire gauge = 2
95ft, amps = 20, volts = 24, % loss = 2, wire gauge = 2
95ft, amps = 20, volts = 24, % loss = 3, wire gauge = 4
95ft, amps = 20, volts = 24, % loss = 4, wire gauge = 6
95ft, amps = 20, volts = 24, % loss = 5, wire gauge = 6
95ft, amps = 20, volts = 36, % loss = 2, wire gauge = 4
95ft, amps = 20, volts = 36, % loss = 3, wire gauge = 6
95ft, amps = 20, volts = 36, % loss = 4, wire gauge = 6
95ft, amps = 20, volts = 36, % loss = 5, wire gauge = 8
95ft, amps = 20, volts = 48, % loss = 2, wire gauge = 6
95ft, amps = 20, volts = 48, % loss = 3, wire gauge = 6
95ft, amps = 20, volts = 48, % loss = 4, wire gauge = 8
95ft, amps = 20, volts = 48, % loss = 5, wire gauge = 10
95ft, amps = 20, volts = 60, % loss = 2, wire gauge = 6
95ft, amps = 20, volts = 60, % loss = 3, wire gauge = 8
95ft, amps = 20, volts = 60, % loss = 4, wire gauge = 10
95ft, amps = 20, volts = 60, % loss = 5, wire gauge = 10
95ft, amps = 25, volts = 12, % loss = 2, wire gauge = 000
95ft, amps = 25, volts = 12, % loss = 3, wire gauge = 00
95ft, amps = 25, volts = 12, % loss = 4, wire gauge = 0
95ft, amps = 25, volts = 12, % loss = 5, wire gauge = 2
95ft, amps = 25, volts = 24, % loss = 2, wire gauge = 0
95ft, amps = 25, volts = 24, % loss = 3, wire gauge = 2
95ft, amps = 25, volts = 24, % loss = 4, wire gauge = 4
95ft, amps = 25, volts = 24, % loss = 5, wire gauge = 6
95ft, amps = 25, volts = 36, % loss = 2, wire gauge = 2
95ft, amps = 25, volts = 36, % loss = 3, wire gauge = 4
95ft, amps = 25, volts = 36, % loss = 4, wire gauge = 6
95ft, amps = 25, volts = 36, % loss = 5, wire gauge = 6
95ft, amps = 25, volts = 48, % loss = 2, wire gauge = 4
95ft, amps = 25, volts = 48, % loss = 3, wire gauge = 6
95ft, amps = 25, volts = 48, % loss = 4, wire gauge = 6
95ft, amps = 25, volts = 48, % loss = 5, wire gauge = 8
95ft, amps = 25, volts = 60, % loss = 2, wire gauge = 6

95ft, amps = 25, volts = 60, % loss = 3, wire gauge = 6
95ft, amps = 25, volts = 60, % loss = 4, wire gauge = 8
95ft, amps = 25, volts = 60, % loss = 5, wire gauge = 10
95ft, amps = 30, volts = 12, % loss = 3, wire gauge = 000
95ft, amps = 30, volts = 12, % loss = 4, wire gauge = 0
95ft, amps = 30, volts = 12, % loss = 5, wire gauge = 2
95ft, amps = 30, volts = 24, % loss = 2, wire gauge = 0
95ft, amps = 30, volts = 24, % loss = 3, wire gauge = 2
95ft, amps = 30, volts = 24, % loss = 4, wire gauge = 4
95ft, amps = 30, volts = 24, % loss = 5, wire gauge = 4
95ft, amps = 30, volts = 36, % loss = 2, wire gauge = 2
95ft, amps = 30, volts = 36, % loss = 3, wire gauge = 4
95ft, amps = 30, volts = 36, % loss = 4, wire gauge = 6
95ft, amps = 30, volts = 36, % loss = 5, wire gauge = 6
95ft, amps = 30, volts = 48, % loss = 2, wire gauge = 4
95ft, amps = 30, volts = 48, % loss = 3, wire gauge = 6
95ft, amps = 30, volts = 48, % loss = 4, wire gauge = 6
95ft, amps = 30, volts = 48, % loss = 5, wire gauge = 8
95ft, amps = 30, volts = 60, % loss = 2, wire gauge = 4
95ft, amps = 30, volts = 60, % loss = 3, wire gauge = 6
95ft, amps = 30, volts = 60, % loss = 4, wire gauge = 8
95ft, amps = 30, volts = 60, % loss = 5, wire gauge = 8
95ft, amps = 35, volts = 12, % loss = 3, wire gauge = 000
95ft, amps = 35, volts = 12, % loss = 4, wire gauge = 00
95ft, amps = 35, volts = 12, % loss = 5, wire gauge = 0
95ft, amps = 35, volts = 24, % loss = 2, wire gauge = 00
95ft, amps = 35, volts = 24, % loss = 3, wire gauge = 2
95ft, amps = 35, volts = 24, % loss = 4, wire gauge = 2
95ft, amps = 35, volts = 24, % loss = 5, wire gauge = 4
95ft, amps = 35, volts = 36, % loss = 2, wire gauge = 2
95ft, amps = 35, volts = 36, % loss = 3, wire gauge = 4
95ft, amps = 35, volts = 36, % loss = 4, wire gauge = 4
95ft, amps = 35, volts = 36, % loss = 5, wire gauge = 6
95ft, amps = 35, volts = 48, % loss = 2, wire gauge = 2
95ft, amps = 35, volts = 48, % loss = 3, wire gauge = 4
95ft, amps = 35, volts = 48, % loss = 4, wire gauge = 6
95ft, amps = 35, volts = 48, % loss = 5, wire gauge = 6
95ft, amps = 35, volts = 60, % loss = 2, wire gauge = 4
95ft, amps = 35, volts = 60, % loss = 3, wire gauge = 6

95ft, amps = 35, volts = 60, % loss = 4, wire gauge = 6
95ft, amps = 35, volts = 60, % loss = 5, wire gauge = 8
95ft, amps = 40, volts = 12, % loss = 4, wire gauge = 000
95ft, amps = 40, volts = 12, % loss = 5, wire gauge = 00
95ft, amps = 40, volts = 24, % loss = 2, wire gauge = 000
95ft, amps = 40, volts = 24, % loss = 3, wire gauge = 0
95ft, amps = 40, volts = 24, % loss = 4, wire gauge = 2
95ft, amps = 40, volts = 24, % loss = 5, wire gauge = 2
95ft, amps = 40, volts = 36, % loss = 2, wire gauge = 0
95ft, amps = 40, volts = 36, % loss = 3, wire gauge = 2
95ft, amps = 40, volts = 36, % loss = 4, wire gauge = 4
95ft, amps = 40, volts = 36, % loss = 5, wire gauge = 4
95ft, amps = 40, volts = 48, % loss = 2, wire gauge = 2
95ft, amps = 40, volts = 48, % loss = 3, wire gauge = 4
95ft, amps = 40, volts = 48, % loss = 4, wire gauge = 6
95ft, amps = 40, volts = 48, % loss = 5, wire gauge = 6
95ft, amps = 40, volts = 60, % loss = 2, wire gauge = 2
95ft, amps = 40, volts = 60, % loss = 3, wire gauge = 4
95ft, amps = 40, volts = 60, % loss = 4, wire gauge = 6
95ft, amps = 40, volts = 60, % loss = 5, wire gauge = 6
95ft, amps = 45, volts = 12, % loss = 4, wire gauge = 000
95ft, amps = 45, volts = 12, % loss = 5, wire gauge = 00
95ft, amps = 45, volts = 24, % loss = 2, wire gauge = 000
95ft, amps = 45, volts = 24, % loss = 3, wire gauge = 0
95ft, amps = 45, volts = 24, % loss = 4, wire gauge = 2
95ft, amps = 45, volts = 24, % loss = 5, wire gauge = 2
95ft, amps = 45, volts = 36, % loss = 2, wire gauge = 0
95ft, amps = 45, volts = 36, % loss = 3, wire gauge = 2
95ft, amps = 45, volts = 36, % loss = 4, wire gauge = 4
95ft, amps = 45, volts = 36, % loss = 5, wire gauge = 4
95ft, amps = 45, volts = 48, % loss = 2, wire gauge = 2
95ft, amps = 45, volts = 48, % loss = 3, wire gauge = 4
95ft, amps = 45, volts = 48, % loss = 4, wire gauge = 4
95ft, amps = 45, volts = 48, % loss = 5, wire gauge = 6
95ft, amps = 45, volts = 60, % loss = 2, wire gauge = 2
95ft, amps = 45, volts = 60, % loss = 3, wire gauge = 4
95ft, amps = 45, volts = 60, % loss = 4, wire gauge = 6
95ft, amps = 45, volts = 60, % loss = 5, wire gauge = 6
95ft, amps = 50, volts = 12, % loss = 4, wire gauge = 000

95ft, amps = 50, volts = 12, % loss = 5, wire gauge = 000
95ft, amps = 50, volts = 24, % loss = 2, wire gauge = 000
95ft, amps = 50, volts = 24, % loss = 3, wire gauge = 00
95ft, amps = 50, volts = 24, % loss = 4, wire gauge = 0
95ft, amps = 50, volts = 24, % loss = 5, wire gauge = 2
95ft, amps = 50, volts = 36, % loss = 2, wire gauge = 00
95ft, amps = 50, volts = 36, % loss = 3, wire gauge = 2
95ft, amps = 50, volts = 36, % loss = 4, wire gauge = 2
95ft, amps = 50, volts = 36, % loss = 5, wire gauge = 4
95ft, amps = 50, volts = 48, % loss = 2, wire gauge = 0
95ft, amps = 50, volts = 48, % loss = 3, wire gauge = 2
95ft, amps = 50, volts = 48, % loss = 4, wire gauge = 4
95ft, amps = 50, volts = 48, % loss = 5, wire gauge = 6
95ft, amps = 50, volts = 60, % loss = 2, wire gauge = 2
95ft, amps = 50, volts = 60, % loss = 3, wire gauge = 4
95ft, amps = 50, volts = 60, % loss = 4, wire gauge = 6
95ft, amps = 50, volts = 60, % loss = 5, wire gauge = 6
95ft, amps = 55, volts = 12, % loss = 5, wire gauge = 000
95ft, amps = 55, volts = 24, % loss = 3, wire gauge = 00
95ft, amps = 55, volts = 24, % loss = 4, wire gauge = 0
95ft, amps = 55, volts = 24, % loss = 5, wire gauge = 2
95ft, amps = 55, volts = 36, % loss = 2, wire gauge = 00
95ft, amps = 55, volts = 36, % loss = 3, wire gauge = 2
95ft, amps = 55, volts = 36, % loss = 4, wire gauge = 2
95ft, amps = 55, volts = 36, % loss = 5, wire gauge = 4
95ft, amps = 55, volts = 48, % loss = 2, wire gauge = 0
95ft, amps = 55, volts = 48, % loss = 3, wire gauge = 2
95ft, amps = 55, volts = 48, % loss = 4, wire gauge = 4
95ft, amps = 55, volts = 48, % loss = 5, wire gauge = 4
95ft, amps = 55, volts = 60, % loss = 2, wire gauge = 2
95ft, amps = 55, volts = 60, % loss = 3, wire gauge = 4
95ft, amps = 55, volts = 60, % loss = 4, wire gauge = 4
95ft, amps = 55, volts = 60, % loss = 5, wire gauge = 6
95ft, amps = 60, volts = 12, % loss = 5, wire gauge = 000
95ft, amps = 60, volts = 24, % loss = 3, wire gauge = 000
95ft, amps = 60, volts = 24, % loss = 4, wire gauge = 0
95ft, amps = 60, volts = 24, % loss = 5, wire gauge = 2
95ft, amps = 60, volts = 36, % loss = 2, wire gauge = 000
95ft, amps = 60, volts = 36, % loss = 3, wire gauge = 0

95ft, amps = 60, volts = 36, % loss = 4, wire gauge = 2  
95ft, amps = 60, volts = 36, % loss = 5, wire gauge = 2  
95ft, amps = 60, volts = 48, % loss = 2, wire gauge = 0  
95ft, amps = 60, volts = 48, % loss = 3, wire gauge = 2  
95ft, amps = 60, volts = 48, % loss = 4, wire gauge = 4  
95ft, amps = 60, volts = 48, % loss = 5, wire gauge = 4  
95ft, amps = 60, volts = 60, % loss = 2, wire gauge = 2  
95ft, amps = 60, volts = 60, % loss = 3, wire gauge = 2  
95ft, amps = 60, volts = 60, % loss = 4, wire gauge = 4  
95ft, amps = 60, volts = 60, % loss = 5, wire gauge = 6  
95ft, amps = 65, volts = 24, % loss = 3, wire gauge = 000  
95ft, amps = 65, volts = 24, % loss = 4, wire gauge = 00  
95ft, amps = 65, volts = 24, % loss = 5, wire gauge = 0  
95ft, amps = 65, volts = 36, % loss = 2, wire gauge = 000  
95ft, amps = 65, volts = 36, % loss = 3, wire gauge = 0  
95ft, amps = 65, volts = 36, % loss = 4, wire gauge = 2  
95ft, amps = 65, volts = 36, % loss = 5, wire gauge = 2  
95ft, amps = 65, volts = 48, % loss = 2, wire gauge = 00  
95ft, amps = 65, volts = 48, % loss = 3, wire gauge = 2  
95ft, amps = 65, volts = 48, % loss = 4, wire gauge = 2  
95ft, amps = 65, volts = 48, % loss = 5, wire gauge = 4  
95ft, amps = 65, volts = 60, % loss = 2, wire gauge = 0  
95ft, amps = 65, volts = 60, % loss = 3, wire gauge = 2  
95ft, amps = 65, volts = 60, % loss = 4, wire gauge = 4  
95ft, amps = 65, volts = 60, % loss = 5, wire gauge = 4  
95ft, amps = 70, volts = 24, % loss = 3, wire gauge = 000  
95ft, amps = 70, volts = 24, % loss = 4, wire gauge = 00  
95ft, amps = 70, volts = 24, % loss = 5, wire gauge = 0  
95ft, amps = 70, volts = 36, % loss = 2, wire gauge = 000  
95ft, amps = 70, volts = 36, % loss = 3, wire gauge = 0  
95ft, amps = 70, volts = 36, % loss = 4, wire gauge = 2  
95ft, amps = 70, volts = 36, % loss = 5, wire gauge = 2  
95ft, amps = 70, volts = 48, % loss = 2, wire gauge = 00  
95ft, amps = 70, volts = 48, % loss = 3, wire gauge = 2  
95ft, amps = 70, volts = 48, % loss = 4, wire gauge = 2  
95ft, amps = 70, volts = 48, % loss = 5, wire gauge = 4  
95ft, amps = 70, volts = 60, % loss = 2, wire gauge = 0  
95ft, amps = 70, volts = 60, % loss = 3, wire gauge = 2  
95ft, amps = 70, volts = 60, % loss = 4, wire gauge = 4

95ft, amps = 70, volts = 60, % loss = 5, wire gauge = 4
95ft, amps = 75, volts = 24, % loss = 3, wire gauge = 000
95ft, amps = 75, volts = 24, % loss = 4, wire gauge = 00
95ft, amps = 75, volts = 24, % loss = 5, wire gauge = 0
95ft, amps = 75, volts = 36, % loss = 2, wire gauge = 000
95ft, amps = 75, volts = 36, % loss = 3, wire gauge = 00
95ft, amps = 75, volts = 36, % loss = 4, wire gauge = 0
95ft, amps = 75, volts = 36, % loss = 5, wire gauge = 2
95ft, amps = 75, volts = 48, % loss = 2, wire gauge = 00
95ft, amps = 75, volts = 48, % loss = 3, wire gauge = 0
95ft, amps = 75, volts = 48, % loss = 4, wire gauge = 2
95ft, amps = 75, volts = 48, % loss = 5, wire gauge = 4
95ft, amps = 75, volts = 60, % loss = 2, wire gauge = 0
95ft, amps = 75, volts = 60, % loss = 3, wire gauge = 2
95ft, amps = 75, volts = 60, % loss = 4, wire gauge = 4
95ft, amps = 75, volts = 60, % loss = 5, wire gauge = 4
95ft, amps = 80, volts = 24, % loss = 4, wire gauge = 000
95ft, amps = 80, volts = 24, % loss = 5, wire gauge = 00
95ft, amps = 80, volts = 36, % loss = 3, wire gauge = 00
95ft, amps = 80, volts = 36, % loss = 4, wire gauge = 0
95ft, amps = 80, volts = 36, % loss = 5, wire gauge = 2
95ft, amps = 80, volts = 48, % loss = 2, wire gauge = 000
95ft, amps = 80, volts = 48, % loss = 3, wire gauge = 0
95ft, amps = 80, volts = 48, % loss = 4, wire gauge = 2
95ft, amps = 80, volts = 48, % loss = 5, wire gauge = 2
95ft, amps = 80, volts = 60, % loss = 2, wire gauge = 00
95ft, amps = 80, volts = 60, % loss = 3, wire gauge = 2
95ft, amps = 80, volts = 60, % loss = 4, wire gauge = 2
95ft, amps = 80, volts = 60, % loss = 5, wire gauge = 4
100ft, amps = 5, volts = 12, % loss = 2, wire gauge = 4
100ft, amps = 5, volts = 12, % loss = 3, wire gauge = 6
100ft, amps = 5, volts = 12, % loss = 4, wire gauge = 8
100ft, amps = 5, volts = 12, % loss = 5, wire gauge = 8
100ft, amps = 5, volts = 24, % loss = 2, wire gauge = 8
100ft, amps = 5, volts = 24, % loss = 3, wire gauge = 10
100ft, amps = 5, volts = 24, % loss = 4, wire gauge = 10
100ft, amps = 5, volts = 24, % loss = 5, wire gauge = 12
100ft, amps = 5, volts = 36, % loss = 2, wire gauge = 10
100ft, amps = 5, volts = 36, % loss = 3, wire gauge = 12

100ft, amps = 5, volts = 36, % loss = 4, wire gauge = 12
100ft, amps = 5, volts = 36, % loss = 5, wire gauge = 14
100ft, amps = 5, volts = 48, % loss = 2, wire gauge = 10
100ft, amps = 5, volts = 48, % loss = 3, wire gauge = 12
100ft, amps = 5, volts = 48, % loss = 4, wire gauge = 14
100ft, amps = 5, volts = 48, % loss = 5, wire gauge = 14
100ft, amps = 5, volts = 60, % loss = 2, wire gauge = 12
100ft, amps = 5, volts = 60, % loss = 3, wire gauge = 14
100ft, amps = 5, volts = 60, % loss = 4, wire gauge = 14
100ft, amps = 5, volts = 60, % loss = 5, wire gauge = 14
100ft, amps = 10, volts = 12, % loss = 2, wire gauge = 2
100ft, amps = 10, volts = 12, % loss = 3, wire gauge = 4
100ft, amps = 10, volts = 12, % loss = 4, wire gauge = 4
100ft, amps = 10, volts = 12, % loss = 5, wire gauge = 6
100ft, amps = 10, volts = 24, % loss = 2, wire gauge = 4
100ft, amps = 10, volts = 24, % loss = 3, wire gauge = 6
100ft, amps = 10, volts = 24, % loss = 4, wire gauge = 8
100ft, amps = 10, volts = 24, % loss = 5, wire gauge = 8
100ft, amps = 10, volts = 36, % loss = 2, wire gauge = 6
100ft, amps = 10, volts = 36, % loss = 3, wire gauge = 8
100ft, amps = 10, volts = 36, % loss = 4, wire gauge = 10
100ft, amps = 10, volts = 36, % loss = 5, wire gauge = 10
100ft, amps = 10, volts = 48, % loss = 2, wire gauge = 8
100ft, amps = 10, volts = 48, % loss = 3, wire gauge = 10
100ft, amps = 10, volts = 48, % loss = 4, wire gauge = 10
100ft, amps = 10, volts = 48, % loss = 5, wire gauge = 12
100ft, amps = 10, volts = 60, % loss = 2, wire gauge = 8
100ft, amps = 10, volts = 60, % loss = 3, wire gauge = 10
100ft, amps = 10, volts = 60, % loss = 4, wire gauge = 12
100ft, amps = 10, volts = 60, % loss = 5, wire gauge = 12
100ft, amps = 15, volts = 12, % loss = 2, wire gauge = 00
100ft, amps = 15, volts = 12, % loss = 3, wire gauge = 2
100ft, amps = 15, volts = 12, % loss = 4, wire gauge = 2
100ft, amps = 15, volts = 12, % loss = 5, wire gauge = 4
100ft, amps = 15, volts = 24, % loss = 2, wire gauge = 2
100ft, amps = 15, volts = 24, % loss = 3, wire gauge = 4
100ft, amps = 15, volts = 24, % loss = 4, wire gauge = 6
100ft, amps = 15, volts = 24, % loss = 5, wire gauge = 6
100ft, amps = 15, volts = 36, % loss = 2, wire gauge = 4

100ft, amps = 15, volts = 36, % loss = 3, wire gauge = 6
100ft, amps = 15, volts = 36, % loss = 4, wire gauge = 8
100ft, amps = 15, volts = 36, % loss = 5, wire gauge = 8
100ft, amps = 15, volts = 48, % loss = 2, wire gauge = 6
100ft, amps = 15, volts = 48, % loss = 3, wire gauge = 8
100ft, amps = 15, volts = 48, % loss = 4, wire gauge = 10
100ft, amps = 15, volts = 48, % loss = 5, wire gauge = 10
100ft, amps = 15, volts = 60, % loss = 2, wire gauge = 6
100ft, amps = 15, volts = 60, % loss = 3, wire gauge = 8
100ft, amps = 15, volts = 60, % loss = 4, wire gauge = 10
100ft, amps = 15, volts = 60, % loss = 5, wire gauge = 10
100ft, amps = 20, volts = 12, % loss = 2, wire gauge = 000
100ft, amps = 20, volts = 12, % loss = 3, wire gauge = 0
100ft, amps = 20, volts = 12, % loss = 4, wire gauge = 2
100ft, amps = 20, volts = 12, % loss = 5, wire gauge = 2
100ft, amps = 20, volts = 24, % loss = 2, wire gauge = 2
100ft, amps = 20, volts = 24, % loss = 3, wire gauge = 4
100ft, amps = 20, volts = 24, % loss = 4, wire gauge = 4
100ft, amps = 20, volts = 24, % loss = 5, wire gauge = 6
100ft, amps = 20, volts = 36, % loss = 2, wire gauge = 4
100ft, amps = 20, volts = 36, % loss = 3, wire gauge = 6
100ft, amps = 20, volts = 36, % loss = 4, wire gauge = 6
100ft, amps = 20, volts = 36, % loss = 5, wire gauge = 8
100ft, amps = 20, volts = 48, % loss = 2, wire gauge = 4
100ft, amps = 20, volts = 48, % loss = 3, wire gauge = 6
100ft, amps = 20, volts = 48, % loss = 4, wire gauge = 8
100ft, amps = 20, volts = 48, % loss = 5, wire gauge = 8
100ft, amps = 20, volts = 60, % loss = 2, wire gauge = 6
100ft, amps = 20, volts = 60, % loss = 3, wire gauge = 8
100ft, amps = 20, volts = 60, % loss = 4, wire gauge = 8
100ft, amps = 20, volts = 60, % loss = 5, wire gauge = 10
100ft, amps = 25, volts = 12, % loss = 3, wire gauge = 00
100ft, amps = 25, volts = 12, % loss = 4, wire gauge = 0
100ft, amps = 25, volts = 12, % loss = 5, wire gauge = 2
100ft, amps = 25, volts = 24, % loss = 2, wire gauge = 0
100ft, amps = 25, volts = 24, % loss = 3, wire gauge = 2
100ft, amps = 25, volts = 24, % loss = 4, wire gauge = 4
100ft, amps = 25, volts = 24, % loss = 5, wire gauge = 4
100ft, amps = 25, volts = 36, % loss = 2, wire gauge = 2

100ft, amps = 25, volts = 36, % loss = 3, wire gauge = 4
100ft, amps = 25, volts = 36, % loss = 4, wire gauge = 6
100ft, amps = 25, volts = 36, % loss = 5, wire gauge = 6
100ft, amps = 25, volts = 48, % loss = 2, wire gauge = 4
100ft, amps = 25, volts = 48, % loss = 3, wire gauge = 6
100ft, amps = 25, volts = 48, % loss = 4, wire gauge = 6
100ft, amps = 25, volts = 48, % loss = 5, wire gauge = 8
100ft, amps = 25, volts = 60, % loss = 2, wire gauge = 4
100ft, amps = 25, volts = 60, % loss = 3, wire gauge = 6
100ft, amps = 25, volts = 60, % loss = 4, wire gauge = 8
100ft, amps = 25, volts = 60, % loss = 5, wire gauge = 8
100ft, amps = 30, volts = 12, % loss = 3, wire gauge = 000
100ft, amps = 30, volts = 12, % loss = 4, wire gauge = 00
100ft, amps = 30, volts = 12, % loss = 5, wire gauge = 0
100ft, amps = 30, volts = 24, % loss = 2, wire gauge = 00
100ft, amps = 30, volts = 24, % loss = 3, wire gauge = 2
100ft, amps = 30, volts = 24, % loss = 4, wire gauge = 2
100ft, amps = 30, volts = 24, % loss = 5, wire gauge = 4
100ft, amps = 30, volts = 36, % loss = 2, wire gauge = 2
100ft, amps = 30, volts = 36, % loss = 3, wire gauge = 4
100ft, amps = 30, volts = 36, % loss = 4, wire gauge = 4
100ft, amps = 30, volts = 36, % loss = 5, wire gauge = 6
100ft, amps = 30, volts = 48, % loss = 2, wire gauge = 2
100ft, amps = 30, volts = 48, % loss = 3, wire gauge = 4
100ft, amps = 30, volts = 48, % loss = 4, wire gauge = 6
100ft, amps = 30, volts = 48, % loss = 5, wire gauge = 6
100ft, amps = 30, volts = 60, % loss = 2, wire gauge = 4
100ft, amps = 30, volts = 60, % loss = 3, wire gauge = 6
100ft, amps = 30, volts = 60, % loss = 4, wire gauge = 6
100ft, amps = 30, volts = 60, % loss = 5, wire gauge = 8
100ft, amps = 35, volts = 12, % loss = 3, wire gauge = 000
100ft, amps = 35, volts = 12, % loss = 4, wire gauge = 00
100ft, amps = 35, volts = 12, % loss = 5, wire gauge = 0
100ft, amps = 35, volts = 24, % loss = 2, wire gauge = 00
100ft, amps = 35, volts = 24, % loss = 3, wire gauge = 2
100ft, amps = 35, volts = 24, % loss = 4, wire gauge = 2
100ft, amps = 35, volts = 24, % loss = 5, wire gauge = 4
100ft, amps = 35, volts = 36, % loss = 2, wire gauge = 2
100ft, amps = 35, volts = 36, % loss = 3, wire gauge = 2

100ft, amps = 35, volts = 36, % loss = 4, wire gauge = 4
100ft, amps = 35, volts = 36, % loss = 5, wire gauge = 6
100ft, amps = 35, volts = 48, % loss = 2, wire gauge = 2
100ft, amps = 35, volts = 48, % loss = 3, wire gauge = 4
100ft, amps = 35, volts = 48, % loss = 4, wire gauge = 6
100ft, amps = 35, volts = 48, % loss = 5, wire gauge = 6
100ft, amps = 35, volts = 60, % loss = 2, wire gauge = 4
100ft, amps = 35, volts = 60, % loss = 3, wire gauge = 6
100ft, amps = 35, volts = 60, % loss = 4, wire gauge = 6
100ft, amps = 35, volts = 60, % loss = 5, wire gauge = 8
100ft, amps = 40, volts = 12, % loss = 4, wire gauge = 000
100ft, amps = 40, volts = 12, % loss = 5, wire gauge = 00
100ft, amps = 40, volts = 24, % loss = 2, wire gauge = 000
100ft, amps = 40, volts = 24, % loss = 3, wire gauge = 0
100ft, amps = 40, volts = 24, % loss = 4, wire gauge = 2
100ft, amps = 40, volts = 24, % loss = 5, wire gauge = 2
100ft, amps = 40, volts = 36, % loss = 2, wire gauge = 0
100ft, amps = 40, volts = 36, % loss = 3, wire gauge = 2
100ft, amps = 40, volts = 36, % loss = 4, wire gauge = 4
100ft, amps = 40, volts = 36, % loss = 5, wire gauge = 4
100ft, amps = 40, volts = 48, % loss = 2, wire gauge = 2
100ft, amps = 40, volts = 48, % loss = 3, wire gauge = 4
100ft, amps = 40, volts = 48, % loss = 4, wire gauge = 4
100ft, amps = 40, volts = 48, % loss = 5, wire gauge = 6
100ft, amps = 40, volts = 60, % loss = 2, wire gauge = 2
100ft, amps = 40, volts = 60, % loss = 3, wire gauge = 4
100ft, amps = 40, volts = 60, % loss = 4, wire gauge = 6
100ft, amps = 40, volts = 60, % loss = 5, wire gauge = 6
100ft, amps = 45, volts = 12, % loss = 4, wire gauge = 000
100ft, amps = 45, volts = 12, % loss = 5, wire gauge = 00
100ft, amps = 45, volts = 24, % loss = 2, wire gauge = 000
100ft, amps = 45, volts = 24, % loss = 3, wire gauge = 00
100ft, amps = 45, volts = 24, % loss = 4, wire gauge = 2
100ft, amps = 45, volts = 24, % loss = 5, wire gauge = 2
100ft, amps = 45, volts = 36, % loss = 2, wire gauge = 00
100ft, amps = 45, volts = 36, % loss = 3, wire gauge = 2
100ft, amps = 45, volts = 36, % loss = 4, wire gauge = 2
100ft, amps = 45, volts = 36, % loss = 5, wire gauge = 4
100ft, amps = 45, volts = 48, % loss = 2, wire gauge = 2

100ft, amps = 45, volts = 48, % loss = 3, wire gauge = 2
100ft, amps = 45, volts = 48, % loss = 4, wire gauge = 4
100ft, amps = 45, volts = 48, % loss = 5, wire gauge = 6
100ft, amps = 45, volts = 60, % loss = 2, wire gauge = 2
100ft, amps = 45, volts = 60, % loss = 3, wire gauge = 4
100ft, amps = 45, volts = 60, % loss = 4, wire gauge = 6
100ft, amps = 45, volts = 60, % loss = 5, wire gauge = 6
100ft, amps = 50, volts = 12, % loss = 5, wire gauge = 000
100ft, amps = 50, volts = 24, % loss = 3, wire gauge = 00
100ft, amps = 50, volts = 24, % loss = 4, wire gauge = 0
100ft, amps = 50, volts = 24, % loss = 5, wire gauge = 2
100ft, amps = 50, volts = 36, % loss = 2, wire gauge = 00
100ft, amps = 50, volts = 36, % loss = 3, wire gauge = 2
100ft, amps = 50, volts = 36, % loss = 4, wire gauge = 2
100ft, amps = 50, volts = 36, % loss = 5, wire gauge = 4
100ft, amps = 50, volts = 48, % loss = 2, wire gauge = 0
100ft, amps = 50, volts = 48, % loss = 3, wire gauge = 2
100ft, amps = 50, volts = 48, % loss = 4, wire gauge = 4
100ft, amps = 50, volts = 48, % loss = 5, wire gauge = 4
100ft, amps = 50, volts = 60, % loss = 2, wire gauge = 2
100ft, amps = 50, volts = 60, % loss = 3, wire gauge = 4
100ft, amps = 50, volts = 60, % loss = 4, wire gauge = 4
100ft, amps = 50, volts = 60, % loss = 5, wire gauge = 6
100ft, amps = 55, volts = 12, % loss = 5, wire gauge = 000
100ft, amps = 55, volts = 24, % loss = 3, wire gauge = 00
100ft, amps = 55, volts = 24, % loss = 4, wire gauge = 0
100ft, amps = 55, volts = 24, % loss = 5, wire gauge = 2
100ft, amps = 55, volts = 36, % loss = 2, wire gauge = 00
100ft, amps = 55, volts = 36, % loss = 3, wire gauge = 0
100ft, amps = 55, volts = 36, % loss = 4, wire gauge = 2
100ft, amps = 55, volts = 36, % loss = 5, wire gauge = 4
100ft, amps = 55, volts = 48, % loss = 2, wire gauge = 0
100ft, amps = 55, volts = 48, % loss = 3, wire gauge = 2
100ft, amps = 55, volts = 48, % loss = 4, wire gauge = 4
100ft, amps = 55, volts = 48, % loss = 5, wire gauge = 4
100ft, amps = 55, volts = 60, % loss = 2, wire gauge = 2
100ft, amps = 55, volts = 60, % loss = 3, wire gauge = 4
100ft, amps = 55, volts = 60, % loss = 4, wire gauge = 4
100ft, amps = 55, volts = 60, % loss = 5, wire gauge = 6

100ft, amps = 60, volts = 24, % loss = 3, wire gauge = 000
100ft, amps = 60, volts = 24, % loss = 4, wire gauge = 00
100ft, amps = 60, volts = 24, % loss = 5, wire gauge = 0
100ft, amps = 60, volts = 36, % loss = 2, wire gauge = 000
100ft, amps = 60, volts = 36, % loss = 3, wire gauge = 0
100ft, amps = 60, volts = 36, % loss = 4, wire gauge = 2
100ft, amps = 60, volts = 36, % loss = 5, wire gauge = 2
100ft, amps = 60, volts = 48, % loss = 2, wire gauge = 00
100ft, amps = 60, volts = 48, % loss = 3, wire gauge = 2
100ft, amps = 60, volts = 48, % loss = 4, wire gauge = 2
100ft, amps = 60, volts = 48, % loss = 5, wire gauge = 4
100ft, amps = 60, volts = 60, % loss = 2, wire gauge = 0
100ft, amps = 60, volts = 60, % loss = 3, wire gauge = 2
100ft, amps = 60, volts = 60, % loss = 4, wire gauge = 4
100ft, amps = 60, volts = 60, % loss = 5, wire gauge = 4
100ft, amps = 65, volts = 24, % loss = 3, wire gauge = 000
100ft, amps = 65, volts = 24, % loss = 4, wire gauge = 00
100ft, amps = 65, volts = 24, % loss = 5, wire gauge = 0
100ft, amps = 65, volts = 36, % loss = 2, wire gauge = 000
100ft, amps = 65, volts = 36, % loss = 3, wire gauge = 0
100ft, amps = 65, volts = 36, % loss = 4, wire gauge = 2
100ft, amps = 65, volts = 36, % loss = 5, wire gauge = 2
100ft, amps = 65, volts = 48, % loss = 2, wire gauge = 00
100ft, amps = 65, volts = 48, % loss = 3, wire gauge = 2
100ft, amps = 65, volts = 48, % loss = 4, wire gauge = 2
100ft, amps = 65, volts = 48, % loss = 5, wire gauge = 4
100ft, amps = 65, volts = 60, % loss = 2, wire gauge = 0
100ft, amps = 65, volts = 60, % loss = 3, wire gauge = 2
100ft, amps = 65, volts = 60, % loss = 4, wire gauge = 4
100ft, amps = 65, volts = 60, % loss = 5, wire gauge = 4
100ft, amps = 70, volts = 24, % loss = 3, wire gauge = 000
100ft, amps = 70, volts = 24, % loss = 4, wire gauge = 00
100ft, amps = 70, volts = 24, % loss = 5, wire gauge = 0
100ft, amps = 70, volts = 36, % loss = 2, wire gauge = 000
100ft, amps = 70, volts = 36, % loss = 3, wire gauge = 00
100ft, amps = 70, volts = 36, % loss = 4, wire gauge = 2
100ft, amps = 70, volts = 36, % loss = 5, wire gauge = 2
100ft, amps = 70, volts = 48, % loss = 2, wire gauge = 00
100ft, amps = 70, volts = 48, % loss = 3, wire gauge = 2

100ft, amps = 70, volts = 48, % loss = 4, wire gauge = 2
100ft, amps = 70, volts = 48, % loss = 5, wire gauge = 4
100ft, amps = 70, volts = 60, % loss = 2, wire gauge = 0
100ft, amps = 70, volts = 60, % loss = 3, wire gauge = 2
100ft, amps = 70, volts = 60, % loss = 4, wire gauge = 4
100ft, amps = 70, volts = 60, % loss = 5, wire gauge = 4
100ft, amps = 75, volts = 24, % loss = 4, wire gauge = 000
100ft, amps = 75, volts = 24, % loss = 5, wire gauge = 00
100ft, amps = 75, volts = 36, % loss = 3, wire gauge = 00
100ft, amps = 75, volts = 36, % loss = 4, wire gauge = 0
100ft, amps = 75, volts = 36, % loss = 5, wire gauge = 2
100ft, amps = 75, volts = 48, % loss = 2, wire gauge = 000
100ft, amps = 75, volts = 48, % loss = 3, wire gauge = 0
100ft, amps = 75, volts = 48, % loss = 4, wire gauge = 2
100ft, amps = 75, volts = 48, % loss = 5, wire gauge = 2
100ft, amps = 75, volts = 60, % loss = 2, wire gauge = 00
100ft, amps = 75, volts = 60, % loss = 3, wire gauge = 2
100ft, amps = 75, volts = 60, % loss = 4, wire gauge = 2
100ft, amps = 75, volts = 60, % loss = 5, wire gauge = 4
100ft, amps = 80, volts = 24, % loss = 4, wire gauge = 000
100ft, amps = 80, volts = 24, % loss = 5, wire gauge = 00
100ft, amps = 80, volts = 36, % loss = 3, wire gauge = 00
100ft, amps = 80, volts = 36, % loss = 4, wire gauge = 0
100ft, amps = 80, volts = 36, % loss = 5, wire gauge = 2
100ft, amps = 80, volts = 48, % loss = 2, wire gauge = 000
100ft, amps = 80, volts = 48, % loss = 3, wire gauge = 0
100ft, amps = 80, volts = 48, % loss = 4, wire gauge = 2
100ft, amps = 80, volts = 48, % loss = 5, wire gauge = 2
100ft, amps = 80, volts = 60, % loss = 2, wire gauge = 00
100ft, amps = 80, volts = 60, % loss = 3, wire gauge = 2
100ft, amps = 80, volts = 60, % loss = 4, wire gauge = 2
100ft, amps = 80, volts = 60, % loss = 5, wire gauge = 4
105ft, amps = 5, volts = 12, % loss = 2, wire gauge = 4
105ft, amps = 5, volts = 12, % loss = 3, wire gauge = 6
105ft, amps = 5, volts = 12, % loss = 4, wire gauge = 8
105ft, amps = 5, volts = 12, % loss = 5, wire gauge = 8
105ft, amps = 5, volts = 24, % loss = 2, wire gauge = 8
105ft, amps = 5, volts = 24, % loss = 3, wire gauge = 10
105ft, amps = 5, volts = 24, % loss = 4, wire gauge = 10

105ft, amps = 5, volts = 24, % loss = 5, wire gauge = 12
105ft, amps = 5, volts = 36, % loss = 2, wire gauge = 10
105ft, amps = 5, volts = 36, % loss = 3, wire gauge = 12
105ft, amps = 5, volts = 36, % loss = 4, wire gauge = 12
105ft, amps = 5, volts = 36, % loss = 5, wire gauge = 14
105ft, amps = 5, volts = 48, % loss = 2, wire gauge = 10
105ft, amps = 5, volts = 48, % loss = 3, wire gauge = 12
105ft, amps = 5, volts = 48, % loss = 4, wire gauge = 14
105ft, amps = 5, volts = 48, % loss = 5, wire gauge = 14
105ft, amps = 5, volts = 60, % loss = 2, wire gauge = 12
105ft, amps = 5, volts = 60, % loss = 3, wire gauge = 14
105ft, amps = 5, volts = 60, % loss = 4, wire gauge = 14
105ft, amps = 5, volts = 60, % loss = 5, wire gauge = 14
105ft, amps = 10, volts = 12, % loss = 2, wire gauge = 2
105ft, amps = 10, volts = 12, % loss = 3, wire gauge = 4
105ft, amps = 10, volts = 12, % loss = 4, wire gauge = 4
105ft, amps = 10, volts = 12, % loss = 5, wire gauge = 6
105ft, amps = 10, volts = 24, % loss = 2, wire gauge = 4
105ft, amps = 10, volts = 24, % loss = 3, wire gauge = 6
105ft, amps = 10, volts = 24, % loss = 4, wire gauge = 8
105ft, amps = 10, volts = 24, % loss = 5, wire gauge = 8
105ft, amps = 10, volts = 36, % loss = 2, wire gauge = 6
105ft, amps = 10, volts = 36, % loss = 3, wire gauge = 8
105ft, amps = 10, volts = 36, % loss = 4, wire gauge = 10
105ft, amps = 10, volts = 36, % loss = 5, wire gauge = 10
105ft, amps = 10, volts = 48, % loss = 2, wire gauge = 8
105ft, amps = 10, volts = 48, % loss = 3, wire gauge = 10
105ft, amps = 10, volts = 48, % loss = 4, wire gauge = 10
105ft, amps = 10, volts = 48, % loss = 5, wire gauge = 12
105ft, amps = 10, volts = 60, % loss = 2, wire gauge = 8
105ft, amps = 10, volts = 60, % loss = 3, wire gauge = 10
105ft, amps = 10, volts = 60, % loss = 4, wire gauge = 12
105ft, amps = 10, volts = 60, % loss = 5, wire gauge = 12
105ft, amps = 15, volts = 12, % loss = 2, wire gauge = 00
105ft, amps = 15, volts = 12, % loss = 3, wire gauge = 2
105ft, amps = 15, volts = 12, % loss = 4, wire gauge = 2
105ft, amps = 15, volts = 12, % loss = 5, wire gauge = 4
105ft, amps = 15, volts = 24, % loss = 2, wire gauge = 2
105ft, amps = 15, volts = 24, % loss = 3, wire gauge = 4

105ft, amps = 15, volts = 24, % loss = 4, wire gauge = 6
105ft, amps = 15, volts = 24, % loss = 5, wire gauge = 6
105ft, amps = 15, volts = 36, % loss = 2, wire gauge = 4
105ft, amps = 15, volts = 36, % loss = 3, wire gauge = 6
105ft, amps = 15, volts = 36, % loss = 4, wire gauge = 8
105ft, amps = 15, volts = 36, % loss = 5, wire gauge = 8
105ft, amps = 15, volts = 48, % loss = 2, wire gauge = 6
105ft, amps = 15, volts = 48, % loss = 3, wire gauge = 8
105ft, amps = 15, volts = 48, % loss = 4, wire gauge = 8
105ft, amps = 15, volts = 48, % loss = 5, wire gauge = 10
105ft, amps = 15, volts = 60, % loss = 2, wire gauge = 6
105ft, amps = 15, volts = 60, % loss = 3, wire gauge = 8
105ft, amps = 15, volts = 60, % loss = 4, wire gauge = 10
105ft, amps = 15, volts = 60, % loss = 5, wire gauge = 10
105ft, amps = 20, volts = 12, % loss = 2, wire gauge = 000
105ft, amps = 20, volts = 12, % loss = 3, wire gauge = 0
105ft, amps = 20, volts = 12, % loss = 4, wire gauge = 2
105ft, amps = 20, volts = 12, % loss = 5, wire gauge = 2
105ft, amps = 20, volts = 24, % loss = 2, wire gauge = 2
105ft, amps = 20, volts = 24, % loss = 3, wire gauge = 4
105ft, amps = 20, volts = 24, % loss = 4, wire gauge = 4
105ft, amps = 20, volts = 24, % loss = 5, wire gauge = 6
105ft, amps = 20, volts = 36, % loss = 2, wire gauge = 4
105ft, amps = 20, volts = 36, % loss = 3, wire gauge = 6
105ft, amps = 20, volts = 36, % loss = 4, wire gauge = 6
105ft, amps = 20, volts = 36, % loss = 5, wire gauge = 8
105ft, amps = 20, volts = 48, % loss = 2, wire gauge = 4
105ft, amps = 20, volts = 48, % loss = 3, wire gauge = 6
105ft, amps = 20, volts = 48, % loss = 4, wire gauge = 8
105ft, amps = 20, volts = 48, % loss = 5, wire gauge = 8
105ft, amps = 20, volts = 60, % loss = 2, wire gauge = 6
105ft, amps = 20, volts = 60, % loss = 3, wire gauge = 8
105ft, amps = 20, volts = 60, % loss = 4, wire gauge = 8
105ft, amps = 20, volts = 60, % loss = 5, wire gauge = 10
105ft, amps = 25, volts = 12, % loss = 3, wire gauge = 00
105ft, amps = 25, volts = 12, % loss = 4, wire gauge = 0
105ft, amps = 25, volts = 12, % loss = 5, wire gauge = 2
105ft, amps = 25, volts = 24, % loss = 2, wire gauge = 0
105ft, amps = 25, volts = 24, % loss = 3, wire gauge = 2

105ft, amps = 25, volts = 24, % loss = 4, wire gauge = 4
105ft, amps = 25, volts = 24, % loss = 5, wire gauge = 4
105ft, amps = 25, volts = 36, % loss = 2, wire gauge = 2
105ft, amps = 25, volts = 36, % loss = 3, wire gauge = 4
105ft, amps = 25, volts = 36, % loss = 4, wire gauge = 6
105ft, amps = 25, volts = 36, % loss = 5, wire gauge = 6
105ft, amps = 25, volts = 48, % loss = 2, wire gauge = 4
105ft, amps = 25, volts = 48, % loss = 3, wire gauge = 6
105ft, amps = 25, volts = 48, % loss = 4, wire gauge = 6
105ft, amps = 25, volts = 48, % loss = 5, wire gauge = 8
105ft, amps = 25, volts = 60, % loss = 2, wire gauge = 4
105ft, amps = 25, volts = 60, % loss = 3, wire gauge = 6
105ft, amps = 25, volts = 60, % loss = 4, wire gauge = 8
105ft, amps = 25, volts = 60, % loss = 5, wire gauge = 8
105ft, amps = 30, volts = 12, % loss = 3, wire gauge = 000
105ft, amps = 30, volts = 12, % loss = 4, wire gauge = 00
105ft, amps = 30, volts = 12, % loss = 5, wire gauge = 0
105ft, amps = 30, volts = 24, % loss = 2, wire gauge = 00
105ft, amps = 30, volts = 24, % loss = 3, wire gauge = 2
105ft, amps = 30, volts = 24, % loss = 4, wire gauge = 2
105ft, amps = 30, volts = 24, % loss = 5, wire gauge = 4
105ft, amps = 30, volts = 36, % loss = 2, wire gauge = 2
105ft, amps = 30, volts = 36, % loss = 3, wire gauge = 4
105ft, amps = 30, volts = 36, % loss = 4, wire gauge = 4
105ft, amps = 30, volts = 36, % loss = 5, wire gauge = 6
105ft, amps = 30, volts = 48, % loss = 2, wire gauge = 2
105ft, amps = 30, volts = 48, % loss = 3, wire gauge = 4
105ft, amps = 30, volts = 48, % loss = 4, wire gauge = 6
105ft, amps = 30, volts = 48, % loss = 5, wire gauge = 6
105ft, amps = 30, volts = 60, % loss = 2, wire gauge = 4
105ft, amps = 30, volts = 60, % loss = 3, wire gauge = 6
105ft, amps = 30, volts = 60, % loss = 4, wire gauge = 6
105ft, amps = 30, volts = 60, % loss = 5, wire gauge = 8
105ft, amps = 35, volts = 12, % loss = 4, wire gauge = 00
105ft, amps = 35, volts = 12, % loss = 5, wire gauge = 0
105ft, amps = 35, volts = 24, % loss = 2, wire gauge = 00
105ft, amps = 35, volts = 24, % loss = 3, wire gauge = 0
105ft, amps = 35, volts = 24, % loss = 4, wire gauge = 2
105ft, amps = 35, volts = 24, % loss = 5, wire gauge = 4

105ft, amps = 35, volts = 36, % loss = 2, wire gauge = 0
105ft, amps = 35, volts = 36, % loss = 3, wire gauge = 2
105ft, amps = 35, volts = 36, % loss = 4, wire gauge = 4
105ft, amps = 35, volts = 36, % loss = 5, wire gauge = 4
105ft, amps = 35, volts = 48, % loss = 2, wire gauge = 2
105ft, amps = 35, volts = 48, % loss = 3, wire gauge = 4
105ft, amps = 35, volts = 48, % loss = 4, wire gauge = 6
105ft, amps = 35, volts = 48, % loss = 5, wire gauge = 6
105ft, amps = 35, volts = 60, % loss = 2, wire gauge = 4
105ft, amps = 35, volts = 60, % loss = 3, wire gauge = 4
105ft, amps = 35, volts = 60, % loss = 4, wire gauge = 6
105ft, amps = 35, volts = 60, % loss = 5, wire gauge = 6
105ft, amps = 40, volts = 12, % loss = 4, wire gauge = 000
105ft, amps = 40, volts = 12, % loss = 5, wire gauge = 00
105ft, amps = 40, volts = 24, % loss = 2, wire gauge = 000
105ft, amps = 40, volts = 24, % loss = 3, wire gauge = 0
105ft, amps = 40, volts = 24, % loss = 4, wire gauge = 2
105ft, amps = 40, volts = 24, % loss = 5, wire gauge = 2
105ft, amps = 40, volts = 36, % loss = 2, wire gauge = 0
105ft, amps = 40, volts = 36, % loss = 3, wire gauge = 2
105ft, amps = 40, volts = 36, % loss = 4, wire gauge = 4
105ft, amps = 40, volts = 36, % loss = 5, wire gauge = 4
105ft, amps = 40, volts = 48, % loss = 2, wire gauge = 2
105ft, amps = 40, volts = 48, % loss = 3, wire gauge = 4
105ft, amps = 40, volts = 48, % loss = 4, wire gauge = 4
105ft, amps = 40, volts = 48, % loss = 5, wire gauge = 6
105ft, amps = 40, volts = 60, % loss = 2, wire gauge = 2
105ft, amps = 40, volts = 60, % loss = 3, wire gauge = 4
105ft, amps = 40, volts = 60, % loss = 4, wire gauge = 6
105ft, amps = 40, volts = 60, % loss = 5, wire gauge = 6
105ft, amps = 45, volts = 12, % loss = 4, wire gauge = 000
105ft, amps = 45, volts = 12, % loss = 5, wire gauge = 000
105ft, amps = 45, volts = 24, % loss = 2, wire gauge = 000
105ft, amps = 45, volts = 24, % loss = 3, wire gauge = 00
105ft, amps = 45, volts = 24, % loss = 4, wire gauge = 0
105ft, amps = 45, volts = 24, % loss = 5, wire gauge = 2
105ft, amps = 45, volts = 36, % loss = 2, wire gauge = 00
105ft, amps = 45, volts = 36, % loss = 3, wire gauge = 2
105ft, amps = 45, volts = 36, % loss = 4, wire gauge = 2

105ft, amps = 45, volts = 36, % loss = 5, wire gauge = 4
105ft, amps = 45, volts = 48, % loss = 2, wire gauge = 0
105ft, amps = 45, volts = 48, % loss = 3, wire gauge = 2
105ft, amps = 45, volts = 48, % loss = 4, wire gauge = 4
105ft, amps = 45, volts = 48, % loss = 5, wire gauge = 6
105ft, amps = 45, volts = 60, % loss = 2, wire gauge = 2
105ft, amps = 45, volts = 60, % loss = 3, wire gauge = 4
105ft, amps = 45, volts = 60, % loss = 4, wire gauge = 6
105ft, amps = 45, volts = 60, % loss = 5, wire gauge = 6
105ft, amps = 50, volts = 12, % loss = 5, wire gauge = 000
105ft, amps = 50, volts = 24, % loss = 3, wire gauge = 00
105ft, amps = 50, volts = 24, % loss = 4, wire gauge = 0
105ft, amps = 50, volts = 24, % loss = 5, wire gauge = 2
105ft, amps = 50, volts = 36, % loss = 2, wire gauge = 00
105ft, amps = 50, volts = 36, % loss = 3, wire gauge = 2
105ft, amps = 50, volts = 36, % loss = 4, wire gauge = 2
105ft, amps = 50, volts = 36, % loss = 5, wire gauge = 4
105ft, amps = 50, volts = 48, % loss = 2, wire gauge = 0
105ft, amps = 50, volts = 48, % loss = 3, wire gauge = 2
105ft, amps = 50, volts = 48, % loss = 4, wire gauge = 4
105ft, amps = 50, volts = 48, % loss = 5, wire gauge = 4
105ft, amps = 50, volts = 60, % loss = 2, wire gauge = 2
105ft, amps = 50, volts = 60, % loss = 3, wire gauge = 4
105ft, amps = 50, volts = 60, % loss = 4, wire gauge = 4
105ft, amps = 50, volts = 60, % loss = 5, wire gauge = 6
105ft, amps = 55, volts = 12, % loss = 5, wire gauge = 000
105ft, amps = 55, volts = 24, % loss = 3, wire gauge = 000
105ft, amps = 55, volts = 24, % loss = 4, wire gauge = 0
105ft, amps = 55, volts = 24, % loss = 5, wire gauge = 2
105ft, amps = 55, volts = 36, % loss = 2, wire gauge = 000
105ft, amps = 55, volts = 36, % loss = 3, wire gauge = 0
105ft, amps = 55, volts = 36, % loss = 4, wire gauge = 2
105ft, amps = 55, volts = 36, % loss = 5, wire gauge = 2
105ft, amps = 55, volts = 48, % loss = 2, wire gauge = 0
105ft, amps = 55, volts = 48, % loss = 3, wire gauge = 2
105ft, amps = 55, volts = 48, % loss = 4, wire gauge = 4
105ft, amps = 55, volts = 48, % loss = 5, wire gauge = 4
105ft, amps = 55, volts = 60, % loss = 2, wire gauge = 2
105ft, amps = 55, volts = 60, % loss = 3, wire gauge = 2

105ft, amps = 55, volts = 60, % loss = 4, wire gauge = 4
105ft, amps = 55, volts = 60, % loss = 5, wire gauge = 6
105ft, amps = 60, volts = 24, % loss = 3, wire gauge = 000
105ft, amps = 60, volts = 24, % loss = 4, wire gauge = 00
105ft, amps = 60, volts = 24, % loss = 5, wire gauge = 0
105ft, amps = 60, volts = 36, % loss = 2, wire gauge = 000
105ft, amps = 60, volts = 36, % loss = 3, wire gauge = 0
105ft, amps = 60, volts = 36, % loss = 4, wire gauge = 2
105ft, amps = 60, volts = 36, % loss = 5, wire gauge = 2
105ft, amps = 60, volts = 48, % loss = 2, wire gauge = 00
105ft, amps = 60, volts = 48, % loss = 3, wire gauge = 2
105ft, amps = 60, volts = 48, % loss = 4, wire gauge = 2
105ft, amps = 60, volts = 48, % loss = 5, wire gauge = 4
105ft, amps = 60, volts = 60, % loss = 2, wire gauge = 0
105ft, amps = 60, volts = 60, % loss = 3, wire gauge = 2
105ft, amps = 60, volts = 60, % loss = 4, wire gauge = 4
105ft, amps = 60, volts = 60, % loss = 5, wire gauge = 4
105ft, amps = 65, volts = 24, % loss = 3, wire gauge = 000
105ft, amps = 65, volts = 24, % loss = 4, wire gauge = 00
105ft, amps = 65, volts = 24, % loss = 5, wire gauge = 0
105ft, amps = 65, volts = 36, % loss = 2, wire gauge = 000
105ft, amps = 65, volts = 36, % loss = 3, wire gauge = 00
105ft, amps = 65, volts = 36, % loss = 4, wire gauge = 2
105ft, amps = 65, volts = 36, % loss = 5, wire gauge = 2
105ft, amps = 65, volts = 48, % loss = 2, wire gauge = 00
105ft, amps = 65, volts = 48, % loss = 3, wire gauge = 2
105ft, amps = 65, volts = 48, % loss = 4, wire gauge = 2
105ft, amps = 65, volts = 48, % loss = 5, wire gauge = 4
105ft, amps = 65, volts = 60, % loss = 2, wire gauge = 0
105ft, amps = 65, volts = 60, % loss = 3, wire gauge = 2
105ft, amps = 65, volts = 60, % loss = 4, wire gauge = 4
105ft, amps = 65, volts = 60, % loss = 5, wire gauge = 4
105ft, amps = 70, volts = 24, % loss = 4, wire gauge = 00
105ft, amps = 70, volts = 24, % loss = 5, wire gauge = 0
105ft, amps = 70, volts = 36, % loss = 3, wire gauge = 00
105ft, amps = 70, volts = 36, % loss = 4, wire gauge = 0
105ft, amps = 70, volts = 36, % loss = 5, wire gauge = 2
105ft, amps = 70, volts = 48, % loss = 2, wire gauge = 00
105ft, amps = 70, volts = 48, % loss = 3, wire gauge = 0

105ft, amps = 70, volts = 48, % loss = 4, wire gauge = 2
105ft, amps = 70, volts = 48, % loss = 5, wire gauge = 4
105ft, amps = 70, volts = 60, % loss = 2, wire gauge = 0
105ft, amps = 70, volts = 60, % loss = 3, wire gauge = 2
105ft, amps = 70, volts = 60, % loss = 4, wire gauge = 4
105ft, amps = 70, volts = 60, % loss = 5, wire gauge = 4
105ft, amps = 75, volts = 24, % loss = 4, wire gauge = 000
105ft, amps = 75, volts = 24, % loss = 5, wire gauge = 00
105ft, amps = 75, volts = 36, % loss = 3, wire gauge = 00
105ft, amps = 75, volts = 36, % loss = 4, wire gauge = 0
105ft, amps = 75, volts = 36, % loss = 5, wire gauge = 2
105ft, amps = 75, volts = 48, % loss = 2, wire gauge = 000
105ft, amps = 75, volts = 48, % loss = 3, wire gauge = 0
105ft, amps = 75, volts = 48, % loss = 4, wire gauge = 2
105ft, amps = 75, volts = 48, % loss = 5, wire gauge = 2
105ft, amps = 75, volts = 60, % loss = 2, wire gauge = 00
105ft, amps = 75, volts = 60, % loss = 3, wire gauge = 2
105ft, amps = 75, volts = 60, % loss = 4, wire gauge = 2
105ft, amps = 75, volts = 60, % loss = 5, wire gauge = 4
105ft, amps = 80, volts = 24, % loss = 4, wire gauge = 000
105ft, amps = 80, volts = 24, % loss = 5, wire gauge = 00
105ft, amps = 80, volts = 36, % loss = 3, wire gauge = 00
105ft, amps = 80, volts = 36, % loss = 4, wire gauge = 0
105ft, amps = 80, volts = 36, % loss = 5, wire gauge = 2
105ft, amps = 80, volts = 48, % loss = 2, wire gauge = 000
105ft, amps = 80, volts = 48, % loss = 3, wire gauge = 0
105ft, amps = 80, volts = 48, % loss = 4, wire gauge = 2
105ft, amps = 80, volts = 48, % loss = 5, wire gauge = 2
105ft, amps = 80, volts = 60, % loss = 2, wire gauge = 00
105ft, amps = 80, volts = 60, % loss = 3, wire gauge = 2
105ft, amps = 80, volts = 60, % loss = 4, wire gauge = 2
105ft, amps = 80, volts = 60, % loss = 5, wire gauge = 4
110ft, amps = 5, volts = 12, % loss = 2, wire gauge = 4
110ft, amps = 5, volts = 12, % loss = 3, wire gauge = 6
110ft, amps = 5, volts = 12, % loss = 4, wire gauge = 8
110ft, amps = 5, volts = 12, % loss = 5, wire gauge = 8
110ft, amps = 5, volts = 24, % loss = 2, wire gauge = 8
110ft, amps = 5, volts = 24, % loss = 3, wire gauge = 10
110ft, amps = 5, volts = 24, % loss = 4, wire gauge = 10

110ft, amps = 5, volts = 24, % loss = 5, wire gauge = 12
110ft, amps = 5, volts = 36, % loss = 2, wire gauge = 10
110ft, amps = 5, volts = 36, % loss = 3, wire gauge = 10
110ft, amps = 5, volts = 36, % loss = 4, wire gauge = 12
110ft, amps = 5, volts = 36, % loss = 5, wire gauge = 12
110ft, amps = 5, volts = 48, % loss = 2, wire gauge = 10
110ft, amps = 5, volts = 48, % loss = 3, wire gauge = 12
110ft, amps = 5, volts = 48, % loss = 4, wire gauge = 14
110ft, amps = 5, volts = 48, % loss = 5, wire gauge = 14
110ft, amps = 5, volts = 60, % loss = 2, wire gauge = 12
110ft, amps = 5, volts = 60, % loss = 3, wire gauge = 12
110ft, amps = 5, volts = 60, % loss = 4, wire gauge = 14
110ft, amps = 5, volts = 60, % loss = 5, wire gauge = 14
110ft, amps = 10, volts = 12, % loss = 2, wire gauge = 2
110ft, amps = 10, volts = 12, % loss = 3, wire gauge = 4
110ft, amps = 10, volts = 12, % loss = 4, wire gauge = 4
110ft, amps = 10, volts = 12, % loss = 5, wire gauge = 6
110ft, amps = 10, volts = 24, % loss = 2, wire gauge = 4
110ft, amps = 10, volts = 24, % loss = 3, wire gauge = 6
110ft, amps = 10, volts = 24, % loss = 4, wire gauge = 8
110ft, amps = 10, volts = 24, % loss = 5, wire gauge = 8
110ft, amps = 10, volts = 36, % loss = 2, wire gauge = 6
110ft, amps = 10, volts = 36, % loss = 3, wire gauge = 8
110ft, amps = 10, volts = 36, % loss = 4, wire gauge = 10
110ft, amps = 10, volts = 36, % loss = 5, wire gauge = 10
110ft, amps = 10, volts = 48, % loss = 2, wire gauge = 8
110ft, amps = 10, volts = 48, % loss = 3, wire gauge = 10
110ft, amps = 10, volts = 48, % loss = 4, wire gauge = 10
110ft, amps = 10, volts = 48, % loss = 5, wire gauge = 12
110ft, amps = 10, volts = 60, % loss = 2, wire gauge = 8
110ft, amps = 10, volts = 60, % loss = 3, wire gauge = 10
110ft, amps = 10, volts = 60, % loss = 4, wire gauge = 12
110ft, amps = 10, volts = 60, % loss = 5, wire gauge = 12
110ft, amps = 15, volts = 12, % loss = 2, wire gauge = 00
110ft, amps = 15, volts = 12, % loss = 3, wire gauge = 2
110ft, amps = 15, volts = 12, % loss = 4, wire gauge = 2
110ft, amps = 15, volts = 12, % loss = 5, wire gauge = 4
110ft, amps = 15, volts = 24, % loss = 2, wire gauge = 2
110ft, amps = 15, volts = 24, % loss = 3, wire gauge = 4

110ft, amps = 15, volts = 24, % loss = 4, wire gauge = 6
110ft, amps = 15, volts = 24, % loss = 5, wire gauge = 6
110ft, amps = 15, volts = 36, % loss = 2, wire gauge = 4
110ft, amps = 15, volts = 36, % loss = 3, wire gauge = 6
110ft, amps = 15, volts = 36, % loss = 4, wire gauge = 8
110ft, amps = 15, volts = 36, % loss = 5, wire gauge = 8
110ft, amps = 15, volts = 48, % loss = 2, wire gauge = 6
110ft, amps = 15, volts = 48, % loss = 3, wire gauge = 8
110ft, amps = 15, volts = 48, % loss = 4, wire gauge = 8
110ft, amps = 15, volts = 48, % loss = 5, wire gauge = 10
110ft, amps = 15, volts = 60, % loss = 2, wire gauge = 6
110ft, amps = 15, volts = 60, % loss = 3, wire gauge = 8
110ft, amps = 15, volts = 60, % loss = 4, wire gauge = 10
110ft, amps = 15, volts = 60, % loss = 5, wire gauge = 10
110ft, amps = 20, volts = 12, % loss = 2, wire gauge = 000
110ft, amps = 20, volts = 12, % loss = 3, wire gauge = 0
110ft, amps = 20, volts = 12, % loss = 4, wire gauge = 2
110ft, amps = 20, volts = 12, % loss = 5, wire gauge = 2
110ft, amps = 20, volts = 24, % loss = 2, wire gauge = 2
110ft, amps = 20, volts = 24, % loss = 3, wire gauge = 4
110ft, amps = 20, volts = 24, % loss = 4, wire gauge = 4
110ft, amps = 20, volts = 24, % loss = 5, wire gauge = 6
110ft, amps = 20, volts = 36, % loss = 2, wire gauge = 4
110ft, amps = 20, volts = 36, % loss = 3, wire gauge = 4
110ft, amps = 20, volts = 36, % loss = 4, wire gauge = 6
110ft, amps = 20, volts = 36, % loss = 5, wire gauge = 6
110ft, amps = 20, volts = 48, % loss = 2, wire gauge = 4
110ft, amps = 20, volts = 48, % loss = 3, wire gauge = 6
110ft, amps = 20, volts = 48, % loss = 4, wire gauge = 8
110ft, amps = 20, volts = 48, % loss = 5, wire gauge = 8
110ft, amps = 20, volts = 60, % loss = 2, wire gauge = 6
110ft, amps = 20, volts = 60, % loss = 3, wire gauge = 6
110ft, amps = 20, volts = 60, % loss = 4, wire gauge = 8
110ft, amps = 20, volts = 60, % loss = 5, wire gauge = 10
110ft, amps = 25, volts = 12, % loss = 3, wire gauge = 00
110ft, amps = 25, volts = 12, % loss = 4, wire gauge = 0
110ft, amps = 25, volts = 12, % loss = 5, wire gauge = 2
110ft, amps = 25, volts = 24, % loss = 2, wire gauge = 0
110ft, amps = 25, volts = 24, % loss = 3, wire gauge = 2

110ft, amps = 25, volts = 24, % loss = 4, wire gauge = 4
110ft, amps = 25, volts = 24, % loss = 5, wire gauge = 4
110ft, amps = 25, volts = 36, % loss = 2, wire gauge = 2
110ft, amps = 25, volts = 36, % loss = 3, wire gauge = 4
110ft, amps = 25, volts = 36, % loss = 4, wire gauge = 6
110ft, amps = 25, volts = 36, % loss = 5, wire gauge = 6
110ft, amps = 25, volts = 48, % loss = 2, wire gauge = 4
110ft, amps = 25, volts = 48, % loss = 3, wire gauge = 6
110ft, amps = 25, volts = 48, % loss = 4, wire gauge = 6
110ft, amps = 25, volts = 48, % loss = 5, wire gauge = 8
110ft, amps = 25, volts = 60, % loss = 2, wire gauge = 4
110ft, amps = 25, volts = 60, % loss = 3, wire gauge = 6
110ft, amps = 25, volts = 60, % loss = 4, wire gauge = 8
110ft, amps = 25, volts = 60, % loss = 5, wire gauge = 8
110ft, amps = 30, volts = 12, % loss = 3, wire gauge = 000
110ft, amps = 30, volts = 12, % loss = 4, wire gauge = 00
110ft, amps = 30, volts = 12, % loss = 5, wire gauge = 0
110ft, amps = 30, volts = 24, % loss = 2, wire gauge = 00
110ft, amps = 30, volts = 24, % loss = 3, wire gauge = 2
110ft, amps = 30, volts = 24, % loss = 4, wire gauge = 2
110ft, amps = 30, volts = 24, % loss = 5, wire gauge = 4
110ft, amps = 30, volts = 36, % loss = 2, wire gauge = 2
110ft, amps = 30, volts = 36, % loss = 3, wire gauge = 4
110ft, amps = 30, volts = 36, % loss = 4, wire gauge = 4
110ft, amps = 30, volts = 36, % loss = 5, wire gauge = 6
110ft, amps = 30, volts = 48, % loss = 2, wire gauge = 2
110ft, amps = 30, volts = 48, % loss = 3, wire gauge = 4
110ft, amps = 30, volts = 48, % loss = 4, wire gauge = 6
110ft, amps = 30, volts = 48, % loss = 5, wire gauge = 6
110ft, amps = 30, volts = 60, % loss = 2, wire gauge = 4
110ft, amps = 30, volts = 60, % loss = 3, wire gauge = 6
110ft, amps = 30, volts = 60, % loss = 4, wire gauge = 6
110ft, amps = 30, volts = 60, % loss = 5, wire gauge = 8
110ft, amps = 35, volts = 12, % loss = 4, wire gauge = 000
110ft, amps = 35, volts = 12, % loss = 5, wire gauge = 00
110ft, amps = 35, volts = 24, % loss = 2, wire gauge = 000
110ft, amps = 35, volts = 24, % loss = 3, wire gauge = 0
110ft, amps = 35, volts = 24, % loss = 4, wire gauge = 2
110ft, amps = 35, volts = 24, % loss = 5, wire gauge = 2

110ft, amps = 35, volts = 36, % loss = 2, wire gauge = 0
110ft, amps = 35, volts = 36, % loss = 3, wire gauge = 2
110ft, amps = 35, volts = 36, % loss = 4, wire gauge = 4
110ft, amps = 35, volts = 36, % loss = 5, wire gauge = 4
110ft, amps = 35, volts = 48, % loss = 2, wire gauge = 2
110ft, amps = 35, volts = 48, % loss = 3, wire gauge = 4
110ft, amps = 35, volts = 48, % loss = 4, wire gauge = 4
110ft, amps = 35, volts = 48, % loss = 5, wire gauge = 6
110ft, amps = 35, volts = 60, % loss = 2, wire gauge = 2
110ft, amps = 35, volts = 60, % loss = 3, wire gauge = 4
110ft, amps = 35, volts = 60, % loss = 4, wire gauge = 6
110ft, amps = 35, volts = 60, % loss = 5, wire gauge = 6
110ft, amps = 40, volts = 12, % loss = 4, wire gauge = 000
110ft, amps = 40, volts = 12, % loss = 5, wire gauge = 00
110ft, amps = 40, volts = 24, % loss = 2, wire gauge = 000
110ft, amps = 40, volts = 24, % loss = 3, wire gauge = 0
110ft, amps = 40, volts = 24, % loss = 4, wire gauge = 2
110ft, amps = 40, volts = 24, % loss = 5, wire gauge = 2
110ft, amps = 40, volts = 36, % loss = 2, wire gauge = 0
110ft, amps = 40, volts = 36, % loss = 3, wire gauge = 2
110ft, amps = 40, volts = 36, % loss = 4, wire gauge = 4
110ft, amps = 40, volts = 36, % loss = 5, wire gauge = 4
110ft, amps = 40, volts = 48, % loss = 2, wire gauge = 2
110ft, amps = 40, volts = 48, % loss = 3, wire gauge = 4
110ft, amps = 40, volts = 48, % loss = 4, wire gauge = 4
110ft, amps = 40, volts = 48, % loss = 5, wire gauge = 6
110ft, amps = 40, volts = 60, % loss = 2, wire gauge = 2
110ft, amps = 40, volts = 60, % loss = 3, wire gauge = 4
110ft, amps = 40, volts = 60, % loss = 4, wire gauge = 6
110ft, amps = 40, volts = 60, % loss = 5, wire gauge = 6
110ft, amps = 45, volts = 12, % loss = 5, wire gauge = 000
110ft, amps = 45, volts = 24, % loss = 3, wire gauge = 00
110ft, amps = 45, volts = 24, % loss = 4, wire gauge = 0
110ft, amps = 45, volts = 24, % loss = 5, wire gauge = 2
110ft, amps = 45, volts = 36, % loss = 2, wire gauge = 00
110ft, amps = 45, volts = 36, % loss = 3, wire gauge = 2
110ft, amps = 45, volts = 36, % loss = 4, wire gauge = 2
110ft, amps = 45, volts = 36, % loss = 5, wire gauge = 4
110ft, amps = 45, volts = 48, % loss = 2, wire gauge = 0

110ft, amps = 45, volts = 48, % loss = 3, wire gauge = 2
110ft, amps = 45, volts = 48, % loss = 4, wire gauge = 4
110ft, amps = 45, volts = 48, % loss = 5, wire gauge = 4
110ft, amps = 45, volts = 60, % loss = 2, wire gauge = 2
110ft, amps = 45, volts = 60, % loss = 3, wire gauge = 4
110ft, amps = 45, volts = 60, % loss = 4, wire gauge = 4
110ft, amps = 45, volts = 60, % loss = 5, wire gauge = 6
110ft, amps = 50, volts = 12, % loss = 5, wire gauge = 000
110ft, amps = 50, volts = 24, % loss = 3, wire gauge = 00
110ft, amps = 50, volts = 24, % loss = 4, wire gauge = 0
110ft, amps = 50, volts = 24, % loss = 5, wire gauge = 2
110ft, amps = 50, volts = 36, % loss = 2, wire gauge = 00
110ft, amps = 50, volts = 36, % loss = 3, wire gauge = 0
110ft, amps = 50, volts = 36, % loss = 4, wire gauge = 2
110ft, amps = 50, volts = 36, % loss = 5, wire gauge = 4
110ft, amps = 50, volts = 48, % loss = 2, wire gauge = 0
110ft, amps = 50, volts = 48, % loss = 3, wire gauge = 2
110ft, amps = 50, volts = 48, % loss = 4, wire gauge = 4
110ft, amps = 50, volts = 48, % loss = 5, wire gauge = 4
110ft, amps = 50, volts = 60, % loss = 2, wire gauge = 2
110ft, amps = 50, volts = 60, % loss = 3, wire gauge = 4
110ft, amps = 50, volts = 60, % loss = 4, wire gauge = 4
110ft, amps = 50, volts = 60, % loss = 5, wire gauge = 6
110ft, amps = 55, volts = 24, % loss = 3, wire gauge = 000
110ft, amps = 55, volts = 24, % loss = 4, wire gauge = 00
110ft, amps = 55, volts = 24, % loss = 5, wire gauge = 0
110ft, amps = 55, volts = 36, % loss = 2, wire gauge = 000
110ft, amps = 55, volts = 36, % loss = 3, wire gauge = 0
110ft, amps = 55, volts = 36, % loss = 4, wire gauge = 2
110ft, amps = 55, volts = 36, % loss = 5, wire gauge = 2
110ft, amps = 55, volts = 48, % loss = 2, wire gauge = 00
110ft, amps = 55, volts = 48, % loss = 3, wire gauge = 2
110ft, amps = 55, volts = 48, % loss = 4, wire gauge = 2
110ft, amps = 55, volts = 48, % loss = 5, wire gauge = 4
110ft, amps = 55, volts = 60, % loss = 2, wire gauge = 0
110ft, amps = 55, volts = 60, % loss = 3, wire gauge = 2
110ft, amps = 55, volts = 60, % loss = 4, wire gauge = 4
110ft, amps = 55, volts = 60, % loss = 5, wire gauge = 4
110ft, amps = 60, volts = 24, % loss = 3, wire gauge = 000

110ft, amps = 60, volts = 24, % loss = 4, wire gauge = 00
110ft, amps = 60, volts = 24, % loss = 5, wire gauge = 0
110ft, amps = 60, volts = 36, % loss = 2, wire gauge = 000
110ft, amps = 60, volts = 36, % loss = 3, wire gauge = 0
110ft, amps = 60, volts = 36, % loss = 4, wire gauge = 2
110ft, amps = 60, volts = 36, % loss = 5, wire gauge = 2
110ft, amps = 60, volts = 48, % loss = 2, wire gauge = 00
110ft, amps = 60, volts = 48, % loss = 3, wire gauge = 2
110ft, amps = 60, volts = 48, % loss = 4, wire gauge = 2
110ft, amps = 60, volts = 48, % loss = 5, wire gauge = 4
110ft, amps = 60, volts = 60, % loss = 2, wire gauge = 0
110ft, amps = 60, volts = 60, % loss = 3, wire gauge = 2
110ft, amps = 60, volts = 60, % loss = 4, wire gauge = 4
110ft, amps = 60, volts = 60, % loss = 5, wire gauge = 4
110ft, amps = 65, volts = 24, % loss = 3, wire gauge = 0000
110ft, amps = 65, volts = 24, % loss = 4, wire gauge = 00
110ft, amps = 65, volts = 24, % loss = 5, wire gauge = 0
110ft, amps = 65, volts = 36, % loss = 2, wire gauge = 0000
110ft, amps = 65, volts = 36, % loss = 3, wire gauge = 00
110ft, amps = 65, volts = 36, % loss = 4, wire gauge = 0
110ft, amps = 65, volts = 36, % loss = 5, wire gauge = 2
110ft, amps = 65, volts = 48, % loss = 2, wire gauge = 00
110ft, amps = 65, volts = 48, % loss = 3, wire gauge = 0
110ft, amps = 65, volts = 48, % loss = 4, wire gauge = 2
110ft, amps = 65, volts = 48, % loss = 5, wire gauge = 4
110ft, amps = 65, volts = 60, % loss = 2, wire gauge = 0
110ft, amps = 65, volts = 60, % loss = 3, wire gauge = 2
110ft, amps = 65, volts = 60, % loss = 4, wire gauge = 4
110ft, amps = 65, volts = 60, % loss = 5, wire gauge = 4
110ft, amps = 70, volts = 24, % loss = 4, wire gauge = 000
110ft, amps = 70, volts = 24, % loss = 5, wire gauge = 00
110ft, amps = 70, volts = 36, % loss = 3, wire gauge = 00
110ft, amps = 70, volts = 36, % loss = 4, wire gauge = 0
110ft, amps = 70, volts = 36, % loss = 5, wire gauge = 2
110ft, amps = 70, volts = 48, % loss = 2, wire gauge = 000
110ft, amps = 70, volts = 48, % loss = 3, wire gauge = 0
110ft, amps = 70, volts = 48, % loss = 4, wire gauge = 2
110ft, amps = 70, volts = 48, % loss = 5, wire gauge = 2
110ft, amps = 70, volts = 60, % loss = 2, wire gauge = 00

110ft, amps = 70, volts = 60, % loss = 3, wire gauge = 2
110ft, amps = 70, volts = 60, % loss = 4, wire gauge = 2
110ft, amps = 70, volts = 60, % loss = 5, wire gauge = 4
110ft, amps = 75, volts = 24, % loss = 4, wire gauge = 000
110ft, amps = 75, volts = 24, % loss = 5, wire gauge = 00
110ft, amps = 75, volts = 36, % loss = 3, wire gauge = 00
110ft, amps = 75, volts = 36, % loss = 4, wire gauge = 0
110ft, amps = 75, volts = 36, % loss = 5, wire gauge = 2
110ft, amps = 75, volts = 48, % loss = 2, wire gauge = 000
110ft, amps = 75, volts = 48, % loss = 3, wire gauge = 0
110ft, amps = 75, volts = 48, % loss = 4, wire gauge = 2
110ft, amps = 75, volts = 48, % loss = 5, wire gauge = 2
110ft, amps = 75, volts = 60, % loss = 2, wire gauge = 00
110ft, amps = 75, volts = 60, % loss = 3, wire gauge = 2
110ft, amps = 75, volts = 60, % loss = 4, wire gauge = 2
110ft, amps = 75, volts = 60, % loss = 5, wire gauge = 4
110ft, amps = 80, volts = 24, % loss = 4, wire gauge = 000
110ft, amps = 80, volts = 24, % loss = 5, wire gauge = 00
110ft, amps = 80, volts = 36, % loss = 3, wire gauge = 000
110ft, amps = 80, volts = 36, % loss = 4, wire gauge = 0
110ft, amps = 80, volts = 36, % loss = 5, wire gauge = 2
110ft, amps = 80, volts = 48, % loss = 2, wire gauge = 000
110ft, amps = 80, volts = 48, % loss = 3, wire gauge = 0
110ft, amps = 80, volts = 48, % loss = 4, wire gauge = 2
110ft, amps = 80, volts = 48, % loss = 5, wire gauge = 2
110ft, amps = 80, volts = 60, % loss = 2, wire gauge = 00
110ft, amps = 80, volts = 60, % loss = 3, wire gauge = 2
110ft, amps = 80, volts = 60, % loss = 4, wire gauge = 2
110ft, amps = 80, volts = 60, % loss = 5, wire gauge = 4
115ft, amps = 5, volts = 12, % loss = 2, wire gauge = 4
115ft, amps = 5, volts = 12, % loss = 3, wire gauge = 6
115ft, amps = 5, volts = 12, % loss = 4, wire gauge = 8
115ft, amps = 5, volts = 12, % loss = 5, wire gauge = 8
115ft, amps = 5, volts = 24, % loss = 2, wire gauge = 8
115ft, amps = 5, volts = 24, % loss = 3, wire gauge = 10
115ft, amps = 5, volts = 24, % loss = 4, wire gauge = 10
115ft, amps = 5, volts = 24, % loss = 5, wire gauge = 12
115ft, amps = 5, volts = 36, % loss = 2, wire gauge = 10
115ft, amps = 5, volts = 36, % loss = 3, wire gauge = 10

115ft, amps = 5, volts = 36, % loss = 4, wire gauge = 12
115ft, amps = 5, volts = 36, % loss = 5, wire gauge = 12
115ft, amps = 5, volts = 48, % loss = 2, wire gauge = 10
115ft, amps = 5, volts = 48, % loss = 3, wire gauge = 12
115ft, amps = 5, volts = 48, % loss = 4, wire gauge = 14
115ft, amps = 5, volts = 48, % loss = 5, wire gauge = 14
115ft, amps = 5, volts = 60, % loss = 2, wire gauge = 12
115ft, amps = 5, volts = 60, % loss = 3, wire gauge = 12
115ft, amps = 5, volts = 60, % loss = 4, wire gauge = 14
115ft, amps = 5, volts = 60, % loss = 5, wire gauge = 14
115ft, amps = 10, volts = 12, % loss = 2, wire gauge = 2
115ft, amps = 10, volts = 12, % loss = 3, wire gauge = 2
115ft, amps = 10, volts = 12, % loss = 4, wire gauge = 4
115ft, amps = 10, volts = 12, % loss = 5, wire gauge = 6
115ft, amps = 10, volts = 24, % loss = 2, wire gauge = 4
115ft, amps = 10, volts = 24, % loss = 3, wire gauge = 6
115ft, amps = 10, volts = 24, % loss = 4, wire gauge = 8
115ft, amps = 10, volts = 24, % loss = 5, wire gauge = 8
115ft, amps = 10, volts = 36, % loss = 2, wire gauge = 6
115ft, amps = 10, volts = 36, % loss = 3, wire gauge = 8
115ft, amps = 10, volts = 36, % loss = 4, wire gauge = 10
115ft, amps = 10, volts = 36, % loss = 5, wire gauge = 10
115ft, amps = 10, volts = 48, % loss = 2, wire gauge = 8
115ft, amps = 10, volts = 48, % loss = 3, wire gauge = 10
115ft, amps = 10, volts = 48, % loss = 4, wire gauge = 10
115ft, amps = 10, volts = 48, % loss = 5, wire gauge = 12
115ft, amps = 10, volts = 60, % loss = 2, wire gauge = 8
115ft, amps = 10, volts = 60, % loss = 3, wire gauge = 10
115ft, amps = 10, volts = 60, % loss = 4, wire gauge = 12
115ft, amps = 10, volts = 60, % loss = 5, wire gauge = 12
115ft, amps = 15, volts = 12, % loss = 2, wire gauge = 00
115ft, amps = 15, volts = 12, % loss = 3, wire gauge = 2
115ft, amps = 15, volts = 12, % loss = 4, wire gauge = 2
115ft, amps = 15, volts = 12, % loss = 5, wire gauge = 4
115ft, amps = 15, volts = 24, % loss = 2, wire gauge = 2
115ft, amps = 15, volts = 24, % loss = 3, wire gauge = 4
115ft, amps = 15, volts = 24, % loss = 4, wire gauge = 6
115ft, amps = 15, volts = 24, % loss = 5, wire gauge = 6
115ft, amps = 15, volts = 36, % loss = 2, wire gauge = 4

115ft, amps = 15, volts = 36, % loss = 3, wire gauge = 6
115ft, amps = 15, volts = 36, % loss = 4, wire gauge = 8
115ft, amps = 15, volts = 36, % loss = 5, wire gauge = 8
115ft, amps = 15, volts = 48, % loss = 2, wire gauge = 6
115ft, amps = 15, volts = 48, % loss = 3, wire gauge = 8
115ft, amps = 15, volts = 48, % loss = 4, wire gauge = 8
115ft, amps = 15, volts = 48, % loss = 5, wire gauge = 10
115ft, amps = 15, volts = 60, % loss = 2, wire gauge = 6
115ft, amps = 15, volts = 60, % loss = 3, wire gauge = 8
115ft, amps = 15, volts = 60, % loss = 4, wire gauge = 10
115ft, amps = 15, volts = 60, % loss = 5, wire gauge = 10
115ft, amps = 20, volts = 12, % loss = 2, wire gauge = 000
115ft, amps = 20, volts = 12, % loss = 3, wire gauge = 00
115ft, amps = 20, volts = 12, % loss = 4, wire gauge = 2
115ft, amps = 20, volts = 12, % loss = 5, wire gauge = 2
115ft, amps = 20, volts = 24, % loss = 2, wire gauge = 2
115ft, amps = 20, volts = 24, % loss = 3, wire gauge = 2
115ft, amps = 20, volts = 24, % loss = 4, wire gauge = 4
115ft, amps = 20, volts = 24, % loss = 5, wire gauge = 6
115ft, amps = 20, volts = 36, % loss = 2, wire gauge = 2
115ft, amps = 20, volts = 36, % loss = 3, wire gauge = 4
115ft, amps = 20, volts = 36, % loss = 4, wire gauge = 6
115ft, amps = 20, volts = 36, % loss = 5, wire gauge = 6
115ft, amps = 20, volts = 48, % loss = 2, wire gauge = 4
115ft, amps = 20, volts = 48, % loss = 3, wire gauge = 6
115ft, amps = 20, volts = 48, % loss = 4, wire gauge = 8
115ft, amps = 20, volts = 48, % loss = 5, wire gauge = 8
115ft, amps = 20, volts = 60, % loss = 2, wire gauge = 6
115ft, amps = 20, volts = 60, % loss = 3, wire gauge = 6
115ft, amps = 20, volts = 60, % loss = 4, wire gauge = 8
115ft, amps = 20, volts = 60, % loss = 5, wire gauge = 10
115ft, amps = 25, volts = 12, % loss = 3, wire gauge = 000
115ft, amps = 25, volts = 12, % loss = 4, wire gauge = 0
115ft, amps = 25, volts = 12, % loss = 5, wire gauge = 2
115ft, amps = 25, volts = 24, % loss = 2, wire gauge = 0
115ft, amps = 25, volts = 24, % loss = 3, wire gauge = 2
115ft, amps = 25, volts = 24, % loss = 4, wire gauge = 4
115ft, amps = 25, volts = 24, % loss = 5, wire gauge = 4
115ft, amps = 25, volts = 36, % loss = 2, wire gauge = 2

115ft, amps = 25, volts = 36, % loss = 3, wire gauge = 4
115ft, amps = 25, volts = 36, % loss = 4, wire gauge = 6
115ft, amps = 25, volts = 36, % loss = 5, wire gauge = 6
115ft, amps = 25, volts = 48, % loss = 2, wire gauge = 4
115ft, amps = 25, volts = 48, % loss = 3, wire gauge = 6
115ft, amps = 25, volts = 48, % loss = 4, wire gauge = 6
115ft, amps = 25, volts = 48, % loss = 5, wire gauge = 8
115ft, amps = 25, volts = 60, % loss = 2, wire gauge = 4
115ft, amps = 25, volts = 60, % loss = 3, wire gauge = 6
115ft, amps = 25, volts = 60, % loss = 4, wire gauge = 8
115ft, amps = 25, volts = 60, % loss = 5, wire gauge = 8
115ft, amps = 30, volts = 12, % loss = 3, wire gauge = 000
115ft, amps = 30, volts = 12, % loss = 4, wire gauge = 00
115ft, amps = 30, volts = 12, % loss = 5, wire gauge = 0
115ft, amps = 30, volts = 24, % loss = 2, wire gauge = 00
115ft, amps = 30, volts = 24, % loss = 3, wire gauge = 2
115ft, amps = 30, volts = 24, % loss = 4, wire gauge = 2
115ft, amps = 30, volts = 24, % loss = 5, wire gauge = 4
115ft, amps = 30, volts = 36, % loss = 2, wire gauge = 2
115ft, amps = 30, volts = 36, % loss = 3, wire gauge = 2
115ft, amps = 30, volts = 36, % loss = 4, wire gauge = 4
115ft, amps = 30, volts = 36, % loss = 5, wire gauge = 6
115ft, amps = 30, volts = 48, % loss = 2, wire gauge = 2
115ft, amps = 30, volts = 48, % loss = 3, wire gauge = 4
115ft, amps = 30, volts = 48, % loss = 4, wire gauge = 6
115ft, amps = 30, volts = 48, % loss = 5, wire gauge = 6
115ft, amps = 30, volts = 60, % loss = 2, wire gauge = 4
115ft, amps = 30, volts = 60, % loss = 3, wire gauge = 6
115ft, amps = 30, volts = 60, % loss = 4, wire gauge = 6
115ft, amps = 30, volts = 60, % loss = 5, wire gauge = 8
115ft, amps = 35, volts = 12, % loss = 4, wire gauge = 000
115ft, amps = 35, volts = 12, % loss = 5, wire gauge = 00
115ft, amps = 35, volts = 24, % loss = 2, wire gauge = 000
115ft, amps = 35, volts = 24, % loss = 3, wire gauge = 0
115ft, amps = 35, volts = 24, % loss = 4, wire gauge = 2
115ft, amps = 35, volts = 24, % loss = 5, wire gauge = 2
115ft, amps = 35, volts = 36, % loss = 2, wire gauge = 0
115ft, amps = 35, volts = 36, % loss = 3, wire gauge = 2
115ft, amps = 35, volts = 36, % loss = 4, wire gauge = 4

115ft, amps = 35, volts = 36, % loss = 5, wire gauge = 4
115ft, amps = 35, volts = 48, % loss = 2, wire gauge = 2
115ft, amps = 35, volts = 48, % loss = 3, wire gauge = 4
115ft, amps = 35, volts = 48, % loss = 4, wire gauge = 4
115ft, amps = 35, volts = 48, % loss = 5, wire gauge = 6
115ft, amps = 35, volts = 60, % loss = 2, wire gauge = 2
115ft, amps = 35, volts = 60, % loss = 3, wire gauge = 4
115ft, amps = 35, volts = 60, % loss = 4, wire gauge = 6
115ft, amps = 35, volts = 60, % loss = 5, wire gauge = 6
115ft, amps = 40, volts = 12, % loss = 4, wire gauge = 000
115ft, amps = 40, volts = 12, % loss = 5, wire gauge = 00
115ft, amps = 40, volts = 24, % loss = 2, wire gauge = 000
115ft, amps = 40, volts = 24, % loss = 3, wire gauge = 00
115ft, amps = 40, volts = 24, % loss = 4, wire gauge = 2
115ft, amps = 40, volts = 24, % loss = 5, wire gauge = 2
115ft, amps = 40, volts = 36, % loss = 2, wire gauge = 00
115ft, amps = 40, volts = 36, % loss = 3, wire gauge = 2
115ft, amps = 40, volts = 36, % loss = 4, wire gauge = 2
115ft, amps = 40, volts = 36, % loss = 5, wire gauge = 4
115ft, amps = 40, volts = 48, % loss = 2, wire gauge = 2
115ft, amps = 40, volts = 48, % loss = 3, wire gauge = 2
115ft, amps = 40, volts = 48, % loss = 4, wire gauge = 4
115ft, amps = 40, volts = 48, % loss = 5, wire gauge = 6
115ft, amps = 40, volts = 60, % loss = 2, wire gauge = 2
115ft, amps = 40, volts = 60, % loss = 3, wire gauge = 4
115ft, amps = 40, volts = 60, % loss = 4, wire gauge = 6
115ft, amps = 40, volts = 60, % loss = 5, wire gauge = 6
115ft, amps = 45, volts = 12, % loss = 5, wire gauge = 000
115ft, amps = 45, volts = 24, % loss = 3, wire gauge = 00
115ft, amps = 45, volts = 24, % loss = 4, wire gauge = 0
115ft, amps = 45, volts = 24, % loss = 5, wire gauge = 2
115ft, amps = 45, volts = 36, % loss = 2, wire gauge = 00
115ft, amps = 45, volts = 36, % loss = 3, wire gauge = 2
115ft, amps = 45, volts = 36, % loss = 4, wire gauge = 2
115ft, amps = 45, volts = 36, % loss = 5, wire gauge = 4
115ft, amps = 45, volts = 48, % loss = 2, wire gauge = 0
115ft, amps = 45, volts = 48, % loss = 3, wire gauge = 2
115ft, amps = 45, volts = 48, % loss = 4, wire gauge = 4
115ft, amps = 45, volts = 48, % loss = 5, wire gauge = 4

115ft, amps = 45, volts = 60, % loss = 2, wire gauge = 2
115ft, amps = 45, volts = 60, % loss = 3, wire gauge = 4
115ft, amps = 45, volts = 60, % loss = 4, wire gauge = 4
115ft, amps = 45, volts = 60, % loss = 5, wire gauge = 6
115ft, amps = 50, volts = 12, % loss = 5, wire gauge = 000
115ft, amps = 50, volts = 24, % loss = 3, wire gauge = 000
115ft, amps = 50, volts = 24, % loss = 4, wire gauge = 0
115ft, amps = 50, volts = 24, % loss = 5, wire gauge = 2
115ft, amps = 50, volts = 36, % loss = 2, wire gauge = 000
115ft, amps = 50, volts = 36, % loss = 3, wire gauge = 0
115ft, amps = 50, volts = 36, % loss = 4, wire gauge = 2
115ft, amps = 50, volts = 36, % loss = 5, wire gauge = 2
115ft, amps = 50, volts = 48, % loss = 2, wire gauge = 0
115ft, amps = 50, volts = 48, % loss = 3, wire gauge = 2
115ft, amps = 50, volts = 48, % loss = 4, wire gauge = 4
115ft, amps = 50, volts = 48, % loss = 5, wire gauge = 4
115ft, amps = 50, volts = 60, % loss = 2, wire gauge = 2
115ft, amps = 50, volts = 60, % loss = 3, wire gauge = 2
115ft, amps = 50, volts = 60, % loss = 4, wire gauge = 4
115ft, amps = 50, volts = 60, % loss = 5, wire gauge = 6
115ft, amps = 55, volts = 24, % loss = 3, wire gauge = 000
115ft, amps = 55, volts = 24, % loss = 4, wire gauge = 00
115ft, amps = 55, volts = 24, % loss = 5, wire gauge = 0
115ft, amps = 55, volts = 36, % loss = 2, wire gauge = 000
115ft, amps = 55, volts = 36, % loss = 3, wire gauge = 0
115ft, amps = 55, volts = 36, % loss = 4, wire gauge = 2
115ft, amps = 55, volts = 36, % loss = 5, wire gauge = 2
115ft, amps = 55, volts = 48, % loss = 2, wire gauge = 00
115ft, amps = 55, volts = 48, % loss = 3, wire gauge = 2
115ft, amps = 55, volts = 48, % loss = 4, wire gauge = 2
115ft, amps = 55, volts = 48, % loss = 5, wire gauge = 4
115ft, amps = 55, volts = 60, % loss = 2, wire gauge = 0
115ft, amps = 55, volts = 60, % loss = 3, wire gauge = 2
115ft, amps = 55, volts = 60, % loss = 4, wire gauge = 4
115ft, amps = 55, volts = 60, % loss = 5, wire gauge = 4
115ft, amps = 60, volts = 24, % loss = 3, wire gauge = 000
115ft, amps = 60, volts = 24, % loss = 4, wire gauge = 00
115ft, amps = 60, volts = 24, % loss = 5, wire gauge = 0
115ft, amps = 60, volts = 36, % loss = 2, wire gauge = 000

115ft, amps = 60, volts = 36, % loss = 3, wire gauge = 00
115ft, amps = 60, volts = 36, % loss = 4, wire gauge = 2
115ft, amps = 60, volts = 36, % loss = 5, wire gauge = 2
115ft, amps = 60, volts = 48, % loss = 2, wire gauge = 00
115ft, amps = 60, volts = 48, % loss = 3, wire gauge = 2
115ft, amps = 60, volts = 48, % loss = 4, wire gauge = 2
115ft, amps = 60, volts = 48, % loss = 5, wire gauge = 4
115ft, amps = 60, volts = 60, % loss = 2, wire gauge = 0
115ft, amps = 60, volts = 60, % loss = 3, wire gauge = 2
115ft, amps = 60, volts = 60, % loss = 4, wire gauge = 4
115ft, amps = 60, volts = 60, % loss = 5, wire gauge = 4
115ft, amps = 65, volts = 24, % loss = 4, wire gauge = 00
115ft, amps = 65, volts = 24, % loss = 5, wire gauge = 00
115ft, amps = 65, volts = 36, % loss = 3, wire gauge = 00
115ft, amps = 65, volts = 36, % loss = 4, wire gauge = 0
115ft, amps = 65, volts = 36, % loss = 5, wire gauge = 2
115ft, amps = 65, volts = 48, % loss = 2, wire gauge = 00
115ft, amps = 65, volts = 48, % loss = 3, wire gauge = 0
115ft, amps = 65, volts = 48, % loss = 4, wire gauge = 2
115ft, amps = 65, volts = 48, % loss = 5, wire gauge = 2
115ft, amps = 65, volts = 60, % loss = 2, wire gauge = 00
115ft, amps = 65, volts = 60, % loss = 3, wire gauge = 2
115ft, amps = 65, volts = 60, % loss = 4, wire gauge = 2
115ft, amps = 65, volts = 60, % loss = 5, wire gauge = 4
115ft, amps = 70, volts = 24, % loss = 4, wire gauge = 000
115ft, amps = 70, volts = 24, % loss = 5, wire gauge = 00
115ft, amps = 70, volts = 36, % loss = 3, wire gauge = 00
115ft, amps = 70, volts = 36, % loss = 4, wire gauge = 0
115ft, amps = 70, volts = 36, % loss = 5, wire gauge = 2
115ft, amps = 70, volts = 48, % loss = 2, wire gauge = 000
115ft, amps = 70, volts = 48, % loss = 3, wire gauge = 0
115ft, amps = 70, volts = 48, % loss = 4, wire gauge = 2
115ft, amps = 70, volts = 48, % loss = 5, wire gauge = 2
115ft, amps = 70, volts = 60, % loss = 2, wire gauge = 00
115ft, amps = 70, volts = 60, % loss = 3, wire gauge = 2
115ft, amps = 70, volts = 60, % loss = 4, wire gauge = 2
115ft, amps = 70, volts = 60, % loss = 5, wire gauge = 4
115ft, amps = 75, volts = 24, % loss = 4, wire gauge = 000
115ft, amps = 75, volts = 24, % loss = 5, wire gauge = 00

115ft, amps = 75, volts = 36, % loss = 3, wire gauge = 000
115ft, amps = 75, volts = 36, % loss = 4, wire gauge = 0
115ft, amps = 75, volts = 36, % loss = 5, wire gauge = 2
115ft, amps = 75, volts = 48, % loss = 2, wire gauge = 000
115ft, amps = 75, volts = 48, % loss = 3, wire gauge = 0
115ft, amps = 75, volts = 48, % loss = 4, wire gauge = 2
115ft, amps = 75, volts = 48, % loss = 5, wire gauge = 2
115ft, amps = 75, volts = 60, % loss = 2, wire gauge = 00
115ft, amps = 75, volts = 60, % loss = 3, wire gauge = 2
115ft, amps = 75, volts = 60, % loss = 4, wire gauge = 2
115ft, amps = 75, volts = 60, % loss = 5, wire gauge = 4
115ft, amps = 80, volts = 24, % loss = 4, wire gauge = 000
115ft, amps = 80, volts = 24, % loss = 5, wire gauge = 00
115ft, amps = 80, volts = 36, % loss = 3, wire gauge = 000
115ft, amps = 80, volts = 36, % loss = 4, wire gauge = 00
115ft, amps = 80, volts = 36, % loss = 5, wire gauge = 0
115ft, amps = 80, volts = 48, % loss = 2, wire gauge = 000
115ft, amps = 80, volts = 48, % loss = 3, wire gauge = 00
115ft, amps = 80, volts = 48, % loss = 4, wire gauge = 2
115ft, amps = 80, volts = 48, % loss = 5, wire gauge = 2
115ft, amps = 80, volts = 60, % loss = 2, wire gauge = 00
115ft, amps = 80, volts = 60, % loss = 3, wire gauge = 0
115ft, amps = 80, volts = 60, % loss = 4, wire gauge = 2
115ft, amps = 80, volts = 60, % loss = 5, wire gauge = 4
120ft, amps = 5, volts = 12, % loss = 2, wire gauge = 4
120ft, amps = 5, volts = 12, % loss = 3, wire gauge = 6
120ft, amps = 5, volts = 12, % loss = 4, wire gauge = 6
120ft, amps = 5, volts = 12, % loss = 5, wire gauge = 8
120ft, amps = 5, volts = 24, % loss = 2, wire gauge = 6
120ft, amps = 5, volts = 24, % loss = 3, wire gauge = 8
120ft, amps = 5, volts = 24, % loss = 4, wire gauge = 10
120ft, amps = 5, volts = 24, % loss = 5, wire gauge = 10
120ft, amps = 5, volts = 36, % loss = 2, wire gauge = 8
120ft, amps = 5, volts = 36, % loss = 3, wire gauge = 10
120ft, amps = 5, volts = 36, % loss = 4, wire gauge = 12
120ft, amps = 5, volts = 36, % loss = 5, wire gauge = 12
120ft, amps = 5, volts = 48, % loss = 2, wire gauge = 10
120ft, amps = 5, volts = 48, % loss = 3, wire gauge = 12
120ft, amps = 5, volts = 48, % loss = 4, wire gauge = 12

120ft, amps = 5, volts = 48, % loss = 5, wire gauge = 14
120ft, amps = 5, volts = 60, % loss = 2, wire gauge = 10
120ft, amps = 5, volts = 60, % loss = 3, wire gauge = 12
120ft, amps = 5, volts = 60, % loss = 4, wire gauge = 14
120ft, amps = 5, volts = 60, % loss = 5, wire gauge = 14
120ft, amps = 10, volts = 12, % loss = 2, wire gauge = 0
120ft, amps = 10, volts = 12, % loss = 3, wire gauge = 2
120ft, amps = 10, volts = 12, % loss = 4, wire gauge = 4
120ft, amps = 10, volts = 12, % loss = 5, wire gauge = 4
120ft, amps = 10, volts = 24, % loss = 2, wire gauge = 4
120ft, amps = 10, volts = 24, % loss = 3, wire gauge = 6
120ft, amps = 10, volts = 24, % loss = 4, wire gauge = 6
120ft, amps = 10, volts = 24, % loss = 5, wire gauge = 8
120ft, amps = 10, volts = 36, % loss = 2, wire gauge = 6
120ft, amps = 10, volts = 36, % loss = 3, wire gauge = 8
120ft, amps = 10, volts = 36, % loss = 4, wire gauge = 8
120ft, amps = 10, volts = 36, % loss = 5, wire gauge = 10
120ft, amps = 10, volts = 48, % loss = 2, wire gauge = 6
120ft, amps = 10, volts = 48, % loss = 3, wire gauge = 8
120ft, amps = 10, volts = 48, % loss = 4, wire gauge = 10
120ft, amps = 10, volts = 48, % loss = 5, wire gauge = 10
120ft, amps = 10, volts = 60, % loss = 2, wire gauge = 8
120ft, amps = 10, volts = 60, % loss = 3, wire gauge = 10
120ft, amps = 10, volts = 60, % loss = 4, wire gauge = 10
120ft, amps = 10, volts = 60, % loss = 5, wire gauge = 12
120ft, amps = 15, volts = 12, % loss = 2, wire gauge = 00
120ft, amps = 15, volts = 12, % loss = 3, wire gauge = 0
120ft, amps = 15, volts = 12, % loss = 4, wire gauge = 2
120ft, amps = 15, volts = 12, % loss = 5, wire gauge = 4
120ft, amps = 15, volts = 24, % loss = 2, wire gauge = 2
120ft, amps = 15, volts = 24, % loss = 3, wire gauge = 4
120ft, amps = 15, volts = 24, % loss = 4, wire gauge = 6
120ft, amps = 15, volts = 24, % loss = 5, wire gauge = 6
120ft, amps = 15, volts = 36, % loss = 2, wire gauge = 4
120ft, amps = 15, volts = 36, % loss = 3, wire gauge = 6
120ft, amps = 15, volts = 36, % loss = 4, wire gauge = 6
120ft, amps = 15, volts = 36, % loss = 5, wire gauge = 8
120ft, amps = 15, volts = 48, % loss = 2, wire gauge = 6
120ft, amps = 15, volts = 48, % loss = 3, wire gauge = 6

120ft, amps = 15, volts = 48, % loss = 4, wire gauge = 8
120ft, amps = 15, volts = 48, % loss = 5, wire gauge = 10
120ft, amps = 15, volts = 60, % loss = 2, wire gauge = 6
120ft, amps = 15, volts = 60, % loss = 3, wire gauge = 8
120ft, amps = 15, volts = 60, % loss = 4, wire gauge = 10
120ft, amps = 15, volts = 60, % loss = 5, wire gauge = 10
120ft, amps = 20, volts = 12, % loss = 3, wire gauge = 00
120ft, amps = 20, volts = 12, % loss = 4, wire gauge = 0
120ft, amps = 20, volts = 12, % loss = 5, wire gauge = 2
120ft, amps = 20, volts = 24, % loss = 2, wire gauge = 0
120ft, amps = 20, volts = 24, % loss = 3, wire gauge = 2
120ft, amps = 20, volts = 24, % loss = 4, wire gauge = 4
120ft, amps = 20, volts = 24, % loss = 5, wire gauge = 4
120ft, amps = 20, volts = 36, % loss = 2, wire gauge = 2
120ft, amps = 20, volts = 36, % loss = 3, wire gauge = 4
120ft, amps = 20, volts = 36, % loss = 4, wire gauge = 6
120ft, amps = 20, volts = 36, % loss = 5, wire gauge = 6
120ft, amps = 20, volts = 48, % loss = 2, wire gauge = 4
120ft, amps = 20, volts = 48, % loss = 3, wire gauge = 6
120ft, amps = 20, volts = 48, % loss = 4, wire gauge = 6
120ft, amps = 20, volts = 48, % loss = 5, wire gauge = 8
120ft, amps = 20, volts = 60, % loss = 2, wire gauge = 4
120ft, amps = 20, volts = 60, % loss = 3, wire gauge = 6
120ft, amps = 20, volts = 60, % loss = 4, wire gauge = 8
120ft, amps = 20, volts = 60, % loss = 5, wire gauge = 8
120ft, amps = 25, volts = 12, % loss = 3, wire gauge = 000
120ft, amps = 25, volts = 12, % loss = 4, wire gauge = 00
120ft, amps = 25, volts = 12, % loss = 5, wire gauge = 0
120ft, amps = 25, volts = 24, % loss = 2, wire gauge = 00
120ft, amps = 25, volts = 24, % loss = 3, wire gauge = 2
120ft, amps = 25, volts = 24, % loss = 4, wire gauge = 2
120ft, amps = 25, volts = 24, % loss = 5, wire gauge = 4
120ft, amps = 25, volts = 36, % loss = 2, wire gauge = 2
120ft, amps = 25, volts = 36, % loss = 3, wire gauge = 4
120ft, amps = 25, volts = 36, % loss = 4, wire gauge = 4
120ft, amps = 25, volts = 36, % loss = 5, wire gauge = 6
120ft, amps = 25, volts = 48, % loss = 2, wire gauge = 2
120ft, amps = 25, volts = 48, % loss = 3, wire gauge = 4
120ft, amps = 25, volts = 48, % loss = 4, wire gauge = 6

120ft, amps = 25, volts = 48, % loss = 5, wire gauge = 6
120ft, amps = 25, volts = 60, % loss = 2, wire gauge = 4
120ft, amps = 25, volts = 60, % loss = 3, wire gauge = 6
120ft, amps = 25, volts = 60, % loss = 4, wire gauge = 6
120ft, amps = 25, volts = 60, % loss = 5, wire gauge = 8
120ft, amps = 30, volts = 12, % loss = 4, wire gauge = 00
120ft, amps = 30, volts = 12, % loss = 5, wire gauge = 0
120ft, amps = 30, volts = 24, % loss = 2, wire gauge = 00
120ft, amps = 30, volts = 24, % loss = 3, wire gauge = 0
120ft, amps = 30, volts = 24, % loss = 4, wire gauge = 2
120ft, amps = 30, volts = 24, % loss = 5, wire gauge = 4
120ft, amps = 30, volts = 36, % loss = 2, wire gauge = 0
120ft, amps = 30, volts = 36, % loss = 3, wire gauge = 2
120ft, amps = 30, volts = 36, % loss = 4, wire gauge = 4
120ft, amps = 30, volts = 36, % loss = 5, wire gauge = 4
120ft, amps = 30, volts = 48, % loss = 2, wire gauge = 2
120ft, amps = 30, volts = 48, % loss = 3, wire gauge = 4
120ft, amps = 30, volts = 48, % loss = 4, wire gauge = 6
120ft, amps = 30, volts = 48, % loss = 5, wire gauge = 6
120ft, amps = 30, volts = 60, % loss = 2, wire gauge = 4
120ft, amps = 30, volts = 60, % loss = 3, wire gauge = 4
120ft, amps = 30, volts = 60, % loss = 4, wire gauge = 6
120ft, amps = 30, volts = 60, % loss = 5, wire gauge = 6
120ft, amps = 35, volts = 12, % loss = 4, wire gauge = 000
120ft, amps = 35, volts = 12, % loss = 5, wire gauge = 00
120ft, amps = 35, volts = 24, % loss = 2, wire gauge = 000
120ft, amps = 35, volts = 24, % loss = 3, wire gauge = 0
120ft, amps = 35, volts = 24, % loss = 4, wire gauge = 2
120ft, amps = 35, volts = 24, % loss = 5, wire gauge = 2
120ft, amps = 35, volts = 36, % loss = 2, wire gauge = 0
120ft, amps = 35, volts = 36, % loss = 3, wire gauge = 2
120ft, amps = 35, volts = 36, % loss = 4, wire gauge = 4
120ft, amps = 35, volts = 36, % loss = 5, wire gauge = 4
120ft, amps = 35, volts = 48, % loss = 2, wire gauge = 2
120ft, amps = 35, volts = 48, % loss = 3, wire gauge = 4
120ft, amps = 35, volts = 48, % loss = 4, wire gauge = 4
120ft, amps = 35, volts = 48, % loss = 5, wire gauge = 6
120ft, amps = 35, volts = 60, % loss = 2, wire gauge = 2
120ft, amps = 35, volts = 60, % loss = 3, wire gauge = 4

120ft, amps = 35, volts = 60, % loss = 4, wire gauge = 6
120ft, amps = 35, volts = 60, % loss = 5, wire gauge = 6
120ft, amps = 40, volts = 12, % loss = 5, wire gauge = 000
120ft, amps = 40, volts = 24, % loss = 3, wire gauge = 00
120ft, amps = 40, volts = 24, % loss = 4, wire gauge = 0
120ft, amps = 40, volts = 24, % loss = 5, wire gauge = 2
120ft, amps = 40, volts = 36, % loss = 2, wire gauge = 00
120ft, amps = 40, volts = 36, % loss = 3, wire gauge = 2
120ft, amps = 40, volts = 36, % loss = 4, wire gauge = 2
120ft, amps = 40, volts = 36, % loss = 5, wire gauge = 4
120ft, amps = 40, volts = 48, % loss = 2, wire gauge = 0
120ft, amps = 40, volts = 48, % loss = 3, wire gauge = 2
120ft, amps = 40, volts = 48, % loss = 4, wire gauge = 4
120ft, amps = 40, volts = 48, % loss = 5, wire gauge = 4
120ft, amps = 40, volts = 60, % loss = 2, wire gauge = 2
120ft, amps = 40, volts = 60, % loss = 3, wire gauge = 4
120ft, amps = 40, volts = 60, % loss = 4, wire gauge = 4
120ft, amps = 40, volts = 60, % loss = 5, wire gauge = 6
120ft, amps = 45, volts = 12, % loss = 5, wire gauge = 000
120ft, amps = 45, volts = 24, % loss = 3, wire gauge = 00
120ft, amps = 45, volts = 24, % loss = 4, wire gauge = 0
120ft, amps = 45, volts = 24, % loss = 5, wire gauge = 2
120ft, amps = 45, volts = 36, % loss = 2, wire gauge = 00
120ft, amps = 45, volts = 36, % loss = 3, wire gauge = 0
120ft, amps = 45, volts = 36, % loss = 4, wire gauge = 2
120ft, amps = 45, volts = 36, % loss = 5, wire gauge = 4
120ft, amps = 45, volts = 48, % loss = 2, wire gauge = 0
120ft, amps = 45, volts = 48, % loss = 3, wire gauge = 2
120ft, amps = 45, volts = 48, % loss = 4, wire gauge = 4
120ft, amps = 45, volts = 48, % loss = 5, wire gauge = 4
120ft, amps = 45, volts = 60, % loss = 2, wire gauge = 2
120ft, amps = 45, volts = 60, % loss = 3, wire gauge = 4
120ft, amps = 45, volts = 60, % loss = 4, wire gauge = 4
120ft, amps = 45, volts = 60, % loss = 5, wire gauge = 6
120ft, amps = 50, volts = 24, % loss = 3, wire gauge = 000
120ft, amps = 50, volts = 24, % loss = 4, wire gauge = 00
120ft, amps = 50, volts = 24, % loss = 5, wire gauge = 0
120ft, amps = 50, volts = 36, % loss = 2, wire gauge = 000
120ft, amps = 50, volts = 36, % loss = 3, wire gauge = 0

120ft, amps = 50, volts = 36, % loss = 4, wire gauge = 2
120ft, amps = 50, volts = 36, % loss = 5, wire gauge = 2
120ft, amps = 50, volts = 48, % loss = 2, wire gauge = 00
120ft, amps = 50, volts = 48, % loss = 3, wire gauge = 2
120ft, amps = 50, volts = 48, % loss = 4, wire gauge = 2
120ft, amps = 50, volts = 48, % loss = 5, wire gauge = 4
120ft, amps = 50, volts = 60, % loss = 2, wire gauge = 0
120ft, amps = 50, volts = 60, % loss = 3, wire gauge = 2
120ft, amps = 50, volts = 60, % loss = 4, wire gauge = 4
120ft, amps = 50, volts = 60, % loss = 5, wire gauge = 4
120ft, amps = 55, volts = 24, % loss = 3, wire gauge = 000
120ft, amps = 55, volts = 24, % loss = 4, wire gauge = 00
120ft, amps = 55, volts = 24, % loss = 5, wire gauge = 0
120ft, amps = 55, volts = 36, % loss = 2, wire gauge = 000
120ft, amps = 55, volts = 36, % loss = 3, wire gauge = 0
120ft, amps = 55, volts = 36, % loss = 4, wire gauge = 2
120ft, amps = 55, volts = 36, % loss = 5, wire gauge = 2
120ft, amps = 55, volts = 48, % loss = 2, wire gauge = 00
120ft, amps = 55, volts = 48, % loss = 3, wire gauge = 2
120ft, amps = 55, volts = 48, % loss = 4, wire gauge = 2
120ft, amps = 55, volts = 48, % loss = 5, wire gauge = 4
120ft, amps = 55, volts = 60, % loss = 2, wire gauge = 0
120ft, amps = 55, volts = 60, % loss = 3, wire gauge = 2
120ft, amps = 55, volts = 60, % loss = 4, wire gauge = 4
120ft, amps = 55, volts = 60, % loss = 5, wire gauge = 4
120ft, amps = 60, volts = 24, % loss = 4, wire gauge = 00
120ft, amps = 60, volts = 24, % loss = 5, wire gauge = 0
120ft, amps = 60, volts = 36, % loss = 3, wire gauge = 00
120ft, amps = 60, volts = 36, % loss = 4, wire gauge = 0
120ft, amps = 60, volts = 36, % loss = 5, wire gauge = 2
120ft, amps = 60, volts = 48, % loss = 2, wire gauge = 00
120ft, amps = 60, volts = 48, % loss = 3, wire gauge = 0
120ft, amps = 60, volts = 48, % loss = 4, wire gauge = 2
120ft, amps = 60, volts = 48, % loss = 5, wire gauge = 4
120ft, amps = 60, volts = 60, % loss = 2, wire gauge = 0
120ft, amps = 60, volts = 60, % loss = 3, wire gauge = 2
120ft, amps = 60, volts = 60, % loss = 4, wire gauge = 4
120ft, amps = 60, volts = 60, % loss = 5, wire gauge = 4
120ft, amps = 65, volts = 24, % loss = 4, wire gauge = 000

120ft, amps = 65, volts = 24, % loss = 5, wire gauge = 00
120ft, amps = 65, volts = 36, % loss = 3, wire gauge = 00
120ft, amps = 65, volts = 36, % loss = 4, wire gauge = 0
120ft, amps = 65, volts = 36, % loss = 5, wire gauge = 2
120ft, amps = 65, volts = 48, % loss = 2, wire gauge = 000
120ft, amps = 65, volts = 48, % loss = 3, wire gauge = 0
120ft, amps = 65, volts = 48, % loss = 4, wire gauge = 2
120ft, amps = 65, volts = 48, % loss = 5, wire gauge = 2
120ft, amps = 65, volts = 60, % loss = 2, wire gauge = 00
120ft, amps = 65, volts = 60, % loss = 3, wire gauge = 2
120ft, amps = 65, volts = 60, % loss = 4, wire gauge = 2
120ft, amps = 65, volts = 60, % loss = 5, wire gauge = 4
120ft, amps = 70, volts = 24, % loss = 4, wire gauge = 000
120ft, amps = 70, volts = 24, % loss = 5, wire gauge = 00
120ft, amps = 70, volts = 36, % loss = 3, wire gauge = 00
120ft, amps = 70, volts = 36, % loss = 4, wire gauge = 0
120ft, amps = 70, volts = 36, % loss = 5, wire gauge = 2
120ft, amps = 70, volts = 48, % loss = 2, wire gauge = 000
120ft, amps = 70, volts = 48, % loss = 3, wire gauge = 0
120ft, amps = 70, volts = 48, % loss = 4, wire gauge = 2
120ft, amps = 70, volts = 48, % loss = 5, wire gauge = 2
120ft, amps = 70, volts = 60, % loss = 2, wire gauge = 00
120ft, amps = 70, volts = 60, % loss = 3, wire gauge = 2
120ft, amps = 70, volts = 60, % loss = 4, wire gauge = 2
120ft, amps = 70, volts = 60, % loss = 5, wire gauge = 4
120ft, amps = 75, volts = 24, % loss = 4, wire gauge = 000
120ft, amps = 75, volts = 24, % loss = 5, wire gauge = 00
120ft, amps = 75, volts = 36, % loss = 3, wire gauge = 000
120ft, amps = 75, volts = 36, % loss = 4, wire gauge = 00
120ft, amps = 75, volts = 36, % loss = 5, wire gauge = 0
120ft, amps = 75, volts = 48, % loss = 2, wire gauge = 000
120ft, amps = 75, volts = 48, % loss = 3, wire gauge = 00
120ft, amps = 75, volts = 48, % loss = 4, wire gauge = 2
120ft, amps = 75, volts = 48, % loss = 5, wire gauge = 2
120ft, amps = 75, volts = 60, % loss = 2, wire gauge = 00
120ft, amps = 75, volts = 60, % loss = 3, wire gauge = 0
120ft, amps = 75, volts = 60, % loss = 4, wire gauge = 2
120ft, amps = 75, volts = 60, % loss = 5, wire gauge = 4
120ft, amps = 80, volts = 24, % loss = 5, wire gauge = 000

120ft, amps = 80, volts = 36, % loss = 3, wire gauge = 000
120ft, amps = 80, volts = 36, % loss = 4, wire gauge = 00
120ft, amps = 80, volts = 36, % loss = 5, wire gauge = 0
120ft, amps = 80, volts = 48, % loss = 3, wire gauge = 00
120ft, amps = 80, volts = 48, % loss = 4, wire gauge = 0
120ft, amps = 80, volts = 48, % loss = 5, wire gauge = 2
120ft, amps = 80, volts = 60, % loss = 2, wire gauge = 000
120ft, amps = 80, volts = 60, % loss = 3, wire gauge = 0
120ft, amps = 80, volts = 60, % loss = 4, wire gauge = 2
120ft, amps = 80, volts = 60, % loss = 5, wire gauge = 2
125ft, amps = 5, volts = 12, % loss = 2, wire gauge = 4
125ft, amps = 5, volts = 12, % loss = 3, wire gauge = 6
125ft, amps = 5, volts = 12, % loss = 4, wire gauge = 6
125ft, amps = 5, volts = 12, % loss = 5, wire gauge = 8
125ft, amps = 5, volts = 24, % loss = 2, wire gauge = 6
125ft, amps = 5, volts = 24, % loss = 3, wire gauge = 8
125ft, amps = 5, volts = 24, % loss = 4, wire gauge = 10
125ft, amps = 5, volts = 24, % loss = 5, wire gauge = 10
125ft, amps = 5, volts = 36, % loss = 2, wire gauge = 8
125ft, amps = 5, volts = 36, % loss = 3, wire gauge = 10
125ft, amps = 5, volts = 36, % loss = 4, wire gauge = 12
125ft, amps = 5, volts = 36, % loss = 5, wire gauge = 12
125ft, amps = 5, volts = 48, % loss = 2, wire gauge = 10
125ft, amps = 5, volts = 48, % loss = 3, wire gauge = 12
125ft, amps = 5, volts = 48, % loss = 4, wire gauge = 12
125ft, amps = 5, volts = 48, % loss = 5, wire gauge = 14
125ft, amps = 5, volts = 60, % loss = 2, wire gauge = 10
125ft, amps = 5, volts = 60, % loss = 3, wire gauge = 12
125ft, amps = 5, volts = 60, % loss = 4, wire gauge = 14
125ft, amps = 5, volts = 60, % loss = 5, wire gauge = 14
125ft, amps = 10, volts = 12, % loss = 2, wire gauge = 0
125ft, amps = 10, volts = 12, % loss = 3, wire gauge = 2
125ft, amps = 10, volts = 12, % loss = 4, wire gauge = 4
125ft, amps = 10, volts = 12, % loss = 5, wire gauge = 4
125ft, amps = 10, volts = 24, % loss = 2, wire gauge = 4
125ft, amps = 10, volts = 24, % loss = 3, wire gauge = 6
125ft, amps = 10, volts = 24, % loss = 4, wire gauge = 6
125ft, amps = 10, volts = 24, % loss = 5, wire gauge = 8
125ft, amps = 10, volts = 36, % loss = 2, wire gauge = 6

125ft, amps = 10, volts = 36, % loss = 3, wire gauge = 8
125ft, amps = 10, volts = 36, % loss = 4, wire gauge = 8
125ft, amps = 10, volts = 36, % loss = 5, wire gauge = 10
125ft, amps = 10, volts = 48, % loss = 2, wire gauge = 6
125ft, amps = 10, volts = 48, % loss = 3, wire gauge = 8
125ft, amps = 10, volts = 48, % loss = 4, wire gauge = 10
125ft, amps = 10, volts = 48, % loss = 5, wire gauge = 10
125ft, amps = 10, volts = 60, % loss = 2, wire gauge = 8
125ft, amps = 10, volts = 60, % loss = 3, wire gauge = 10
125ft, amps = 10, volts = 60, % loss = 4, wire gauge = 10
125ft, amps = 10, volts = 60, % loss = 5, wire gauge = 12
125ft, amps = 15, volts = 12, % loss = 2, wire gauge = 000
125ft, amps = 15, volts = 12, % loss = 3, wire gauge = 0
125ft, amps = 15, volts = 12, % loss = 4, wire gauge = 2
125ft, amps = 15, volts = 12, % loss = 5, wire gauge = 2
125ft, amps = 15, volts = 24, % loss = 2, wire gauge = 2
125ft, amps = 15, volts = 24, % loss = 3, wire gauge = 4
125ft, amps = 15, volts = 24, % loss = 4, wire gauge = 6
125ft, amps = 15, volts = 24, % loss = 5, wire gauge = 6
125ft, amps = 15, volts = 36, % loss = 2, wire gauge = 4
125ft, amps = 15, volts = 36, % loss = 3, wire gauge = 6
125ft, amps = 15, volts = 36, % loss = 4, wire gauge = 6
125ft, amps = 15, volts = 36, % loss = 5, wire gauge = 8
125ft, amps = 15, volts = 48, % loss = 2, wire gauge = 6
125ft, amps = 15, volts = 48, % loss = 3, wire gauge = 6
125ft, amps = 15, volts = 48, % loss = 4, wire gauge = 8
125ft, amps = 15, volts = 48, % loss = 5, wire gauge = 10
125ft, amps = 15, volts = 60, % loss = 2, wire gauge = 6
125ft, amps = 15, volts = 60, % loss = 3, wire gauge = 8
125ft, amps = 15, volts = 60, % loss = 4, wire gauge = 10
125ft, amps = 15, volts = 60, % loss = 5, wire gauge = 10
125ft, amps = 20, volts = 12, % loss = 3, wire gauge = 00
125ft, amps = 20, volts = 12, % loss = 4, wire gauge = 0
125ft, amps = 20, volts = 12, % loss = 5, wire gauge = 2
125ft, amps = 20, volts = 24, % loss = 2, wire gauge = 0
125ft, amps = 20, volts = 24, % loss = 3, wire gauge = 2
125ft, amps = 20, volts = 24, % loss = 4, wire gauge = 4
125ft, amps = 20, volts = 24, % loss = 5, wire gauge = 4
125ft, amps = 20, volts = 36, % loss = 2, wire gauge = 2

125ft, amps = 20, volts = 36, % loss = 3, wire gauge = 4
125ft, amps = 20, volts = 36, % loss = 4, wire gauge = 6
125ft, amps = 20, volts = 36, % loss = 5, wire gauge = 6
125ft, amps = 20, volts = 48, % loss = 2, wire gauge = 4
125ft, amps = 20, volts = 48, % loss = 3, wire gauge = 6
125ft, amps = 20, volts = 48, % loss = 4, wire gauge = 6
125ft, amps = 20, volts = 48, % loss = 5, wire gauge = 8
125ft, amps = 20, volts = 60, % loss = 2, wire gauge = 4
125ft, amps = 20, volts = 60, % loss = 3, wire gauge = 6
125ft, amps = 20, volts = 60, % loss = 4, wire gauge = 8
125ft, amps = 20, volts = 60, % loss = 5, wire gauge = 8
125ft, amps = 25, volts = 12, % loss = 3, wire gauge = 000
125ft, amps = 25, volts = 12, % loss = 4, wire gauge = 00
125ft, amps = 25, volts = 12, % loss = 5, wire gauge = 0
125ft, amps = 25, volts = 24, % loss = 2, wire gauge = 00
125ft, amps = 25, volts = 24, % loss = 3, wire gauge = 2
125ft, amps = 25, volts = 24, % loss = 4, wire gauge = 2
125ft, amps = 25, volts = 24, % loss = 5, wire gauge = 4
125ft, amps = 25, volts = 36, % loss = 2, wire gauge = 2
125ft, amps = 25, volts = 36, % loss = 3, wire gauge = 4
125ft, amps = 25, volts = 36, % loss = 4, wire gauge = 4
125ft, amps = 25, volts = 36, % loss = 5, wire gauge = 6
125ft, amps = 25, volts = 48, % loss = 2, wire gauge = 2
125ft, amps = 25, volts = 48, % loss = 3, wire gauge = 4
125ft, amps = 25, volts = 48, % loss = 4, wire gauge = 6
125ft, amps = 25, volts = 48, % loss = 5, wire gauge = 6
125ft, amps = 25, volts = 60, % loss = 2, wire gauge = 4
125ft, amps = 25, volts = 60, % loss = 3, wire gauge = 6
125ft, amps = 25, volts = 60, % loss = 4, wire gauge = 6
125ft, amps = 25, volts = 60, % loss = 5, wire gauge = 8
125ft, amps = 30, volts = 12, % loss = 4, wire gauge = 000
125ft, amps = 30, volts = 12, % loss = 5, wire gauge = 00
125ft, amps = 30, volts = 24, % loss = 2, wire gauge = 000
125ft, amps = 30, volts = 24, % loss = 3, wire gauge = 0
125ft, amps = 30, volts = 24, % loss = 4, wire gauge = 2
125ft, amps = 30, volts = 24, % loss = 5, wire gauge = 2
125ft, amps = 30, volts = 36, % loss = 2, wire gauge = 0
125ft, amps = 30, volts = 36, % loss = 3, wire gauge = 2
125ft, amps = 30, volts = 36, % loss = 4, wire gauge = 4

125ft, amps = 30, volts = 36, % loss = 5, wire gauge = 4
125ft, amps = 30, volts = 48, % loss = 2, wire gauge = 2
125ft, amps = 30, volts = 48, % loss = 3, wire gauge = 4
125ft, amps = 30, volts = 48, % loss = 4, wire gauge = 6
125ft, amps = 30, volts = 48, % loss = 5, wire gauge = 6
125ft, amps = 30, volts = 60, % loss = 2, wire gauge = 2
125ft, amps = 30, volts = 60, % loss = 3, wire gauge = 4
125ft, amps = 30, volts = 60, % loss = 4, wire gauge = 6
125ft, amps = 30, volts = 60, % loss = 5, wire gauge = 6
125ft, amps = 35, volts = 12, % loss = 4, wire gauge = 000
125ft, amps = 35, volts = 12, % loss = 5, wire gauge = 00
125ft, amps = 35, volts = 24, % loss = 2, wire gauge = 000
125ft, amps = 35, volts = 24, % loss = 3, wire gauge = 0
125ft, amps = 35, volts = 24, % loss = 4, wire gauge = 2
125ft, amps = 35, volts = 24, % loss = 5, wire gauge = 2
125ft, amps = 35, volts = 36, % loss = 2, wire gauge = 0
125ft, amps = 35, volts = 36, % loss = 3, wire gauge = 2
125ft, amps = 35, volts = 36, % loss = 4, wire gauge = 4
125ft, amps = 35, volts = 36, % loss = 5, wire gauge = 4
125ft, amps = 35, volts = 48, % loss = 2, wire gauge = 2
125ft, amps = 35, volts = 48, % loss = 3, wire gauge = 4
125ft, amps = 35, volts = 48, % loss = 4, wire gauge = 4
125ft, amps = 35, volts = 48, % loss = 5, wire gauge = 6
125ft, amps = 35, volts = 60, % loss = 2, wire gauge = 2
125ft, amps = 35, volts = 60, % loss = 3, wire gauge = 4
125ft, amps = 35, volts = 60, % loss = 4, wire gauge = 6
125ft, amps = 35, volts = 60, % loss = 5, wire gauge = 6
125ft, amps = 40, volts = 12, % loss = 5, wire gauge = 000
125ft, amps = 40, volts = 24, % loss = 3, wire gauge = 00
125ft, amps = 40, volts = 24, % loss = 4, wire gauge = 0
125ft, amps = 40, volts = 24, % loss = 5, wire gauge = 2
125ft, amps = 40, volts = 36, % loss = 2, wire gauge = 00
125ft, amps = 40, volts = 36, % loss = 3, wire gauge = 2
125ft, amps = 40, volts = 36, % loss = 4, wire gauge = 2
125ft, amps = 40, volts = 36, % loss = 5, wire gauge = 4
125ft, amps = 40, volts = 48, % loss = 2, wire gauge = 0
125ft, amps = 40, volts = 48, % loss = 3, wire gauge = 2
125ft, amps = 40, volts = 48, % loss = 4, wire gauge = 4
125ft, amps = 40, volts = 48, % loss = 5, wire gauge = 4

125ft, amps = 40, volts = 60, % loss = 2, wire gauge = 2
125ft, amps = 40, volts = 60, % loss = 3, wire gauge = 4
125ft, amps = 40, volts = 60, % loss = 4, wire gauge = 4
125ft, amps = 40, volts = 60, % loss = 5, wire gauge = 6
125ft, amps = 45, volts = 12, % loss = 5, wire gauge = 000
125ft, amps = 45, volts = 24, % loss = 3, wire gauge = 000
125ft, amps = 45, volts = 24, % loss = 4, wire gauge = 0
125ft, amps = 45, volts = 24, % loss = 5, wire gauge = 2
125ft, amps = 45, volts = 36, % loss = 2, wire gauge = 000
125ft, amps = 45, volts = 36, % loss = 3, wire gauge = 0
125ft, amps = 45, volts = 36, % loss = 4, wire gauge = 2
125ft, amps = 45, volts = 36, % loss = 5, wire gauge = 2
125ft, amps = 45, volts = 48, % loss = 2, wire gauge = 0
125ft, amps = 45, volts = 48, % loss = 3, wire gauge = 2
125ft, amps = 45, volts = 48, % loss = 4, wire gauge = 4
125ft, amps = 45, volts = 48, % loss = 5, wire gauge = 4
125ft, amps = 45, volts = 60, % loss = 2, wire gauge = 2
125ft, amps = 45, volts = 60, % loss = 3, wire gauge = 2
125ft, amps = 45, volts = 60, % loss = 4, wire gauge = 4
125ft, amps = 45, volts = 60, % loss = 5, wire gauge = 6
125ft, amps = 50, volts = 24, % loss = 3, wire gauge = 000
125ft, amps = 50, volts = 24, % loss = 4, wire gauge = 00
125ft, amps = 50, volts = 24, % loss = 5, wire gauge = 0
125ft, amps = 50, volts = 36, % loss = 2, wire gauge = 000
125ft, amps = 50, volts = 36, % loss = 3, wire gauge = 0
125ft, amps = 50, volts = 36, % loss = 4, wire gauge = 2
125ft, amps = 50, volts = 36, % loss = 5, wire gauge = 2
125ft, amps = 50, volts = 48, % loss = 2, wire gauge = 00
125ft, amps = 50, volts = 48, % loss = 3, wire gauge = 2
125ft, amps = 50, volts = 48, % loss = 4, wire gauge = 2
125ft, amps = 50, volts = 48, % loss = 5, wire gauge = 4
125ft, amps = 50, volts = 60, % loss = 2, wire gauge = 0
125ft, amps = 50, volts = 60, % loss = 3, wire gauge = 2
125ft, amps = 50, volts = 60, % loss = 4, wire gauge = 4
125ft, amps = 50, volts = 60, % loss = 5, wire gauge = 4
125ft, amps = 55, volts = 24, % loss = 3, wire gauge = 000
125ft, amps = 55, volts = 24, % loss = 4, wire gauge = 00
125ft, amps = 55, volts = 24, % loss = 5, wire gauge = 0
125ft, amps = 55, volts = 36, % loss = 2, wire gauge = 000

125ft, amps = 55, volts = 36, % loss = 3, wire gauge = 00
125ft, amps = 55, volts = 36, % loss = 4, wire gauge = 2
125ft, amps = 55, volts = 36, % loss = 5, wire gauge = 2
125ft, amps = 55, volts = 48, % loss = 2, wire gauge = 00
125ft, amps = 55, volts = 48, % loss = 3, wire gauge = 2
125ft, amps = 55, volts = 48, % loss = 4, wire gauge = 2
125ft, amps = 55, volts = 48, % loss = 5, wire gauge = 4
125ft, amps = 55, volts = 60, % loss = 2, wire gauge = 0
125ft, amps = 55, volts = 60, % loss = 3, wire gauge = 2
125ft, amps = 55, volts = 60, % loss = 4, wire gauge = 4
125ft, amps = 55, volts = 60, % loss = 5, wire gauge = 4
125ft, amps = 60, volts = 24, % loss = 4, wire gauge = 000
125ft, amps = 60, volts = 24, % loss = 5, wire gauge = 00
125ft, amps = 60, volts = 36, % loss = 3, wire gauge = 00
125ft, amps = 60, volts = 36, % loss = 4, wire gauge = 0
125ft, amps = 60, volts = 36, % loss = 5, wire gauge = 2
125ft, amps = 60, volts = 48, % loss = 2, wire gauge = 000
125ft, amps = 60, volts = 48, % loss = 3, wire gauge = 0
125ft, amps = 60, volts = 48, % loss = 4, wire gauge = 2
125ft, amps = 60, volts = 48, % loss = 5, wire gauge = 2
125ft, amps = 60, volts = 60, % loss = 2, wire gauge = 00
125ft, amps = 60, volts = 60, % loss = 3, wire gauge = 2
125ft, amps = 60, volts = 60, % loss = 4, wire gauge = 2
125ft, amps = 60, volts = 60, % loss = 5, wire gauge = 4
125ft, amps = 65, volts = 24, % loss = 4, wire gauge = 000
125ft, amps = 65, volts = 24, % loss = 5, wire gauge = 00
125ft, amps = 65, volts = 36, % loss = 3, wire gauge = 00
125ft, amps = 65, volts = 36, % loss = 4, wire gauge = 0
125ft, amps = 65, volts = 36, % loss = 5, wire gauge = 2
125ft, amps = 65, volts = 48, % loss = 2, wire gauge = 000
125ft, amps = 65, volts = 48, % loss = 3, wire gauge = 0
125ft, amps = 65, volts = 48, % loss = 4, wire gauge = 2
125ft, amps = 65, volts = 48, % loss = 5, wire gauge = 2
125ft, amps = 65, volts = 60, % loss = 2, wire gauge = 00
125ft, amps = 65, volts = 60, % loss = 3, wire gauge = 2
125ft, amps = 65, volts = 60, % loss = 4, wire gauge = 2
125ft, amps = 65, volts = 60, % loss = 5, wire gauge = 4
125ft, amps = 70, volts = 24, % loss = 4, wire gauge = 000
125ft, amps = 70, volts = 24, % loss = 5, wire gauge = 00

125ft, amps = 70, volts = 36, % loss = 3, wire gauge = 000
125ft, amps = 70, volts = 36, % loss = 4, wire gauge = 0
125ft, amps = 70, volts = 36, % loss = 5, wire gauge = 2
125ft, amps = 70, volts = 48, % loss = 2, wire gauge = 000
125ft, amps = 70, volts = 48, % loss = 3, wire gauge = 0
125ft, amps = 70, volts = 48, % loss = 4, wire gauge = 2
125ft, amps = 70, volts = 48, % loss = 5, wire gauge = 2
125ft, amps = 70, volts = 60, % loss = 2, wire gauge = 00
125ft, amps = 70, volts = 60, % loss = 3, wire gauge = 2
125ft, amps = 70, volts = 60, % loss = 4, wire gauge = 2
125ft, amps = 70, volts = 60, % loss = 5, wire gauge = 4
125ft, amps = 75, volts = 24, % loss = 4, wire gauge = 000
125ft, amps = 75, volts = 24, % loss = 5, wire gauge = 000
125ft, amps = 75, volts = 36, % loss = 3, wire gauge = 000
125ft, amps = 75, volts = 36, % loss = 4, wire gauge = 00
125ft, amps = 75, volts = 36, % loss = 5, wire gauge = 0
125ft, amps = 75, volts = 48, % loss = 2, wire gauge = 000
125ft, amps = 75, volts = 48, % loss = 3, wire gauge = 00
125ft, amps = 75, volts = 48, % loss = 4, wire gauge = 2
125ft, amps = 75, volts = 48, % loss = 5, wire gauge = 2
125ft, amps = 75, volts = 60, % loss = 2, wire gauge = 000
125ft, amps = 75, volts = 60, % loss = 3, wire gauge = 0
125ft, amps = 75, volts = 60, % loss = 4, wire gauge = 2
125ft, amps = 75, volts = 60, % loss = 5, wire gauge = 2
125ft, amps = 80, volts = 24, % loss = 5, wire gauge = 000
125ft, amps = 80, volts = 36, % loss = 3, wire gauge = 000
125ft, amps = 80, volts = 36, % loss = 4, wire gauge = 00
125ft, amps = 80, volts = 36, % loss = 5, wire gauge = 0
125ft, amps = 80, volts = 48, % loss = 3, wire gauge = 00
125ft, amps = 80, volts = 48, % loss = 4, wire gauge = 0
125ft, amps = 80, volts = 48, % loss = 5, wire gauge = 2
125ft, amps = 80, volts = 60, % loss = 2, wire gauge = 000
125ft, amps = 80, volts = 60, % loss = 3, wire gauge = 0
125ft, amps = 80, volts = 60, % loss = 4, wire gauge = 2
125ft, amps = 80, volts = 60, % loss = 5, wire gauge = 2
130ft, amps = 5, volts = 12, % loss = 2, wire gauge = 4
130ft, amps = 5, volts = 12, % loss = 3, wire gauge = 6
130ft, amps = 5, volts = 12, % loss = 4, wire gauge = 6
130ft, amps = 5, volts = 12, % loss = 5, wire gauge = 8

130ft, amps = 5, volts = 24, % loss = 2, wire gauge = 6
130ft, amps = 5, volts = 24, % loss = 3, wire gauge = 8
130ft, amps = 5, volts = 24, % loss = 4, wire gauge = 10
130ft, amps = 5, volts = 24, % loss = 5, wire gauge = 10
130ft, amps = 5, volts = 36, % loss = 2, wire gauge = 8
130ft, amps = 5, volts = 36, % loss = 3, wire gauge = 10
130ft, amps = 5, volts = 36, % loss = 4, wire gauge = 12
130ft, amps = 5, volts = 36, % loss = 5, wire gauge = 12
130ft, amps = 5, volts = 48, % loss = 2, wire gauge = 10
130ft, amps = 5, volts = 48, % loss = 3, wire gauge = 12
130ft, amps = 5, volts = 48, % loss = 4, wire gauge = 12
130ft, amps = 5, volts = 48, % loss = 5, wire gauge = 14
130ft, amps = 5, volts = 60, % loss = 2, wire gauge = 10
130ft, amps = 5, volts = 60, % loss = 3, wire gauge = 12
130ft, amps = 5, volts = 60, % loss = 4, wire gauge = 14
130ft, amps = 5, volts = 60, % loss = 5, wire gauge = 14
130ft, amps = 10, volts = 12, % loss = 2, wire gauge = 0
130ft, amps = 10, volts = 12, % loss = 3, wire gauge = 2
130ft, amps = 10, volts = 12, % loss = 4, wire gauge = 4
130ft, amps = 10, volts = 12, % loss = 5, wire gauge = 4
130ft, amps = 10, volts = 24, % loss = 2, wire gauge = 4
130ft, amps = 10, volts = 24, % loss = 3, wire gauge = 6
130ft, amps = 10, volts = 24, % loss = 4, wire gauge = 6
130ft, amps = 10, volts = 24, % loss = 5, wire gauge = 8
130ft, amps = 10, volts = 36, % loss = 2, wire gauge = 6
130ft, amps = 10, volts = 36, % loss = 3, wire gauge = 6
130ft, amps = 10, volts = 36, % loss = 4, wire gauge = 8
130ft, amps = 10, volts = 36, % loss = 5, wire gauge = 10
130ft, amps = 10, volts = 48, % loss = 2, wire gauge = 6
130ft, amps = 10, volts = 48, % loss = 3, wire gauge = 8
130ft, amps = 10, volts = 48, % loss = 4, wire gauge = 10
130ft, amps = 10, volts = 48, % loss = 5, wire gauge = 10
130ft, amps = 10, volts = 60, % loss = 2, wire gauge = 8
130ft, amps = 10, volts = 60, % loss = 3, wire gauge = 10
130ft, amps = 10, volts = 60, % loss = 4, wire gauge = 10
130ft, amps = 10, volts = 60, % loss = 5, wire gauge = 12
130ft, amps = 15, volts = 12, % loss = 2, wire gauge = 000
130ft, amps = 15, volts = 12, % loss = 3, wire gauge = 0
130ft, amps = 15, volts = 12, % loss = 4, wire gauge = 2

130ft, amps = 15, volts = 12, % loss = 5, wire gauge = 2
130ft, amps = 15, volts = 24, % loss = 2, wire gauge = 2
130ft, amps = 15, volts = 24, % loss = 3, wire gauge = 4
130ft, amps = 15, volts = 24, % loss = 4, wire gauge = 4
130ft, amps = 15, volts = 24, % loss = 5, wire gauge = 6
130ft, amps = 15, volts = 36, % loss = 2, wire gauge = 4
130ft, amps = 15, volts = 36, % loss = 3, wire gauge = 6
130ft, amps = 15, volts = 36, % loss = 4, wire gauge = 6
130ft, amps = 15, volts = 36, % loss = 5, wire gauge = 8
130ft, amps = 15, volts = 48, % loss = 2, wire gauge = 4
130ft, amps = 15, volts = 48, % loss = 3, wire gauge = 6
130ft, amps = 15, volts = 48, % loss = 4, wire gauge = 8
130ft, amps = 15, volts = 48, % loss = 5, wire gauge = 8
130ft, amps = 15, volts = 60, % loss = 2, wire gauge = 6
130ft, amps = 15, volts = 60, % loss = 3, wire gauge = 8
130ft, amps = 15, volts = 60, % loss = 4, wire gauge = 8
130ft, amps = 15, volts = 60, % loss = 5, wire gauge = 10
130ft, amps = 20, volts = 12, % loss = 3, wire gauge = 00
130ft, amps = 20, volts = 12, % loss = 4, wire gauge = 0
130ft, amps = 20, volts = 12, % loss = 5, wire gauge = 2
130ft, amps = 20, volts = 24, % loss = 2, wire gauge = 0
130ft, amps = 20, volts = 24, % loss = 3, wire gauge = 2
130ft, amps = 20, volts = 24, % loss = 4, wire gauge = 4
130ft, amps = 20, volts = 24, % loss = 5, wire gauge = 4
130ft, amps = 20, volts = 36, % loss = 2, wire gauge = 2
130ft, amps = 20, volts = 36, % loss = 3, wire gauge = 4
130ft, amps = 20, volts = 36, % loss = 4, wire gauge = 6
130ft, amps = 20, volts = 36, % loss = 5, wire gauge = 6
130ft, amps = 20, volts = 48, % loss = 2, wire gauge = 4
130ft, amps = 20, volts = 48, % loss = 3, wire gauge = 6
130ft, amps = 20, volts = 48, % loss = 4, wire gauge = 6
130ft, amps = 20, volts = 48, % loss = 5, wire gauge = 8
130ft, amps = 20, volts = 60, % loss = 2, wire gauge = 4
130ft, amps = 20, volts = 60, % loss = 3, wire gauge = 6
130ft, amps = 20, volts = 60, % loss = 4, wire gauge = 8
130ft, amps = 20, volts = 60, % loss = 5, wire gauge = 8
130ft, amps = 25, volts = 12, % loss = 3, wire gauge = 000
130ft, amps = 25, volts = 12, % loss = 4, wire gauge = 00
130ft, amps = 25, volts = 12, % loss = 5, wire gauge = 0

130ft, amps = 25, volts = 24, % loss = 2, wire gauge = 00
130ft, amps = 25, volts = 24, % loss = 3, wire gauge = 2
130ft, amps = 25, volts = 24, % loss = 4, wire gauge = 2
130ft, amps = 25, volts = 24, % loss = 5, wire gauge = 4
130ft, amps = 25, volts = 36, % loss = 2, wire gauge = 2
130ft, amps = 25, volts = 36, % loss = 3, wire gauge = 4
130ft, amps = 25, volts = 36, % loss = 4, wire gauge = 4
130ft, amps = 25, volts = 36, % loss = 5, wire gauge = 6
130ft, amps = 25, volts = 48, % loss = 2, wire gauge = 2
130ft, amps = 25, volts = 48, % loss = 3, wire gauge = 4
130ft, amps = 25, volts = 48, % loss = 4, wire gauge = 6
130ft, amps = 25, volts = 48, % loss = 5, wire gauge = 6
130ft, amps = 25, volts = 60, % loss = 2, wire gauge = 4
130ft, amps = 25, volts = 60, % loss = 3, wire gauge = 6
130ft, amps = 25, volts = 60, % loss = 4, wire gauge = 6
130ft, amps = 25, volts = 60, % loss = 5, wire gauge = 8
130ft, amps = 30, volts = 12, % loss = 4, wire gauge = 000
130ft, amps = 30, volts = 12, % loss = 5, wire gauge = 00
130ft, amps = 30, volts = 24, % loss = 2, wire gauge = 000
130ft, amps = 30, volts = 24, % loss = 3, wire gauge = 0
130ft, amps = 30, volts = 24, % loss = 4, wire gauge = 2
130ft, amps = 30, volts = 24, % loss = 5, wire gauge = 2
130ft, amps = 30, volts = 36, % loss = 2, wire gauge = 0
130ft, amps = 30, volts = 36, % loss = 3, wire gauge = 2
130ft, amps = 30, volts = 36, % loss = 4, wire gauge = 4
130ft, amps = 30, volts = 36, % loss = 5, wire gauge = 4
130ft, amps = 30, volts = 48, % loss = 2, wire gauge = 2
130ft, amps = 30, volts = 48, % loss = 3, wire gauge = 4
130ft, amps = 30, volts = 48, % loss = 4, wire gauge = 4
130ft, amps = 30, volts = 48, % loss = 5, wire gauge = 6
130ft, amps = 30, volts = 60, % loss = 2, wire gauge = 2
130ft, amps = 30, volts = 60, % loss = 3, wire gauge = 4
130ft, amps = 30, volts = 60, % loss = 4, wire gauge = 6
130ft, amps = 30, volts = 60, % loss = 5, wire gauge = 6
130ft, amps = 35, volts = 12, % loss = 4, wire gauge = 000
130ft, amps = 35, volts = 12, % loss = 5, wire gauge = 00
130ft, amps = 35, volts = 24, % loss = 2, wire gauge = 000
130ft, amps = 35, volts = 24, % loss = 3, wire gauge = 00
130ft, amps = 35, volts = 24, % loss = 4, wire gauge = 2

130ft, amps = 35, volts = 24, % loss = 5, wire gauge = 2
130ft, amps = 35, volts = 36, % loss = 2, wire gauge = 00
130ft, amps = 35, volts = 36, % loss = 3, wire gauge = 2
130ft, amps = 35, volts = 36, % loss = 4, wire gauge = 2
130ft, amps = 35, volts = 36, % loss = 5, wire gauge = 4
130ft, amps = 35, volts = 48, % loss = 2, wire gauge = 2
130ft, amps = 35, volts = 48, % loss = 3, wire gauge = 2
130ft, amps = 35, volts = 48, % loss = 4, wire gauge = 4
130ft, amps = 35, volts = 48, % loss = 5, wire gauge = 6
130ft, amps = 35, volts = 60, % loss = 2, wire gauge = 2
130ft, amps = 35, volts = 60, % loss = 3, wire gauge = 4
130ft, amps = 35, volts = 60, % loss = 4, wire gauge = 6
130ft, amps = 35, volts = 60, % loss = 5, wire gauge = 6
130ft, amps = 40, volts = 12, % loss = 5, wire gauge = 000
130ft, amps = 40, volts = 24, % loss = 3, wire gauge = 00
130ft, amps = 40, volts = 24, % loss = 4, wire gauge = 0
130ft, amps = 40, volts = 24, % loss = 5, wire gauge = 2
130ft, amps = 40, volts = 36, % loss = 2, wire gauge = 00
130ft, amps = 40, volts = 36, % loss = 3, wire gauge = 2
130ft, amps = 40, volts = 36, % loss = 4, wire gauge = 2
130ft, amps = 40, volts = 36, % loss = 5, wire gauge = 4
130ft, amps = 40, volts = 48, % loss = 2, wire gauge = 0
130ft, amps = 40, volts = 48, % loss = 3, wire gauge = 2
130ft, amps = 40, volts = 48, % loss = 4, wire gauge = 4
130ft, amps = 40, volts = 48, % loss = 5, wire gauge = 4
130ft, amps = 40, volts = 60, % loss = 2, wire gauge = 2
130ft, amps = 40, volts = 60, % loss = 3, wire gauge = 4
130ft, amps = 40, volts = 60, % loss = 4, wire gauge = 4
130ft, amps = 40, volts = 60, % loss = 5, wire gauge = 6
130ft, amps = 45, volts = 12, % loss = 5, wire gauge = 000
130ft, amps = 45, volts = 24, % loss = 3, wire gauge = 000
130ft, amps = 45, volts = 24, % loss = 4, wire gauge = 0
130ft, amps = 45, volts = 24, % loss = 5, wire gauge = 2
130ft, amps = 45, volts = 36, % loss = 2, wire gauge = 000
130ft, amps = 45, volts = 36, % loss = 3, wire gauge = 0
130ft, amps = 45, volts = 36, % loss = 4, wire gauge = 2
130ft, amps = 45, volts = 36, % loss = 5, wire gauge = 2
130ft, amps = 45, volts = 48, % loss = 2, wire gauge = 0
130ft, amps = 45, volts = 48, % loss = 3, wire gauge = 2

130ft, amps = 45, volts = 48, % loss = 4, wire gauge = 4
130ft, amps = 45, volts = 48, % loss = 5, wire gauge = 4
130ft, amps = 45, volts = 60, % loss = 2, wire gauge = 2
130ft, amps = 45, volts = 60, % loss = 3, wire gauge = 2
130ft, amps = 45, volts = 60, % loss = 4, wire gauge = 4
130ft, amps = 45, volts = 60, % loss = 5, wire gauge = 6
130ft, amps = 50, volts = 24, % loss = 3, wire gauge = 000
130ft, amps = 50, volts = 24, % loss = 4, wire gauge = 00
130ft, amps = 50, volts = 24, % loss = 5, wire gauge = 0
130ft, amps = 50, volts = 36, % loss = 2, wire gauge = 000
130ft, amps = 50, volts = 36, % loss = 3, wire gauge = 0
130ft, amps = 50, volts = 36, % loss = 4, wire gauge = 2
130ft, amps = 50, volts = 36, % loss = 5, wire gauge = 2
130ft, amps = 50, volts = 48, % loss = 2, wire gauge = 00
130ft, amps = 50, volts = 48, % loss = 3, wire gauge = 2
130ft, amps = 50, volts = 48, % loss = 4, wire gauge = 2
130ft, amps = 50, volts = 48, % loss = 5, wire gauge = 4
130ft, amps = 50, volts = 60, % loss = 2, wire gauge = 0
130ft, amps = 50, volts = 60, % loss = 3, wire gauge = 2
130ft, amps = 50, volts = 60, % loss = 4, wire gauge = 4
130ft, amps = 50, volts = 60, % loss = 5, wire gauge = 4
130ft, amps = 55, volts = 24, % loss = 3, wire gauge = 0000
130ft, amps = 55, volts = 24, % loss = 4, wire gauge = 00
130ft, amps = 55, volts = 24, % loss = 5, wire gauge = 0
130ft, amps = 55, volts = 36, % loss = 2, wire gauge = 0000
130ft, amps = 55, volts = 36, % loss = 3, wire gauge = 00
130ft, amps = 55, volts = 36, % loss = 4, wire gauge = 0
130ft, amps = 55, volts = 36, % loss = 5, wire gauge = 2
130ft, amps = 55, volts = 48, % loss = 2, wire gauge = 00
130ft, amps = 55, volts = 48, % loss = 3, wire gauge = 0
130ft, amps = 55, volts = 48, % loss = 4, wire gauge = 2
130ft, amps = 55, volts = 48, % loss = 5, wire gauge = 4
130ft, amps = 55, volts = 60, % loss = 2, wire gauge = 0
130ft, amps = 55, volts = 60, % loss = 3, wire gauge = 2
130ft, amps = 55, volts = 60, % loss = 4, wire gauge = 4
130ft, amps = 55, volts = 60, % loss = 5, wire gauge = 4
130ft, amps = 60, volts = 24, % loss = 4, wire gauge = 000
130ft, amps = 60, volts = 24, % loss = 5, wire gauge = 00
130ft, amps = 60, volts = 36, % loss = 3, wire gauge = 00

130ft, amps = 60, volts = 36, % loss = 4, wire gauge = 0
130ft, amps = 60, volts = 36, % loss = 5, wire gauge = 2
130ft, amps = 60, volts = 48, % loss = 2, wire gauge = 000
130ft, amps = 60, volts = 48, % loss = 3, wire gauge = 0
130ft, amps = 60, volts = 48, % loss = 4, wire gauge = 2
130ft, amps = 60, volts = 48, % loss = 5, wire gauge = 2
130ft, amps = 60, volts = 60, % loss = 2, wire gauge = 00
130ft, amps = 60, volts = 60, % loss = 3, wire gauge = 2
130ft, amps = 60, volts = 60, % loss = 4, wire gauge = 2
130ft, amps = 60, volts = 60, % loss = 5, wire gauge = 4
130ft, amps = 65, volts = 24, % loss = 4, wire gauge = 000
130ft, amps = 65, volts = 24, % loss = 5, wire gauge = 00
130ft, amps = 65, volts = 36, % loss = 3, wire gauge = 000
130ft, amps = 65, volts = 36, % loss = 4, wire gauge = 0
130ft, amps = 65, volts = 36, % loss = 5, wire gauge = 2
130ft, amps = 65, volts = 48, % loss = 2, wire gauge = 000
130ft, amps = 65, volts = 48, % loss = 3, wire gauge = 0
130ft, amps = 65, volts = 48, % loss = 4, wire gauge = 2
130ft, amps = 65, volts = 48, % loss = 5, wire gauge = 2
130ft, amps = 65, volts = 60, % loss = 2, wire gauge = 00
130ft, amps = 65, volts = 60, % loss = 3, wire gauge = 2
130ft, amps = 65, volts = 60, % loss = 4, wire gauge = 2
130ft, amps = 65, volts = 60, % loss = 5, wire gauge = 4
130ft, amps = 70, volts = 24, % loss = 4, wire gauge = 000
130ft, amps = 70, volts = 24, % loss = 5, wire gauge = 00
130ft, amps = 70, volts = 36, % loss = 3, wire gauge = 000
130ft, amps = 70, volts = 36, % loss = 4, wire gauge = 00
130ft, amps = 70, volts = 36, % loss = 5, wire gauge = 0
130ft, amps = 70, volts = 48, % loss = 2, wire gauge = 000
130ft, amps = 70, volts = 48, % loss = 3, wire gauge = 00
130ft, amps = 70, volts = 48, % loss = 4, wire gauge = 2
130ft, amps = 70, volts = 48, % loss = 5, wire gauge = 2
130ft, amps = 70, volts = 60, % loss = 2, wire gauge = 00
130ft, amps = 70, volts = 60, % loss = 3, wire gauge = 0
130ft, amps = 70, volts = 60, % loss = 4, wire gauge = 2
130ft, amps = 70, volts = 60, % loss = 5, wire gauge = 4
130ft, amps = 75, volts = 24, % loss = 5, wire gauge = 000
130ft, amps = 75, volts = 36, % loss = 3, wire gauge = 000
130ft, amps = 75, volts = 36, % loss = 4, wire gauge = 00

130ft, amps = 75, volts = 36, % loss = 5, wire gauge = 0
130ft, amps = 75, volts = 48, % loss = 3, wire gauge = 00
130ft, amps = 75, volts = 48, % loss = 4, wire gauge = 0
130ft, amps = 75, volts = 48, % loss = 5, wire gauge = 2
130ft, amps = 75, volts = 60, % loss = 2, wire gauge = 000
130ft, amps = 75, volts = 60, % loss = 3, wire gauge = 0
130ft, amps = 75, volts = 60, % loss = 4, wire gauge = 2
130ft, amps = 75, volts = 60, % loss = 5, wire gauge = 2
130ft, amps = 80, volts = 24, % loss = 5, wire gauge = 000
130ft, amps = 80, volts = 36, % loss = 3, wire gauge = 000
130ft, amps = 80, volts = 36, % loss = 4, wire gauge = 00
130ft, amps = 80, volts = 36, % loss = 5, wire gauge = 0
130ft, amps = 80, volts = 48, % loss = 3, wire gauge = 00
130ft, amps = 80, volts = 48, % loss = 4, wire gauge = 0
130ft, amps = 80, volts = 48, % loss = 5, wire gauge = 2
130ft, amps = 80, volts = 60, % loss = 2, wire gauge = 000
130ft, amps = 80, volts = 60, % loss = 3, wire gauge = 0
130ft, amps = 80, volts = 60, % loss = 4, wire gauge = 2
130ft, amps = 80, volts = 60, % loss = 5, wire gauge = 2
135ft, amps = 5, volts = 12, % loss = 2, wire gauge = 4
135ft, amps = 5, volts = 12, % loss = 3, wire gauge = 6
135ft, amps = 5, volts = 12, % loss = 4, wire gauge = 6
135ft, amps = 5, volts = 12, % loss = 5, wire gauge = 8
135ft, amps = 5, volts = 24, % loss = 2, wire gauge = 6
135ft, amps = 5, volts = 24, % loss = 3, wire gauge = 8
135ft, amps = 5, volts = 24, % loss = 4, wire gauge = 10
135ft, amps = 5, volts = 24, % loss = 5, wire gauge = 10
135ft, amps = 5, volts = 36, % loss = 2, wire gauge = 8
135ft, amps = 5, volts = 36, % loss = 3, wire gauge = 10
135ft, amps = 5, volts = 36, % loss = 4, wire gauge = 12
135ft, amps = 5, volts = 36, % loss = 5, wire gauge = 12
135ft, amps = 5, volts = 48, % loss = 2, wire gauge = 10
135ft, amps = 5, volts = 48, % loss = 3, wire gauge = 12
135ft, amps = 5, volts = 48, % loss = 4, wire gauge = 12
135ft, amps = 5, volts = 48, % loss = 5, wire gauge = 14
135ft, amps = 5, volts = 60, % loss = 2, wire gauge = 10
135ft, amps = 5, volts = 60, % loss = 3, wire gauge = 12
135ft, amps = 5, volts = 60, % loss = 4, wire gauge = 14
135ft, amps = 5, volts = 60, % loss = 5, wire gauge = 14

135ft, amps = 10, volts = 12, % loss = 2, wire gauge = 0
135ft, amps = 10, volts = 12, % loss = 3, wire gauge = 2
135ft, amps = 10, volts = 12, % loss = 4, wire gauge = 4
135ft, amps = 10, volts = 12, % loss = 5, wire gauge = 4
135ft, amps = 10, volts = 24, % loss = 2, wire gauge = 4
135ft, amps = 10, volts = 24, % loss = 3, wire gauge = 6
135ft, amps = 10, volts = 24, % loss = 4, wire gauge = 6
135ft, amps = 10, volts = 24, % loss = 5, wire gauge = 8
135ft, amps = 10, volts = 36, % loss = 2, wire gauge = 6
135ft, amps = 10, volts = 36, % loss = 3, wire gauge = 6
135ft, amps = 10, volts = 36, % loss = 4, wire gauge = 8
135ft, amps = 10, volts = 36, % loss = 5, wire gauge = 10
135ft, amps = 10, volts = 48, % loss = 2, wire gauge = 6
135ft, amps = 10, volts = 48, % loss = 3, wire gauge = 8
135ft, amps = 10, volts = 48, % loss = 4, wire gauge = 10
135ft, amps = 10, volts = 48, % loss = 5, wire gauge = 10
135ft, amps = 10, volts = 60, % loss = 2, wire gauge = 8
135ft, amps = 10, volts = 60, % loss = 3, wire gauge = 10
135ft, amps = 10, volts = 60, % loss = 4, wire gauge = 10
135ft, amps = 10, volts = 60, % loss = 5, wire gauge = 12
135ft, amps = 15, volts = 12, % loss = 2, wire gauge = 000
135ft, amps = 15, volts = 12, % loss = 3, wire gauge = 0
135ft, amps = 15, volts = 12, % loss = 4, wire gauge = 2
135ft, amps = 15, volts = 12, % loss = 5, wire gauge = 2
135ft, amps = 15, volts = 24, % loss = 2, wire gauge = 2
135ft, amps = 15, volts = 24, % loss = 3, wire gauge = 4
135ft, amps = 15, volts = 24, % loss = 4, wire gauge = 4
135ft, amps = 15, volts = 24, % loss = 5, wire gauge = 6
135ft, amps = 15, volts = 36, % loss = 2, wire gauge = 4
135ft, amps = 15, volts = 36, % loss = 3, wire gauge = 6
135ft, amps = 15, volts = 36, % loss = 4, wire gauge = 6
135ft, amps = 15, volts = 36, % loss = 5, wire gauge = 8
135ft, amps = 15, volts = 48, % loss = 2, wire gauge = 4
135ft, amps = 15, volts = 48, % loss = 3, wire gauge = 6
135ft, amps = 15, volts = 48, % loss = 4, wire gauge = 8
135ft, amps = 15, volts = 48, % loss = 5, wire gauge = 8
135ft, amps = 15, volts = 60, % loss = 2, wire gauge = 6
135ft, amps = 15, volts = 60, % loss = 3, wire gauge = 8
135ft, amps = 15, volts = 60, % loss = 4, wire gauge = 8

135ft, amps = 15, volts = 60, % loss = 5, wire gauge = 10
135ft, amps = 20, volts = 12, % loss = 3, wire gauge = 00
135ft, amps = 20, volts = 12, % loss = 4, wire gauge = 0
135ft, amps = 20, volts = 12, % loss = 5, wire gauge = 2
135ft, amps = 20, volts = 24, % loss = 2, wire gauge = 0
135ft, amps = 20, volts = 24, % loss = 3, wire gauge = 2
135ft, amps = 20, volts = 24, % loss = 4, wire gauge = 4
135ft, amps = 20, volts = 24, % loss = 5, wire gauge = 4
135ft, amps = 20, volts = 36, % loss = 2, wire gauge = 2
135ft, amps = 20, volts = 36, % loss = 3, wire gauge = 4
135ft, amps = 20, volts = 36, % loss = 4, wire gauge = 6
135ft, amps = 20, volts = 36, % loss = 5, wire gauge = 6
135ft, amps = 20, volts = 48, % loss = 2, wire gauge = 4
135ft, amps = 20, volts = 48, % loss = 3, wire gauge = 6
135ft, amps = 20, volts = 48, % loss = 4, wire gauge = 6
135ft, amps = 20, volts = 48, % loss = 5, wire gauge = 8
135ft, amps = 20, volts = 60, % loss = 2, wire gauge = 4
135ft, amps = 20, volts = 60, % loss = 3, wire gauge = 6
135ft, amps = 20, volts = 60, % loss = 4, wire gauge = 8
135ft, amps = 20, volts = 60, % loss = 5, wire gauge = 8
135ft, amps = 25, volts = 12, % loss = 3, wire gauge = 000
135ft, amps = 25, volts = 12, % loss = 4, wire gauge = 00
135ft, amps = 25, volts = 12, % loss = 5, wire gauge = 0
135ft, amps = 25, volts = 24, % loss = 2, wire gauge = 00
135ft, amps = 25, volts = 24, % loss = 3, wire gauge = 2
135ft, amps = 25, volts = 24, % loss = 4, wire gauge = 2
135ft, amps = 25, volts = 24, % loss = 5, wire gauge = 4
135ft, amps = 25, volts = 36, % loss = 2, wire gauge = 2
135ft, amps = 25, volts = 36, % loss = 3, wire gauge = 2
135ft, amps = 25, volts = 36, % loss = 4, wire gauge = 4
135ft, amps = 25, volts = 36, % loss = 5, wire gauge = 6
135ft, amps = 25, volts = 48, % loss = 2, wire gauge = 2
135ft, amps = 25, volts = 48, % loss = 3, wire gauge = 4
135ft, amps = 25, volts = 48, % loss = 4, wire gauge = 6
135ft, amps = 25, volts = 48, % loss = 5, wire gauge = 6
135ft, amps = 25, volts = 60, % loss = 2, wire gauge = 4
135ft, amps = 25, volts = 60, % loss = 3, wire gauge = 6
135ft, amps = 25, volts = 60, % loss = 4, wire gauge = 6
135ft, amps = 25, volts = 60, % loss = 5, wire gauge = 8

135ft, amps = 30, volts = 12, % loss = 4, wire gauge = 000
135ft, amps = 30, volts = 12, % loss = 5, wire gauge = 00
135ft, amps = 30, volts = 24, % loss = 2, wire gauge = 000
135ft, amps = 30, volts = 24, % loss = 3, wire gauge = 0
135ft, amps = 30, volts = 24, % loss = 4, wire gauge = 2
135ft, amps = 30, volts = 24, % loss = 5, wire gauge = 2
135ft, amps = 30, volts = 36, % loss = 2, wire gauge = 0
135ft, amps = 30, volts = 36, % loss = 3, wire gauge = 2
135ft, amps = 30, volts = 36, % loss = 4, wire gauge = 4
135ft, amps = 30, volts = 36, % loss = 5, wire gauge = 4
135ft, amps = 30, volts = 48, % loss = 2, wire gauge = 2
135ft, amps = 30, volts = 48, % loss = 3, wire gauge = 4
135ft, amps = 30, volts = 48, % loss = 4, wire gauge = 4
135ft, amps = 30, volts = 48, % loss = 5, wire gauge = 6
135ft, amps = 30, volts = 60, % loss = 2, wire gauge = 2
135ft, amps = 30, volts = 60, % loss = 3, wire gauge = 4
135ft, amps = 30, volts = 60, % loss = 4, wire gauge = 6
135ft, amps = 30, volts = 60, % loss = 5, wire gauge = 6
135ft, amps = 35, volts = 12, % loss = 4, wire gauge = 000
135ft, amps = 35, volts = 12, % loss = 5, wire gauge = 000
135ft, amps = 35, volts = 24, % loss = 2, wire gauge = 000
135ft, amps = 35, volts = 24, % loss = 3, wire gauge = 00
135ft, amps = 35, volts = 24, % loss = 4, wire gauge = 0
135ft, amps = 35, volts = 24, % loss = 5, wire gauge = 2
135ft, amps = 35, volts = 36, % loss = 2, wire gauge = 00
135ft, amps = 35, volts = 36, % loss = 3, wire gauge = 2
135ft, amps = 35, volts = 36, % loss = 4, wire gauge = 2
135ft, amps = 35, volts = 36, % loss = 5, wire gauge = 4
135ft, amps = 35, volts = 48, % loss = 2, wire gauge = 0
135ft, amps = 35, volts = 48, % loss = 3, wire gauge = 2
135ft, amps = 35, volts = 48, % loss = 4, wire gauge = 4
135ft, amps = 35, volts = 48, % loss = 5, wire gauge = 6
135ft, amps = 35, volts = 60, % loss = 2, wire gauge = 2
135ft, amps = 35, volts = 60, % loss = 3, wire gauge = 4
135ft, amps = 35, volts = 60, % loss = 4, wire gauge = 6
135ft, amps = 35, volts = 60, % loss = 5, wire gauge = 6
135ft, amps = 40, volts = 12, % loss = 5, wire gauge = 000
135ft, amps = 40, volts = 24, % loss = 3, wire gauge = 00
135ft, amps = 40, volts = 24, % loss = 4, wire gauge = 0

135ft, amps = 40, volts = 24, % loss = 5, wire gauge = 2
135ft, amps = 40, volts = 36, % loss = 2, wire gauge = 00
135ft, amps = 40, volts = 36, % loss = 3, wire gauge = 0
135ft, amps = 40, volts = 36, % loss = 4, wire gauge = 2
135ft, amps = 40, volts = 36, % loss = 5, wire gauge = 4
135ft, amps = 40, volts = 48, % loss = 2, wire gauge = 0
135ft, amps = 40, volts = 48, % loss = 3, wire gauge = 2
135ft, amps = 40, volts = 48, % loss = 4, wire gauge = 4
135ft, amps = 40, volts = 48, % loss = 5, wire gauge = 4
135ft, amps = 40, volts = 60, % loss = 2, wire gauge = 2
135ft, amps = 40, volts = 60, % loss = 3, wire gauge = 4
135ft, amps = 40, volts = 60, % loss = 4, wire gauge = 4
135ft, amps = 40, volts = 60, % loss = 5, wire gauge = 6
135ft, amps = 45, volts = 24, % loss = 3, wire gauge = 000
135ft, amps = 45, volts = 24, % loss = 4, wire gauge = 00
135ft, amps = 45, volts = 24, % loss = 5, wire gauge = 0
135ft, amps = 45, volts = 36, % loss = 2, wire gauge = 000
135ft, amps = 45, volts = 36, % loss = 3, wire gauge = 0
135ft, amps = 45, volts = 36, % loss = 4, wire gauge = 2
135ft, amps = 45, volts = 36, % loss = 5, wire gauge = 2
135ft, amps = 45, volts = 48, % loss = 2, wire gauge = 00
135ft, amps = 45, volts = 48, % loss = 3, wire gauge = 2
135ft, amps = 45, volts = 48, % loss = 4, wire gauge = 2
135ft, amps = 45, volts = 48, % loss = 5, wire gauge = 4
135ft, amps = 45, volts = 60, % loss = 2, wire gauge = 0
135ft, amps = 45, volts = 60, % loss = 3, wire gauge = 2
135ft, amps = 45, volts = 60, % loss = 4, wire gauge = 4
135ft, amps = 45, volts = 60, % loss = 5, wire gauge = 4
135ft, amps = 50, volts = 24, % loss = 3, wire gauge = 000
135ft, amps = 50, volts = 24, % loss = 4, wire gauge = 00
135ft, amps = 50, volts = 24, % loss = 5, wire gauge = 0
135ft, amps = 50, volts = 36, % loss = 2, wire gauge = 000
135ft, amps = 50, volts = 36, % loss = 3, wire gauge = 00
135ft, amps = 50, volts = 36, % loss = 4, wire gauge = 2
135ft, amps = 50, volts = 36, % loss = 5, wire gauge = 2
135ft, amps = 50, volts = 48, % loss = 2, wire gauge = 00
135ft, amps = 50, volts = 48, % loss = 3, wire gauge = 2
135ft, amps = 50, volts = 48, % loss = 4, wire gauge = 2
135ft, amps = 50, volts = 48, % loss = 5, wire gauge = 4

135ft, amps = 50, volts = 60, % loss = 2, wire gauge = 0
135ft, amps = 50, volts = 60, % loss = 3, wire gauge = 2
135ft, amps = 50, volts = 60, % loss = 4, wire gauge = 4
135ft, amps = 50, volts = 60, % loss = 5, wire gauge = 4
135ft, amps = 55, volts = 24, % loss = 4, wire gauge = 00
135ft, amps = 55, volts = 24, % loss = 5, wire gauge = 0
135ft, amps = 55, volts = 36, % loss = 3, wire gauge = 00
135ft, amps = 55, volts = 36, % loss = 4, wire gauge = 0
135ft, amps = 55, volts = 36, % loss = 5, wire gauge = 2
135ft, amps = 55, volts = 48, % loss = 2, wire gauge = 00
135ft, amps = 55, volts = 48, % loss = 3, wire gauge = 0
135ft, amps = 55, volts = 48, % loss = 4, wire gauge = 2
135ft, amps = 55, volts = 48, % loss = 5, wire gauge = 4
135ft, amps = 55, volts = 60, % loss = 2, wire gauge = 0
135ft, amps = 55, volts = 60, % loss = 3, wire gauge = 2
135ft, amps = 55, volts = 60, % loss = 4, wire gauge = 4
135ft, amps = 55, volts = 60, % loss = 5, wire gauge = 4
135ft, amps = 60, volts = 24, % loss = 4, wire gauge = 000
135ft, amps = 60, volts = 24, % loss = 5, wire gauge = 00
135ft, amps = 60, volts = 36, % loss = 3, wire gauge = 00
135ft, amps = 60, volts = 36, % loss = 4, wire gauge = 0
135ft, amps = 60, volts = 36, % loss = 5, wire gauge = 2
135ft, amps = 60, volts = 48, % loss = 2, wire gauge = 000
135ft, amps = 60, volts = 48, % loss = 3, wire gauge = 0
135ft, amps = 60, volts = 48, % loss = 4, wire gauge = 2
135ft, amps = 60, volts = 48, % loss = 5, wire gauge = 2
135ft, amps = 60, volts = 60, % loss = 2, wire gauge = 00
135ft, amps = 60, volts = 60, % loss = 3, wire gauge = 2
135ft, amps = 60, volts = 60, % loss = 4, wire gauge = 2
135ft, amps = 60, volts = 60, % loss = 5, wire gauge = 4
135ft, amps = 65, volts = 24, % loss = 4, wire gauge = 000
135ft, amps = 65, volts = 24, % loss = 5, wire gauge = 00
135ft, amps = 65, volts = 36, % loss = 3, wire gauge = 000
135ft, amps = 65, volts = 36, % loss = 4, wire gauge = 0
135ft, amps = 65, volts = 36, % loss = 5, wire gauge = 2
135ft, amps = 65, volts = 48, % loss = 2, wire gauge = 000
135ft, amps = 65, volts = 48, % loss = 3, wire gauge = 0
135ft, amps = 65, volts = 48, % loss = 4, wire gauge = 2
135ft, amps = 65, volts = 48, % loss = 5, wire gauge = 2

135ft, amps = 65, volts = 60, % loss = 2, wire gauge = 00
135ft, amps = 65, volts = 60, % loss = 3, wire gauge = 2
135ft, amps = 65, volts = 60, % loss = 4, wire gauge = 2
135ft, amps = 65, volts = 60, % loss = 5, wire gauge = 4
135ft, amps = 70, volts = 24, % loss = 4, wire gauge = 000
135ft, amps = 70, volts = 24, % loss = 5, wire gauge = 000
135ft, amps = 70, volts = 36, % loss = 3, wire gauge = 000
135ft, amps = 70, volts = 36, % loss = 4, wire gauge = 00
135ft, amps = 70, volts = 36, % loss = 5, wire gauge = 0
135ft, amps = 70, volts = 48, % loss = 2, wire gauge = 000
135ft, amps = 70, volts = 48, % loss = 3, wire gauge = 00
135ft, amps = 70, volts = 48, % loss = 4, wire gauge = 0
135ft, amps = 70, volts = 48, % loss = 5, wire gauge = 2
135ft, amps = 70, volts = 60, % loss = 2, wire gauge = 000
135ft, amps = 70, volts = 60, % loss = 3, wire gauge = 0
135ft, amps = 70, volts = 60, % loss = 4, wire gauge = 2
135ft, amps = 70, volts = 60, % loss = 5, wire gauge = 2
135ft, amps = 75, volts = 24, % loss = 5, wire gauge = 000
135ft, amps = 75, volts = 36, % loss = 3, wire gauge = 000
135ft, amps = 75, volts = 36, % loss = 4, wire gauge = 00
135ft, amps = 75, volts = 36, % loss = 5, wire gauge = 0
135ft, amps = 75, volts = 48, % loss = 3, wire gauge = 00
135ft, amps = 75, volts = 48, % loss = 4, wire gauge = 0
135ft, amps = 75, volts = 48, % loss = 5, wire gauge = 2
135ft, amps = 75, volts = 60, % loss = 2, wire gauge = 000
135ft, amps = 75, volts = 60, % loss = 3, wire gauge = 0
135ft, amps = 75, volts = 60, % loss = 4, wire gauge = 2
135ft, amps = 75, volts = 60, % loss = 5, wire gauge = 2
135ft, amps = 80, volts = 24, % loss = 5, wire gauge = 000
135ft, amps = 80, volts = 36, % loss = 4, wire gauge = 00
135ft, amps = 80, volts = 36, % loss = 5, wire gauge = 0
135ft, amps = 80, volts = 48, % loss = 3, wire gauge = 00
135ft, amps = 80, volts = 48, % loss = 4, wire gauge = 0
135ft, amps = 80, volts = 48, % loss = 5, wire gauge = 2
135ft, amps = 80, volts = 60, % loss = 2, wire gauge = 000
135ft, amps = 80, volts = 60, % loss = 3, wire gauge = 0
135ft, amps = 80, volts = 60, % loss = 4, wire gauge = 2
135ft, amps = 80, volts = 60, % loss = 5, wire gauge = 2
140ft, amps = 5, volts = 12, % loss = 2, wire gauge = 4

140ft, amps = 5, volts = 12, % loss = 3, wire gauge = 6
140ft, amps = 5, volts = 12, % loss = 4, wire gauge = 6
140ft, amps = 5, volts = 12, % loss = 5, wire gauge = 8
140ft, amps = 5, volts = 24, % loss = 2, wire gauge = 6
140ft, amps = 5, volts = 24, % loss = 3, wire gauge = 8
140ft, amps = 5, volts = 24, % loss = 4, wire gauge = 10
140ft, amps = 5, volts = 24, % loss = 5, wire gauge = 10
140ft, amps = 5, volts = 36, % loss = 2, wire gauge = 8
140ft, amps = 5, volts = 36, % loss = 3, wire gauge = 10
140ft, amps = 5, volts = 36, % loss = 4, wire gauge = 12
140ft, amps = 5, volts = 36, % loss = 5, wire gauge = 12
140ft, amps = 5, volts = 48, % loss = 2, wire gauge = 10
140ft, amps = 5, volts = 48, % loss = 3, wire gauge = 12
140ft, amps = 5, volts = 48, % loss = 4, wire gauge = 12
140ft, amps = 5, volts = 48, % loss = 5, wire gauge = 14
140ft, amps = 5, volts = 60, % loss = 2, wire gauge = 10
140ft, amps = 5, volts = 60, % loss = 3, wire gauge = 12
140ft, amps = 5, volts = 60, % loss = 4, wire gauge = 14
140ft, amps = 5, volts = 60, % loss = 5, wire gauge = 14
140ft, amps = 10, volts = 12, % loss = 2, wire gauge = 0
140ft, amps = 10, volts = 12, % loss = 3, wire gauge = 2
140ft, amps = 10, volts = 12, % loss = 4, wire gauge = 4
140ft, amps = 10, volts = 12, % loss = 5, wire gauge = 4
140ft, amps = 10, volts = 24, % loss = 2, wire gauge = 4
140ft, amps = 10, volts = 24, % loss = 3, wire gauge = 6
140ft, amps = 10, volts = 24, % loss = 4, wire gauge = 6
140ft, amps = 10, volts = 24, % loss = 5, wire gauge = 8
140ft, amps = 10, volts = 36, % loss = 2, wire gauge = 6
140ft, amps = 10, volts = 36, % loss = 3, wire gauge = 6
140ft, amps = 10, volts = 36, % loss = 4, wire gauge = 8
140ft, amps = 10, volts = 36, % loss = 5, wire gauge = 10
140ft, amps = 10, volts = 48, % loss = 2, wire gauge = 6
140ft, amps = 10, volts = 48, % loss = 3, wire gauge = 8
140ft, amps = 10, volts = 48, % loss = 4, wire gauge = 10
140ft, amps = 10, volts = 48, % loss = 5, wire gauge = 10
140ft, amps = 10, volts = 60, % loss = 2, wire gauge = 8
140ft, amps = 10, volts = 60, % loss = 3, wire gauge = 10
140ft, amps = 10, volts = 60, % loss = 4, wire gauge = 10
140ft, amps = 10, volts = 60, % loss = 5, wire gauge = 12

140ft, amps = 15, volts = 12, % loss = 2, wire gauge = 000
140ft, amps = 15, volts = 12, % loss = 3, wire gauge = 0
140ft, amps = 15, volts = 12, % loss = 4, wire gauge = 2
140ft, amps = 15, volts = 12, % loss = 5, wire gauge = 2
140ft, amps = 15, volts = 24, % loss = 2, wire gauge = 2
140ft, amps = 15, volts = 24, % loss = 3, wire gauge = 4
140ft, amps = 15, volts = 24, % loss = 4, wire gauge = 4
140ft, amps = 15, volts = 24, % loss = 5, wire gauge = 6
140ft, amps = 15, volts = 36, % loss = 2, wire gauge = 4
140ft, amps = 15, volts = 36, % loss = 3, wire gauge = 6
140ft, amps = 15, volts = 36, % loss = 4, wire gauge = 6
140ft, amps = 15, volts = 36, % loss = 5, wire gauge = 8
140ft, amps = 15, volts = 48, % loss = 2, wire gauge = 4
140ft, amps = 15, volts = 48, % loss = 3, wire gauge = 6
140ft, amps = 15, volts = 48, % loss = 4, wire gauge = 8
140ft, amps = 15, volts = 48, % loss = 5, wire gauge = 8
140ft, amps = 15, volts = 60, % loss = 2, wire gauge = 6
140ft, amps = 15, volts = 60, % loss = 3, wire gauge = 8
140ft, amps = 15, volts = 60, % loss = 4, wire gauge = 8
140ft, amps = 15, volts = 60, % loss = 5, wire gauge = 10
140ft, amps = 20, volts = 12, % loss = 3, wire gauge = 00
140ft, amps = 20, volts = 12, % loss = 4, wire gauge = 0
140ft, amps = 20, volts = 12, % loss = 5, wire gauge = 2
140ft, amps = 20, volts = 24, % loss = 2, wire gauge = 0
140ft, amps = 20, volts = 24, % loss = 3, wire gauge = 2
140ft, amps = 20, volts = 24, % loss = 4, wire gauge = 4
140ft, amps = 20, volts = 24, % loss = 5, wire gauge = 4
140ft, amps = 20, volts = 36, % loss = 2, wire gauge = 2
140ft, amps = 20, volts = 36, % loss = 3, wire gauge = 4
140ft, amps = 20, volts = 36, % loss = 4, wire gauge = 6
140ft, amps = 20, volts = 36, % loss = 5, wire gauge = 6
140ft, amps = 20, volts = 48, % loss = 2, wire gauge = 4
140ft, amps = 20, volts = 48, % loss = 3, wire gauge = 6
140ft, amps = 20, volts = 48, % loss = 4, wire gauge = 6
140ft, amps = 20, volts = 48, % loss = 5, wire gauge = 8
140ft, amps = 20, volts = 60, % loss = 2, wire gauge = 4
140ft, amps = 20, volts = 60, % loss = 3, wire gauge = 6
140ft, amps = 20, volts = 60, % loss = 4, wire gauge = 8
140ft, amps = 20, volts = 60, % loss = 5, wire gauge = 8

140ft, amps = 25, volts = 12, % loss = 3, wire gauge = 000
140ft, amps = 25, volts = 12, % loss = 4, wire gauge = 00
140ft, amps = 25, volts = 12, % loss = 5, wire gauge = 0
140ft, amps = 25, volts = 24, % loss = 2, wire gauge = 00
140ft, amps = 25, volts = 24, % loss = 3, wire gauge = 2
140ft, amps = 25, volts = 24, % loss = 4, wire gauge = 2
140ft, amps = 25, volts = 24, % loss = 5, wire gauge = 4
140ft, amps = 25, volts = 36, % loss = 2, wire gauge = 2
140ft, amps = 25, volts = 36, % loss = 3, wire gauge = 2
140ft, amps = 25, volts = 36, % loss = 4, wire gauge = 4
140ft, amps = 25, volts = 36, % loss = 5, wire gauge = 6
140ft, amps = 25, volts = 48, % loss = 2, wire gauge = 2
140ft, amps = 25, volts = 48, % loss = 3, wire gauge = 4
140ft, amps = 25, volts = 48, % loss = 4, wire gauge = 6
140ft, amps = 25, volts = 48, % loss = 5, wire gauge = 6
140ft, amps = 25, volts = 60, % loss = 2, wire gauge = 4
140ft, amps = 25, volts = 60, % loss = 3, wire gauge = 6
140ft, amps = 25, volts = 60, % loss = 4, wire gauge = 6
140ft, amps = 25, volts = 60, % loss = 5, wire gauge = 8
140ft, amps = 30, volts = 12, % loss = 4, wire gauge = 000
140ft, amps = 30, volts = 12, % loss = 5, wire gauge = 00
140ft, amps = 30, volts = 24, % loss = 2, wire gauge = 000
140ft, amps = 30, volts = 24, % loss = 3, wire gauge = 0
140ft, amps = 30, volts = 24, % loss = 4, wire gauge = 2
140ft, amps = 30, volts = 24, % loss = 5, wire gauge = 2
140ft, amps = 30, volts = 36, % loss = 2, wire gauge = 0
140ft, amps = 30, volts = 36, % loss = 3, wire gauge = 2
140ft, amps = 30, volts = 36, % loss = 4, wire gauge = 4
140ft, amps = 30, volts = 36, % loss = 5, wire gauge = 4
140ft, amps = 30, volts = 48, % loss = 2, wire gauge = 2
140ft, amps = 30, volts = 48, % loss = 3, wire gauge = 4
140ft, amps = 30, volts = 48, % loss = 4, wire gauge = 4
140ft, amps = 30, volts = 48, % loss = 5, wire gauge = 6
140ft, amps = 30, volts = 60, % loss = 2, wire gauge = 2
140ft, amps = 30, volts = 60, % loss = 3, wire gauge = 4
140ft, amps = 30, volts = 60, % loss = 4, wire gauge = 6
140ft, amps = 30, volts = 60, % loss = 5, wire gauge = 6
140ft, amps = 35, volts = 12, % loss = 5, wire gauge = 000
140ft, amps = 35, volts = 24, % loss = 3, wire gauge = 00

140ft, amps = 35, volts = 24, % loss = 4, wire gauge = 0
140ft, amps = 35, volts = 24, % loss = 5, wire gauge = 2
140ft, amps = 35, volts = 36, % loss = 2, wire gauge = 00
140ft, amps = 35, volts = 36, % loss = 3, wire gauge = 2
140ft, amps = 35, volts = 36, % loss = 4, wire gauge = 2
140ft, amps = 35, volts = 36, % loss = 5, wire gauge = 4
140ft, amps = 35, volts = 48, % loss = 2, wire gauge = 0
140ft, amps = 35, volts = 48, % loss = 3, wire gauge = 2
140ft, amps = 35, volts = 48, % loss = 4, wire gauge = 4
140ft, amps = 35, volts = 48, % loss = 5, wire gauge = 4
140ft, amps = 35, volts = 60, % loss = 2, wire gauge = 2
140ft, amps = 35, volts = 60, % loss = 3, wire gauge = 4
140ft, amps = 35, volts = 60, % loss = 4, wire gauge = 4
140ft, amps = 35, volts = 60, % loss = 5, wire gauge = 6
140ft, amps = 40, volts = 12, % loss = 5, wire gauge = 000
140ft, amps = 40, volts = 24, % loss = 3, wire gauge = 00
140ft, amps = 40, volts = 24, % loss = 4, wire gauge = 0
140ft, amps = 40, volts = 24, % loss = 5, wire gauge = 2
140ft, amps = 40, volts = 36, % loss = 2, wire gauge = 00
140ft, amps = 40, volts = 36, % loss = 3, wire gauge = 0
140ft, amps = 40, volts = 36, % loss = 4, wire gauge = 2
140ft, amps = 40, volts = 36, % loss = 5, wire gauge = 2
140ft, amps = 40, volts = 48, % loss = 2, wire gauge = 0
140ft, amps = 40, volts = 48, % loss = 3, wire gauge = 2
140ft, amps = 40, volts = 48, % loss = 4, wire gauge = 4
140ft, amps = 40, volts = 48, % loss = 5, wire gauge = 4
140ft, amps = 40, volts = 60, % loss = 2, wire gauge = 2
140ft, amps = 40, volts = 60, % loss = 3, wire gauge = 2
140ft, amps = 40, volts = 60, % loss = 4, wire gauge = 4
140ft, amps = 40, volts = 60, % loss = 5, wire gauge = 6
140ft, amps = 45, volts = 24, % loss = 3, wire gauge = 000
140ft, amps = 45, volts = 24, % loss = 4, wire gauge = 00
140ft, amps = 45, volts = 24, % loss = 5, wire gauge = 0
140ft, amps = 45, volts = 36, % loss = 2, wire gauge = 000
140ft, amps = 45, volts = 36, % loss = 3, wire gauge = 0
140ft, amps = 45, volts = 36, % loss = 4, wire gauge = 2
140ft, amps = 45, volts = 36, % loss = 5, wire gauge = 2
140ft, amps = 45, volts = 48, % loss = 2, wire gauge = 00
140ft, amps = 45, volts = 48, % loss = 3, wire gauge = 2

140ft, amps = 45, volts = 48, % loss = 4, wire gauge = 2
140ft, amps = 45, volts = 48, % loss = 5, wire gauge = 4
140ft, amps = 45, volts = 60, % loss = 2, wire gauge = 0
140ft, amps = 45, volts = 60, % loss = 3, wire gauge = 2
140ft, amps = 45, volts = 60, % loss = 4, wire gauge = 4
140ft, amps = 45, volts = 60, % loss = 5, wire gauge = 4
140ft, amps = 50, volts = 24, % loss = 3, wire gauge = 000
140ft, amps = 50, volts = 24, % loss = 4, wire gauge = 00
140ft, amps = 50, volts = 24, % loss = 5, wire gauge = 0
140ft, amps = 50, volts = 36, % loss = 2, wire gauge = 000
140ft, amps = 50, volts = 36, % loss = 3, wire gauge = 00
140ft, amps = 50, volts = 36, % loss = 4, wire gauge = 2
140ft, amps = 50, volts = 36, % loss = 5, wire gauge = 2
140ft, amps = 50, volts = 48, % loss = 2, wire gauge = 00
140ft, amps = 50, volts = 48, % loss = 3, wire gauge = 2
140ft, amps = 50, volts = 48, % loss = 4, wire gauge = 2
140ft, amps = 50, volts = 48, % loss = 5, wire gauge = 4
140ft, amps = 50, volts = 60, % loss = 2, wire gauge = 0
140ft, amps = 50, volts = 60, % loss = 3, wire gauge = 2
140ft, amps = 50, volts = 60, % loss = 4, wire gauge = 4
140ft, amps = 50, volts = 60, % loss = 5, wire gauge = 4
140ft, amps = 55, volts = 24, % loss = 4, wire gauge = 000
140ft, amps = 55, volts = 24, % loss = 5, wire gauge = 00
140ft, amps = 55, volts = 36, % loss = 3, wire gauge = 00
140ft, amps = 55, volts = 36, % loss = 4, wire gauge = 0
140ft, amps = 55, volts = 36, % loss = 5, wire gauge = 2
140ft, amps = 55, volts = 48, % loss = 2, wire gauge = 000
140ft, amps = 55, volts = 48, % loss = 3, wire gauge = 0
140ft, amps = 55, volts = 48, % loss = 4, wire gauge = 2
140ft, amps = 55, volts = 48, % loss = 5, wire gauge = 2
140ft, amps = 55, volts = 60, % loss = 2, wire gauge = 00
140ft, amps = 55, volts = 60, % loss = 3, wire gauge = 2
140ft, amps = 55, volts = 60, % loss = 4, wire gauge = 2
140ft, amps = 55, volts = 60, % loss = 5, wire gauge = 4
140ft, amps = 60, volts = 24, % loss = 4, wire gauge = 000
140ft, amps = 60, volts = 24, % loss = 5, wire gauge = 00
140ft, amps = 60, volts = 36, % loss = 3, wire gauge = 00
140ft, amps = 60, volts = 36, % loss = 4, wire gauge = 0
140ft, amps = 60, volts = 36, % loss = 5, wire gauge = 2

140ft, amps = 60, volts = 48, % loss = 2, wire gauge = 000
140ft, amps = 60, volts = 48, % loss = 3, wire gauge = 0
140ft, amps = 60, volts = 48, % loss = 4, wire gauge = 2
140ft, amps = 60, volts = 48, % loss = 5, wire gauge = 2
140ft, amps = 60, volts = 60, % loss = 2, wire gauge = 00
140ft, amps = 60, volts = 60, % loss = 3, wire gauge = 2
140ft, amps = 60, volts = 60, % loss = 4, wire gauge = 2
140ft, amps = 60, volts = 60, % loss = 5, wire gauge = 4
140ft, amps = 65, volts = 24, % loss = 4, wire gauge = 000
140ft, amps = 65, volts = 24, % loss = 5, wire gauge = 00
140ft, amps = 65, volts = 36, % loss = 3, wire gauge = 000
140ft, amps = 65, volts = 36, % loss = 4, wire gauge = 00
140ft, amps = 65, volts = 36, % loss = 5, wire gauge = 0
140ft, amps = 65, volts = 48, % loss = 2, wire gauge = 000
140ft, amps = 65, volts = 48, % loss = 3, wire gauge = 00
140ft, amps = 65, volts = 48, % loss = 4, wire gauge = 2
140ft, amps = 65, volts = 48, % loss = 5, wire gauge = 2
140ft, amps = 65, volts = 60, % loss = 2, wire gauge = 00
140ft, amps = 65, volts = 60, % loss = 3, wire gauge = 0
140ft, amps = 65, volts = 60, % loss = 4, wire gauge = 2
140ft, amps = 65, volts = 60, % loss = 5, wire gauge = 4
140ft, amps = 70, volts = 24, % loss = 5, wire gauge = 000
140ft, amps = 70, volts = 36, % loss = 3, wire gauge = 000
140ft, amps = 70, volts = 36, % loss = 4, wire gauge = 00
140ft, amps = 70, volts = 36, % loss = 5, wire gauge = 0
140ft, amps = 70, volts = 48, % loss = 3, wire gauge = 00
140ft, amps = 70, volts = 48, % loss = 4, wire gauge = 0
140ft, amps = 70, volts = 48, % loss = 5, wire gauge = 2
140ft, amps = 70, volts = 60, % loss = 2, wire gauge = 000
140ft, amps = 70, volts = 60, % loss = 3, wire gauge = 0
140ft, amps = 70, volts = 60, % loss = 4, wire gauge = 2
140ft, amps = 70, volts = 60, % loss = 5, wire gauge = 2
140ft, amps = 75, volts = 24, % loss = 5, wire gauge = 000
140ft, amps = 75, volts = 36, % loss = 3, wire gauge = 000
140ft, amps = 75, volts = 36, % loss = 4, wire gauge = 00
140ft, amps = 75, volts = 36, % loss = 5, wire gauge = 0
140ft, amps = 75, volts = 48, % loss = 3, wire gauge = 00
140ft, amps = 75, volts = 48, % loss = 4, wire gauge = 0
140ft, amps = 75, volts = 48, % loss = 5, wire gauge = 2

140ft, amps = 75, volts = 60, % loss = 2, wire gauge = 000
140ft, amps = 75, volts = 60, % loss = 3, wire gauge = 0
140ft, amps = 75, volts = 60, % loss = 4, wire gauge = 2
140ft, amps = 75, volts = 60, % loss = 5, wire gauge = 2
140ft, amps = 80, volts = 24, % loss = 5, wire gauge = 000
140ft, amps = 80, volts = 36, % loss = 4, wire gauge = 00
140ft, amps = 80, volts = 36, % loss = 5, wire gauge = 00
140ft, amps = 80, volts = 48, % loss = 3, wire gauge = 00
140ft, amps = 80, volts = 48, % loss = 4, wire gauge = 0
140ft, amps = 80, volts = 48, % loss = 5, wire gauge = 2
140ft, amps = 80, volts = 60, % loss = 2, wire gauge = 000
140ft, amps = 80, volts = 60, % loss = 3, wire gauge = 00
140ft, amps = 80, volts = 60, % loss = 4, wire gauge = 2
140ft, amps = 80, volts = 60, % loss = 5, wire gauge = 2
145ft, amps = 5, volts = 12, % loss = 2, wire gauge = 4
145ft, amps = 5, volts = 12, % loss = 3, wire gauge = 4
145ft, amps = 5, volts = 12, % loss = 4, wire gauge = 6
145ft, amps = 5, volts = 12, % loss = 5, wire gauge = 6
145ft, amps = 5, volts = 24, % loss = 2, wire gauge = 6
145ft, amps = 5, volts = 24, % loss = 3, wire gauge = 8
145ft, amps = 5, volts = 24, % loss = 4, wire gauge = 10
145ft, amps = 5, volts = 24, % loss = 5, wire gauge = 10
145ft, amps = 5, volts = 36, % loss = 2, wire gauge = 8
145ft, amps = 5, volts = 36, % loss = 3, wire gauge = 10
145ft, amps = 5, volts = 36, % loss = 4, wire gauge = 10
145ft, amps = 5, volts = 36, % loss = 5, wire gauge = 12
145ft, amps = 5, volts = 48, % loss = 2, wire gauge = 10
145ft, amps = 5, volts = 48, % loss = 3, wire gauge = 10
145ft, amps = 5, volts = 48, % loss = 4, wire gauge = 12
145ft, amps = 5, volts = 48, % loss = 5, wire gauge = 12
145ft, amps = 5, volts = 60, % loss = 2, wire gauge = 10
145ft, amps = 5, volts = 60, % loss = 3, wire gauge = 12
145ft, amps = 5, volts = 60, % loss = 4, wire gauge = 12
145ft, amps = 5, volts = 60, % loss = 5, wire gauge = 14
145ft, amps = 10, volts = 12, % loss = 2, wire gauge = 0
145ft, amps = 10, volts = 12, % loss = 3, wire gauge = 2
145ft, amps = 10, volts = 12, % loss = 4, wire gauge = 4
145ft, amps = 10, volts = 12, % loss = 5, wire gauge = 4
145ft, amps = 10, volts = 24, % loss = 2, wire gauge = 4

145ft, amps = 10, volts = 24, % loss = 3, wire gauge = 4
145ft, amps = 10, volts = 24, % loss = 4, wire gauge = 6
145ft, amps = 10, volts = 24, % loss = 5, wire gauge = 6
145ft, amps = 10, volts = 36, % loss = 2, wire gauge = 4
145ft, amps = 10, volts = 36, % loss = 3, wire gauge = 6
145ft, amps = 10, volts = 36, % loss = 4, wire gauge = 8
145ft, amps = 10, volts = 36, % loss = 5, wire gauge = 8
145ft, amps = 10, volts = 48, % loss = 2, wire gauge = 6
145ft, amps = 10, volts = 48, % loss = 3, wire gauge = 8
145ft, amps = 10, volts = 48, % loss = 4, wire gauge = 10
145ft, amps = 10, volts = 48, % loss = 5, wire gauge = 10
145ft, amps = 10, volts = 60, % loss = 2, wire gauge = 6
145ft, amps = 10, volts = 60, % loss = 3, wire gauge = 8
145ft, amps = 10, volts = 60, % loss = 4, wire gauge = 10
145ft, amps = 10, volts = 60, % loss = 5, wire gauge = 12
145ft, amps = 15, volts = 12, % loss = 2, wire gauge = 000
145ft, amps = 15, volts = 12, % loss = 3, wire gauge = 0
145ft, amps = 15, volts = 12, % loss = 4, wire gauge = 2
145ft, amps = 15, volts = 12, % loss = 5, wire gauge = 2
145ft, amps = 15, volts = 24, % loss = 2, wire gauge = 2
145ft, amps = 15, volts = 24, % loss = 3, wire gauge = 4
145ft, amps = 15, volts = 24, % loss = 4, wire gauge = 4
145ft, amps = 15, volts = 24, % loss = 5, wire gauge = 6
145ft, amps = 15, volts = 36, % loss = 2, wire gauge = 4
145ft, amps = 15, volts = 36, % loss = 3, wire gauge = 4
145ft, amps = 15, volts = 36, % loss = 4, wire gauge = 6
145ft, amps = 15, volts = 36, % loss = 5, wire gauge = 6
145ft, amps = 15, volts = 48, % loss = 2, wire gauge = 4
145ft, amps = 15, volts = 48, % loss = 3, wire gauge = 6
145ft, amps = 15, volts = 48, % loss = 4, wire gauge = 8
145ft, amps = 15, volts = 48, % loss = 5, wire gauge = 8
145ft, amps = 15, volts = 60, % loss = 2, wire gauge = 6
145ft, amps = 15, volts = 60, % loss = 3, wire gauge = 6
145ft, amps = 15, volts = 60, % loss = 4, wire gauge = 8
145ft, amps = 15, volts = 60, % loss = 5, wire gauge = 10
145ft, amps = 20, volts = 12, % loss = 3, wire gauge = 000
145ft, amps = 20, volts = 12, % loss = 4, wire gauge = 0
145ft, amps = 20, volts = 12, % loss = 5, wire gauge = 2
145ft, amps = 20, volts = 24, % loss = 2, wire gauge = 0

145ft, amps = 20, volts = 24, % loss = 3, wire gauge = 2
145ft, amps = 20, volts = 24, % loss = 4, wire gauge = 4
145ft, amps = 20, volts = 24, % loss = 5, wire gauge = 4
145ft, amps = 20, volts = 36, % loss = 2, wire gauge = 2
145ft, amps = 20, volts = 36, % loss = 3, wire gauge = 4
145ft, amps = 20, volts = 36, % loss = 4, wire gauge = 4
145ft, amps = 20, volts = 36, % loss = 5, wire gauge = 6
145ft, amps = 20, volts = 48, % loss = 2, wire gauge = 4
145ft, amps = 20, volts = 48, % loss = 3, wire gauge = 4
145ft, amps = 20, volts = 48, % loss = 4, wire gauge = 6
145ft, amps = 20, volts = 48, % loss = 5, wire gauge = 6
145ft, amps = 20, volts = 60, % loss = 2, wire gauge = 4
145ft, amps = 20, volts = 60, % loss = 3, wire gauge = 6
145ft, amps = 20, volts = 60, % loss = 4, wire gauge = 6
145ft, amps = 20, volts = 60, % loss = 5, wire gauge = 8
145ft, amps = 25, volts = 12, % loss = 4, wire gauge = 00
145ft, amps = 25, volts = 12, % loss = 5, wire gauge = 0
145ft, amps = 25, volts = 24, % loss = 2, wire gauge = 00
145ft, amps = 25, volts = 24, % loss = 3, wire gauge = 0
145ft, amps = 25, volts = 24, % loss = 4, wire gauge = 2
145ft, amps = 25, volts = 24, % loss = 5, wire gauge = 4
145ft, amps = 25, volts = 36, % loss = 2, wire gauge = 0
145ft, amps = 25, volts = 36, % loss = 3, wire gauge = 2
145ft, amps = 25, volts = 36, % loss = 4, wire gauge = 4
145ft, amps = 25, volts = 36, % loss = 5, wire gauge = 4
145ft, amps = 25, volts = 48, % loss = 2, wire gauge = 2
145ft, amps = 25, volts = 48, % loss = 3, wire gauge = 4
145ft, amps = 25, volts = 48, % loss = 4, wire gauge = 6
145ft, amps = 25, volts = 48, % loss = 5, wire gauge = 6
145ft, amps = 25, volts = 60, % loss = 2, wire gauge = 4
145ft, amps = 25, volts = 60, % loss = 3, wire gauge = 4
145ft, amps = 25, volts = 60, % loss = 4, wire gauge = 6
145ft, amps = 25, volts = 60, % loss = 5, wire gauge = 6
145ft, amps = 30, volts = 12, % loss = 4, wire gauge = 000
145ft, amps = 30, volts = 12, % loss = 5, wire gauge = 00
145ft, amps = 30, volts = 24, % loss = 2, wire gauge = 000
145ft, amps = 30, volts = 24, % loss = 3, wire gauge = 0
145ft, amps = 30, volts = 24, % loss = 4, wire gauge = 2
145ft, amps = 30, volts = 24, % loss = 5, wire gauge = 2

145ft, amps = 30, volts = 36, % loss = 2, wire gauge = 0
145ft, amps = 30, volts = 36, % loss = 3, wire gauge = 2
145ft, amps = 30, volts = 36, % loss = 4, wire gauge = 4
145ft, amps = 30, volts = 36, % loss = 5, wire gauge = 4
145ft, amps = 30, volts = 48, % loss = 2, wire gauge = 2
145ft, amps = 30, volts = 48, % loss = 3, wire gauge = 4
145ft, amps = 30, volts = 48, % loss = 4, wire gauge = 4
145ft, amps = 30, volts = 48, % loss = 5, wire gauge = 6
145ft, amps = 30, volts = 60, % loss = 2, wire gauge = 2
145ft, amps = 30, volts = 60, % loss = 3, wire gauge = 4
145ft, amps = 30, volts = 60, % loss = 4, wire gauge = 6
145ft, amps = 30, volts = 60, % loss = 5, wire gauge = 6
145ft, amps = 35, volts = 12, % loss = 5, wire gauge = 000
145ft, amps = 35, volts = 24, % loss = 3, wire gauge = 00
145ft, amps = 35, volts = 24, % loss = 4, wire gauge = 0
145ft, amps = 35, volts = 24, % loss = 5, wire gauge = 2
145ft, amps = 35, volts = 36, % loss = 2, wire gauge = 00
145ft, amps = 35, volts = 36, % loss = 3, wire gauge = 2
145ft, amps = 35, volts = 36, % loss = 4, wire gauge = 2
145ft, amps = 35, volts = 36, % loss = 5, wire gauge = 4
145ft, amps = 35, volts = 48, % loss = 2, wire gauge = 0
145ft, amps = 35, volts = 48, % loss = 3, wire gauge = 2
145ft, amps = 35, volts = 48, % loss = 4, wire gauge = 4
145ft, amps = 35, volts = 48, % loss = 5, wire gauge = 4
145ft, amps = 35, volts = 60, % loss = 2, wire gauge = 2
145ft, amps = 35, volts = 60, % loss = 3, wire gauge = 4
145ft, amps = 35, volts = 60, % loss = 4, wire gauge = 4
145ft, amps = 35, volts = 60, % loss = 5, wire gauge = 6
145ft, amps = 40, volts = 12, % loss = 5, wire gauge = 000
145ft, amps = 40, volts = 24, % loss = 3, wire gauge = 000
145ft, amps = 40, volts = 24, % loss = 4, wire gauge = 0
145ft, amps = 40, volts = 24, % loss = 5, wire gauge = 2
145ft, amps = 40, volts = 36, % loss = 2, wire gauge = 000
145ft, amps = 40, volts = 36, % loss = 3, wire gauge = 0
145ft, amps = 40, volts = 36, % loss = 4, wire gauge = 2
145ft, amps = 40, volts = 36, % loss = 5, wire gauge = 2
145ft, amps = 40, volts = 48, % loss = 2, wire gauge = 0
145ft, amps = 40, volts = 48, % loss = 3, wire gauge = 2
145ft, amps = 40, volts = 48, % loss = 4, wire gauge = 4

145ft, amps = 40, volts = 48, % loss = 5, wire gauge = 4
145ft, amps = 40, volts = 60, % loss = 2, wire gauge = 2
145ft, amps = 40, volts = 60, % loss = 3, wire gauge = 2
145ft, amps = 40, volts = 60, % loss = 4, wire gauge = 4
145ft, amps = 40, volts = 60, % loss = 5, wire gauge = 6
145ft, amps = 45, volts = 24, % loss = 3, wire gauge = 000
145ft, amps = 45, volts = 24, % loss = 4, wire gauge = 00
145ft, amps = 45, volts = 24, % loss = 5, wire gauge = 0
145ft, amps = 45, volts = 36, % loss = 2, wire gauge = 000
145ft, amps = 45, volts = 36, % loss = 3, wire gauge = 0
145ft, amps = 45, volts = 36, % loss = 4, wire gauge = 2
145ft, amps = 45, volts = 36, % loss = 5, wire gauge = 2
145ft, amps = 45, volts = 48, % loss = 2, wire gauge = 00
145ft, amps = 45, volts = 48, % loss = 3, wire gauge = 2
145ft, amps = 45, volts = 48, % loss = 4, wire gauge = 2
145ft, amps = 45, volts = 48, % loss = 5, wire gauge = 4
145ft, amps = 45, volts = 60, % loss = 2, wire gauge = 0
145ft, amps = 45, volts = 60, % loss = 3, wire gauge = 2
145ft, amps = 45, volts = 60, % loss = 4, wire gauge = 4
145ft, amps = 45, volts = 60, % loss = 5, wire gauge = 4
145ft, amps = 50, volts = 24, % loss = 4, wire gauge = 00
145ft, amps = 50, volts = 24, % loss = 5, wire gauge = 0
145ft, amps = 50, volts = 36, % loss = 3, wire gauge = 00
145ft, amps = 50, volts = 36, % loss = 4, wire gauge = 0
145ft, amps = 50, volts = 36, % loss = 5, wire gauge = 2
145ft, amps = 50, volts = 48, % loss = 2, wire gauge = 00
145ft, amps = 50, volts = 48, % loss = 3, wire gauge = 0
145ft, amps = 50, volts = 48, % loss = 4, wire gauge = 2
145ft, amps = 50, volts = 48, % loss = 5, wire gauge = 4
145ft, amps = 50, volts = 60, % loss = 2, wire gauge = 0
145ft, amps = 50, volts = 60, % loss = 3, wire gauge = 2
145ft, amps = 50, volts = 60, % loss = 4, wire gauge = 4
145ft, amps = 50, volts = 60, % loss = 5, wire gauge = 4
145ft, amps = 55, volts = 24, % loss = 4, wire gauge = 000
145ft, amps = 55, volts = 24, % loss = 5, wire gauge = 00
145ft, amps = 55, volts = 36, % loss = 3, wire gauge = 00
145ft, amps = 55, volts = 36, % loss = 4, wire gauge = 0
145ft, amps = 55, volts = 36, % loss = 5, wire gauge = 2
145ft, amps = 55, volts = 48, % loss = 2, wire gauge = 000

145ft, amps = 55, volts = 48, % loss = 3, wire gauge = 0
145ft, amps = 55, volts = 48, % loss = 4, wire gauge = 2
145ft, amps = 55, volts = 48, % loss = 5, wire gauge = 2
145ft, amps = 55, volts = 60, % loss = 2, wire gauge = 00
145ft, amps = 55, volts = 60, % loss = 3, wire gauge = 2
145ft, amps = 55, volts = 60, % loss = 4, wire gauge = 2
145ft, amps = 55, volts = 60, % loss = 5, wire gauge = 4
145ft, amps = 60, volts = 24, % loss = 4, wire gauge = 000
145ft, amps = 60, volts = 24, % loss = 5, wire gauge = 00
145ft, amps = 60, volts = 36, % loss = 3, wire gauge = 000
145ft, amps = 60, volts = 36, % loss = 4, wire gauge = 0
145ft, amps = 60, volts = 36, % loss = 5, wire gauge = 2
145ft, amps = 60, volts = 48, % loss = 2, wire gauge = 000
145ft, amps = 60, volts = 48, % loss = 3, wire gauge = 0
145ft, amps = 60, volts = 48, % loss = 4, wire gauge = 2
145ft, amps = 60, volts = 48, % loss = 5, wire gauge = 2
145ft, amps = 60, volts = 60, % loss = 2, wire gauge = 00
145ft, amps = 60, volts = 60, % loss = 3, wire gauge = 2
145ft, amps = 60, volts = 60, % loss = 4, wire gauge = 2
145ft, amps = 60, volts = 60, % loss = 5, wire gauge = 4
145ft, amps = 65, volts = 24, % loss = 4, wire gauge = 000
145ft, amps = 65, volts = 24, % loss = 5, wire gauge = 000
145ft, amps = 65, volts = 36, % loss = 3, wire gauge = 000
145ft, amps = 65, volts = 36, % loss = 4, wire gauge = 00
145ft, amps = 65, volts = 36, % loss = 5, wire gauge = 0
145ft, amps = 65, volts = 48, % loss = 2, wire gauge = 000
145ft, amps = 65, volts = 48, % loss = 3, wire gauge = 00
145ft, amps = 65, volts = 48, % loss = 4, wire gauge = 0
145ft, amps = 65, volts = 48, % loss = 5, wire gauge = 2
145ft, amps = 65, volts = 60, % loss = 2, wire gauge = 000
145ft, amps = 65, volts = 60, % loss = 3, wire gauge = 0
145ft, amps = 65, volts = 60, % loss = 4, wire gauge = 2
145ft, amps = 65, volts = 60, % loss = 5, wire gauge = 2
145ft, amps = 70, volts = 24, % loss = 5, wire gauge = 000
145ft, amps = 70, volts = 36, % loss = 3, wire gauge = 000
145ft, amps = 70, volts = 36, % loss = 4, wire gauge = 00
145ft, amps = 70, volts = 36, % loss = 5, wire gauge = 0
145ft, amps = 70, volts = 48, % loss = 3, wire gauge = 00
145ft, amps = 70, volts = 48, % loss = 4, wire gauge = 0

145ft, amps = 70, volts = 48, % loss = 5, wire gauge = 2
145ft, amps = 70, volts = 60, % loss = 2, wire gauge = 000
145ft, amps = 70, volts = 60, % loss = 3, wire gauge = 0
145ft, amps = 70, volts = 60, % loss = 4, wire gauge = 2
145ft, amps = 70, volts = 60, % loss = 5, wire gauge = 2
145ft, amps = 75, volts = 24, % loss = 5, wire gauge = 000
145ft, amps = 75, volts = 36, % loss = 4, wire gauge = 00
145ft, amps = 75, volts = 36, % loss = 5, wire gauge = 0
145ft, amps = 75, volts = 48, % loss = 3, wire gauge = 00
145ft, amps = 75, volts = 48, % loss = 4, wire gauge = 0
145ft, amps = 75, volts = 48, % loss = 5, wire gauge = 2
145ft, amps = 75, volts = 60, % loss = 2, wire gauge = 000
145ft, amps = 75, volts = 60, % loss = 3, wire gauge = 0
145ft, amps = 75, volts = 60, % loss = 4, wire gauge = 2
145ft, amps = 75, volts = 60, % loss = 5, wire gauge = 2
145ft, amps = 80, volts = 24, % loss = 5, wire gauge = 000
145ft, amps = 80, volts = 36, % loss = 4, wire gauge = 000
145ft, amps = 80, volts = 36, % loss = 5, wire gauge = 00
145ft, amps = 80, volts = 48, % loss = 3, wire gauge = 000
145ft, amps = 80, volts = 48, % loss = 4, wire gauge = 0
145ft, amps = 80, volts = 48, % loss = 5, wire gauge = 2
145ft, amps = 80, volts = 60, % loss = 2, wire gauge = 000
145ft, amps = 80, volts = 60, % loss = 3, wire gauge = 00
145ft, amps = 80, volts = 60, % loss = 4, wire gauge = 2
145ft, amps = 80, volts = 60, % loss = 5, wire gauge = 2
150ft, amps = 5, volts = 12, % loss = 2, wire gauge = 2
150ft, amps = 5, volts = 12, % loss = 3, wire gauge = 4
150ft, amps = 5, volts = 12, % loss = 4, wire gauge = 6
150ft, amps = 5, volts = 12, % loss = 5, wire gauge = 6
150ft, amps = 5, volts = 24, % loss = 2, wire gauge = 6
150ft, amps = 5, volts = 24, % loss = 3, wire gauge = 8
150ft, amps = 5, volts = 24, % loss = 4, wire gauge = 10
150ft, amps = 5, volts = 24, % loss = 5, wire gauge = 10
150ft, amps = 5, volts = 36, % loss = 2, wire gauge = 8
150ft, amps = 5, volts = 36, % loss = 3, wire gauge = 10
150ft, amps = 5, volts = 36, % loss = 4, wire gauge = 10
150ft, amps = 5, volts = 36, % loss = 5, wire gauge = 12
150ft, amps = 5, volts = 48, % loss = 2, wire gauge = 10
150ft, amps = 5, volts = 48, % loss = 3, wire gauge = 10

150ft, amps = 5, volts = 48, % loss = 4, wire gauge = 12
150ft, amps = 5, volts = 48, % loss = 5, wire gauge = 12
150ft, amps = 5, volts = 60, % loss = 2, wire gauge = 10
150ft, amps = 5, volts = 60, % loss = 3, wire gauge = 12
150ft, amps = 5, volts = 60, % loss = 4, wire gauge = 12
150ft, amps = 5, volts = 60, % loss = 5, wire gauge = 14
150ft, amps = 10, volts = 12, % loss = 2, wire gauge = 00
150ft, amps = 10, volts = 12, % loss = 3, wire gauge = 2
150ft, amps = 10, volts = 12, % loss = 4, wire gauge = 2
150ft, amps = 10, volts = 12, % loss = 5, wire gauge = 4
150ft, amps = 10, volts = 24, % loss = 2, wire gauge = 2
150ft, amps = 10, volts = 24, % loss = 3, wire gauge = 4
150ft, amps = 10, volts = 24, % loss = 4, wire gauge = 6
150ft, amps = 10, volts = 24, % loss = 5, wire gauge = 6
150ft, amps = 10, volts = 36, % loss = 2, wire gauge = 4
150ft, amps = 10, volts = 36, % loss = 3, wire gauge = 6
150ft, amps = 10, volts = 36, % loss = 4, wire gauge = 8
150ft, amps = 10, volts = 36, % loss = 5, wire gauge = 8
150ft, amps = 10, volts = 48, % loss = 2, wire gauge = 6
150ft, amps = 10, volts = 48, % loss = 3, wire gauge = 8
150ft, amps = 10, volts = 48, % loss = 4, wire gauge = 10
150ft, amps = 10, volts = 48, % loss = 5, wire gauge = 10
150ft, amps = 10, volts = 60, % loss = 2, wire gauge = 6
150ft, amps = 10, volts = 60, % loss = 3, wire gauge = 8
150ft, amps = 10, volts = 60, % loss = 4, wire gauge = 10
150ft, amps = 10, volts = 60, % loss = 5, wire gauge = 10
150ft, amps = 15, volts = 12, % loss = 2, wire gauge = 000
150ft, amps = 15, volts = 12, % loss = 3, wire gauge = 00
150ft, amps = 15, volts = 12, % loss = 4, wire gauge = 2
150ft, amps = 15, volts = 12, % loss = 5, wire gauge = 2
150ft, amps = 15, volts = 24, % loss = 2, wire gauge = 2
150ft, amps = 15, volts = 24, % loss = 3, wire gauge = 2
150ft, amps = 15, volts = 24, % loss = 4, wire gauge = 4
150ft, amps = 15, volts = 24, % loss = 5, wire gauge = 6
150ft, amps = 15, volts = 36, % loss = 2, wire gauge = 2
150ft, amps = 15, volts = 36, % loss = 3, wire gauge = 4
150ft, amps = 15, volts = 36, % loss = 4, wire gauge = 6
150ft, amps = 15, volts = 36, % loss = 5, wire gauge = 6
150ft, amps = 15, volts = 48, % loss = 2, wire gauge = 4

150ft, amps = 15, volts = 48, % loss = 3, wire gauge = 6
150ft, amps = 15, volts = 48, % loss = 4, wire gauge = 8
150ft, amps = 15, volts = 48, % loss = 5, wire gauge = 8
150ft, amps = 15, volts = 60, % loss = 2, wire gauge = 6
150ft, amps = 15, volts = 60, % loss = 3, wire gauge = 6
150ft, amps = 15, volts = 60, % loss = 4, wire gauge = 8
150ft, amps = 15, volts = 60, % loss = 5, wire gauge = 10
150ft, amps = 20, volts = 12, % loss = 3, wire gauge = 000
150ft, amps = 20, volts = 12, % loss = 4, wire gauge = 00
150ft, amps = 20, volts = 12, % loss = 5, wire gauge = 0
150ft, amps = 20, volts = 24, % loss = 2, wire gauge = 00
150ft, amps = 20, volts = 24, % loss = 3, wire gauge = 2
150ft, amps = 20, volts = 24, % loss = 4, wire gauge = 2
150ft, amps = 20, volts = 24, % loss = 5, wire gauge = 4
150ft, amps = 20, volts = 36, % loss = 2, wire gauge = 2
150ft, amps = 20, volts = 36, % loss = 3, wire gauge = 4
150ft, amps = 20, volts = 36, % loss = 4, wire gauge = 4
150ft, amps = 20, volts = 36, % loss = 5, wire gauge = 6
150ft, amps = 20, volts = 48, % loss = 2, wire gauge = 2
150ft, amps = 20, volts = 48, % loss = 3, wire gauge = 4
150ft, amps = 20, volts = 48, % loss = 4, wire gauge = 6
150ft, amps = 20, volts = 48, % loss = 5, wire gauge = 6
150ft, amps = 20, volts = 60, % loss = 2, wire gauge = 4
150ft, amps = 20, volts = 60, % loss = 3, wire gauge = 6
150ft, amps = 20, volts = 60, % loss = 4, wire gauge = 6
150ft, amps = 20, volts = 60, % loss = 5, wire gauge = 8
150ft, amps = 25, volts = 12, % loss = 4, wire gauge = 000
150ft, amps = 25, volts = 12, % loss = 5, wire gauge = 00
150ft, amps = 25, volts = 24, % loss = 2, wire gauge = 000
150ft, amps = 25, volts = 24, % loss = 3, wire gauge = 0
150ft, amps = 25, volts = 24, % loss = 4, wire gauge = 2
150ft, amps = 25, volts = 24, % loss = 5, wire gauge = 2
150ft, amps = 25, volts = 36, % loss = 2, wire gauge = 0
150ft, amps = 25, volts = 36, % loss = 3, wire gauge = 2
150ft, amps = 25, volts = 36, % loss = 4, wire gauge = 4
150ft, amps = 25, volts = 36, % loss = 5, wire gauge = 4
150ft, amps = 25, volts = 48, % loss = 2, wire gauge = 2
150ft, amps = 25, volts = 48, % loss = 3, wire gauge = 4
150ft, amps = 25, volts = 48, % loss = 4, wire gauge = 6

150ft, amps = 25, volts = 48, % loss = 5, wire gauge = 6
150ft, amps = 25, volts = 60, % loss = 2, wire gauge = 2
150ft, amps = 25, volts = 60, % loss = 3, wire gauge = 4
150ft, amps = 25, volts = 60, % loss = 4, wire gauge = 6
150ft, amps = 25, volts = 60, % loss = 5, wire gauge = 6
150ft, amps = 30, volts = 12, % loss = 4, wire gauge = 000
150ft, amps = 30, volts = 12, % loss = 5, wire gauge = 00
150ft, amps = 30, volts = 24, % loss = 2, wire gauge = 000
150ft, amps = 30, volts = 24, % loss = 3, wire gauge = 00
150ft, amps = 30, volts = 24, % loss = 4, wire gauge = 2
150ft, amps = 30, volts = 24, % loss = 5, wire gauge = 2
150ft, amps = 30, volts = 36, % loss = 2, wire gauge = 00
150ft, amps = 30, volts = 36, % loss = 3, wire gauge = 2
150ft, amps = 30, volts = 36, % loss = 4, wire gauge = 2
150ft, amps = 30, volts = 36, % loss = 5, wire gauge = 4
150ft, amps = 30, volts = 48, % loss = 2, wire gauge = 2
150ft, amps = 30, volts = 48, % loss = 3, wire gauge = 2
150ft, amps = 30, volts = 48, % loss = 4, wire gauge = 4
150ft, amps = 30, volts = 48, % loss = 5, wire gauge = 6
150ft, amps = 30, volts = 60, % loss = 2, wire gauge = 2
150ft, amps = 30, volts = 60, % loss = 3, wire gauge = 4
150ft, amps = 30, volts = 60, % loss = 4, wire gauge = 6
150ft, amps = 30, volts = 60, % loss = 5, wire gauge = 6
150ft, amps = 35, volts = 12, % loss = 5, wire gauge = 000
150ft, amps = 35, volts = 24, % loss = 3, wire gauge = 00
150ft, amps = 35, volts = 24, % loss = 4, wire gauge = 0
150ft, amps = 35, volts = 24, % loss = 5, wire gauge = 2
150ft, amps = 35, volts = 36, % loss = 2, wire gauge = 00
150ft, amps = 35, volts = 36, % loss = 3, wire gauge = 2
150ft, amps = 35, volts = 36, % loss = 4, wire gauge = 2
150ft, amps = 35, volts = 36, % loss = 5, wire gauge = 4
150ft, amps = 35, volts = 48, % loss = 2, wire gauge = 0
150ft, amps = 35, volts = 48, % loss = 3, wire gauge = 2
150ft, amps = 35, volts = 48, % loss = 4, wire gauge = 4
150ft, amps = 35, volts = 48, % loss = 5, wire gauge = 4
150ft, amps = 35, volts = 60, % loss = 2, wire gauge = 2
150ft, amps = 35, volts = 60, % loss = 3, wire gauge = 4
150ft, amps = 35, volts = 60, % loss = 4, wire gauge = 4
150ft, amps = 35, volts = 60, % loss = 5, wire gauge = 6

150ft, amps = 40, volts = 24, % loss = 3, wire gauge = 000
150ft, amps = 40, volts = 24, % loss = 4, wire gauge = 00
150ft, amps = 40, volts = 24, % loss = 5, wire gauge = 0
150ft, amps = 40, volts = 36, % loss = 2, wire gauge = 000
150ft, amps = 40, volts = 36, % loss = 3, wire gauge = 0
150ft, amps = 40, volts = 36, % loss = 4, wire gauge = 2
150ft, amps = 40, volts = 36, % loss = 5, wire gauge = 2
150ft, amps = 40, volts = 48, % loss = 2, wire gauge = 00
150ft, amps = 40, volts = 48, % loss = 3, wire gauge = 2
150ft, amps = 40, volts = 48, % loss = 4, wire gauge = 2
150ft, amps = 40, volts = 48, % loss = 5, wire gauge = 4
150ft, amps = 40, volts = 60, % loss = 2, wire gauge = 0
150ft, amps = 40, volts = 60, % loss = 3, wire gauge = 2
150ft, amps = 40, volts = 60, % loss = 4, wire gauge = 4
150ft, amps = 40, volts = 60, % loss = 5, wire gauge = 4
150ft, amps = 45, volts = 24, % loss = 3, wire gauge = 000
150ft, amps = 45, volts = 24, % loss = 4, wire gauge = 00
150ft, amps = 45, volts = 24, % loss = 5, wire gauge = 0
150ft, amps = 45, volts = 36, % loss = 2, wire gauge = 000
150ft, amps = 45, volts = 36, % loss = 3, wire gauge = 00
150ft, amps = 45, volts = 36, % loss = 4, wire gauge = 2
150ft, amps = 45, volts = 36, % loss = 5, wire gauge = 2
150ft, amps = 45, volts = 48, % loss = 2, wire gauge = 00
150ft, amps = 45, volts = 48, % loss = 3, wire gauge = 2
150ft, amps = 45, volts = 48, % loss = 4, wire gauge = 2
150ft, amps = 45, volts = 48, % loss = 5, wire gauge = 4
150ft, amps = 45, volts = 60, % loss = 2, wire gauge = 0
150ft, amps = 45, volts = 60, % loss = 3, wire gauge = 2
150ft, amps = 45, volts = 60, % loss = 4, wire gauge = 4
150ft, amps = 45, volts = 60, % loss = 5, wire gauge = 4
150ft, amps = 50, volts = 24, % loss = 4, wire gauge = 000
150ft, amps = 50, volts = 24, % loss = 5, wire gauge = 00
150ft, amps = 50, volts = 36, % loss = 3, wire gauge = 00
150ft, amps = 50, volts = 36, % loss = 4, wire gauge = 0
150ft, amps = 50, volts = 36, % loss = 5, wire gauge = 2
150ft, amps = 50, volts = 48, % loss = 2, wire gauge = 000
150ft, amps = 50, volts = 48, % loss = 3, wire gauge = 0
150ft, amps = 50, volts = 48, % loss = 4, wire gauge = 2
150ft, amps = 50, volts = 48, % loss = 5, wire gauge = 2

150ft, amps = 50, volts = 60, % loss = 2, wire gauge = 00
150ft, amps = 50, volts = 60, % loss = 3, wire gauge = 2
150ft, amps = 50, volts = 60, % loss = 4, wire gauge = 2
150ft, amps = 50, volts = 60, % loss = 5, wire gauge = 4
150ft, amps = 55, volts = 24, % loss = 4, wire gauge = 000
150ft, amps = 55, volts = 24, % loss = 5, wire gauge = 00
150ft, amps = 55, volts = 36, % loss = 3, wire gauge = 00
150ft, amps = 55, volts = 36, % loss = 4, wire gauge = 0
150ft, amps = 55, volts = 36, % loss = 5, wire gauge = 2
150ft, amps = 55, volts = 48, % loss = 2, wire gauge = 000
150ft, amps = 55, volts = 48, % loss = 3, wire gauge = 0
150ft, amps = 55, volts = 48, % loss = 4, wire gauge = 2
150ft, amps = 55, volts = 48, % loss = 5, wire gauge = 2
150ft, amps = 55, volts = 60, % loss = 2, wire gauge = 00
150ft, amps = 55, volts = 60, % loss = 3, wire gauge = 2
150ft, amps = 55, volts = 60, % loss = 4, wire gauge = 2
150ft, amps = 55, volts = 60, % loss = 5, wire gauge = 4
150ft, amps = 60, volts = 24, % loss = 4, wire gauge = 000
150ft, amps = 60, volts = 24, % loss = 5, wire gauge = 00
150ft, amps = 60, volts = 36, % loss = 3, wire gauge = 000
150ft, amps = 60, volts = 36, % loss = 4, wire gauge = 00
150ft, amps = 60, volts = 36, % loss = 5, wire gauge = 0
150ft, amps = 60, volts = 48, % loss = 2, wire gauge = 000
150ft, amps = 60, volts = 48, % loss = 3, wire gauge = 00
150ft, amps = 60, volts = 48, % loss = 4, wire gauge = 2
150ft, amps = 60, volts = 48, % loss = 5, wire gauge = 2
150ft, amps = 60, volts = 60, % loss = 2, wire gauge = 00
150ft, amps = 60, volts = 60, % loss = 3, wire gauge = 0
150ft, amps = 60, volts = 60, % loss = 4, wire gauge = 2
150ft, amps = 60, volts = 60, % loss = 5, wire gauge = 4
150ft, amps = 65, volts = 24, % loss = 5, wire gauge = 000
150ft, amps = 65, volts = 36, % loss = 3, wire gauge = 000
150ft, amps = 65, volts = 36, % loss = 4, wire gauge = 00
150ft, amps = 65, volts = 36, % loss = 5, wire gauge = 0
150ft, amps = 65, volts = 48, % loss = 3, wire gauge = 00
150ft, amps = 65, volts = 48, % loss = 4, wire gauge = 0
150ft, amps = 65, volts = 48, % loss = 5, wire gauge = 2
150ft, amps = 65, volts = 60, % loss = 2, wire gauge = 000
150ft, amps = 65, volts = 60, % loss = 3, wire gauge = 0

150ft, amps = 65, volts = 60, % loss = 4, wire gauge = 2
150ft, amps = 65, volts = 60, % loss = 5, wire gauge = 2
150ft, amps = 70, volts = 24, % loss = 5, wire gauge = 000
150ft, amps = 70, volts = 36, % loss = 3, wire gauge = 000
150ft, amps = 70, volts = 36, % loss = 4, wire gauge = 00
150ft, amps = 70, volts = 36, % loss = 5, wire gauge = 0
150ft, amps = 70, volts = 48, % loss = 3, wire gauge = 00
150ft, amps = 70, volts = 48, % loss = 4, wire gauge = 0
150ft, amps = 70, volts = 48, % loss = 5, wire gauge = 2
150ft, amps = 70, volts = 60, % loss = 2, wire gauge = 000
150ft, amps = 70, volts = 60, % loss = 3, wire gauge = 0
150ft, amps = 70, volts = 60, % loss = 4, wire gauge = 2
150ft, amps = 70, volts = 60, % loss = 5, wire gauge = 2
150ft, amps = 75, volts = 24, % loss = 5, wire gauge = 000
150ft, amps = 75, volts = 36, % loss = 4, wire gauge = 000
150ft, amps = 75, volts = 36, % loss = 5, wire gauge = 00
150ft, amps = 75, volts = 48, % loss = 3, wire gauge = 000
150ft, amps = 75, volts = 48, % loss = 4, wire gauge = 0
150ft, amps = 75, volts = 48, % loss = 5, wire gauge = 2
150ft, amps = 75, volts = 60, % loss = 2, wire gauge = 000
150ft, amps = 75, volts = 60, % loss = 3, wire gauge = 00
150ft, amps = 75, volts = 60, % loss = 4, wire gauge = 2
150ft, amps = 75, volts = 60, % loss = 5, wire gauge = 2
150ft, amps = 80, volts = 36, % loss = 4, wire gauge = 000
150ft, amps = 80, volts = 36, % loss = 5, wire gauge = 00
150ft, amps = 80, volts = 48, % loss = 3, wire gauge = 000
150ft, amps = 80, volts = 48, % loss = 4, wire gauge = 00
150ft, amps = 80, volts = 48, % loss = 5, wire gauge = 0
150ft, amps = 80, volts = 60, % loss = 3, wire gauge = 00
150ft, amps = 80, volts = 60, % loss = 4, wire gauge = 0
150ft, amps = 80, volts = 60, % loss = 5, wire gauge = 2

# APPENDIX B

Aluminum Wire Chart

Distance (ft) is one way to panels. If a value is missing (i.e. % loss = 2 ) it means that the wire required would be thicker than 4/0 (0000).

10ft, amps = 75, volts = 12, % loss = 2, wire size = 0
10ft, amps = 75, volts = 12, % loss = 3, wire size = 2
10ft, amps = 75, volts = 12, % loss = 4, wire size = 4
10ft, amps = 75, volts = 12, % loss = 5, wire size = 4
10ft, amps = 75, volts = 24, % loss = 2, wire size = 4
10ft, amps = 75, volts = 24, % loss = 3, wire size = 4
10ft, amps = 75, volts = 24, % loss = 4, wire size = 4
10ft, amps = 75, volts = 24, % loss = 5, wire size = 4
10ft, amps = 75, volts = 36, % loss = 2, wire size = 4
10ft, amps = 75, volts = 36, % loss = 3, wire size = 4
10ft, amps = 75, volts = 36, % loss = 4, wire size = 4
10ft, amps = 75, volts = 36, % loss = 5, wire size = 4
10ft, amps = 75, volts = 48, % loss = 2, wire size = 4
10ft, amps = 75, volts = 48, % loss = 3, wire size = 4
10ft, amps = 75, volts = 48, % loss = 4, wire size = 4
10ft, amps = 75, volts = 48, % loss = 5, wire size = 4
10ft, amps = 75, volts = 60, % loss = 2, wire size = 4
10ft, amps = 75, volts = 60, % loss = 3, wire size = 4
10ft, amps = 75, volts = 60, % loss = 4, wire size = 4
10ft, amps = 75, volts = 60, % loss = 5, wire size = 4
10ft, amps = 80, volts = 12, % loss = 2, wire size = 0
10ft, amps = 80, volts = 12, % loss = 3, wire size = 2
10ft, amps = 80, volts = 12, % loss = 4, wire size = 4
10ft, amps = 80, volts = 12, % loss = 5, wire size = 4
10ft, amps = 80, volts = 24, % loss = 2, wire size = 4
10ft, amps = 80, volts = 24, % loss = 3, wire size = 4
10ft, amps = 80, volts = 24, % loss = 4, wire size = 4
10ft, amps = 80, volts = 24, % loss = 5, wire size = 4
10ft, amps = 80, volts = 36, % loss = 2, wire size = 4
10ft, amps = 80, volts = 36, % loss = 3, wire size = 4

10ft, amps = 80, volts = 36, % loss = 4, wire size = 4
10ft, amps = 80, volts = 36, % loss = 5, wire size = 4
10ft, amps = 80, volts = 48, % loss = 2, wire size = 4
10ft, amps = 80, volts = 48, % loss = 3, wire size = 4
10ft, amps = 80, volts = 48, % loss = 4, wire size = 4
10ft, amps = 80, volts = 48, % loss = 5, wire size = 4
10ft, amps = 80, volts = 60, % loss = 2, wire size = 4
10ft, amps = 80, volts = 60, % loss = 3, wire size = 4
10ft, amps = 80, volts = 60, % loss = 4, wire size = 4
10ft, amps = 80, volts = 60, % loss = 5, wire size = 4
15ft, amps = 75, volts = 12, % loss = 2, wire size = 00
15ft, amps = 75, volts = 12, % loss = 3, wire size = 0
15ft, amps = 75, volts = 12, % loss = 4, wire size = 2
15ft, amps = 75, volts = 12, % loss = 5, wire size = 4
15ft, amps = 75, volts = 24, % loss = 2, wire size = 2
15ft, amps = 75, volts = 24, % loss = 3, wire size = 4
15ft, amps = 75, volts = 24, % loss = 4, wire size = 4
15ft, amps = 75, volts = 24, % loss = 5, wire size = 4
15ft, amps = 75, volts = 36, % loss = 2, wire size = 4
15ft, amps = 75, volts = 36, % loss = 3, wire size = 4
15ft, amps = 75, volts = 36, % loss = 4, wire size = 4
15ft, amps = 75, volts = 36, % loss = 5, wire size = 4
15ft, amps = 75, volts = 48, % loss = 2, wire size = 4
15ft, amps = 75, volts = 48, % loss = 3, wire size = 4
15ft, amps = 75, volts = 48, % loss = 4, wire size = 4
15ft, amps = 75, volts = 48, % loss = 5, wire size = 4
15ft, amps = 75, volts = 60, % loss = 2, wire size = 4
15ft, amps = 75, volts = 60, % loss = 3, wire size = 4
15ft, amps = 75, volts = 60, % loss = 4, wire size = 4
15ft, amps = 75, volts = 60, % loss = 5, wire size = 4
15ft, amps = 80, volts = 12, % loss = 2, wire size = 000
15ft, amps = 80, volts = 12, % loss = 3, wire size = 0
15ft, amps = 80, volts = 12, % loss = 4, wire size = 2
15ft, amps = 80, volts = 12, % loss = 5, wire size = 2
15ft, amps = 80, volts = 24, % loss = 2, wire size = 2
15ft, amps = 80, volts = 24, % loss = 3, wire size = 4
15ft, amps = 80, volts = 24, % loss = 4, wire size = 4
15ft, amps = 80, volts = 24, % loss = 5, wire size = 4
15ft, amps = 80, volts = 36, % loss = 2, wire size = 4

15ft, amps = 80, volts = 36, % loss = 3, wire size = 4
15ft, amps = 80, volts = 36, % loss = 4, wire size = 4
15ft, amps = 80, volts = 36, % loss = 5, wire size = 4
15ft, amps = 80, volts = 48, % loss = 2, wire size = 4
15ft, amps = 80, volts = 48, % loss = 3, wire size = 4
15ft, amps = 80, volts = 48, % loss = 4, wire size = 4
15ft, amps = 80, volts = 48, % loss = 5, wire size = 4
15ft, amps = 80, volts = 60, % loss = 2, wire size = 4
15ft, amps = 80, volts = 60, % loss = 3, wire size = 4
15ft, amps = 80, volts = 60, % loss = 4, wire size = 4
15ft, amps = 80, volts = 60, % loss = 5, wire size = 4
20ft, amps = 75, volts = 12, % loss = 2, wire size = 0000
20ft, amps = 75, volts = 12, % loss = 3, wire size = 00
20ft, amps = 75, volts = 12, % loss = 4, wire size = 0
20ft, amps = 75, volts = 12, % loss = 5, wire size = 2
20ft, amps = 75, volts = 24, % loss = 2, wire size = 0
20ft, amps = 75, volts = 24, % loss = 3, wire size = 2
20ft, amps = 75, volts = 24, % loss = 4, wire size = 4
20ft, amps = 75, volts = 24, % loss = 5, wire size = 4
20ft, amps = 75, volts = 36, % loss = 2, wire size = 2
20ft, amps = 75, volts = 36, % loss = 3, wire size = 4
20ft, amps = 75, volts = 36, % loss = 4, wire size = 4
20ft, amps = 75, volts = 36, % loss = 5, wire size = 4
20ft, amps = 75, volts = 48, % loss = 2, wire size = 4
20ft, amps = 75, volts = 48, % loss = 3, wire size = 4
20ft, amps = 75, volts = 48, % loss = 4, wire size = 4
20ft, amps = 75, volts = 48, % loss = 5, wire size = 4
20ft, amps = 75, volts = 60, % loss = 2, wire size = 4
20ft, amps = 75, volts = 60, % loss = 3, wire size = 4
20ft, amps = 75, volts = 60, % loss = 4, wire size = 4
20ft, amps = 75, volts = 60, % loss = 5, wire size = 4
20ft, amps = 80, volts = 12, % loss = 3, wire size = 00
20ft, amps = 80, volts = 12, % loss = 4, wire size = 0
20ft, amps = 80, volts = 12, % loss = 5, wire size = 2
20ft, amps = 80, volts = 24, % loss = 2, wire size = 0
20ft, amps = 80, volts = 24, % loss = 3, wire size = 2
20ft, amps = 80, volts = 24, % loss = 4, wire size = 4
20ft, amps = 80, volts = 24, % loss = 5, wire size = 4
20ft, amps = 80, volts = 36, % loss = 2, wire size = 2

20ft, amps = 80, volts = 36, % loss = 3, wire size = 4
20ft, amps = 80, volts = 36, % loss = 4, wire size = 4
20ft, amps = 80, volts = 36, % loss = 5, wire size = 4
20ft, amps = 80, volts = 48, % loss = 2, wire size = 4
20ft, amps = 80, volts = 48, % loss = 3, wire size = 4
20ft, amps = 80, volts = 48, % loss = 4, wire size = 4
20ft, amps = 80, volts = 48, % loss = 5, wire size = 4
20ft, amps = 80, volts = 60, % loss = 2, wire size = 4
20ft, amps = 80, volts = 60, % loss = 3, wire size = 4
20ft, amps = 80, volts = 60, % loss = 4, wire size = 4
20ft, amps = 80, volts = 60, % loss = 5, wire size = 4
25ft, amps = 75, volts = 12, % loss = 3, wire size = 000
25ft, amps = 75, volts = 12, % loss = 4, wire size = 00
25ft, amps = 75, volts = 12, % loss = 5, wire size = 0
25ft, amps = 75, volts = 24, % loss = 2, wire size = 00
25ft, amps = 75, volts = 24, % loss = 3, wire size = 2
25ft, amps = 75, volts = 24, % loss = 4, wire size = 4
25ft, amps = 75, volts = 24, % loss = 5, wire size = 4
25ft, amps = 75, volts = 36, % loss = 2, wire size = 2
25ft, amps = 75, volts = 36, % loss = 3, wire size = 4
25ft, amps = 75, volts = 36, % loss = 4, wire size = 4
25ft, amps = 75, volts = 36, % loss = 5, wire size = 4
25ft, amps = 75, volts = 48, % loss = 2, wire size = 4
25ft, amps = 75, volts = 48, % loss = 3, wire size = 4
25ft, amps = 75, volts = 48, % loss = 4, wire size = 4
25ft, amps = 75, volts = 48, % loss = 5, wire size = 4
25ft, amps = 75, volts = 60, % loss = 2, wire size = 4
25ft, amps = 75, volts = 60, % loss = 3, wire size = 4
25ft, amps = 75, volts = 60, % loss = 4, wire size = 4
25ft, amps = 75, volts = 60, % loss = 5, wire size = 4
25ft, amps = 80, volts = 12, % loss = 3, wire size = 000
25ft, amps = 80, volts = 12, % loss = 4, wire size = 00
25ft, amps = 80, volts = 12, % loss = 5, wire size = 0
25ft, amps = 80, volts = 24, % loss = 2, wire size = 00
25ft, amps = 80, volts = 24, % loss = 3, wire size = 2
25ft, amps = 80, volts = 24, % loss = 4, wire size = 2
25ft, amps = 80, volts = 24, % loss = 5, wire size = 4
25ft, amps = 80, volts = 36, % loss = 2, wire size = 2
25ft, amps = 80, volts = 36, % loss = 3, wire size = 4

25ft, amps = 80, volts = 36, % loss = 4, wire size = 4
25ft, amps = 80, volts = 36, % loss = 5, wire size = 4
25ft, amps = 80, volts = 48, % loss = 2, wire size = 2
25ft, amps = 80, volts = 48, % loss = 3, wire size = 4
25ft, amps = 80, volts = 48, % loss = 4, wire size = 4
25ft, amps = 80, volts = 48, % loss = 5, wire size = 4
25ft, amps = 80, volts = 60, % loss = 2, wire size = 4
25ft, amps = 80, volts = 60, % loss = 3, wire size = 4
25ft, amps = 80, volts = 60, % loss = 4, wire size = 4
25ft, amps = 80, volts = 60, % loss = 5, wire size = 4
30ft, amps = 75, volts = 12, % loss = 3, wire size = 0000
30ft, amps = 75, volts = 12, % loss = 4, wire size = 00
30ft, amps = 75, volts = 12, % loss = 5, wire size = 0
30ft, amps = 75, volts = 24, % loss = 2, wire size = 00
30ft, amps = 75, volts = 24, % loss = 3, wire size = 0
30ft, amps = 75, volts = 24, % loss = 4, wire size = 2
30ft, amps = 75, volts = 24, % loss = 5, wire size = 4
30ft, amps = 75, volts = 36, % loss = 2, wire size = 0
30ft, amps = 75, volts = 36, % loss = 3, wire size = 2
30ft, amps = 75, volts = 36, % loss = 4, wire size = 4
30ft, amps = 75, volts = 36, % loss = 5, wire size = 4
30ft, amps = 75, volts = 48, % loss = 2, wire size = 2
30ft, amps = 75, volts = 48, % loss = 3, wire size = 4
30ft, amps = 75, volts = 48, % loss = 4, wire size = 4
30ft, amps = 75, volts = 48, % loss = 5, wire size = 4
30ft, amps = 75, volts = 60, % loss = 2, wire size = 4
30ft, amps = 75, volts = 60, % loss = 3, wire size = 4
30ft, amps = 75, volts = 60, % loss = 4, wire size = 4
30ft, amps = 75, volts = 60, % loss = 5, wire size = 4
30ft, amps = 80, volts = 12, % loss = 4, wire size = 000
30ft, amps = 80, volts = 12, % loss = 5, wire size = 00
30ft, amps = 80, volts = 24, % loss = 2, wire size = 000
30ft, amps = 80, volts = 24, % loss = 3, wire size = 0
30ft, amps = 80, volts = 24, % loss = 4, wire size = 2
30ft, amps = 80, volts = 24, % loss = 5, wire size = 2
30ft, amps = 80, volts = 36, % loss = 2, wire size = 0
30ft, amps = 80, volts = 36, % loss = 3, wire size = 2
30ft, amps = 80, volts = 36, % loss = 4, wire size = 4
30ft, amps = 80, volts = 36, % loss = 5, wire size = 4

30ft, amps = 80, volts = 48, % loss = 2, wire size = 2
30ft, amps = 80, volts = 48, % loss = 3, wire size = 4
30ft, amps = 80, volts = 48, % loss = 4, wire size = 4
30ft, amps = 80, volts = 48, % loss = 5, wire size = 4
30ft, amps = 80, volts = 60, % loss = 2, wire size = 2
30ft, amps = 80, volts = 60, % loss = 3, wire size = 4
30ft, amps = 80, volts = 60, % loss = 4, wire size = 4
30ft, amps = 80, volts = 60, % loss = 5, wire size = 4
35ft, amps = 75, volts = 12, % loss = 4, wire size = 000
35ft, amps = 75, volts = 12, % loss = 5, wire size = 00
35ft, amps = 75, volts = 24, % loss = 2, wire size = 000
35ft, amps = 75, volts = 24, % loss = 3, wire size = 0
35ft, amps = 75, volts = 24, % loss = 4, wire size = 2
35ft, amps = 75, volts = 24, % loss = 5, wire size = 2
35ft, amps = 75, volts = 36, % loss = 2, wire size = 0
35ft, amps = 75, volts = 36, % loss = 3, wire size = 2
35ft, amps = 75, volts = 36, % loss = 4, wire size = 4
35ft, amps = 75, volts = 36, % loss = 5, wire size = 4
35ft, amps = 75, volts = 48, % loss = 2, wire size = 2
35ft, amps = 75, volts = 48, % loss = 3, wire size = 4
35ft, amps = 75, volts = 48, % loss = 4, wire size = 4
35ft, amps = 75, volts = 48, % loss = 5, wire size = 4
35ft, amps = 75, volts = 60, % loss = 2, wire size = 2
35ft, amps = 75, volts = 60, % loss = 3, wire size = 4
35ft, amps = 75, volts = 60, % loss = 4, wire size = 4
35ft, amps = 75, volts = 60, % loss = 5, wire size = 4
35ft, amps = 80, volts = 12, % loss = 4, wire size = 000
35ft, amps = 80, volts = 12, % loss = 5, wire size = 00
35ft, amps = 80, volts = 24, % loss = 2, wire size = 000
35ft, amps = 80, volts = 24, % loss = 3, wire size = 0
35ft, amps = 80, volts = 24, % loss = 4, wire size = 2
35ft, amps = 80, volts = 24, % loss = 5, wire size = 2
35ft, amps = 80, volts = 36, % loss = 2, wire size = 0
35ft, amps = 80, volts = 36, % loss = 3, wire size = 2
35ft, amps = 80, volts = 36, % loss = 4, wire size = 4
35ft, amps = 80, volts = 36, % loss = 5, wire size = 4
35ft, amps = 80, volts = 48, % loss = 2, wire size = 2
35ft, amps = 80, volts = 48, % loss = 3, wire size = 4
35ft, amps = 80, volts = 48, % loss = 4, wire size = 4

35ft, amps = 80, volts = 48, % loss = 5, wire size = 4
35ft, amps = 80, volts = 60, % loss = 2, wire size = 2
35ft, amps = 80, volts = 60, % loss = 3, wire size = 4
35ft, amps = 80, volts = 60, % loss = 4, wire size = 4
35ft, amps = 80, volts = 60, % loss = 5, wire size = 4
40ft, amps = 75, volts = 12, % loss = 4, wire size = 0000
40ft, amps = 75, volts = 12, % loss = 5, wire size = 000
40ft, amps = 75, volts = 24, % loss = 2, wire size = 0000
40ft, amps = 75, volts = 24, % loss = 3, wire size = 00
40ft, amps = 75, volts = 24, % loss = 4, wire size = 0
40ft, amps = 75, volts = 24, % loss = 5, wire size = 2
40ft, amps = 75, volts = 36, % loss = 2, wire size = 00
40ft, amps = 75, volts = 36, % loss = 3, wire size = 2
40ft, amps = 75, volts = 36, % loss = 4, wire size = 2
40ft, amps = 75, volts = 36, % loss = 5, wire size = 4
40ft, amps = 75, volts = 48, % loss = 2, wire size = 0
40ft, amps = 75, volts = 48, % loss = 3, wire size = 2
40ft, amps = 75, volts = 48, % loss = 4, wire size = 4
40ft, amps = 75, volts = 48, % loss = 5, wire size = 4
40ft, amps = 75, volts = 60, % loss = 2, wire size = 2
40ft, amps = 75, volts = 60, % loss = 3, wire size = 4
40ft, amps = 75, volts = 60, % loss = 4, wire size = 4
40ft, amps = 75, volts = 60, % loss = 5, wire size = 4
40ft, amps = 80, volts = 12, % loss = 5, wire size = 000
40ft, amps = 80, volts = 24, % loss = 3, wire size = 00
40ft, amps = 80, volts = 24, % loss = 4, wire size = 0
40ft, amps = 80, volts = 24, % loss = 5, wire size = 2
40ft, amps = 80, volts = 36, % loss = 2, wire size = 00
40ft, amps = 80, volts = 36, % loss = 3, wire size = 2
40ft, amps = 80, volts = 36, % loss = 4, wire size = 2
40ft, amps = 80, volts = 36, % loss = 5, wire size = 4
40ft, amps = 80, volts = 48, % loss = 2, wire size = 0
40ft, amps = 80, volts = 48, % loss = 3, wire size = 2
40ft, amps = 80, volts = 48, % loss = 4, wire size = 4
40ft, amps = 80, volts = 48, % loss = 5, wire size = 4
40ft, amps = 80, volts = 60, % loss = 2, wire size = 2
40ft, amps = 80, volts = 60, % loss = 3, wire size = 4
40ft, amps = 80, volts = 60, % loss = 4, wire size = 4
40ft, amps = 80, volts = 60, % loss = 5, wire size = 4

45ft, amps = 75, volts = 12, % loss = 5, wire size = 000
45ft, amps = 75, volts = 24, % loss = 3, wire size = 00
45ft, amps = 75, volts = 24, % loss = 4, wire size = 0
45ft, amps = 75, volts = 24, % loss = 5, wire size = 2
45ft, amps = 75, volts = 36, % loss = 2, wire size = 00
45ft, amps = 75, volts = 36, % loss = 3, wire size = 0
45ft, amps = 75, volts = 36, % loss = 4, wire size = 2
45ft, amps = 75, volts = 36, % loss = 5, wire size = 4
45ft, amps = 75, volts = 48, % loss = 2, wire size = 0
45ft, amps = 75, volts = 48, % loss = 3, wire size = 2
45ft, amps = 75, volts = 48, % loss = 4, wire size = 4
45ft, amps = 75, volts = 48, % loss = 5, wire size = 4
45ft, amps = 75, volts = 60, % loss = 2, wire size = 2
45ft, amps = 75, volts = 60, % loss = 3, wire size = 4
45ft, amps = 75, volts = 60, % loss = 4, wire size = 4
45ft, amps = 75, volts = 60, % loss = 5, wire size = 4
45ft, amps = 80, volts = 12, % loss = 5, wire size = 000
45ft, amps = 80, volts = 24, % loss = 3, wire size = 000
45ft, amps = 80, volts = 24, % loss = 4, wire size = 0
45ft, amps = 80, volts = 24, % loss = 5, wire size = 2
45ft, amps = 80, volts = 36, % loss = 2, wire size = 000
45ft, amps = 80, volts = 36, % loss = 3, wire size = 0
45ft, amps = 80, volts = 36, % loss = 4, wire size = 2
45ft, amps = 80, volts = 36, % loss = 5, wire size = 2
45ft, amps = 80, volts = 48, % loss = 2, wire size = 0
45ft, amps = 80, volts = 48, % loss = 3, wire size = 2
45ft, amps = 80, volts = 48, % loss = 4, wire size = 4
45ft, amps = 80, volts = 48, % loss = 5, wire size = 4
45ft, amps = 80, volts = 60, % loss = 2, wire size = 2
45ft, amps = 80, volts = 60, % loss = 3, wire size = 2
45ft, amps = 80, volts = 60, % loss = 4, wire size = 4
45ft, amps = 80, volts = 60, % loss = 5, wire size = 4
50ft, amps = 75, volts = 12, % loss = 5, wire size = 0000
50ft, amps = 75, volts = 24, % loss = 3, wire size = 000
50ft, amps = 75, volts = 24, % loss = 4, wire size = 00
50ft, amps = 75, volts = 24, % loss = 5, wire size = 0
50ft, amps = 75, volts = 36, % loss = 2, wire size = 000
50ft, amps = 75, volts = 36, % loss = 3, wire size = 0
50ft, amps = 75, volts = 36, % loss = 4, wire size = 2

50ft, amps = 75, volts = 36, % loss = 5, wire size = 2
50ft, amps = 75, volts = 48, % loss = 2, wire size = 00
50ft, amps = 75, volts = 48, % loss = 3, wire size = 2
50ft, amps = 75, volts = 48, % loss = 4, wire size = 4
50ft, amps = 75, volts = 48, % loss = 5, wire size = 4
50ft, amps = 75, volts = 60, % loss = 2, wire size = 0
50ft, amps = 75, volts = 60, % loss = 3, wire size = 2
50ft, amps = 75, volts = 60, % loss = 4, wire size = 4
50ft, amps = 75, volts = 60, % loss = 5, wire size = 4
50ft, amps = 80, volts = 24, % loss = 3, wire size = 000
50ft, amps = 80, volts = 24, % loss = 4, wire size = 00
50ft, amps = 80, volts = 24, % loss = 5, wire size = 0
50ft, amps = 80, volts = 36, % loss = 2, wire size = 000
50ft, amps = 80, volts = 36, % loss = 3, wire size = 0
50ft, amps = 80, volts = 36, % loss = 4, wire size = 2
50ft, amps = 80, volts = 36, % loss = 5, wire size = 2
50ft, amps = 80, volts = 48, % loss = 2, wire size = 00
50ft, amps = 80, volts = 48, % loss = 3, wire size = 2
50ft, amps = 80, volts = 48, % loss = 4, wire size = 2
50ft, amps = 80, volts = 48, % loss = 5, wire size = 4
50ft, amps = 80, volts = 60, % loss = 2, wire size = 0
50ft, amps = 80, volts = 60, % loss = 3, wire size = 2
50ft, amps = 80, volts = 60, % loss = 4, wire size = 4
50ft, amps = 80, volts = 60, % loss = 5, wire size = 4
55ft, amps = 75, volts = 24, % loss = 3, wire size = 000
55ft, amps = 75, volts = 24, % loss = 4, wire size = 00
55ft, amps = 75, volts = 24, % loss = 5, wire size = 0
55ft, amps = 75, volts = 36, % loss = 2, wire size = 000
55ft, amps = 75, volts = 36, % loss = 3, wire size = 0
55ft, amps = 75, volts = 36, % loss = 4, wire size = 2
55ft, amps = 75, volts = 36, % loss = 5, wire size = 2
55ft, amps = 75, volts = 48, % loss = 2, wire size = 00
55ft, amps = 75, volts = 48, % loss = 3, wire size = 2
55ft, amps = 75, volts = 48, % loss = 4, wire size = 2
55ft, amps = 75, volts = 48, % loss = 5, wire size = 4
55ft, amps = 75, volts = 60, % loss = 2, wire size = 0
55ft, amps = 75, volts = 60, % loss = 3, wire size = 2
55ft, amps = 75, volts = 60, % loss = 4, wire size = 4
55ft, amps = 75, volts = 60, % loss = 5, wire size = 4

55ft, amps = 80, volts = 24, % loss = 3, wire size = 000
55ft, amps = 80, volts = 24, % loss = 4, wire size = 00
55ft, amps = 80, volts = 24, % loss = 5, wire size = 0
55ft, amps = 80, volts = 36, % loss = 2, wire size = 000
55ft, amps = 80, volts = 36, % loss = 3, wire size = 00
55ft, amps = 80, volts = 36, % loss = 4, wire size = 2
55ft, amps = 80, volts = 36, % loss = 5, wire size = 2
55ft, amps = 80, volts = 48, % loss = 2, wire size = 00
55ft, amps = 80, volts = 48, % loss = 3, wire size = 2
55ft, amps = 80, volts = 48, % loss = 4, wire size = 2
55ft, amps = 80, volts = 48, % loss = 5, wire size = 4
55ft, amps = 80, volts = 60, % loss = 2, wire size = 0
55ft, amps = 80, volts = 60, % loss = 3, wire size = 2
55ft, amps = 80, volts = 60, % loss = 4, wire size = 4
55ft, amps = 80, volts = 60, % loss = 5, wire size = 4
60ft, amps = 75, volts = 24, % loss = 3, wire size = 0000
60ft, amps = 75, volts = 24, % loss = 4, wire size = 00
60ft, amps = 75, volts = 24, % loss = 5, wire size = 0
60ft, amps = 75, volts = 36, % loss = 2, wire size = 0000
60ft, amps = 75, volts = 36, % loss = 3, wire size = 00
60ft, amps = 75, volts = 36, % loss = 4, wire size = 0
60ft, amps = 75, volts = 36, % loss = 5, wire size = 2
60ft, amps = 75, volts = 48, % loss = 2, wire size = 00
60ft, amps = 75, volts = 48, % loss = 3, wire size = 0
60ft, amps = 75, volts = 48, % loss = 4, wire size = 2
60ft, amps = 75, volts = 48, % loss = 5, wire size = 4
60ft, amps = 75, volts = 60, % loss = 2, wire size = 0
60ft, amps = 75, volts = 60, % loss = 3, wire size = 2
60ft, amps = 75, volts = 60, % loss = 4, wire size = 4
60ft, amps = 75, volts = 60, % loss = 5, wire size = 4
60ft, amps = 80, volts = 24, % loss = 4, wire size = 000
60ft, amps = 80, volts = 24, % loss = 5, wire size = 00
60ft, amps = 80, volts = 36, % loss = 3, wire size = 00
60ft, amps = 80, volts = 36, % loss = 4, wire size = 0
60ft, amps = 80, volts = 36, % loss = 5, wire size = 2
60ft, amps = 80, volts = 48, % loss = 2, wire size = 000
60ft, amps = 80, volts = 48, % loss = 3, wire size = 0
60ft, amps = 80, volts = 48, % loss = 4, wire size = 2
60ft, amps = 80, volts = 48, % loss = 5, wire size = 2

60ft, amps = 80, volts = 60, % loss = 2, wire size = 00
60ft, amps = 80, volts = 60, % loss = 3, wire size = 2
60ft, amps = 80, volts = 60, % loss = 4, wire size = 2
60ft, amps = 80, volts = 60, % loss = 5, wire size = 4
65ft, amps = 75, volts = 24, % loss = 4, wire size = 000
65ft, amps = 75, volts = 24, % loss = 5, wire size = 00
65ft, amps = 75, volts = 36, % loss = 3, wire size = 00
65ft, amps = 75, volts = 36, % loss = 4, wire size = 0
65ft, amps = 75, volts = 36, % loss = 5, wire size = 2
65ft, amps = 75, volts = 48, % loss = 2, wire size = 000
65ft, amps = 75, volts = 48, % loss = 3, wire size = 0
65ft, amps = 75, volts = 48, % loss = 4, wire size = 2
65ft, amps = 75, volts = 48, % loss = 5, wire size = 2
65ft, amps = 75, volts = 60, % loss = 2, wire size = 00
65ft, amps = 75, volts = 60, % loss = 3, wire size = 2
65ft, amps = 75, volts = 60, % loss = 4, wire size = 2
65ft, amps = 75, volts = 60, % loss = 5, wire size = 4
65ft, amps = 80, volts = 24, % loss = 4, wire size = 000
65ft, amps = 80, volts = 24, % loss = 5, wire size = 00
65ft, amps = 80, volts = 36, % loss = 3, wire size = 00
65ft, amps = 80, volts = 36, % loss = 4, wire size = 0
65ft, amps = 80, volts = 36, % loss = 5, wire size = 2
65ft, amps = 80, volts = 48, % loss = 2, wire size = 000
65ft, amps = 80, volts = 48, % loss = 3, wire size = 0
65ft, amps = 80, volts = 48, % loss = 4, wire size = 2
65ft, amps = 80, volts = 48, % loss = 5, wire size = 2
65ft, amps = 80, volts = 60, % loss = 2, wire size = 00
65ft, amps = 80, volts = 60, % loss = 3, wire size = 2
65ft, amps = 80, volts = 60, % loss = 4, wire size = 2
65ft, amps = 80, volts = 60, % loss = 5, wire size = 4
70ft, amps = 75, volts = 24, % loss = 4, wire size = 000
70ft, amps = 75, volts = 24, % loss = 5, wire size = 00
70ft, amps = 75, volts = 36, % loss = 3, wire size = 00
70ft, amps = 75, volts = 36, % loss = 4, wire size = 0
70ft, amps = 75, volts = 36, % loss = 5, wire size = 2
70ft, amps = 75, volts = 48, % loss = 2, wire size = 000
70ft, amps = 75, volts = 48, % loss = 3, wire size = 0
70ft, amps = 75, volts = 48, % loss = 4, wire size = 2
70ft, amps = 75, volts = 48, % loss = 5, wire size = 2

70ft, amps = 75, volts = 60, % loss = 2, wire size = 00
70ft, amps = 75, volts = 60, % loss = 3, wire size = 2
70ft, amps = 75, volts = 60, % loss = 4, wire size = 2
70ft, amps = 75, volts = 60, % loss = 5, wire size = 4
70ft, amps = 80, volts = 24, % loss = 4, wire size = 000
70ft, amps = 80, volts = 24, % loss = 5, wire size = 00
70ft, amps = 80, volts = 36, % loss = 3, wire size = 000
70ft, amps = 80, volts = 36, % loss = 4, wire size = 0
70ft, amps = 80, volts = 36, % loss = 5, wire size = 0
70ft, amps = 80, volts = 48, % loss = 2, wire size = 000
70ft, amps = 80, volts = 48, % loss = 3, wire size = 0
70ft, amps = 80, volts = 48, % loss = 4, wire size = 2
70ft, amps = 80, volts = 48, % loss = 5, wire size = 2
70ft, amps = 80, volts = 60, % loss = 2, wire size = 00
70ft, amps = 80, volts = 60, % loss = 3, wire size = 0
70ft, amps = 80, volts = 60, % loss = 4, wire size = 2
70ft, amps = 80, volts = 60, % loss = 5, wire size = 4
75ft, amps = 75, volts = 24, % loss = 4, wire size = 000
75ft, amps = 75, volts = 24, % loss = 5, wire size = 00
75ft, amps = 75, volts = 36, % loss = 3, wire size = 000
75ft, amps = 75, volts = 36, % loss = 4, wire size = 00
75ft, amps = 75, volts = 36, % loss = 5, wire size = 0
75ft, amps = 75, volts = 48, % loss = 2, wire size = 000
75ft, amps = 75, volts = 48, % loss = 3, wire size = 00
75ft, amps = 75, volts = 48, % loss = 4, wire size = 2
75ft, amps = 75, volts = 48, % loss = 5, wire size = 2
75ft, amps = 75, volts = 60, % loss = 2, wire size = 00
75ft, amps = 75, volts = 60, % loss = 3, wire size = 0
75ft, amps = 75, volts = 60, % loss = 4, wire size = 2
75ft, amps = 75, volts = 60, % loss = 5, wire size = 4
75ft, amps = 80, volts = 24, % loss = 4, wire size = 0000
75ft, amps = 80, volts = 24, % loss = 5, wire size = 000
75ft, amps = 80, volts = 36, % loss = 3, wire size = 000
75ft, amps = 80, volts = 36, % loss = 4, wire size = 00
75ft, amps = 80, volts = 36, % loss = 5, wire size = 0
75ft, amps = 80, volts = 48, % loss = 2, wire size = 0000
75ft, amps = 80, volts = 48, % loss = 3, wire size = 00
75ft, amps = 80, volts = 48, % loss = 4, wire size = 0
75ft, amps = 80, volts = 48, % loss = 5, wire size = 2

75ft, amps = 80, volts = 60, % loss = 2, wire size = 000
75ft, amps = 80, volts = 60, % loss = 3, wire size = 0
75ft, amps = 80, volts = 60, % loss = 4, wire size = 2
75ft, amps = 80, volts = 60, % loss = 5, wire size = 2
80ft, amps = 75, volts = 24, % loss = 4, wire size = 0000
80ft, amps = 75, volts = 24, % loss = 5, wire size = 000
80ft, amps = 75, volts = 36, % loss = 3, wire size = 000
80ft, amps = 75, volts = 36, % loss = 4, wire size = 00
80ft, amps = 75, volts = 36, % loss = 5, wire size = 0
80ft, amps = 75, volts = 48, % loss = 2, wire size = 0000
80ft, amps = 75, volts = 48, % loss = 3, wire size = 00
80ft, amps = 75, volts = 48, % loss = 4, wire size = 0
80ft, amps = 75, volts = 48, % loss = 5, wire size = 2
80ft, amps = 75, volts = 60, % loss = 2, wire size = 000
80ft, amps = 75, volts = 60, % loss = 3, wire size = 0
80ft, amps = 75, volts = 60, % loss = 4, wire size = 2
80ft, amps = 75, volts = 60, % loss = 5, wire size = 2
80ft, amps = 80, volts = 24, % loss = 5, wire size = 000
80ft, amps = 80, volts = 36, % loss = 3, wire size = 000
80ft, amps = 80, volts = 36, % loss = 4, wire size = 00
80ft, amps = 80, volts = 36, % loss = 5, wire size = 0
80ft, amps = 80, volts = 48, % loss = 3, wire size = 00
80ft, amps = 80, volts = 48, % loss = 4, wire size = 0
80ft, amps = 80, volts = 48, % loss = 5, wire size = 2
80ft, amps = 80, volts = 60, % loss = 2, wire size = 000
80ft, amps = 80, volts = 60, % loss = 3, wire size = 0
80ft, amps = 80, volts = 60, % loss = 4, wire size = 2
80ft, amps = 80, volts = 60, % loss = 5, wire size = 2
85ft, amps = 75, volts = 24, % loss = 5, wire size = 000
85ft, amps = 75, volts = 36, % loss = 3, wire size = 000
85ft, amps = 75, volts = 36, % loss = 4, wire size = 00
85ft, amps = 75, volts = 36, % loss = 5, wire size = 0
85ft, amps = 75, volts = 48, % loss = 3, wire size = 00
85ft, amps = 75, volts = 48, % loss = 4, wire size = 0
85ft, amps = 75, volts = 48, % loss = 5, wire size = 2
85ft, amps = 75, volts = 60, % loss = 2, wire size = 000
85ft, amps = 75, volts = 60, % loss = 3, wire size = 0
85ft, amps = 75, volts = 60, % loss = 4, wire size = 2
85ft, amps = 75, volts = 60, % loss = 5, wire size = 2

85ft, amps = 80, volts = 24, % loss = 5, wire size = 000
85ft, amps = 80, volts = 36, % loss = 3, wire size = 0000
85ft, amps = 80, volts = 36, % loss = 4, wire size = 00
85ft, amps = 80, volts = 36, % loss = 5, wire size = 0
85ft, amps = 80, volts = 48, % loss = 3, wire size = 00
85ft, amps = 80, volts = 48, % loss = 4, wire size = 0
85ft, amps = 80, volts = 48, % loss = 5, wire size = 2
85ft, amps = 80, volts = 60, % loss = 2, wire size = 000
85ft, amps = 80, volts = 60, % loss = 3, wire size = 0
85ft, amps = 80, volts = 60, % loss = 4, wire size = 2
85ft, amps = 80, volts = 60, % loss = 5, wire size = 2
90ft, amps = 75, volts = 24, % loss = 5, wire size = 000
90ft, amps = 75, volts = 36, % loss = 3, wire size = 0000
90ft, amps = 75, volts = 36, % loss = 4, wire size = 00
90ft, amps = 75, volts = 36, % loss = 5, wire size = 0
90ft, amps = 75, volts = 48, % loss = 3, wire size = 00
90ft, amps = 75, volts = 48, % loss = 4, wire size = 0
90ft, amps = 75, volts = 48, % loss = 5, wire size = 2
90ft, amps = 75, volts = 60, % loss = 2, wire size = 000
90ft, amps = 75, volts = 60, % loss = 3, wire size = 0
90ft, amps = 75, volts = 60, % loss = 4, wire size = 2
90ft, amps = 75, volts = 60, % loss = 5, wire size = 2
90ft, amps = 80, volts = 24, % loss = 5, wire size = 000
90ft, amps = 80, volts = 36, % loss = 4, wire size = 000
90ft, amps = 80, volts = 36, % loss = 5, wire size = 00
90ft, amps = 80, volts = 48, % loss = 3, wire size = 000
90ft, amps = 80, volts = 48, % loss = 4, wire size = 0
90ft, amps = 80, volts = 48, % loss = 5, wire size = 2
90ft, amps = 80, volts = 60, % loss = 2, wire size = 000
90ft, amps = 80, volts = 60, % loss = 3, wire size = 00
90ft, amps = 80, volts = 60, % loss = 4, wire size = 2
90ft, amps = 80, volts = 60, % loss = 5, wire size = 2
95ft, amps = 75, volts = 24, % loss = 5, wire size = 000
95ft, amps = 75, volts = 36, % loss = 4, wire size = 000
95ft, amps = 75, volts = 36, % loss = 5, wire size = 00
95ft, amps = 75, volts = 48, % loss = 3, wire size = 000
95ft, amps = 75, volts = 48, % loss = 4, wire size = 0
95ft, amps = 75, volts = 48, % loss = 5, wire size = 2
95ft, amps = 75, volts = 60, % loss = 2, wire size = 000

95ft, amps = 75, volts = 60, % loss = 3, wire size = 00
95ft, amps = 75, volts = 60, % loss = 4, wire size = 2
95ft, amps = 75, volts = 60, % loss = 5, wire size = 2
95ft, amps = 80, volts = 36, % loss = 4, wire size = 000
95ft, amps = 80, volts = 36, % loss = 5, wire size = 00
95ft, amps = 80, volts = 48, % loss = 3, wire size = 000
95ft, amps = 80, volts = 48, % loss = 4, wire size = 00
95ft, amps = 80, volts = 48, % loss = 5, wire size = 0
95ft, amps = 80, volts = 60, % loss = 3, wire size = 00
95ft, amps = 80, volts = 60, % loss = 4, wire size = 0
95ft, amps = 80, volts = 60, % loss = 5, wire size = 2
100ft, amps = 75, volts = 24, % loss = 5, wire size = 0000
100ft, amps = 75, volts = 36, % loss = 4, wire size = 000
100ft, amps = 75, volts = 36, % loss = 5, wire size = 00
100ft, amps = 75, volts = 48, % loss = 3, wire size = 000
100ft, amps = 75, volts = 48, % loss = 4, wire size = 00
100ft, amps = 75, volts = 48, % loss = 5, wire size = 0
100ft, amps = 75, volts = 60, % loss = 2, wire size = 0000
100ft, amps = 75, volts = 60, % loss = 3, wire size = 00
100ft, amps = 75, volts = 60, % loss = 4, wire size = 0
100ft, amps = 75, volts = 60, % loss = 5, wire size = 2
100ft, amps = 80, volts = 36, % loss = 4, wire size = 000
100ft, amps = 80, volts = 36, % loss = 5, wire size = 00
100ft, amps = 80, volts = 48, % loss = 3, wire size = 000
100ft, amps = 80, volts = 48, % loss = 4, wire size = 00
100ft, amps = 80, volts = 48, % loss = 5, wire size = 0
100ft, amps = 80, volts = 60, % loss = 3, wire size = 00
100ft, amps = 80, volts = 60, % loss = 4, wire size = 0
100ft, amps = 80, volts = 60, % loss = 5, wire size = 2
105ft, amps = 75, volts = 36, % loss = 4, wire size = 000
105ft, amps = 75, volts = 36, % loss = 5, wire size = 00
105ft, amps = 75, volts = 48, % loss = 3, wire size = 000
105ft, amps = 75, volts = 48, % loss = 4, wire size = 00
105ft, amps = 75, volts = 48, % loss = 5, wire size = 0
105ft, amps = 75, volts = 60, % loss = 3, wire size = 00
105ft, amps = 75, volts = 60, % loss = 4, wire size = 0
105ft, amps = 75, volts = 60, % loss = 5, wire size = 2
105ft, amps = 80, volts = 36, % loss = 4, wire size = 000
105ft, amps = 80, volts = 36, % loss = 5, wire size = 00

105ft, amps = 80, volts = 48, % loss = 3, wire size = 000
105ft, amps = 80, volts = 48, % loss = 4, wire size = 00
105ft, amps = 80, volts = 48, % loss = 5, wire size = 0
105ft, amps = 80, volts = 60, % loss = 3, wire size = 00
105ft, amps = 80, volts = 60, % loss = 4, wire size = 0
105ft, amps = 80, volts = 60, % loss = 5, wire size = 2
110ft, amps = 75, volts = 36, % loss = 4, wire size = 000
110ft, amps = 75, volts = 36, % loss = 5, wire size = 00
110ft, amps = 75, volts = 48, % loss = 3, wire size = 000
110ft, amps = 75, volts = 48, % loss = 4, wire size = 00
110ft, amps = 75, volts = 48, % loss = 5, wire size = 0
110ft, amps = 75, volts = 60, % loss = 3, wire size = 00
110ft, amps = 75, volts = 60, % loss = 4, wire size = 0
110ft, amps = 75, volts = 60, % loss = 5, wire size = 2
110ft, amps = 80, volts = 36, % loss = 4, wire size = 000
110ft, amps = 80, volts = 36, % loss = 5, wire size = 00
110ft, amps = 80, volts = 48, % loss = 3, wire size = 000
110ft, amps = 80, volts = 48, % loss = 4, wire size = 00
110ft, amps = 80, volts = 48, % loss = 5, wire size = 0
110ft, amps = 80, volts = 60, % loss = 3, wire size = 00
110ft, amps = 80, volts = 60, % loss = 4, wire size = 0
110ft, amps = 80, volts = 60, % loss = 5, wire size = 2
115ft, amps = 75, volts = 36, % loss = 4, wire size = 000
115ft, amps = 75, volts = 36, % loss = 5, wire size = 00
115ft, amps = 75, volts = 48, % loss = 3, wire size = 000
115ft, amps = 75, volts = 48, % loss = 4, wire size = 00
115ft, amps = 75, volts = 48, % loss = 5, wire size = 0
115ft, amps = 75, volts = 60, % loss = 3, wire size = 00
115ft, amps = 75, volts = 60, % loss = 4, wire size = 0
115ft, amps = 75, volts = 60, % loss = 5, wire size = 2
115ft, amps = 80, volts = 36, % loss = 5, wire size = 000
115ft, amps = 80, volts = 48, % loss = 4, wire size = 00
115ft, amps = 80, volts = 48, % loss = 5, wire size = 0
115ft, amps = 80, volts = 60, % loss = 3, wire size = 000
115ft, amps = 80, volts = 60, % loss = 4, wire size = 0
115ft, amps = 80, volts = 60, % loss = 5, wire size = 2
120ft, amps = 75, volts = 36, % loss = 4, wire size = 0000
120ft, amps = 75, volts = 36, % loss = 5, wire size = 000
120ft, amps = 75, volts = 48, % loss = 3, wire size = 0000

120ft, amps = 75, volts = 48, % loss = 4, wire size = 00
120ft, amps = 75, volts = 48, % loss = 5, wire size = 0
120ft, amps = 75, volts = 60, % loss = 3, wire size = 000
120ft, amps = 75, volts = 60, % loss = 4, wire size = 0
120ft, amps = 75, volts = 60, % loss = 5, wire size = 2
120ft, amps = 80, volts = 36, % loss = 5, wire size = 000
120ft, amps = 80, volts = 48, % loss = 4, wire size = 000
120ft, amps = 80, volts = 48, % loss = 5, wire size = 00
120ft, amps = 80, volts = 60, % loss = 3, wire size = 000
120ft, amps = 80, volts = 60, % loss = 4, wire size = 00
120ft, amps = 80, volts = 60, % loss = 5, wire size = 0
125ft, amps = 75, volts = 36, % loss = 5, wire size = 000
125ft, amps = 75, volts = 48, % loss = 4, wire size = 00
125ft, amps = 75, volts = 48, % loss = 5, wire size = 00
125ft, amps = 75, volts = 60, % loss = 3, wire size = 000
125ft, amps = 75, volts = 60, % loss = 4, wire size = 00
125ft, amps = 75, volts = 60, % loss = 5, wire size = 0
125ft, amps = 80, volts = 36, % loss = 5, wire size = 000
125ft, amps = 80, volts = 48, % loss = 4, wire size = 000
125ft, amps = 80, volts = 48, % loss = 5, wire size = 00
125ft, amps = 80, volts = 60, % loss = 3, wire size = 000
125ft, amps = 80, volts = 60, % loss = 4, wire size = 00
125ft, amps = 80, volts = 60, % loss = 5, wire size = 0
130ft, amps = 75, volts = 36, % loss = 5, wire size = 000
130ft, amps = 75, volts = 48, % loss = 4, wire size = 000
130ft, amps = 75, volts = 48, % loss = 5, wire size = 00
130ft, amps = 75, volts = 60, % loss = 3, wire size = 000
130ft, amps = 75, volts = 60, % loss = 4, wire size = 00
130ft, amps = 75, volts = 60, % loss = 5, wire size = 0
130ft, amps = 80, volts = 36, % loss = 5, wire size = 000
130ft, amps = 80, volts = 48, % loss = 4, wire size = 000
130ft, amps = 80, volts = 48, % loss = 5, wire size = 00
130ft, amps = 80, volts = 60, % loss = 3, wire size = 000
130ft, amps = 80, volts = 60, % loss = 4, wire size = 00
130ft, amps = 80, volts = 60, % loss = 5, wire size = 0
135ft, amps = 75, volts = 36, % loss = 5, wire size = 000
135ft, amps = 75, volts = 48, % loss = 4, wire size = 000
135ft, amps = 75, volts = 48, % loss = 5, wire size = 00
135ft, amps = 75, volts = 60, % loss = 3, wire size = 000

135ft, amps = 75, volts = 60, % loss = 4, wire size = 00
135ft, amps = 75, volts = 60, % loss = 5, wire size = 0
135ft, amps = 80, volts = 36, % loss = 5, wire size = 000
135ft, amps = 80, volts = 48, % loss = 4, wire size = 000
135ft, amps = 80, volts = 48, % loss = 5, wire size = 00
135ft, amps = 80, volts = 60, % loss = 3, wire size = 000
135ft, amps = 80, volts = 60, % loss = 4, wire size = 00
135ft, amps = 80, volts = 60, % loss = 5, wire size = 0
140ft, amps = 75, volts = 36, % loss = 5, wire size = 000
140ft, amps = 75, volts = 48, % loss = 4, wire size = 000
140ft, amps = 75, volts = 48, % loss = 5, wire size = 00
140ft, amps = 75, volts = 60, % loss = 3, wire size = 000
140ft, amps = 75, volts = 60, % loss = 4, wire size = 00
140ft, amps = 75, volts = 60, % loss = 5, wire size = 0
140ft, amps = 80, volts = 36, % loss = 5, wire size = 0000
140ft, amps = 80, volts = 48, % loss = 4, wire size = 000
140ft, amps = 80, volts = 48, % loss = 5, wire size = 00
140ft, amps = 80, volts = 60, % loss = 3, wire size = 0000
140ft, amps = 80, volts = 60, % loss = 4, wire size = 00
140ft, amps = 80, volts = 60, % loss = 5, wire size = 0
145ft, amps = 75, volts = 36, % loss = 5, wire size = 000
145ft, amps = 75, volts = 48, % loss = 4, wire size = 000
145ft, amps = 75, volts = 48, % loss = 5, wire size = 00
145ft, amps = 75, volts = 60, % loss = 3, wire size = 000
145ft, amps = 75, volts = 60, % loss = 4, wire size = 00
145ft, amps = 75, volts = 60, % loss = 5, wire size = 0
145ft, amps = 80, volts = 48, % loss = 4, wire size = 000
145ft, amps = 80, volts = 48, % loss = 5, wire size = 00
145ft, amps = 80, volts = 60, % loss = 4, wire size = 00
145ft, amps = 80, volts = 60, % loss = 5, wire size = 0
150ft, amps = 75, volts = 36, % loss = 5, wire size = 0000
150ft, amps = 75, volts = 48, % loss = 4, wire size = 000
150ft, amps = 75, volts = 48, % loss = 5, wire size = 00
150ft, amps = 75, volts = 60, % loss = 3, wire size = 0000
150ft, amps = 75, volts = 60, % loss = 4, wire size = 00
150ft, amps = 75, volts = 60, % loss = 5, wire size = 0
150ft, amps = 80, volts = 48, % loss = 4, wire size = 0000
150ft, amps = 80, volts = 48, % loss = 5, wire size = 000
150ft, amps = 80, volts = 60, % loss = 4, wire size = 000

150ft, amps = 80, volts = 60, % loss = 5, wire size = 00

www.ingramcontent.com/pod-product-compliance
Lightning Source LLC
Chambersburg PA
CBHW081233180526
45171CB00005B/415